漳卫南运河水资源监控能力建设

主　编　李瑞江
副主编　于伟东

·北京·

内 容 提 要

漳卫南运河水资源监控能力建设属于国家水资源监控能力建设项目（海委）第二阶段建设内容。本书汇集了漳卫南运河管理局水资源监控能力建设及相关研究的成果。全书共分10章，分别为绪论、漳卫南运河流域概况、水文站网与水情测报、水利信息化建设、漳卫南运河知识管理系统、水资源监控能力建设目标和任务、水资源监控能力建设总体设计、水资源监控管理信息平台、岳城水库遥测系统、漳卫南运河洪水预报系统等。

本书可为全国其他流域提供示范和借鉴，也可作为水资源管理与保护、水利信息化、水文等技术人员和高等院校师生的参考用书。

图书在版编目（CIP）数据

漳卫南运河水资源监控能力建设 / 李瑞江主编. -- 北京 : 中国水利水电出版社, 2017.12
ISBN 978-7-5170-6235-6

Ⅰ. ①漳… Ⅱ. ①李… Ⅲ. ①运河—水资源管理—研究—天津 Ⅳ. ①TV213.4

中国版本图书馆CIP数据核字(2017)第327895号

书　　名	**漳卫南运河水资源监控能力建设** ZHANGWEINAN YUNHE SHUIZIYUAN JIANKONG NENGLI JIANSHE
作　　者	主编　李瑞江　副主编　于伟东
出版发行	中国水利水电出版社 （北京市海淀区玉渊潭南路1号D座　100038） 网址：www.waterpub.com.cn E-mail：sales@waterpub.com.cn 电话：(010) 68367658（营销中心）
经　　售	北京科水图书销售中心（零售） 电话：(010) 88383994、63202643、68545874 全国各地新华书店和相关出版物销售网点
排　　版	北京时代澄宇科技有限公司
印　　刷	北京瑞斯通印务发展有限公司
规　　格	184mm×260mm　16开本　21.75印张　516千字
版　　次	2017年12月第1版　2017年12月第1次印刷
印　　数	0001—1000册
定　　价	**120.00**元

本书编委会

本书编写组

主　　编： 李瑞江

副 主 编： 于伟东

编写人员： 刘晓光　吴晓楷　李增强　刘　伟　刘　群
戴永翔　张　森　毛贵臻　武　震　高　垚
魏凌芳　杨　晶

前言

漳卫南运河位于海河流域南部，由漳河、卫河、卫运河、南运河和漳卫新河组成，流经晋、冀、鲁、豫、津共四省一市，流域面积3.77万平方公里，入渤海。漳卫南运河历史上以“擅淤、擅决”和旱涝灾害频繁闻名。中华人民共和国成立以后，国家非常重视漳卫南运河的治理工作。1958年3月，水利部、农业部联合组建了漳卫南运河管理局（以下简称“漳卫南局”），漳卫南运河从此纳入统一管理、综合治理的轨道。几经沿革，漳卫南局现隶属水利部海委，为正局级、参照公务员管理的事业单位，管辖范围包括岳城水库及以下漳河、淇门以下卫河、刘庄闸及其以下共产主义渠、卫运河、漳卫新河、南运河（四女寺至第三店），四女寺枢纽及恩县洼滞洪区的西郑庄分洪闸和牛角峪退水闸、引黄穿卫枢纽、引黄济津潘庄线路枢纽、祝官屯闸等6座拦河闸、辛集挡潮闸，管理河道干流总长814公里、堤防长1536公里，在管辖范围内行使水资源管理和保护、水文水资源监测、水文站网建设和管理、水文情报预报、防汛抗旱、水利工程建设与运行管理，以及水域及其岸线的管理与保护等水行政管理职责。

漳卫南运河属于重要省际边界河流，水资源匮乏，水资源开发利用率高达88%，供需矛盾突出。由于历史原因，漳卫南运河水资源计量监测水平低、监控手段缺乏，水资源监测、计量、信息能力无法满足落实最严格水资源管理制度的需要。2015年水利部确定漳卫南局为加快实施最严格水资源管理制度示范点，在实施最严格水资源管理制度、加快水资源监控能力建设、强化水资源统一配置与调度等方面给予大力支持，全面强化水资源监控能力和信息化水平，为提高水资源管理和保护水平、加快落实最严格水资源管理制度提供技术支撑。2016年项目实施以来，采用先进的通信和计算机技术，以实现漳卫南运河水资源管理重要指标的可监测、可监控、可考核为目标，充分整合漳卫南运河的水资源信息化资源，建设和完善漳卫南运河取水口、入河排污口和重要断面的监测站网，建立了漳卫南运河水资源监控管理信息平台，取得了一批具有较高理论水平和应用价值的成果，为提高水资源管理和保护水平、加快落实最严格水资源管理制度提供有力的技术支撑。

本书汇集了漳卫南局水资源监控能力建设、水文站网建设、水文测报及信息化相关研究的成果，内容丰富，实践特色鲜明，希望为全国其他流域提供示范和借鉴，为水资源管理与保护人员以及相关领域专家学者提供参考。全书共分10章，分别为绪论、漳卫南运河流域概况、水文站网与水情测报、水利信息化建设、漳卫南运河知识管理系统、水资源监控能力建设目标和任务、水资源监控能力建设总体设计、水资源监控管理信息平台、岳城水库遥测系统、漳卫南运河洪水预报系统等。

本书编写过程中参考了国内外信息化、水资源和水环境保护专家学者的相关论著，吸收、学习了各位专家学者的先进思想和成果，本书的编写和出版得到了有关领导和专家的重视和大力支持，提出了很多宝贵意见，在此一并表示感谢。由于我们水平有限，疏漏之处难免，请读者批评指正。

编者

2017 年 12 月

目 录

第1章　绪　　论

1.1　海河流域水资源监控能力建设项目背景

2012年9月，水利部、财政部联合印发《国家水资源监控能力建设项目实施方案（2012—2014年）》和《国家水资源监控能力建设项目管理办法》，开始实施国家水资源监控能力建设项目（2012—2014年），按照水利部党组提出的“三年基本建成，五年基本完善”的总体部署分两个阶段开展实施。第一阶段为2012—2014年，基本建立国家水资源监控系统，初步形成与实行最严格水资源管理制度相适应的水资源监控能力；第二阶段为2016—2018年，建立基本完善的国家水资源监控体系和管理系统，为最严格水资源管理制度提供支撑。

国家水资源监控能力建设第一阶段进展顺利，陆续建成投入使用，其建设成果在我国水资源管理工作中发挥着重要作用。作为国家水资源监控能力建设的重要组成部分，海河水利委员会（以下简称“海委”）第一阶段开展了取用水监控体系、水功能区监控体系、大江大河省界断面监控体系、国家水资源监控管理信息平台流域节点等四方面的建设，建设任务已全面完成，并通过水利部终验检查组验收。

2012年11月8日，中国共产党第十八次全国代表大会在北京召开。党的十八大和十八届二中、三中全会提出深化改革和建设生态文明。为贯彻落实习近平总书记关于保障水安全的重要讲话和“节水优先、空间均衡、系统治理、两手发力”的治水思路等重要思想，进一步加强水资源监控能力建设，充分发挥第一阶段建设成效，支撑实行最严格水资源管理制度考核工作，水利部启动国家水资源监控能力建设项目（2016—2018年）建设工作。水利部印发《水利部关于印发〈国家水资源监控能力建设项目实施方案（2016—2018年）〉的通知》，下达了国家水资源监控能力建设项目（海委）第二阶段的建设任务，包括完善海河流域水资源监控管理信息平台和漳河上游及漳卫南运河流域水资源监控体系两部分建设内容。海委组织编制了《国家水资源监控能力建设项目海河流域技术方案（2016—2018年）》，在海委一期项目成果的基础上，依据国家水资源监控能力建设第二阶段建设的总体要求，结合海河流域最严格水资源管理需求，利用3年左右时间，完善水资源监控管理信息平台运行环境，强化信息资源整合和水资源业务深度开发，形成较为完善的、支撑海河流域水资源管理体系的工作业务平台和决策支持环境，同时提高漳河上游及漳卫南运河流域水资源管理主要对象的在线监测能力、水资源监控和调配能力。

1.2　水资源监控能力建设海委一期项目

1.2.1　海委一期项目建设目标

（1）海委一期项目建设目标。充分依托海河流域水利信息化设施的基础，建设覆盖海委和海委直属各管理局，以重要河流省界控制断面、主要取水口、地下水超采区、重要水功能区等重要区域的信息采集为基础，以水资源管理业务为核心的海河流域水资源监控管理信息平台，动态及时准确掌握流域内主要江河和区域的水资源及其开发利用总体状况，形成支撑海河流域水资源管理体系的工作业务平台和决策支持环境，为海河流域实行最严格的水资源管理制度，实现水资源优化配置、高效利用和科学保护目标提供支撑。

（2）具体目标。通过与中央、省级水资源管理系统的互联互通，截至2015年，基本建成取用水监控体系，实现对海委颁证许可水量99.67%的控制，对全流域取用水量40.44%的监控；基本建成水功能区监控体系，对海河流域列入《全国重要江河湖泊水功能区划》考核名录的重要江河湖泊水功能区监测覆盖率达到100%，对海河流域列入已核准公布的175个全国重要饮用水水源地基本实现100%监测；基本建成省界断面监控体系。主要江河干流及一级支流省界断面基本实现水质监测全覆盖，对确定水量分配的河流出入境省界断面水量监测率80%；基本建立国家水资源管理系统框架，实现中央、流域和省市区水资源管理过程核心信息的互联互通和主要水资源管理业务的在线处理，为实行最严格水资源管理制度提供技术支撑。

1.2.2 海委一期项目建设内容

海委一期项目建设内容包括取用水监控体系、水功能区监控体系、大江大河省界断面监控体系、国家水资源监控管理信息平台流域节点等。

1.2.2.1 取用水监控体系

取用水监控体系由流域内各省（自治区、直辖市）负责建设并监测，通过中央水资源监控管理信息平台中转的方式获取取用水信息。取用水监控体系对象主要包括：

（1）海委一期项目以2012年为设计基准年，海委发证国控取水户35户（42个取水许可证），其中，13个河道内取水户（14个取水许可证）、22个河道外取水户（28个取水许可证）中，全部实现在线监测。在海委一期项目建设前，已实现1个河道内取水户（2个取水许可证）在线监测；实现5个河道外取水户（8个取水许可证）在线监测。海委一期项目设计要求其余国控取水户由省（自治区、直辖市）负责建设在线监测点。

（2）根据2012年统计结果，按照海委一期项目国控取水点选取原则，确定各省（自治区、直辖市）发证国控监测取用水户590个，海委一期项目建设前，已实现72个取水户的在线监测，其余取水户由各省（自治区、直辖市）负责建设并监测。

1.2.2.2 水功能区监控体系

水功能区监控体系以巡测为主，对于海委直接监测的水功能区和饮用水水源地，由海河流域水环境监测中心和分中心负责，通过人工采样、实验室化验的方式获取监测信息，直接录入到海河流域平台；各省市水文部门负责监测的水功能区和饮用水水源地，通过中央水资源监控管理信息平台中转的方式获取水质监测信息。水功能区监控体系对象主要包括：

（1）海河流域列入《全国重要江河湖泊水功能区划》的230个水功能区，其中海委直管河道上21个水功能区（除省界缓冲区）、42个省界缓冲区由海委负责监测，其他由各省负责监测。

（2）海河流域列入已核准公布的全国重要饮用水水源地名录中的15个重要饮用水源区，其中潘家口-大黑汀水库水源地、岳城水库水源地两个重要饮用水源区由海委负责监测，其他由各省负责监测。

1.2.2.3 大江大河省界断面监控体系

大江大河省界断面监控体系建设包括：

（1）根据国家水资源监控能力建设项目的总体要求以及大江大河省界断面国控监测点（断面）的布设原则，大江大河省界水量断面国控点共123个，依托已有的水文站，改造海河流域国控省界断面的水量监测设施，增加在线传输设备。

（2）根据国家水资源监控能力建设项目的总体要求以及大江大河省界断面国控监测点（断面）的布设原则，海河流域共布设水质断面国控点65个，为海河流域水环境监测中心、漳卫南运河水环境监测分中心、引滦水环境监测分中心、漳河上游水环境监测分中心配置实验室仪器设备。

1.2.2.4 国家水资源监控管理信息平台流域节点

国家水资源监控管理信息平台流域节点建设内容包括计算机网络层、数据资源层、应用支撑、业务应用系统、应用交互、监控会商环境、系统安全体系等。

（1）计算机网络层。依托政务外网，利用水利信息网实现海河流域平台与中央、流域内各省（自治区、直辖市）水资源监控管理信息平台间信息的互联互通。

（2）数据资源层。整合已有数据资源，充分利用水文、防汛抗旱等监测网络系统获取的数据资源，建设海河流域水资源管理数据库，初步形成海河流域水资源数据中心。

（3）应用支撑。建设支撑平台，搭建统一的系统标准和技术框架，配置硬件设备、商用支撑软件和开发类支撑软件等。

（4）业务应用系统。建设海河流域水资源业务管理的水资源信息服务、水资源业务管理、水资源调配决策支持和水资源应急管理系统。

（5）应用交互。建设对外的公众门户和对内的业务门户。

（6）监控会商环境。建设海委水资源监控中心，利用原有80m^2办公室进行改造，配置大屏幕显示系统、信号切换系统、中央控制系统、会议扩声系统和辅助设备等。

（7）系统安全体系。建设完善的系统安全体系，扩充海委政务外网CA系统，在海委直属各管理局建立RA认证中心。

1.2.3 海委一期项目建设成效

海委一期项目完成了取用水监控体系、水功能区监控体系、大江大河省界断面监控体系、国家水资源监控管理信息平台流域节点等建设任务，取得了良好的成效，项目建设成果在海委及委直属局水资源管理工作中得到了良好的应用。

1.2.3.1 取用水监控体系

通过取用水监控体系建设，实现海委发证重要取水户在线监测，占海委发证河道外许可取水量的56.22%。

海委一期项目以2012年为设计基准年。根据海委一期项目取用水国控监测点布设原则，在不考虑水力发电用水情况下，海委发证河道外国控取水户共22个（28个取水许可证），由于2012年以后部分取水户取水年许可水量有所变化，按2015年12月数据进行统计，上述取水户取水年许可水量312463.00万m^3/年。

在22个海委发证河道外国控取水户中，5个取水户（8个取水许可证）在海委一期项目建设前已建有在线监测设备，其余由流域内相关省（自治区、直辖市）负责建设在线监测设备并监测，海委通过中央平台中转，纳入取用水监测信息。

在一期项目建设中，河北省未纳入对海委发证取水口进行在线监测的对应建设内容；河南省安阳市水利局幸福渠管理处由河南省已建渠道监测，而管道监测尚需要建设，未能完全实现在线监测。因此，截至目前，共实现11个取水户（15个取水许可证）在线监测，许可取水量约181013.00万m^3。

截至2015年12月，海委审批权限范围内已发放取水许可证的取水户140个（159个取水许可证），年许可取水量约789879.84万m^3，其中河道内取水户14个（15个取水许可证），年许可取水量467897.00万m^3；河道外取水户126个（144个取水许可证），年许可取水量321982.84万m^3。海委一期项目建设完成后，实现了海委发证河道外许可取水量56.22%的监测。

1.2.3.2 水功能区监控体系

通过水功能区监控体系建设，实现了海河流域列入《全国重要江河湖泊水功能区划》的228个水功能区水质监测，226个水功能区数据汇总，实现海委直管2个水源地、省（自治区、直辖市）管理的重要饮用水水源地水质监测和数据汇总。

（1）水功能区。海河流域列入《全国重要江河湖泊水功能区划》的水功能区共230个，目前，已实现其中288个水功能区的监测，监测频次为1次/月。内蒙古饮马河内蒙丰镇排污控制区、二道河内蒙兴和排污控制区未实现监测。在已实现监测的288个水功能区中，河南省共渠河南新乡市排污控制区、马颊河河南濮阳市农业用水区监测数据未上报，系统实现286个水功能区监测评价数据汇总。

（2）饮用水水源地。潘家口-大黑汀水库、岳城水库水源地2个海委直管饮用水源地布设了8个水质监测断面，其中潘坝上、汀坝上、岳城水库库心、岳城水库坝上全年监测，瀑河口、燕子峪、潘家口、汀网箱汛期监测，监测频次，每月至少1次。改造海委直管水源地潘家口坝上、大黑汀坝上、岳城水库坝前3个自动监测站。

各省（自治区、直辖市）负责监测的西大洋水库水源地、于桥-尔王庄水库水源地、岗南水库水源地实现监测，堆臼峪水厂水源地、响潭水库水源地、斋堂水库水源地监测信息也传入了流域平台，监测频次1次/月或1次/2月。潘家口-大黑汀水库、岳城水库水源地的主要出入库河流断面开展了监测，密云-怀柔水库水源地、岗南水库水源地、于桥-尔王庄水库水源地建设怀柔下、岗南水库（坝上）、尔王庄和于桥水库库区4个水质自动监测站，实现水质在线监测。

1.2.3.3 大江大河省界断面监控体系

海委一期项目完成全部建设任务。结合已建站点，在水量监测方面，实现了对海河流域确定水量分配的河流出入境省界断面95.7%的覆盖；在水质监测方面，布设断面70个，比原设计增加7%，实现了海河流域国控点水质监测全覆盖，完成既定目标。

（1）大江大河省界断面水量监测。根据国家水资源监控能力建设项目的总体要求以及大江大河省界断面国控监测点（断面）的布设原则海委一期项目技术方案确定大江大河省界水量断面国控点共123个，后经《关于印发国家水资源监控能力建设项目（2012—2014年）省际河流省界水资源监测断面名录的通知》（水资源办〔2015〕37号）审定，海河流域省界水量断面共93个。

根据海委一期项目建设任务安排，已完成46处省际水量监测断面测站建设的建设。2016年5月统计，93个断面中有70个断面上报监测数据，其中19个测站数据日报，其余测站为汛期或引水期日报，其他时间以5日报、旬报等频次上报数据；18个断面由于河干、工程不启用等原因未上报数据；2个断面未向海委报送数据，向水利部报汛；3个断面为非报汛站不上报数据。考虑到河干、工程不启用等情况应计入上传数据范围，实际数据上报率95.7%。

（2）大江大河省界断面水质监测。水质监测共布设省界断面70个，比原设计增加5处；为海河流域水环境监测中心及漳卫南运河水环境监测分中心、引滦水环境监测分中心、漳河上游水环境监测分中心配置了实验室仪器设备。

1.2.3.4 国家水资源监控管理信息平台流域节点

通过海委一期项目建设，完成了国家水资源监控管理信息平台流域节点建设和部署，平台可汇集海河流域水资源监测和开发利用等基本信息，监督流域内各省市“三条红线”落实情况，实现流域日常水资源业务在线处理，实现了与中央水资源监控管理信息平台、各省（自治区、直辖市）水资源监控管理信息平台的互联互通，以及重要信息发布，能够为流域机构、水利部和相关省级水行政主管部门、科研及规划设计机构、取水户、社会公众提供服务，实现了设计目标。

（1）软硬件环境。海委一期项目购置了网络设备、备份设备、服务器等硬件设备，以及数据库管理软件、工作流引擎、消息中间件、报表工具、GIS软件等基础软件以及数据采集、数据交换等三级贯通软件运行基础软件，搭建了海河流域平台的基础环境，为海河流域平台与中央、流域内各省（自治区、直辖市）水资源监控管理信息平台间数据交换提供了传输通道。

（2）数据库建设。根据国家水资源监控能力建设项目制定的数据库表结构标准，开发了基础数据库、监测数据库、业务数据库、空间数据库、多媒体数据库等数据库，并针对海河流域水资源管理特点，建设了水生态监测、水资源应急管理、决策支持等业务所需的数据表。整合已有数据资源，初步实现了海河流域水资源数据的统一管理。

(3) 应用系统和业务门户。海委一期项目建设了水资源信息服务、水资源业务管理、水资源调配决策支持、水资源应急管理四个业务应用系统，以及业务应用门户和公众信息门户。

水资源信息服务针对“三条红线”管理目标，从流域管理、区域管理和监测对象等3个管理层次，实现了海河流域水源地、取水口、地下水超采区、国控省界断面、水功能区、入河排污口的水量水质信息，重要区域水域的水生态信息等监测信息，“三条红线”考核、水资源评价、水资源开发利用、取水、节约用水、水功能区、入河排污口、水资源开发利用情况等业务信息的查询展示、统计分析等功能。

水资源业务管理针对日常业务，在“三级通用软件”的基础上进行定制和二次开发，提供用水总量控制管理、用水效率控制管理、水功能区限制纳污管理、水资源管理监督考核、支撑保障管理和省界断面水量水质管理等功能。

水资源调配决策支持利用水资源规划配置模型分析评价海河流域水资源状况和开发利用程度，预测海河流域需水量，分析海河流域的供需平衡，模拟各种条件下的水资源配置方案；同时分别利用引滦水资源调度模型、漳河上游水资源调度模型、漳卫南运河水资源调度模型、海河下游重要闸坝调度模型，模拟引滦、漳河上游、漳卫南运河、海河下游重要闸坝的水资源调度过程，实现海委对直属局管辖范围内的水资源调度方案的宏观指导和辅助调度方案的编制。

水资源应急管理实现两方面功能：一是辅助制定引黄入津、引黄济冀等应急调水的水量调度方案，并对方案执行情况进行监督管理；二是对水资源重大突发事件应急处置进行管理，提供对水资源信息、水环境信息、工程运行监控信息等信息的综合处理、统计分析，以及应急预案及预案实施过程信息管理、应急调度模拟、调度预案优选等功能。

业务门户实现重要监测信息、“三条红线”等信息的展示，并为业务人员提供访问系统的入口。公众信息门户面向社会公众和社会取水户，发布水资源状况、规划计划、政策法规、标准规范、行政公示等信息，为社会公众了解水资源管理动态、参与水资源管理工作提供信息服务。

(4) 监控会商环境。海委一期项目建设了海委水资源监控中心，为海委实时监控水资源动态变化、进行水资源决策分析、调度会商、实时发布并执行决策结果建立了工作场所。

(5) 安全体系。海委一期项目扩充了海委政务外网CA系统，在海委直属各管理局建立RA认证中心，为系统的数据安全、监管控制、操作行为进行全方位防护，全面提高信息安全的管理水平，保障海河流域水资源监控管理信息平台的顺利建设与安全运行。

(6) 系统集成。在与业务系统集成方面，实现了与中央水资源监控管理信息平台、各省（自治区、直辖市）水资源监控管理信息平台的互联互通；实现与海河流域防汛抗旱指挥系统、海河流域水资源保护信息系统等已建业务系统的数据集成。

在与海委电子政务系统集成方面，由于该系统运行在政务内网上，因此通过人工后台导入的方式，从该系统获取行政审批结果，并将本系统需要审批的相关资料导入电子政务系统中，实现了两个系统数据的交换。

在与水信息业务门户集成方面，依托水信息网现有栏目，发布水资源管理相关信息，同时提供水资源管理的专题网站。

1.2.3.5 海委一期项目建设具体成效

海委一期项目建设，实现了原定建设目标，项目完工后立即投入使用，整体运行情况良好，设备性能优良，效率满足要求，功能较为全面，在海委及海委直属各管理局的水资源管理业务中，发挥了重要的作用，重点实现了以下3方面的应用。

（1）监督考核“三条红线”落实情况。针对“三条红线”考核指标的要求，海河流域平台提供了数据统计、对比、预警等功能。海委利用平台掌握流域内省（自治区、直辖市）用水总量、万元工业增加值用水量下降幅度、农田灌溉水有效利用系数、水功能区达标率4项考核指标的不同水平年控制目标、现状年实际状况，分析各项指标的变化情况、达标情况和预警水平，从而掌握流域内各省市“三条红线”考核指标的完成情况，监督考核“三条红线”落实情况。

（2）掌握海河流域水资源状况及开发利用情况。通过海委一期项目开展的取用水监控体系、水功能区监控体系、大江大河省界断面监控体系建设以及与中央水资源监控管理信息平台、各省（自治区、直辖市）水资源监控管理信息平台、其他业务系统的信息共享，海委及海委直属各管理局能够及时准确掌握海河流域主要江河自然水循环过程及水资源开发利用状况，根据管理范围和关注角度，从流域、区域、监测对象3个层面获取监控数据和统计、分析成果；扩大了海委及委直属局所掌握水资源信息的范围，提高了信息的及时性和准确性。

（3）获得业务管理信息化支持。海河流域水资源监控管理信息平台提供了业务管理、调配决策支持、应急管理等功能，并建设了业务门户和公众信息门户，海委及海委直属各管理局通过使用平台，加强了日常业务流程规范化管理和信息公开，并在水资源调度、水资源应急处置等方面，获得了科学的决策分析工具及实时监控、统计分析、预警预测等多角度的信息支持，促进了水资源管理方式的转变，提高了流域水资源管理工作效率和科学管理水平。此外，海委一期项目建设的水资源监控中心在海委水资源调度会商等工作中发挥了重要作用，海委多次利用水资源监控中心进行水资源业务集中会商，召开异地视频会议。

1.3 水资源监控能力建设海委二期项目

在海委一期项目建设成果基础上，按照党的十八大以来中央提出的一系列新治水思路的要求，针对海河流域实行“最严格的水资源管理制度”和落实“三条红线”的具体要求，利用3年左右时间（2016—2018年），通过与中央、省级水资源管理系统的互联互通，进一步提高海河流域三大监控体系，尤其是对大中型灌区用水、重要饮用水水源地水质等在线监测能力，进一步完善信息平台建设，深化信息资源整合和业务应用开发，提高漳河上游及漳卫南运河流域水资源管理主要对象的在线监测能力，基本建成比较完善的水资源监控系统。通过加强对水资源开发利用全过程的监督管理，形成与实行最严格水资源管理制度基本适应的水资源监控能力体系，基本满足海河流域水资源“三条红线”管理和最严格水资源管理制度考核的信息化支撑需要。

海委二期项目建设内容主要包括海河流域水资源监控管理信息平台、漳河上游及漳卫南运河流域水资源监控体系等。

1.3.1 水资源监控管理信息平台

在海委一期项目已建的海河流域水资源监控管理信息平台（以下简称“海河流域平台”）的基础上进行补充完善，包括完善业务应用系统和完善平台运行环境2部分内容。

(1) 完善业务应用系统。在海委一期项目已建的业务应用系统框架基础上，进行完善和深化，具体包括：水资源信息服务系统完善；水资源业务管理系统和水资源调配决策支持系统定制与二次开发；水资源应急管理系统完善；对部分功能模块实现移动终端设备的移植；针对不同用户业务需求进行水资源应用系统定制及二次开发；已建数据库扩展和完善。

(2) 完善平台运行环境。遵循海委一期项目搭建的平台框架，对现有的平台环境进行补充完善，为三级平台信息互联互通，实现各类监测数据及时获取提供软硬件支撑。

1.3.2 漳卫南运河流域水资源监控体系

漳卫南运河流域水资源监控体系包括取用水监控体系、入河排污口监控体系、水情自动测报系统、漳卫南局水资源监控管理信息平台等。

(1) 建设取用水监控体系。根据漳卫南运河流域取水户的取水情况，确定34个重要取水口（包括14个引水闸、20个扬水站）建立在线监测系统，实现取水量在线监测；选取15个具备视频监视条件、取水位置敏感且重要的取水口建设视频监视系统，实现取水实时监控；配置1套便携式电波流速仪、1套便携式直读流速仪、5套便携式水位计等巡测设备，辅助取水口的水量监督监测。

(2) 建设入河排污口监控体系。根据漳卫南运河流域入河排污口的排污情况，确定5个重要入河排污口建立在线监测系统及视频监视系统，实现排污口的污水排放情况实时监控。

(3) 建设水情自动测报系统。建立重要支流安阳河、汤河口水位、流量在线监测系统及视频监视系统，实现安阳河和汤河的水位流量实时监控；建设岳城水库水情自动测报系统，包括1个中心站和36个遥测站，实现岳城水库以上漳河流域水雨情信息自动测报，为岳城水库的水资源配置和调度管理提供支撑。

(4) 建设漳卫南局水资源监控管理信息平台。包括信息采集与传输、计算机网络、数据资源、应用支撑、业务应用系统、监控会商环境、安全体系等内容。在漳卫南运河管理局（以下简称“漳卫南局”）建设数据接收中心站，配置数据接收交换服务器、虚拟化软件等，接收监测数据，并实现向海委报送数据。开发漳卫南局水资源监控管理信息平台软件，部署于海委，利用海委一期项目已搭建的平台框架和基础环境进行建设。建设监控中心，配置监控设备；建设视频中心站，实现对视频监视系统的管理。

1.3.3 漳河上游流域水资源监控体系

漳河上游流域水资源监控体系主要建设内容包括取用水节点监控系统（计算机闸站监

控系统和视频监视系统)、水资源通信网络传输系统、远程监控平台、漳河上游管理局水资源监控管理信息平台等。

(1)建设取用水节点监控系统。取用水节点监控系统包括计算机闸站监控系统和视频监视系统,实现漳河上游重要取用水节点的水资源在线监测、监视、监控,利用专网与公网,将监控、监测信息、视频信息传输至分中心和中心站,实现漳河上游重要取用水节点的水资源监控。

计算机闸站监控系统对红旗渠渠首闸、红旗渠河口闸、石城渠分水闸、天桥源渠闸、白芟一道渠分水工程、白芟二道渠分水工程、跃进渠首枢纽闸、大跃峰渠首闸、小跃峰渠首闸等9个取用水节点实施远程监控,能够实现在现地、管理处及漳河上游局三级控制。

视频监视系统建设范围主要包括白芟一道渠首闸、白芟二道渠首闸站等11个取用水节点闸,麻田、西黄漳、故驿、侯壁等14处水文站,局机关及管理一处、二处、三处及清漳河管理处等4个基层单位办公环境,实施视频监视。

(2)建设水资源通信网络传输系统。采用自建与租用相结合的方式,以光纤通信和TCP/IP技术为主,结合以太网路由交换技术、VLAN、QoS等,构建覆盖各取用水节点的通信及网络信息传输平台,保证各取用水节点监控、监测、监视、信息的实时、高效、安全、准确传递,统一网管。为用户提供支持实时多种业务的数据传输系统,满足现在和今后业务的需求。

(3)建设远程监控平台。漳河上游管理局(以下简称"上游局")远程监控平台建设是在计算机现地闸站监控系统、视频监视系统的基础上开发建设远程监控平台。实现从工程现场、到所属管理处、到局机关的多级监控。实现功能包括对水闸现地引水情况和闸门运行情况的远程监测,对水闸进行远程控制,存储监测数据和控制数据,为水量调度系统提供引水数据,并在此范围内配置所必需的软件、硬件设备及相关监测控制工作环境。

(4)建设上游局水资源监控管理信息平台。上游局水资源监控管理信息平台遵循国家水资源监控能力建设项目总体框架,利用海委水资源平台的软硬件支撑环境进行开发建设。主要包括数据库建设和应用系统的开发与软件功能集成工作。

1.4 漳卫南局水资源监控能力建设

1.4.1 必要性分析

随着国家地下水压采治理政策出台,漳卫南运河流域内有关地区因实行地下水压采,地表水供水需求明显增加,沿河争抢、过度引蓄河水现象加剧,上下游争水矛盾加剧,水资源配置和监督管理任务进一步加重。与此同时,由于水资源节约、保护和管理投入不足,水质监测能力不足,水资源的计量监控及管理支撑能力较低,与落实最严格水资源管理制度的要求差距很大,必须加快实施最严格水资源管理制度,开展漳卫南运河流域水资源监控能力建设项目。

(1)提高漳卫南局水资源管理水平的迫切需要。根据《关于印发漳卫南运河管理局主要职责机构设置和人员编制规定的通知》(海人教〔2010〕51号)批复,漳卫南局水资源管理和保护相关职责包括：负责取水许可监督管理等工作，组织编制年度水量调度计划和应急水量调度预案并组织实施；负责管辖范围内水资源保护工作，参与拟定水资源保护规划、水功能区划并监督实施，负责水功能区监督管理工作、入河排污口监测和水功能区纳污总量监督工作、水质监测和水质站网的建设和管理工作；负责直管水源地保护工作；按照规定，负责管辖范围内水利突发公共事件的应急管理工作；负责管辖范围内水文工作；负责水文水资源监测和水文站网建设和管理工作、水文情报预报工作。漳卫南局的管辖范围均为省际河流，中下游的卫运河、漳卫新河近350km是河北、山东省界。漳卫南局目前已形成了局机关、市级河务局和县级河务局的三级管理体制，但流域内水资源计量监测水平低、监控手段缺乏，水资源监测、计量、信息能力无法满足日益提升的水资源管理需要。为更好地履行工作职责，提高水资源管理水平，迫切需要从微观层面上掌握流域内水资源开发利用状况，支撑宏观层面上的水资源配置、节约和保护工作。

漳卫南运河流域水资源监控能力建设项目利用先进的通信和计算机技术，整合现有的水资源信息化资源，搭建强有力的支撑平台，实现取水、排污的动态监测，有效监控流域水资源动态变化，辅助水资源管理的调配决策，全面提升水资源管理能力和水平。

（2）辅助水资源配置、节约和保护的重要手段。卫河、清漳河、浊漳河是漳卫南运河的主要支流，其来水量直接影响流域内水资源的可利用量，水资源的优化配置、统一调度与管理，对缓解河北、河南、山东用水矛盾、保障经济社会可持续发展有重要意义。目前，卫河、清漳河、浊漳河被确定为国家跨省河流水量分配方案制定的重点河流，其水量分配方案已经通过水规总院审查，且流域内山西、河北、河南、山东等省已实现“三条红线”控制指标的分解，基本覆盖省、市、县三级。

在漳卫南运河干流，还未建立完整的控制断面水资源监测和监控系统，不具备省际水量分配的技术能力。漳卫南运河流域水资源监控能力建设项目将利用科学的水量监测方法，在安阳河、汤河、岳城水库上游地区建立在线水量监测系统，进而建立覆盖主要干流的水情自动测报系统，实时获取重要控制断面的水位、流量信息，反映河流的水位流量变化情况，为落实最严格水资源管理制度和水量分配方案的实施提供基础技术支撑。

（3）漳卫南局全面落实最严格水资源管理制度的技术支撑。实行最严格水资源管理制度要求对水资源进行定量化、科学化、精细化管理。完善的监测系统、全面的监测信息，是执行最严格水资源管理制度的重要依据。水利部开展了国家水资源监控能力建设项目，在海委部分的建设项目中，仅考虑了漳卫南运河管理局的水资源调度业务，为漳卫南运河流域的水资源管理提供了支持，但未考虑对农业取水、排污口的监控，无法全面科学计量直管河段的水资源开发利用状况。漳卫南运河流域水资源监控能力建设项目将针对流域内规模以上取水口进行实时监控，同时对水质污染贡献率高的入河排污口设置监测设施和手段，积极探索农业取水和入河排污口监测的建设方式和方法，促进流域水资源的优化配置和高效利用，积累经验后可以向全流域推广，有利于推动最严格水资源管理制度的落实。

1.4.2 建设目标

以实现水资源管理重要指标的可监测、可监控、可考核为目标，建设和完善漳卫南运河取水口、入河排污口和重要断面的监测站网，建设覆盖干流主要控制断面的水情自动测报系统，建立漳卫南运河水资源监控管理信息平台，全面提高水资源监控和管理能力，为落实最严格水资源管理制度提供管理和技术支撑。

1.4.3 主要建设内容

建设内容包括取用水监测体系、入河排污口监测体系、水情自动测报系统、水资源监控管理信息平台等。

（1）取用水监测体系。根据漳卫南运河流域取水户的取水情况，确定34个重要取水户（包括14个引水闸、20个扬水站）建立在线监测系统，实现取水量在线监测，其中15个具备视频监视条件、取水位置敏感且重要的取水户建立视频监视系统，实现取水实时监控；配置1套便携式电波流速枪、1套便携式直读流速仪、5套便携式水位计等巡测设备，辅助取水口的水量监督监测。

（2）入河排污口监测体系。根据漳卫南运河流域入河排污口的排污情况，确定5个重要入河排污口建立在线监测系统及视频监视系统，实现排污口的污水排放情况实时监控。

（3）水情自动测报系统。建立重要支流安阳河、汤河口水位、流量在线监测系统及视频监视系统，实现安阳河和汤河的水位流量实时监控；建设岳城水库水文自动测报系统，建设34个水位、雨量遥测站和岳城水库管理局信息接收中心站，实现岳城水库以上流域水雨情信息自动测报，为岳城水库的水资源配置和调度管理提供支撑；实现优化和整合，建设覆盖干流主要控制断面的水情自动测报系统。

（4）漳卫南局水资源监控管理信息平台。充分整合漳卫南运河管理局信息和网络资源，建立漳卫南运河水资源监控管理信息平台，包括计算机网络、数据资源、应用支撑、业务应用系统、应用交互、监控会商环境、系统安全等。

1）计算机网络。利用漳卫南局政务外网，实现漳卫南局水资源监控管理信息平台与海河流域水资源监控管理信息平台间信息的互联互通。

2）数据资源。按照国家水资源监控能力建设数据库建设标准规范，收集整理漳卫南运河的取水口、入河排污口、水闸等相关的基础信息、监测信息、空间信息、业务信息，建设基础数据库、监测数据库、空间数据库、业务数据库、决策数据库、元数据库，实现水资源数据资源的统一管理，同时利用数据同步的方式接入已建的水雨情数据，支撑水资源调度管理。

3）应用支撑。采用虚拟化云技术实现漳卫南局信息资源的优化配置，支撑漳卫南运河管理局信息管理平台现代化。

4）业务应用系统。建设水资源信息服务、水情业务系统、水质预测预警、水资源调度管理系统，为漳卫南运河流域水资源管理和决策提供技术支持。

5）监控会商环境。建设漳卫南局水资源监控中心，提供获取所有相关业务信息、进行决策分析预测与仿真、召开视频会议的环境与场所。同时，在二级局建立视频接收中心站，接收管辖范围内的取水户、入河排污口、重要断面的视频信息，实现历史视频信息的远程调用，局机关通过访问各直属局的视频控制系统来查看及调用视频信息。

1.5 设计依据

1.5.1 项目规划依据

项目规划依据包括：《海河流域综合规划（2012—2030年）》（国函〔2013〕36号）；《全国水利信息化发展“十三五”规划》；

《全国水文基础设施建设规划（2013—2020）》。

1.5.2 管理办法及文件

项目管理办法及文件依据如下：

《水利部关于印发〈国家水资源监控能力建设项目实施方案（2016—2018年）〉的通知》（水财务〔2016〕168号）；

《关于编制国家水资源监控能力建设项目（2016—2018年）流域技术方案的通知》（水资源办〔2016〕7号）；

《国家水资源监控能力建设项目管理办法》（水资源〔2012〕412号）；

《水利部关于印发全国重要饮用水水源地名录（2016年）的通知》（水资源函〔2016〕383号）；

《全国省际河流省界水资源监测断面名录》（水资源〔2014〕286号）；

《全国水文基础设施建设规划（2013—2020年）》（发改农经〔2013〕2457号）；

《水文水资源调查评价资质和建设项目水资源论证管理办法（试行）》（水利部令第17号）；

《入河排污口监督管理办法》（水利部第22号）；

《水行政许可实施办法》（水利部第23号）；

《取水许可管理办法》（水利部第34号）；

《水功能区管理办法》（水资源〔2003〕233号）。

1.5.3 技术标准和规范

项目技术标准和规范依据如下：

《水利信息系统初步设计报告编制规定（试行）》（SL/Z 332—2005）；

《水资源监测要素》（SZY 201—2012）；

《水资源监测设备技术要求》（SZY 203—2012）；

《水资源监测数据传输规约》（SZY 206—2012）；

《信息分类及编码规定》（SZY 102—2013）；

《监测站建设技术导则》（SZY 202—2013）；

《基础数据库表结构及标识符》（SZY 301—2013）；

《监测数据库表结构及标识符》（SZY 302—2013）；

《业务数据库表结构及标识符》（SZY 303—2013）；

《空间数据库表结构及标识符》（SZY 304—2013）；

《多媒体数据库表结构及标识符》(SZY 305—2013);
《空间信息图式》(SZY 402—2013);
《术语》(SZY 101—2014);
《元数据》(SZY 306—2014);
《空间信息组织》(SZY 401—2014);
《用户权限管理规定》(SZY 501—2014);
《信息交换内容及方式》(SZY 502—2014);
《信息流程》(SZY 503—2014);
《标准体系》(SZY 103—2015);
《数据字典》(SZY 307—2015);
《软件平台业务流程》(SZY 504—2015);
《运行维护》(SZY 505—2015);
《平台交换技术规范》(SZY 506—2015);
《平台交换管理规范》(SZY 507—2015);
《计算机软件工程规范国家标准汇编》(2000年,中国标准出版社);
《地表水环境质量标准》(GB 3838—2002);
《水文站网规划技术导则》(SL 34—92);
《水资源水量监测技术导则》(SL 365—2007);
《地下水监测规范》(SL 183—2005);
《水环境监测规范》(SL 219—98);
《水资源评价导则》(SL/T 238—1999);
《电子建设工程概(预)算编制办法及计价依据》(信息产业部 HYD 41—2015)。

1.6 建设成效

通过漳卫南运河流域水资源监控能力建设,将实现漳卫南运河水功能区、省界断面、排污口和重要取水口的在线监测,可以控制漳卫南运河流域许可取水量的95%及入河排污量的50%,实现对重要取水口、入河排污口的水量在线监测、视频监视,建设覆盖干流主要控制断面的水情自动测报系统,动态掌握流域内水情信息和取用水信息,实现流域内水量、水质预测及水资源调度业务支持,全面提升漳卫南运河的水资源监测监控能力,为落实最严格水资源管理制度提供有效的支撑。

第2章　漳卫南运河流域概况

2.1　河流水系

漳卫南运河流域位于海河流域南部，流域范围为东经112°～118°，北纬35°～39°，流域面积37700km²。漳卫南运河发源于太行山脉，由漳河、卫河、卫运河、南运河及漳卫新河组成，总的走向为从西南向东北，流经山西、河南、河北、山东四省及天津市，入渤海。

（1）漳河。漳河上游有清漳河、浊漳河两条支流，两支流于河北省涉县合漳村汇合后为漳河干流，继续沿河北、河南两省的边界流经河南省林州市、安阳县和河北省涉县、磁县，自观台入岳城水库，出岳城水库后进入平原，向东北流经磁县、临漳、魏县、大名等县，至馆陶县徐万仓与卫河共同汇入卫运河。

（2）卫河。卫河上游为大沙河，自北向南流经夺火镇南部的槐树庄、河口、外荒等村庄，汇入小支流纸坊河出山西省进入河南省焦作市，经马安石水库后转向东流，纳入石门河、黄水河、百泉河后称卫河。卫河合河以下为干流，合河镇卫河上建有节制闸，从河南省新乡市合河镇始至漳卫河汇合口徐万仓止，全长329km。

（3）卫运河。漳河、卫河于馆陶县徐万仓汇合后至四女寺枢纽河段称卫运河。卫运河沿山东、河北两省边界，左岸流经河北省的馆陶、临西、清河、故城等县，右岸流经山东省的冠县、临清、夏津、武城等县（市），河长157km。

（4）南运河。南运河起于四女寺枢纽，河道全长309km，流经山东省德州市德城区，以及河北省故城、景县、阜城、吴桥、东光、南皮、泊头市、沧县、沧州市区、青县等县市，止于天津市静海县独流镇的十一堡节制闸。

（5）漳卫新河。漳卫新河上起四女寺枢纽，下至无棣县大沽河口入海，河道全长257km，右岸流经山东省德州市德城区、宁津、乐陵、庆云及滨州市无棣等县（市），左岸流经山东省德州市德城区和河北省沧州市吴桥、东光、南皮、盐山、海兴等县。

2.2　自然地理

漳卫南运河流域地势西南高东北低，西部为南—北和西南—东北走向的太行山山脉，东南部的中下游为由该河系及黄河泛滥冲积而成的冲积、洪积平原，流域山区和平原几乎直接交接。根据地貌成因、形态等因素，流域可划分为山地、平原两种地貌。

（1）上游山区。位于山西台地东侧，太行山大背斜，包括河北省西部、山西省东部、河南省北部，邯郸、安阳、辉县、焦作一线以西以北，海拔100～2200m，属于华北平原山地区。太行山侵蚀构造亚区由太行山、恒山、五台山、太岳山等山脉组成，主要为基岩裸露的山地，其次是第四纪松散物覆盖的盆地，中间夹杂长治、武安、林县等许多构造盆地，其中以长治盆地最大，盆地中黄土丘陵发育，构成晋东南沁路高原的一部分。上游多为黄土丘陵沟壑，山区地面坡度在20°以上，至丘陵渐次变缓，山间盆地较多，地形陡峻破碎，多呈典型侵蚀型地貌形态，地面物质以砂、壤质黄土及灰岩风化物为主，土层较薄，一般为20～50cm。由于土层薄、发育差，土壤侵蚀严重，以浊漳河上游侵蚀最为严重。

（2）中游平原区。位于河北邯郸，河南安阳、辉县、焦作一线以东以南，海拔100m以下，除个别地段有基岩出露外，绝大部分为第四纪松散物覆盖，可分为山前洪积冲积平原亚区和中部洪积冲积泛滥平原亚区，主要由河流洪积、冲积扇组成，其中最大的洪积、冲积扇是漳河洪积、冲积扇，构成了山前倾斜平原的主体，与山地的梯级上升相对应，洪积、冲积扇也呈梯级下降，冲积扇地面比较平坦，坡度为0.3‰～3‰。

（3）下游平原和滨海地区。属于河北、山东河流泛滥平原亚区，滨海冲积三角洲平原位于曲周、馆陶、阳谷与黄骅、海兴、无棣、沾化之间，古河道高地与低地相间分布，主要为河流泛滥冲积形成，在扇缘交接洼地和河间洼地有零星薄层湖相沉积。

2.3　气象水文

（1）气象。漳卫南运河流域地处温带半干旱、半湿润季风气候区，属暖温带大陆性季风气候，多年平均气温14℃，漳河山区属南温带半干旱气候区，其他地区属南温带亚湿润气候区，多年平均降水量608.4mm。

（2）蒸发。漳卫南运河流域多年平均年陆面蒸发量为487mm。其中，平原区为531mm，漳河山区为481mm，卫河山区为492mm。流域多年平均年水面蒸发量为1100mm（E601型蒸发皿观测值），其地区分布大体是平原区大于山区，南部大于北部。清漳河上游年平均水面蒸发量小于1000mm。流域内年蒸发量与年降水量的比值，山区为1.5～2，平原区年蒸发量都超过年降水量的2倍以上。

（3）降水。流域内多年平均降水量一般在500～800mm之间。由于受季风气候和地形的影响，降水量的分布存在明显的地带性差异。山区因来自西南或东南的海洋暖湿气流受地形的抬升影响，在太行山迎风坡形成一条与山脉走向相似的多雨地带，多年平均降水量一般在600～700mm。太行山背风坡如浊漳河地区，因暖湿气流受山脉阻挡以及气流下沉作用，降水量比迎风坡明显减少，一般在550～600mm。平原区多年平均降水量一般在550～600mm之间。流域的降水量除受地形影响外，还受季风环流的影响，雨季的开始和终止与季风的进退时间基本一致。流域雨季大多从6月中、下旬开始至8月下旬结束。多年平均夏季（6—8月）降水量占全年降水量的70%～80%，春季（3—5月）占8%～16%，秋季（9—11月）占13%～23%，冬季（12月—翌年2月）占2%左右。

2.4　社会经济

漳卫南运河流域地跨山西、河北、山东、河南四省及天津市，人口约3000万人，耕

表 2.1　　防洪保护区社会经济资料统计汇总

河道名称	岸别	现状（2005年末）							2015年预测		2025年预测		防洪标准
		保护区面积 /km²	保护区耕地 /hm²	保护区人口 /万人	GDP /亿元	农业产值 /万元	工业产值 /万元	固定资产 /万元	保护区耕地 /hm²	保护区人口 /万人	保护区耕地 /hm²	保护区人口 /万人	重现期 /年
卫河	左	1558	10.26	123.47	46.93	243110	212112	51536	10.11	133.05	9.96	143.37	30～50
	右	9314	55.26	579.5	281.94	1414034	2014006	497715	54.43	624.46	53.61	672.91	50～100
漳河	左	13755.75	94.35	806.71	493.09	917021	1128067	99644	93.41	858.14	92.47	912.86	50～100
	右	1151	7.6	91.15	27.11	195302	162695	33592	7.47	98.71	7.38	106.90	30～50
卫运河	左	4220.40	28.15	233.6	144.64	629491	823556	111413	27.87	250.48	27.60	268.57	50～100
	右	6703	40.07	410.33	199.91	953394	1524322	370523	39.67	431.31	39.27	453.37	50～100
漳卫新河	左	2121	12.66	105.17	53.08	237382	673213	191619	12.49	110.55	12.35	116.20	30～50
	右	2690	14.61	151.74	75.68	470674	692242	121431	14.15	159.50	13.77	167.66	30～50
	间	185	0.97	8.12	6.63	26322	84065	11056	0.95	8.54	0.93	8.97	
南运河	左	1463	9.29	73.41	45.48	209368	285825	167880	9.16	78.33	9.07	83.22	30～50
	右	7849	36.77	322.2	183.58	674394	2434239	361779	36.29	343.76	35.92	366.78	50～100

注　1. 漳河左堤：京广铁路桥（80m 等高线以东）起，沿滏阳河右堤至曲周，向东顺曲周～临清公路直至临清，与卫运河左堤、漳河左堤之间；卫运河左堤保护区。

2. 漳河右堤：西起京广铁路桥（80m 等高线以东），向南沿崔家桥滞洪区西界，顺安阳河左堤向东，至卫河左堤，直至与漳河右堤相交处（扣除大名泛区）。

3. 卫河左堤：西起良相坡跨过淇河，沿 60m 等高线至漳河右堤。

4. 卫河右堤：沿古阳堤至滑县城至金堤河左堤，至濮阳、清丰至马颊河左堤（卫马夹道），至馆陶（扣除各滞洪区），与卫河右堤之间；卫运河右堤保护区。

5. 卫运河左堤：徐万仓～老沙河～清凉江右堤～南排河右堤与南运河左堤间；右堤：徐万仓～乜村～桑桥～马颊河左堤～海口与漳卫新河间，扣除恩县洼滞洪区。

6. 漳卫新河左堤：南运河右堤～水波～宣惠河右堤～海口；右堤：陈公堤～常安集～恩城～马颊河左堤～海口。

7. 南运河左堤：故城～江江河～右堤～黑龙港河右堤～子牙河右堤；右堤：漳卫新河左堤～子牙新河右堤间。

地面积 4400 余万亩。出山区进入平原后，漳河岳城水库以下、卫河淇门以下防洪保护区面积约 36500km²，截至 2005 年年底，耕地约 3300 万亩，人口约 2080 万人，工农业产值约 9642600 万元，固定资产 1189600 万元，国内生产总值 11149600 万元。防洪保护区社会经济统计资料汇总见表 2.1。本流域为重要粮棉产区，主要粮食作物有小麦、玉米、谷类，经济作物有棉花、大豆、花生等，粮食亩产约 300～500 斤，岳城水库附近因水源条件较好，灌区单产较高约为 600～800 斤。流域内工业发展迅速，主要工业有电力、钢铁、纺织及各种化工工业。山西省煤炭资源丰富，储量及产量在全国占有重要地位。流域内交通运输业发达，京广、京九、津浦等重要铁路，京深、京福、京开高速公路，107 国道、106 国道、105 国道等重要交通线横贯南北，与地方公路、铁路交织成网，四通八达，客运、货运业一派繁荣。

2.5 管理机构和沿革

2.5.1 中华人民共和国成立之前漳卫南运河的管理

历史上，漳卫南运河漕运重于河防，明代以前一直没有专门的管理机构。明成化七年（1471 年）设总理河道，主持黄河、运河河道修守。此后逐步形成由中央派出的机构：总河（或总漕）—都水司—分司，与地方管理机构：省—州—县，或卫—所—千户构成的河道管理体系，这种管理体系一直延续到清朝末期。管理职能主要为漕运、保证运河水源、工程管理、组织防洪和河道治理。

民国 17 年（1928 年），直隶省设南运河分局。民国 18 年（1929 年）改为南运河河务局，隶属河北省建设厅，下设 6 个工巡段。民国 21 年（1932 年），河南省按流域设淮、白、汝洪、丹卫、漳淇等水利局，卫河属丹卫，经费由沿河各县分摊。民国 22 年（1933 年）春，将原十一水利局裁并为 4 个水利局，其中丹卫、漳淇二局合并为第四水利局，驻防新乡市，负责卫河水利。同年 8 月又将 4 个水利局并入河南省建设厅，设水利处。民国 26 年（1937 年），卢沟桥事变后，华北沦陷，各河务局随之解散。1946 年以后，解放区人民政府建立了相应的管理机构，负责漳卫南运河防汛及航运事务的管理工作。新中国成立后，漳卫南运河系各河道堤防工程由所在省负责管理。

2.5.2 漳卫南运河统一管理体制的形成

目前，漳卫南运河的主要河段和重要工程由水利部海委漳卫南运河管理局（以下简称“漳卫南局”）和漳河上游局管理，漳河上游由山西省管理、卫河上游由河南省管理，南运河第三店以下由河北省管理。

2.5.2.1 漳卫南局建立（1958 年 3 月—1967 年 12 月）

1958 年 3 月 24 日，为了统一运用漳卫南运河灌溉防洪工程，水利电力部、农业部决定成立“农业部、水利电力部漳卫南运河管理局”，人员编制 48 人，驻山东省德州市。1958 年 4 月 30 日，农业部、水利电力部漳卫南局正式启用印章，开始办公。自此开始，漳卫南运河的管理逐渐由沿岸地方政府管理转为由中央机构统一管理的模式。

漳卫南局建局初期，漳卫南运河系各河道堤防工程由所在省负责管理。漳卫南局的主要任务是根据分水协议统一掌握引黄济卫、漳河水量调配，协调各省年度引水计划，掌握雨情、水情，协商研究洪水蓄泄安排，协助有关各省合理拟定河道堤防、涵闸岁修标准，对工程管理养护工作进行技术指导，负责枢纽水闸的启闭调度。由于边界水利问题突出，1963年2月，水利电力部决定将漳卫南运河和四女寺减河沿岸冀、鲁、豫三省边界水利问题交由漳卫南局管理。1964年8月15日，中共中央、国务院对解决冀、鲁、豫、皖、苏有关边界水利问题的协商意见做出批示："漳河、卫河目前还未根治，……为了统一管理这个河系的防洪工作，决定漳河岳城水库及其以下的河道，卫河淇河口以下的河道，刘庄闸及其以下的共产主义渠，卫运河及四女寺减河的堤防和有关涵闸枢纽，统一由水利电力部漳卫南运河管理局负责管理。各省在这些河段上的现有管理机构和人员应全部移交给漳卫南运河管理局。"1963年10月，漳卫南局先后接管卫运河、漳卫新河（四女寺减河）。

1965年4月20日，为加强河道管理和进一步发挥地方管理河道的积极性，经漳卫南运河管理局研究并经各省专代表讨论通过，报水利电力部批准，根据河道管理区划和行政区划协调一致的原则，漳卫南局就建立和调整管理机构问题发出通知，对河道管理机构设置再次做出调整，基本完成了漳卫南运河统一管理后机构建立、调整任务，初步形成漳卫南运河管理局统一管理的格局。

2.5.2.2 漳卫南局撤销（1970年6月—1980年8月）

1970年6月20日，水利电力部军管会下文"责成（水利电力部）第十三工程局革命委员会对漳卫南运河管理局实行统一领导。"1970年6月26日，水利电力部第十三工程局正式接管漳卫南运河管理局。

水利电力部第十三工程局接管漳卫南运河管理局后，于1970年11月7日就漳卫南运河管理体制问题行文上报水利电力部，其中在机构设置中提出："漳卫南局撤销，在十三工程局革委会生产指挥部设立河道组，由10～15人组成。保留四女寺枢纽工程管理处，各修防管理处、段下放沿河各地区、县（市），属地方建制，今后河道管理、岁修、防汛等任务均由地方负责。"

体制改革后，围绕漳卫南运河的管理工作，水利电力部第十三工程局在漳卫南运河管理工作中的职责和任务是：统一负责全河系的勘测设计和规划工作；统一掌握堤防标准和防洪标准；协调三省沿河地区水利矛盾；编制全河年度岁修计划供部作为审批地方计划的依据；掌握与传递水情，为防汛、灌溉和航运服务。

2.5.2.3 漳卫南局恢复

1979年11月6日，国务院批转水利部《关于成立海河水利委员会的报告》，1980年10月1日，海河水利委员会（以下简称"海委"）在天津正式成立，隶属水利部。

1980年8月27日，为加强漳卫河系的统一管理工作，经与有关省、市协商，水利部决定恢复漳卫南运河管理局。恢复后的漳卫南运河管理局为地师级机构，全称为水利部海河水利委员会漳卫南运河管理局，驻山东德州市。行政、技术、业务、人事等工作由水利部海河水利委员会领导，党的关系由山东省委领导。1980年10月15日，漳卫南局正式恢复办公。

水利部《关于恢复漳卫南运河管理局的通知》[(80)水管字第63号]对漳卫南局的管理范围做出明确规定："漳卫南局的管理范围，仍然遵照中共中央、国务院1964年8月15日批示办理。即：'漳河岳城水库及其以下的河道，卫河淇河口以下的河道，刘庄闸及其以下的共产主义渠，卫运河及四女寺减河（漳卫新河）的堤防及有关涵闸枢纽，统一由水利电力部漳卫南运河管理局负责，各省在这些河段上的现有管理机构和人事应全部移交给漳卫南运河管理局。""漳河、卫河等河的河道、堤防由漳卫南运河管理局接管后，河道堤防的岁修养护、堵口复堤以及绿化等工作，仍需依靠地方。为此，沿河的县社、队均应建立群众性的护堤组织和设置护堤员，固定专人，分段包干，做好上述各项工作。漳河、卫河等河的防汛工作，仍以地方为主，地方负责民工动员组织，防汛抢险；漳卫南运河管理局应做好技术指导和统一调度指挥工作。""沿漳卫河的涵闸、排灌泵站原由地方管理的，其岁修、养护、防汛工作，仍由地方负责，由漳卫南运河管理局负责技术指导。原有引水涵闸应向漳卫南运河管理局报送全年用水计划. 经批准后执行，新建引、排水涵闸，必须经漳卫南运河管理局批准，排水涵闸泵站排水时应服从河道防洪，并受漳卫南运河管理局指挥。""刘庄闸和漳河、卫河、卫运河、漳卫新河上的拦河闸均由漳卫南运河管理局管理。"

漳卫南局的主要职责和任务是：贯彻《水法》《河道管理条例》等法律法规，负责水政监察和检查，执行流域性的政策和法规；负责对管辖范围内的水库、河道、提防工程实施管理，并按照流域规划搞好本河系的规划管理；负责管辖区域的水利综合治理、经营管理、防汛调度等监督、服务工作；负责管理所辖范围内的水资源的监测和调查评价，对水资源实施监测和保护并负责取水许可的管理，对水资源进行综合开发治理；按照海河流域防御洪水方案标准，实施防洪调度及水量调配，编制洪水预报方案，为防汛提供洪水预报和水文情报，并予以实施；协调管辖范围内的边界水事矛盾和纠纷；利用水土资源和人才技术优势，开展综合经营，促进水利经济发展，增强自身经济实力。承担海委授予与交办的其他事宜。

1980年10月8日，水利部批准漳卫南局总编制1000人，机关编制120人，下设：岳城水库管理处、四女寺枢纽管理处、安阳地区卫河管理处、邯邢衡地区漳河卫河管理处、聊城地区漳卫河管理处、德州地区漳卫河管理处、沧州地区漳卫河管理处、无棣县漳卫新河堤闸管理所、工程维修总队9个单位。漳卫新河已建成祝官屯、袁桥、吴桥、王营盘、庆云的五座拦河闸管理机构由所在地区管理处管理。漳卫南运河统一管理的体制得到恢复。

2.5.2.4 漳河上游管理局的成立

1991年8月28日，为贯彻国务院国发〔1989〕42号文件精神，实施漳河水量分配方案，加强漳河上游水政水资源统一管理工作，解决漳河上游水事纠纷，水利部批准成立漳卫南运河管理局漳河水政水资源管理处，驻河北省邯郸市。

为加强水事纠纷协调的协调力度和管理，1993年3月2日，经水利部批准，海委在河北省邯郸市成立水利部海河水利委员会漳河上游管理局，统一管理漳河侯壁水电站以下至岳城水库间河道，统一管理红旗渠、跃进渠、白芟渠（一、二道渠）、大跃峰渠、小跃峰渠的拦河坝和渠首节制闸及石城电站引水渠节制闸、马塔电站尾水渠节制闸（主要的取水工程），漳卫南运河管理局漳河水政水资源管理处成建制划归漳河上游管理局。

至此，漳卫南运河主要河段和跨省工程由海委漳卫南运河管理局和漳河上游局统一管理、省内河道和工程由各省分别管理的格局。

2.5.3 机构改革

2.5.3.1 2002年机构改革

1998年，国务院进行了机构改革，根据水利部统一部署，海委2002年批准漳卫南运河管理局机构改革方案，改革后职能如下：

（1）在管辖范围内负责《水法》《防洪法》《河道管理条例》《水库大坝安全管理条例》等有关法律法规的实施，并执行流域性的有关政策。

（2）负责对管理范围内的水库、河道、堤防工程实施统一管理和维护，确保工程安全运行；按照规定或授权建设和管理所辖范围内的水利工程。

（3）负责管辖范围内水资源的统一管理及开发、利用、节约、保护。负责取水许可的管理，实行水量统一调度；负责本河系水资源保护规划的编制及落实，对水资源实施监测，负责本水系污染源调查，例行水质监测任务。

（4）负责管辖范围内的水行政执法和水政监察；调处省际间边界水事矛盾和纠纷。

（5）指导、协调、监督管辖范围内的防汛工作；编制洪水预报方案和防洪抢险预案；按照规定和授权实施本河系防洪调度；对本河系防汛抢险提供技术指导；负责本河系水文情报预报、气象和通信等工作。

（6）编制管理范围内水利投资年度建议计划，批准后组织实施。

（7）参与拟订直管工程的水价以及其他收费项目的立项、调整方案，负责水利资金的使用、检查和监督。

（8）负责授权范围内国有资产的监督和运营，利用水土资源和人才技术优势，开展综合经营工作。

2.5.3.2 依照公务员管理制度改革

2010年，根据水利部《关于印发〈海河水利委员会主要职责机构设置和人员编制规定〉的通知》（水人事〔2009〕645号）以及国家有关法律法规，海委印发《关于印发漳卫南运河管理局主要职责机构设置和人员编制规定的通知》（海人教〔2010〕51号），漳卫南运河管理局隶属于水利部海河水利委员会，由海河水利委员会授权在其管辖范围内依法行使水行政管理职责，为具有行政职能的事业单位。管辖范围包括岳城水库及其以下漳河、淇门以下卫河、刘庄闸及其以下共产主义渠、卫运河、漳卫新河、南运河（四女寺至第三店）。主要职责包括：

（1）组织拟定管辖范围内水利发展规划，负责相关规划的监督实施；根据授权，负责水利工程规划同意书制度的论证工作；根据授权，负责开展直属水利工程及单位基础设施项目前期工作，负责编报建设项目年度投资计划并组织实施；承担有关水利综合统计工作；协助移民管理有关工作。

（2）负责管辖范围内水资源的管理和监督。按照规定和授权，组织编制年度水量调度计划和应急水量调度预案并组织实施；按照规定和授权，负责取水许可监督管理等工作。

（3）负责管辖范围内水资源保护工作。参与拟定水资源保护规划、水功能区划并监督实施；负责水功能区监督管理工作；负责入河排污口监测和水功能区纳污总量监督工作；负责水质监测和水质站网的建设和管理工作；负责直管水源地保护工作。

（4）负责指导、协调、监督管辖范围内的防汛抗旱工作。负责管辖工程洪水预报方案、防洪调度及抢险预案的编制，对防汛抢险提供技术指导；按照规定或授权，对管辖工程实施防汛抗旱调度和应急水量调度；按照规定，负责管辖范围内水利突发公共事件的应急管理工作。

（5）负责管辖范围内水文工作。负责水文水资源监测和水文站网建设和管理工作；负责水文情报预报工作。

（6）组织实施管辖范围内河流、河口、海岸滩涂的治理和开发；按照规定或授权，负责所辖水利设施、水域及其岸线的管理与保护，负责所辖水利工程的建设与运行管理。负责授权河道管理范围内建设项目的监督管理；负责所辖河段的河道采砂管理工作；协助开展水利建设市场监督管理工作。

（7）负责《水法》《防洪法》等法律法规以及流域性水利政策的实施和监督检查。负责职权范围内水政监察和水行政执法工作，查处水事违法行为；按照规定或授权，负责省际水事纠纷的预防与调处工作。负责管辖范围内水利安全生产工作。

（8）负责授权范围内国有资产的运营或监督管理。研究提出直管工程供水价格调整建议，指导监督收费工作。

（9）承担海河水利委员会交办的其他事项。

第3章 水文站网与水情测报

3.1 漳卫南运河水文站网概况

漳卫南运河水文站网共有报汛站156处，其中中央报汛站90处，海委报汛站119处，共包括雨量站80处、河道站29处、水库洼淀站32处、水位站8处和闸坝站7处。漳卫南运河水文站实行流域机构管理和区域管理相结合的机制，分属于海委、山西省、河南省、河北省和山东省管辖，详见表3.1和表3.2。

表3.1　　漳卫南运河水系报汛站网统计表

分区	雨量站	水文站					合计	向中央报汛站			向海委报汛站		
		河道站	水库站	水位站	闸坝站	小计		雨量	水文	合计	雨量	水文	合计
漳河	40	14	15	—	—	29	69	25	14	39	29	14	33
卫河	21	11	17	8	1	37	58	7	23	30	19	28	47
卫运河	—	1	—	—	—	1	—	—	1	1	—	1	1
南运河	16	3	—	—	5	8	24	10	8	18	16	8	24
漳卫新河	3	—	—	—	1	1	4	1	1	2	3	1	4
合计	80	29	32	8	7	76	156	43	47	90	67	52	119

表3.2　　漳卫南运河水系行政区域报汛站网统计表

省（直辖市）	雨量站	水文站					合计	向中央报汛站			向海委报汛站		
		河道站	水库站	水位站	闸坝站	小计		雨量	水文	合计	雨量	水文	合计
海委	0	5	1	0	0	6	6	0	6	6	0	6	6
河北	26	6	0	1	4	11	37	11	9	20	23	10	33
山西	31	4	13	—	—	17	48	23	4	27	23	4	27
河南	21	12	18	7	1	38	59	7	24	31	19	28	47
山东	2	2	—	—	2	4	6	2	4	6	2	4	6
天津	—	—	—	—	—	—	—	—	—	—	—	—	—
合计	80	29	32	8	7	76	156	43	47	90	67	52	119

3.1.1 漳卫南局直管水文站

漳卫南局直管水文站网包括岳城水库水文站、穿卫枢纽水文站、辛集水文站、四女寺引黄水文站、第三店水文站、祝官屯水位站、王营盘水位站、袁桥水位站、吴桥水位站、罗寨水位站、西郑庄水位站、牛角峪水位站，以及岳城水库上游水文遥测站、河道水文遥测站和水闸水文遥测站，其中岳城水库水文站、穿卫枢纽水文站、辛集水文站、祝官屯水位站、王营盘水位站为国家基本水文测站，袁桥水位站、吴桥水位站、罗寨水位站、西郑庄水位站、牛角峪水位站为专用水文测站。

（1）岳城水库水文站。岳城水库水文站位于河北省磁县岳城镇，1960 年 2 月设立，属海河流域南系漳河干流，为国家基本水文测站。岳城水库水文站由坝上水位站、雨量（蒸发）站、民有渠站、漳河站、漳南渠站组成。民有渠站建于 1961 年，漳河站为岳城水库出库控制站，1968 年由下七垣迁至现址，漳南渠站建于 1974 年。岳城水库水文站承担各站日常的水文测验、报汛及向民有、漳南灌区供水测验的任务，测验项目为水位、降水量、蒸发量、流量、单样含沙量、悬移质输沙率等。2012 年 9 月，水利部批准岳城水库水文站为国家重要水文测站。

（2）穿卫枢纽水文站。穿卫枢纽水文站位于河北省临清市南郊的卫运河干流上，2001 年 11 月设立，为国家基本水文测站。穿卫枢纽水文站承担引黄济津（冀）输水期间的水文测验以及汛期雨情测报任务，是引黄跨流域调水的计量控制站，水文测验项目为水位、降雨量、流量、单样含沙量、悬移质输沙率等。2012 年 9 月，水利部批准穿卫枢纽水文站为国家重要水文测站。

（3）辛集水文站。辛集水文站 2007 年 5 月由水利部水文局批准设立，为国家基本水文测站。辛集水文站位于山东省无棣县小泊头镇曹家村，依托无棣河务局，承担辛集、王营盘国家基本水位站，袁桥、吴桥、罗寨专用水位站闸上、闸下水位观测及比测，漳卫新河沿河取水口引水期引水量测验和漳卫新河洪水期过闸流量测验等巡测任务，水文测验项目为水位、降水量、流量等。

（4）祝官屯、王营盘、袁桥、吴桥、罗寨水位站。祝官屯水位站位于山东省武城县老城镇祝官屯村，王营盘水位站位于河北省东光县后店乡王营盘村，2010 年 7 月由水利部水文局批准设立，为国家基本水位站。

袁桥水位站位于山东省德州市袁桥乡袁桥村，吴桥水位站位于河北省吴桥县铁城镇、罗寨水位站位于山东省乐陵县大孙乡吴官庄村，2010 年 7 月由海委批准设立，为专用水位站。

祝官屯、王营盘、袁桥、吴桥、罗寨水位站依托拦河闸设站，主要为卫运河和漳卫新河防汛抗旱、水资源优化调度、水利工程运行管理等服务，各水位站承担各拦河闸水文测报任务，水文测验项目为降水量、闸上水位、闸下水位。

（5）西郑庄水位站。西郑庄水位站位于山东省武城县西郑庄村，2010 年 7 月由海委批准设立，为专用水位站。主要为满足防汛、蓄洪区运用、水利工程运行管理需要，承担恩县洼滞洪区分洪期间的水文测报任务，水文测验项目为水位。

（6）牛角峪水位站。牛角峪水位站位于山东省武城县四女寺镇四女寺村，2010 年 7 月由海委批准设立，为专用水位站。主要为满足防汛、蓄洪区运用、水利工程运行管理需要，承担牛角峪一孔、二孔、五孔退水闸的水文测报任务，水文测验项目为水位。

（7）四女寺引黄水文站。四女寺引黄水文站位于山东省德州市黄河崖镇耿李杨村，漳卫新河倒虹吸工程出口闸下游新开挖明渠上，2010 年 10 月建站，为引黄济津倒虹吸出口水资源监测控制站，水文测验项目为水位、流量、单样含沙量、悬移质输沙率等。

(8) 第三店水文站。第三店水文站位于山东省德州市二屯镇第三店村，南运河山东、河北两省交界处，2010年10月建站，为引黄济津山东省出境河北省入境水资源监测控制站，水文测验项目为水位、流量、单样含沙量、悬移质输沙率等。

3.1.2 水文遥测站

(1) 岳城水库上游水文遥测系统。岳城水库上游水文遥测系统一期工程于1985年7月建成，设置9个遥测站；二期工程1990年汛前建成，增加改造至25个遥测站；三期工程于1999年6月建成，三期建成后系统为1个中心站、6个中继站、4个雨量兼水位遥测站、6个雨量兼人工置数流量遥测站、24个雨量遥测站，计34个测站，覆盖了清漳河全部，浊漳河漳泽水库、后湾水库、关河水库以下及漳河干流，控制流域面积约11910km^2，占总流域面积的66%。该系统主要功能为自动采集岳城水库上游太行山区等地的水情、雨情信息，通过超短波传送到岳城水库中心站，再由微波干线传输到漳卫南局，经计算机网络处理发送到海委。因工程老化失修，2009年停止运行，2017年重建，系统为1个中心站、36个遥测站中继站，36个遥测站包括：5个水位、雨量站，5个流量、雨量站，4个水位、流量、雨量站和22个雨量站。

(2) 河道水文遥测系统。河道水文遥测系统建于1997年，包括德州中心站、魏县中继站、馆陶中继站、临清中继站，以及卫河元村、漳河蔡小庄、卫运河南陶、临清、四女寺5个遥测站，遥测站的信息利用无线通讯传输到中继站，再经微波干线传输到中心站。

(3) 水闸水位遥测系统。水闸水位遥测系统建于2003年，包括祝官屯闸、袁桥闸、吴桥闸、王营盘闸、罗寨闸、庆云闸、辛集闸7个站点，各站点采集的雨量、水位数据通过漳卫南防汛通信网传至德州中心站。

3.1.3 水文应急监测断面

漳卫南运河下游应急监测断面建于2010年8月，包括漳卫南运河岔河张集桥、减河东方红公路桥、漳卫新河沟店铺公路桥、漳卫新河埕口公路桥4处，满足行洪期水量监测需要。

3.2 水情信息系统

3.2.1 中国洪水预报系统

中国洪水预报系统由水利部开发，推广全国各水文预报单位使用。2009年经由海委水文局引入漳卫南局开始使用，2012年水利部升级改造后暂停使用。

该系统采用NFFS系统逻辑模块化结构，实现了预报模型与系统完全独立，规范化和标准化了预报模型的输入、输出文件格式，除建立了常用的预报模型和方法库，还可方便地增加新的预报模型和方法，可任意选择和组合模型来构建预报方案。

常用预报模型的输入和输出文件共有9个动态链接库标准化接口，预报模型和方法的输入和输出均按此要求进行编程，成为可通用的标准预报模型，预报模块单纯地执行运算任务，具有完全的独立性，可以不加改编地纳入任何环境中运行。可将各项洪水预报技术的计算机软件集成并应用在洪水预报各环节中，从而使水情信息处理和预报作业更加方便和快捷。

系统包括11个模块：定制预报方案、数据处理、模型参数率定、建立预报方案、实时预报、自动实时校正、模拟预测计算、预报结果综合分析与发布、人机交互修正、地理信息系统应用、系统管理。

系统功能全面，推广性强，涵盖了洪水预报中涉及的各类分项、计算方法和模型等。但版本运行总体较慢，在汛期追求时效性的紧急情况下使用效果不甚理想，作为备用预报系统使用。

3.2.2 漳卫南查询会商系统

漳卫南查询会商系统2008年由天津市龙网科技公司开发，后因数据库升级后格式不兼容停用。系统链接水情实时数据库，实现了水库、河道、闸坝水雨情信息的滚动显示、实时查询及基础计算分析等功能。

3.2.3 水文信息统一分析平台

水文信息统一分析平台于2011年12月由安徽沃特水务科技有限公司开发完成，使用至今，是目前水文处最核心的水情查询系统，2015年完成最后一次更新升级。

该系统主要由主程序框架、应用树节点、通用方法库、独立插件等部分组成，主程序框架提供了一个方便、快捷、有效、统一的海量数据分析平台，在不同数据库之间切换、挖掘数据，是业务和数据间的桥梁；应用树节点提供了水文为防汛抗旱、水资源管理等领域服务的业务工作中常用的丰富的分析方法；通用方法库是水文专业算法和模型的集合；独立插件则是面向应用领域更深层次的分析方法，实现数据的深度集成和水文业务协同整体化，其开放式的体系结构还允许新的水文分析应用软件以“插件”形式集成到系统中，以共享数据库资源，实现了基于水文业务实时数据库及历史数据库、空间数据库群的信息查询、分析及展示，重点是基于数据库的各类数据分析方法，满足了水文日常工作中常用的计算分析及图形展示需要。

3.2.4 开放式水文预报通用平台（漳卫南运河洪水预报系统）

开放式水文预报通用平台于2013年由安徽沃特水务科技有限公司开发，使用至今，每年汛前对软件及方案优化升级，最后一次升级时间为2017年5月22日，是水文处洪水预报的主力软件。系统基于.net技术、C/S方式开发的，以通用洪水预报平台为基础来构建漳卫南局系统的洪水预报模型框架。

模型主要依据《海河流域实用水文预报方案漳卫南运河分册》设计方案，系统可实现实时降雨和模拟降雨功能，给予用户对于各个预报分区雨量站分配计算权重、增减雨量站、决定参与计算雨量站的个数、对已录入降雨降雨进行修改单权限，提供对各个分区雨量站各个时段平均分配雨量的算法，提供在实时降水后追加模拟降雨的功能；提供经验模型、实时校正技术和马斯京根法河道洪水演进等的计算方法；建立预报成果与调度数据对接机制。

系统主要以预报为主，运行稳定、响应速度快且稳定安全性高，具有可扩展调整的灵活的结构，运行至今效果较好，显著提高了汛期漳卫南运河洪水预报时效性和精度，将来计划将河北模型纳入预报平台之中，并加入漳河遥测雨量站点数据，结合本流域特点率定相关参数，以提高洪水预报精度。

3.2.5 水情信息移动查询系统（手机 APP）

水情信息移动查询系统于 2016 年 12 月由安徽淮河水资源科技有限公司开发完成，现处于推广使用阶段。系统以 SQL Server 为数据库平台，采用三层总体设计逻辑框架，以 C/S 和 B/S 结合的 .NET 构架方式，选用百度地图 API 作为底图实现 GIS、GPS 及制图功能。在手机端运行，PC 端后台管理控制。面雨量和降雨等值线分析采用数据模型，将离散雨量数据插值至细密的网格上，进行雨量统计，以将等值点平滑处理等值线及等值面分析；结构采用灵活、稳定且可伸缩的体系。

软件经由公共网络访问数据源，在安卓移动终端上实现随时随地获取实时水雨情信息、气象信息及水文水质应急监测信息。系统包括水情分布、水情报表、雨情分布、雨情报表、信息发布、超限预警、输水供水、采集信息、气象信息、基础资料、通讯录、系统设置共 12 个模块。功能全面、稳定安全、可扩展性好，打破了以往水情查询系统以电脑作为查询终端的传统，使用户更加及时、灵活地掌握最新的业务信息，不受地域和所处通信环境的影响，显著提高防汛响应及水资源管理能力。

3.2.6 漳卫南水雨情信息网

漳卫南水雨情信息网于 2016 年 12 月由安徽淮河水资源科技有限公司开发完成，现处于推广使用阶段。网页链接漳卫南局水情实时数据库，响应速度快。使用界面在保留了以往用户使用习惯的基础上，整合了常用的水情报表、雨情分析和天气查询功能，并新增了站点选择、水量计算等功能，主要用于内部职工日常水雨情信息查询和常用计算分析，包括雨情分析、水情报表、降雨预报、台风信息等模块。

3.3 漳卫南运河水文站网分析评价

3.3.1 站网功能评价

漳卫南运河水系共有水文测站 156 处，其中雨量站 80 处，水文站 76 处（河道站 29 处，水库、洼淀 32 处，水位站 8 处，闸坝站 7 处）。漳卫南局管辖 3 个国家基本水文站、2 个国家基本水位站和 7 个专用水文测站，已建立起相应的水文资料收集管理体系。水文测站基本功能为：①反映区域水文特性；②水资源调查评价；③水文情报预报；④流域规划与设计；⑤为工程管理服务。

漳卫南运河水系已建成布局比较合理、项目比较齐全的水文站网，具有较强的水文测验能力和报汛能力，在历年的防汛抗旱、水工程设计与运行调度，以及水资源管理工作中都发挥了巨大的作用。

3.3.2 站网密度及分析

依据世界气象组织（WMO）有关容许最稀站网密度的推荐，详见表3.3，以及《水文站网规划技术导则》有关意见，评价一个地区的水文站网基本应达到的下限密度。漳卫南运河共有雨量站80个、水文站76个，雨量站密度469.8km²/座，水文站密度494.5km²/座，雨量站密度和水文站密度高于全国平均水平，基本符合WMO推荐的最稀站网密度要求。

根据WMO 1977年出版的123个国家和地区的资料统计（有些国家尚包括专用站在内），水文站平均为4个/万km²，其中德国、瑞士与荷兰等国家为50个/万km²以上。我国水文站网密度为每万平方公里3.5个，远低于世界气象组织建议的许可最稀站网密度标准和一百多个国家的平均水平，与发达国家相比差距更大，如美国为每万平方公里17.6个，英国为每万平方公里53.5个，日本为每万平方公里93.8个，发展中国家泰国每万平方公里也达12.7个。

表3.3　世界气象组织推荐的主要水文站类的站网容许最稀密度表

地区类型	站网最小密度（每站控制面积，km²）		
	雨量站	水文站	蒸发站
温带、内陆和热带的平原区	600～900	1000～2500	50000
温带、内陆和热带的山区	100～250	300～1000	30000（干旱地区）和100000（寒区）

3.3.3 漳卫南运河水文工作的特点与任务

漳卫南运河位于北温带半湿润地区，大陆季风气候特征明显，流域内经济发达，人口稠密，"水少、水脏、水多"等水问题十分突出，洪水、干旱和水污染危机并存，对作为重要的基础支撑和保障的水文工作提出了很高的要求。

3.3.3.1 防洪任务重，水文情报预报工作要求高

漳卫南运河发源于太行山迎风山区，源短流急，降雨集中，河道调蓄能力小，汛期平均径流量占年径流总量的70%～80%，全年水量几乎都集中在汛期或汛期的几场暴雨期间，洪水威胁严重。历史上漳卫南运河流域洪水灾害频繁，1368—1948年（明代至民国时期）的580年间，共发生重大洪灾20次，平均29年一次，间隔时间最长为68年、最短为4年。其中明代1368—1643年发生7次，清代1644—1911年发生10次，民国时期1912—1948年发生3次。新中国成立后1956年、1963年、1982年、1996年先后发生大洪水。

漳河洪水暴涨暴落，岳城水库以下为游荡性河道，善淤善徙；卫河支流分散，山区洪水难以控制。漳河、卫河较大洪水漫淹卫河沿岸坡洼、平原及两河间三角区，左岸决口可直逼黑龙港流域，威胁邯郸、邢台、衡水、沧州及天津市安全；右岸决口泛滥于徒骇、马

颏河流域，威胁安阳、濮阳、聊城等城市及京广、津浦铁路安全，防洪任务艰巨，水文测报任务重，水文预报精度要求高。

3.3.3.2 水资源管理与保护要求高

漳卫南运河属于严重的资源型缺水地区。漳卫南运河秤钩湾以上多年平均水资源总量为45.54亿m^3，人均水资源量为290m^3，相当于全国平均水平2200m^3的1/8，亩均水资源量为230m^3，相当于全国平均水平1900m^3的1/9。同时，由于位于华北大陆，季风气候特征明显，全年降水80%以上集中于6—9月的汛期，洪水暴涨暴落，加大了地表水资源的开发困难。目前水资源开发利用率达88%，水资源利用消耗率为70%，水资源供需矛盾突出，水资源配置、规划、调度和开发管理任务艰巨，水文测验任务重。

在水资源极度匮乏的条件下，绝大部分河道又受到不同程度的污染，全河80%以上河段遭到污染，中下游地区除岳城水库水质符合水体功能外，其他河段均为劣Ⅴ类水质，主要超标污染物COD最大超标倍数达102倍，河流水生态严重恶化，严重危害了流域经济社会的可持续发展，形成了严重水生态危机，水资源保护任务重，水文水质监测任务十分艰巨。

3.3.3.3 水工程建设等人类活动对水文测验影响大

中华人民共和国成立以后，漳卫南运河水系已建成岳城、盘石头、漳泽、后湾、关河、小南海等大、中、小型水库270余座，总库容38.3亿m^3；修建控制性枢纽、水闸25座；开辟整治蓄滞洪区10处；加之引黄调水和上千座引提水工程，人类活动对流域水文循环造成了巨大影响。加强水系水文测验和预测预报，研究人类活动影响下的流域水文变化规律，预测水资源变化发展趋势，支持经济社会的可持续发展，是水文工作面临的又一重要任务。

3.3.3.4 建立水文资料共享平台和共享机制任务重

漳卫南运河流经山西、河南、河北、山东四省和天津市。水文测站实行流域管理和区域管理相结合的管理体制。目前水文资料共享和交换仅局限于防洪管理的需要，时间限于汛期，而且缺少共享技术平台，各单位技术水平、技术标准不统一，共享机制不够健全，严重制约水文资料的共享和交流，制约水文社会效益的发挥。

水文工作是国民经济建设和社会发展的一项重要基础性公益事业，在防汛抗旱，水资源管理和保护，生态环境建设，水利工程规划、设计、运行管理以及交通、航运、旅游等国民经济建设和社会发展事业中发挥了重要的作用。漳卫南运河是海河流域南系的主要河道，其水文工作在流域水文工作中占据重要地位。漳卫南运河水文工作的特点决定漳卫南局的水文监测、水资源管理、水文情报预报、水文信息资料共享的能力和水平要相对得高。2012年，国家提出实施最严格的水资源管理制度。漳卫南运河的水资源匮乏、水生态恶化形势严峻，洪涝灾害的威胁仍然存在，这些都对水文工作提出了更高的要求。因此，从大水文发展战略高度出发，实现“漳卫南运河科学发展五大支撑系统”建设目标，亟须补充、优化水文站网体系，完善现有站网功能，加强水文自动测报系统建设，全面提升漳卫南运河水文信息采集、处理和传输的水平，建立水文信息共享基础平台，提高流域水文预报预测预警水平，为流域经济和社会发展提供快捷、准确、可靠的基础支撑和决策依据。

3.3.4 站网需求分析

20世纪90年代后，随着我国水资源缺乏矛盾加剧和水污染形势的恶化，水资源管理、水量调配、水环境保护、生态环境修复与评价等问题引起社会广泛关注和重视，我国治水思路也从传统水利向资源水利、可持续发展水利、民生水利转变，为水资源的开发、利用、配置、节约、保护服务成了水文工作的主题。面对新时期的水资源配置、水资源保护和水生态修复等方面的要求，以防汛和水工程运行管理为主要目标设立的水文站网已不能满足“大水文”发展对水文服务的需要。

3.3.4.1 站网站点不足

(1) 卫河左岸较大支流汤河、安阳河入卫口，主要排水河道王庄沟、东风排渠入卫口；右岸主要排水河道浚内沟、杏园沟、硝河、沙河入卫口，均没有控制的水文测站，不能准确掌握卫河主要支流洪水和洪水来源，难以满足漳卫河防洪调度，以及雨洪资源精细化管理的需要。

(2) 卫河较大洪水漫淹卫河沿岸坡洼、平原，各蓄洪区均无控制工程，采取自然进洪或扒口分洪、扒口退水方式，无法对分洪、退水流量进行准确监测和控制。

(3) 漳卫南运河水系取水口门众多，目前重要取水口门及水资源敏感区均未建设水资源监测控制站，不能满足实施最严格水资源管理制度流域区域用水总量和用水效率控制的需要。

(4) 漳卫新河入海口无控制的水文站，无法掌握潮汐和河道淤积影响，难以满足河道治理、水资源管理和保护的需要。

3.3.4.2 站网功能不够完善

(1) 功能单一，水位站、河道站均以防汛和工程管理为目标，水文测验以汛期为中心，无法满足水资源管理和调度需要。

(2) 水质和流量测验分离，无法满足最严格水资源管理制度“红线管理”的需要。

(3) 全河系没有科学实验站，涉及全流域的水文问题缺乏实验研究。

(4) 没有地下水监测站，无法满足水生态修复和改善工作的需要。

(5) 大多数水文站只掌握部分进出水量，不能满足区域水平衡分析的需要。

3.3.4.3 应急监测能力不足

漳卫南局管理河道战线长，受人类活动影响，水文要素的变化复杂。漳卫南局巡测中心作为漳卫南运河应急水文巡测队伍，设立了三支测验组，人员组成以岳城水库水文站、四女寺引黄水文站为主，并分区承担应急测验任务。卫河上游由于气候、地形的影响和受太行山迎风坡效应，是降雨高值发生中心，卫河发生突发性水事件，现有测验组分别从邯郸或德州赶赴卫河，难以在2小时内达到并实施监测，水文应急监测能力不能满足快速机动、及时准确的要求。

漳卫南运河属于严重的资源型缺水地区，水资源十分匮乏，沿河引水口众多，水资源供求矛盾及优化配置问题突出，绝大部分河道又受到不同程度的污染，河流水生态严重恶化，常规水资源量的监测已不能满足水资源管理和保护的需要。因此从当前和今后经济社会发展、水利事业发展对水文的需求，从大水文发展战略高度出发，为落实最严格的水资源管理制度，完善和调整水文站网是当务之急。

3.4 漳卫南运河水文站网规划

3.4.1 指导思想

以科学发展观为指导，积极践行可持续发展治水思路，紧紧围绕水利中心工作和经济社会发展需求，牢固树立“大水文”发展理念，以落实最严格的水资源管理制度，实现“漳卫南运河科学发展五大支撑系统”为目标，兼顾当前与长远需要，进一步完善漳卫南运河水文站网体系，加强水文水资源监测体系建设，提高预测预警能力，努力提高水文现代化水平，为水利和经济社会发展提供有力支撑。

3.4.2 规划原则

水文站网规划坚持流域与区域相结合、区域服从流域，布局合理、防止重复，兼顾当前和长远需要原则。

（1）全面规划，统筹兼顾。在漳卫南运河水系现有水文站网及功能的基础上，进行深入调查分析，统筹考虑漳卫南运河干流与支流及漳卫南局管辖河道范围的水文水资源特点，全面规划水文站网的建设。

（2）注重协调，避免重复。充分考虑已建站的整体功能，合理规划，选定新站布设位置，注重各测站的协调发展，避免重复建设。

（3）合理布局，适度超前。结合新的治水思路及大水文观发展要求，在充分考虑漳卫南局水文发展现状及体制、机制的基础上，统筹兼顾水文工作的各个方面，科学分析与论证，有一定的预见性，适度超前规划，使水文服务能力不断提高并及时满足发展需要。

3.4.3 编制依据

水文站网规划编制依据如下：

《中华人民共和国水法》（中华人民共和国主席令第 74 号）；

《中华人民共和国水文条例》（中华人民共和国国务院令第 496 号）；

《水文站网规划技术导则》（SL 34—92）；

《水文基础设施建设及技术装备标准》（SL 276—2002）；

《海河流域综合规划（2012—2030 年）》；

《漳卫南局水文基础设施“十二五”建设规划》。

3.4.4　规划目标

（1）总体目标。正确处理经济社会发展、水资源开发利用和生态环境保护的关系，完善漳卫南局巡测基地和直属水文站的功能，加强漳卫南运河站网中的空白区和区域水文试验站建设，全面合理地对水文站网进行布局，使水文站网构成一个有机联系的整体，满足社会经济可持续发展和水资源可持续利用的需要。

（2）近期目标。完善现有站网服务于水资源配置、监督、防洪安全、重点区域水环境与水生态保护、突发水事件应急监测等的功能，使测站的防洪标准和测洪标准达到《水文基础设施建设及技术装备标准》的要求，满足水资源量质监测需求。初步满足落实最严格的水资源管理制度，漳卫南运河科学发展五大支撑系统对水文站网的需求。加强应急监测机动能力建设，增强水文巡测、应急机动反应能力，力求达到完成漳卫南运河管辖范围内的水文巡测基地建设，对符合巡测条件的测站全部实行巡测。

（3）远期目标。加强漳卫南运河站网中的空白区建设，重点补充支流入干流，以及引水口、退水口的水资源监测站网布设；建设区域水文试验站，强化为实施最严格的水资源管理制度，漳卫南运河科学发展五大支撑系统，以及探索水文基本规律的监测与服务能力，形成站点代表性强，信息采集快捷全面，功能优化的站网格局，最终达到布局更加合理，功能更加完善，内容更加广泛的站网格局。

（4）具体目标。根据《水文站网规划技术导则》，按照能够积累资料、提供实时信息、服务水资源管理、防洪减灾、水生态环境保护与修复等各方面的需要，充分考虑已建站的整体功能，完善漳卫南局巡测基地和直属的水文测站水文基础设施和功能，补充支流入干流，以及引水口、退水口的水资源监测站网布设，建设区域水文试验站，建成覆盖全河系的水文自动测报网络系统，满足社会经济可持续发展和水资源可持续利用的需要。

3.4.5　水资源配置监督监测站网建设

以水文现代化为目标，全面完成辛集水文巡测设施设备建设工程，完善袁桥、吴桥、王营盘、罗寨、辛集水位站水文基础设施，使 5 个测站的防洪标准和测洪标准全部达到《水文基础设施建设及技术装备标准》的要求。

3.4.5.1　水资源监测站网空白区建设

以现代化、自动化为目标，加强漳卫南运河站网中的空白区建设，以水文自动测报系统建设进行站网补充，实行站队结合，改革水文测验方式，逐步建成覆盖全河系的水资源监测站网体系，满足服务水资源利用和保护、防洪减灾、水生态环境保护与修复等综合管理的需要。

（1）卫河支流水文自动测报系统建设。在卫河流域的汤河口、安阳河口、王庄沟口、东风排渠口、浚内沟口、杏园沟口、硝河口、沙河口 8 处建设水资源监测站，对支流入卫、退水水文要素进行监测，满足防洪减灾及水资源优化配置的需要。

（2）漳卫南运河取水口水文自动测报系统建设。2011 年取水许可换证申请的取水口共 118 个，应分期建设取水口水资源监督监测控制站，建成覆盖全河系的用水总量控制体系，满足取水总量控制、水资源管理和保护的需要。近期一批建设地表水年取水量不小于1000万m^3的取水口水资源监督监测站；二批建设地表水年取水量不小于100万m^3的取水口水资源监督监测站；远期逐步建设年取水量小于100万m^3的地表水和地下水取水口水资源监督监测站。

1）对地表水年取水量不小于1000万m^3的10处取水口（扬水站4处、引水闸6处）建设水资源监督监测控制站，详见表3.4。

2）对地表水年取水量大于或等于100万m^3且小于1000万m^3的11处取水口（扬水站4处、引水闸7处）建设水资源监督监测控制站，详见表3.5。

表3.4　地表水年取水量不小于1000万m^3取水口情况表

序号	取水口名称	取水单位	桩号	原许可水量/万m^3	申请水量/万m^3	最大流量/（m^3/s）	灌溉面积/万亩
1	魏县军寨扬水站	魏县水利局军留扬水站	卫河左129+800	2000	2000	5	35
2	班庄扬水站	冠县水务局	卫河右181+731	2000	2000	20	36
3	南李庄扬水站	南李庄灌区管委会	卫运河左86+849	1500	1500	12	12
4	尖塚扬水站	临西县水务局尖塚扬水站	卫运河左41+900	6000	6000	18	42
5	土龙头引水闸	山东省夏津县水务局	卫运河右81+840	3000	1000	35	15
6	曹寺引水闸	河北省故城县水务局	卫运河左102+557	500	1200	14	10
7	吕洼引水闸	山东省武城县水务局	卫运河右96+787	3500	1500	40	4
8	和平引水闸	河北省故城县水务局	卫运河左110+300	1000	1000	58	30
9	王营盘引水闸	河北省东光县水务局	漳卫新河左62+500	7000	5000	36	60
10	前王引水闸	河北省南皮县水务局	漳卫新河左92+862	1800	1800	20	50

表3.5　地表水年取水量大于或等于100万m^3且小于1000万m^3取水口情况表

序号	取水口名称	取水单位	桩号	原许可水量/万m^3	申请水量/万m^3	最大流量/（m^3/s）	灌溉面积/万亩
1	大名窑厂扬水站	大名县水利局窑厂扬水站	卫河右164+100	150	200	3	3
2	大名岔河嘴扬水站	大名县水利局岔河嘴扬水站	卫河左150+250	200	200	5	5
3	馆陶幸福引水闸	子牙河管理处幸福闸所	卫运河左0+490	200	200	50	151
4	乜村扬水站	冠县水务局	卫河右188+281	300	300	5.4	10
5	王庄扬水站	临清排灌工程管理处	卫运河右31+000	800	800	10	2.48
6	道口引水闸	山东省宁津县水务局	漳卫新河右62+500	400	350	36	20
7	小安引水闸	河北省南皮县水务局	漳卫新河左86+088	500	300	12	2

续表

序号	取水口名称	取水单位	桩号	原许可水量/万 m^3	申请水量/万 m^3	最大流量/（m^3/s）	灌溉面积/万亩
8	跃丰引水闸	山东省乐陵县水务局	漳卫新河右 102+201	1500	500	24	12
9	反刘引水闸	河北省盐山县水务局	漳卫新河左 119+695	500	120	25	8
10	王信引水闸	河北省盐山县水务局	漳卫新河左 126+430	2000	400	20	16
11	辛集引水闸	河北省海兴县水务局	漳卫新河左 164+949	650	650	24	14

3.4.5.2 防洪监测站网建设

漳卫南运河水系防洪监测站网建设的总体目标是进行站网补充、调整和优化，提高水文信息采集、传输的自动化水平，逐步建成覆盖清漳河、浊漳河及漳卫河系的防洪水监测站网体系，实现水文预测预警，满足防汛抗旱减灾、水资源利用与保护等综合管理需要。

（1）西郑庄分洪闸水位站建设。卫运河恩县洼滞洪区是漳卫南运河防洪体系的重要组成部分，按照自动化的目标，新建西郑庄分洪闸水位站水文基础设施，保障漳卫南运河防洪安全。

（2）岳城水库上游水文遥测系统改建。岳城水库上游水文遥测系统采集岳城水库以上清漳河、浊漳河的实时水雨情信息，采用超短波和卫星通信方式传输水雨情信息。根据实时的水雨情信息数据，进行水文预测预报，可在洪水到来前 10 小时进行预警，预报入库最大洪峰流量和洪现时间，以及后续入库流量和持续时间。岳城水库是漳卫南运河防汛保安全的重点，需要尽快全面建设和升级改造关键设施设备，保证雨情、水情信息自动、实时测报和传输，为岳城水库防洪安全、供水安全提供信息服务与保障。

（3）蓄滞洪区分洪口门水文自动测报系统建设。沿卫河干流分布着良相坡、长虹渠、白寺坡、共渠西、小摊坡、任固坡、大名泛区 7 处蓄滞洪区，建设蓄滞洪区分洪口门控制性工程，配套建设相应水文测站基础设施，对分洪、退水水位、流量进行控制，保障区域人民群众生命和财产安全，保障经济社会全面协调和可持续发展。

3.4.5.3 水文应急监测能力建设

为扩大水文资料的收集范围，提高工作效率，改善基层水文职工的工作和生活条件，积极推进基层组织形式和生产方式的改革，发展站队结合、水文巡测、应急机动反应能力，力求达到完成漳卫南运河管辖范围内的水文巡测基地建设，对符合巡测条件的测站全部实行巡测。

（1）漳卫南局巡测基地和直属水文站应急能力建设。依托漳卫南局巡测基地和直属水文站，以完善巡测基地为主，加强应急机动监测设施设备配置，完善漳卫南局巡测基地和直属水文站应急能力，全面提升应急监测水平。

（2）漳卫南局卫河巡测基地建设。在河南省濮阳市新建漳卫南局卫河巡测基地，构建应急监测队伍，负责洪水漫滩、溃堤、水污染，以及支流入卫口和取水口应急机动监测水文信息的采集、处理和传输，满足防洪减灾和水资源优化配置的需要。

3.4.5.4 突发性水事件应急监测建设

漳卫新河应急监测断面建设完善。漳卫南运河岔河张集桥、减河东方红公路桥、漳卫新河沟店铺公路桥、漳卫新河埕口公路桥是为满足行洪期水量监测，以及解决用水矛盾需要而布设的应急监测断面。为保证水文监测的可靠性和数据的准确性，按照水文有关规范，需要对4处应急断面的水准点、水尺零点高程、水文大断面进行复核测量。

3.4.5.5 水文科学实验站建设

漳卫新河河口区水文试验站建设。漳卫南运河水污染严重，经漳卫新河输送的入海污染物，大大超过海域的自净能力，严重破坏了近海海域的生态环境。漳卫新河辛集闸以下河段受潮水携沙影响，河道主槽淤积严重，河道行洪、排涝能力逐年下降。当前河口区域综合管理的主题是打造“防洪安全的生态河口”，实现区域经济可持续发展。为研究河口水沙运移和冲淤变化规律、河道水质受海水顶托变化规律等，在漳卫新河河口区建设科学实验站，掌握潮汐水文变化规律。

3.4.5.6 水资源信息服务能力建设

漳卫南运河水资源实时监控与管理系统建设。以水资源管理业务为重点，积极推进水利数据资源信息交换和整合体系建设，以地理信息系统为框架，以水资源综合信息为基础，应用现代化信息、网络技术，建设漳卫南运河水资源实时监控与管理系统，实现对大量的数据信息进行自动采集、实时传输和在线分析；水量水质预警；工程远程动态监控；水资源优化配置、调配等辅助决策方案生成等功能。该系统以综合分析与辅助决策为基础，实现对水资源的优化配置、远程控制和科学管理。同时，要求系统具有很强的实用性和动态可扩展性，以满足未来发展的需求。

3.4.6 效益评价

规划实施后，漳卫南运河水文站网得到补充，站网功能不断完善，巡测基地布局更为合理，水文信息采集、处理、传输自动化水平大幅提高，防洪保障、水资源监督监测和应急机动反应能力全面提升，水资源实时监控与管理系统建设，实现水资源的合理利用和科学管理，将在流域防汛抗旱、水资源开发、利用和保护、水生态环境修复等各方面发挥重要作用，并产生良好的社会及经济效益。

3.4.6.1 社会效益

水文工作是水利建设的尖兵、防汛抗旱的耳目、水资源管理与保护的哨兵，是资源水利的基石。《中华人民共和国水文条例》的颁布实施，确立了水文事业是国民经济和社会发展的基础性公益事业这一法律地位，明确了水文工作在国民经济建设中的作用和地位。本规划对漳卫南运河站网中的空白区进行建设，全面合理进行水文站网布局，将建成覆盖全河系的水文自动测报网络系统，使水文站网构成一个有机联系的整体，完善了水文站网资料收集管理体系，水文信息资料测报能力和资源共享水平极大提高，适应社会经济可持续发展和水资源可持续利用对水文服务保障能力的需要，具有良好的社会效益。

3.4.6.2 经济效益

水文工作是公益性事业，在防汛抗旱、水资源开发、利用、管理和保护等方面起着重要作用。参照世界气象组织对若干洪泛区减灾经济效益实例调查结果，作为非工程措施的水文情报预报对防洪的减灾效益为水工程经济效益的10%～15%，具有良好的经济效益。

3.4.6.3 生态效益

水文工作在长期连续的观测、收集、整理中积累了大量的、系列的水文水资源数据，水文已从工程水利向资源水利转变。水文要以更优质的水文水资源信息支撑水资源的可持续利用，支撑经济社会的可持续发展。水文站网规划从着重为水利建设和防汛抗旱服务转向满足和实现水资源供需平衡及水系统的生态平衡；加强水文应急监测能力和水文自动测报系统建设，拓展和完善水文、水资源监测职能，建设水资源实时监测管理系统，掌握实时水情、水量变化信息，将对生态环境质量进行动态评价和有效监督，实现水生态修复和保护的目标，生态效益显著。

第4章 水利信息化建设

4.1 漳卫南局信息系统概况

水利信息系统是指利用现代信息技术，开发和利用水利信息资源，实现水利信息采集、传输、交换、存储、处理和服务的网络化与智能化系统。漳卫南局信息系统是指漳卫南局管辖范围内的通信系统（含语音交换系统）、计算机网络系统、视频监控系统、视频会商系统、信息自动采集系统、业务应用系统和辅助系统（机房、铁塔、电源、空调及其他）等。

4.1.1 通信系统

漳卫南局通信系统分为传输系统和语音交换系统两大部分，截至2017年，共有52个通信站点，覆盖了全局所有基层管理单位。

4.1.1.1 传输系统

漳卫南局现代化数字通信（传输）系统起步于1995年。1995年，德州—岳城水库微波干线建成使用，标志着漳卫南局从古老的磁石明线通信直接跨入了数字通信，依托该微波干线，逐渐实现了漳河上游三级管理单位的专网通信。漳卫新河治理项目实现了下游通信专网的建设，通过海委基层通信基础设施建设项目实现了卫河通信专网的建设，并通过多次改造，逐渐建成了目前的通信网络。

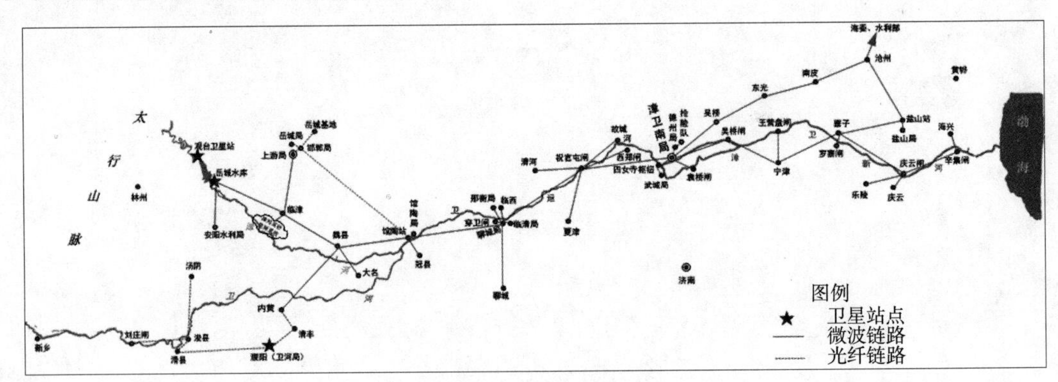

图4.1 漳卫南局传输系统网络示意图

（1）德州—岳城水库微波干线：干线全长288km，站点包括德州、祝官屯、临清、馆陶、魏县、临漳、岳城、邯郸共8个站，7跳电路，始建于1995年（JICA微波项目），当时使用2G频段，容量为8Mbit/s，经多次改造，目前使用频率为8G频段，近端（德州—魏县）容量为400Mbit/s，远端（魏县—临漳—岳城水库、临漳—邯郸）容量为

155Mbit/s。

（2）德州—沧州微波环线：包括18跳电路，8G频段，其中北线为德州—吴桥—东光—南皮—沧州，建于2009年，容量为40Mbit/s；南线为德州—吴桥闸—宁津—寨子—盐山—沧州、吴桥闸—袁桥、寨子—王营盘、寨子—罗寨、寨子—庆云闸—辛集闸—海兴、庆云闸—乐陵局、庆云闸—庆云局、盐山站—盐山局，始建于2004年（漳卫新河通信网项目），经2012年漳卫新河通信网维修项目改造完成，容量为100Mbit/s。

（3）卫河通信系统：包括1条微波电路和350km双芯光纤电路，2010年基层单位（卫河）通信与网络基础设施建设建设完成。微波电路为魏县—内黄，8G频段，容量为155Mbit/s；350km光纤链路包括内黄、清丰（南乐）、濮阳、浚县、滑县、汤阴、刘庄闸7个站点，容量为155Mbit/s（STM-1光传输）。

（4）光纤支路系统：包括局机关—德州局—机动抢险队，STM-1光纤电路；馆陶站—邯郸站（租用），STM-1光纤电路；四女寺局—武城局，自建24芯光纤通道；上游局—邯郸局—岳城水库管理局（租用），STM-1光纤电路。

（5）漳河采砂视频传输系统：包括10跳电路，13G频段，共有临漳、京广铁路桥、邺镇（京深高速桥）、北吴庄、三宗庙、曹村、苗庄、陈村、二分庄、明古寺、张看台11个站点，2009年漳河采砂视频监控系统项目建设完成，容量为40Mbit/s。

（6）点对点支线微波系统：共有点对点微波电路13跳。

表4.1　漳卫南局点对点支线微波系统

序号	站点	使用频段/GHz	传输容量/（Mbit/s）	建设时间
1	德州—四女寺	8	100	2014年
2	祝官屯—西郑闸	2	34	2014年
3	四女寺—故城	8	34	2015年
4	聊城局—临西局	13	34	2009年
5	岳城—安阳水利局	8	34	2010年
6	馆陶站—冠县	8	34	2009年
7	馆陶站—馆陶局	13	34	2009年
8	祝官屯—夏津	8	8	2003年
9	祝官屯—清河	8	8	2002年
10	聊城局—邢衡局	13	34	2008年
11	聊城局—临清局	13	34	2009年
12	聊城局—穿卫闸	13	34	2004年
13	魏县—大名	8	34	2011年

（7）与上级及其他防汛部门联网系统：与海委通过沧州—海委的微波联网，频段为8GHz，容量为40Mbit/s，建设时间为2009年；与安阳水利局联网，采用租用汤阴—安阳的光纤以及岳城水库—安阳的微波，实现与安阳水利局联网，建设时间为2010年；与德州市水利局联网，通过合建光纤实现，建设时间为2004年。

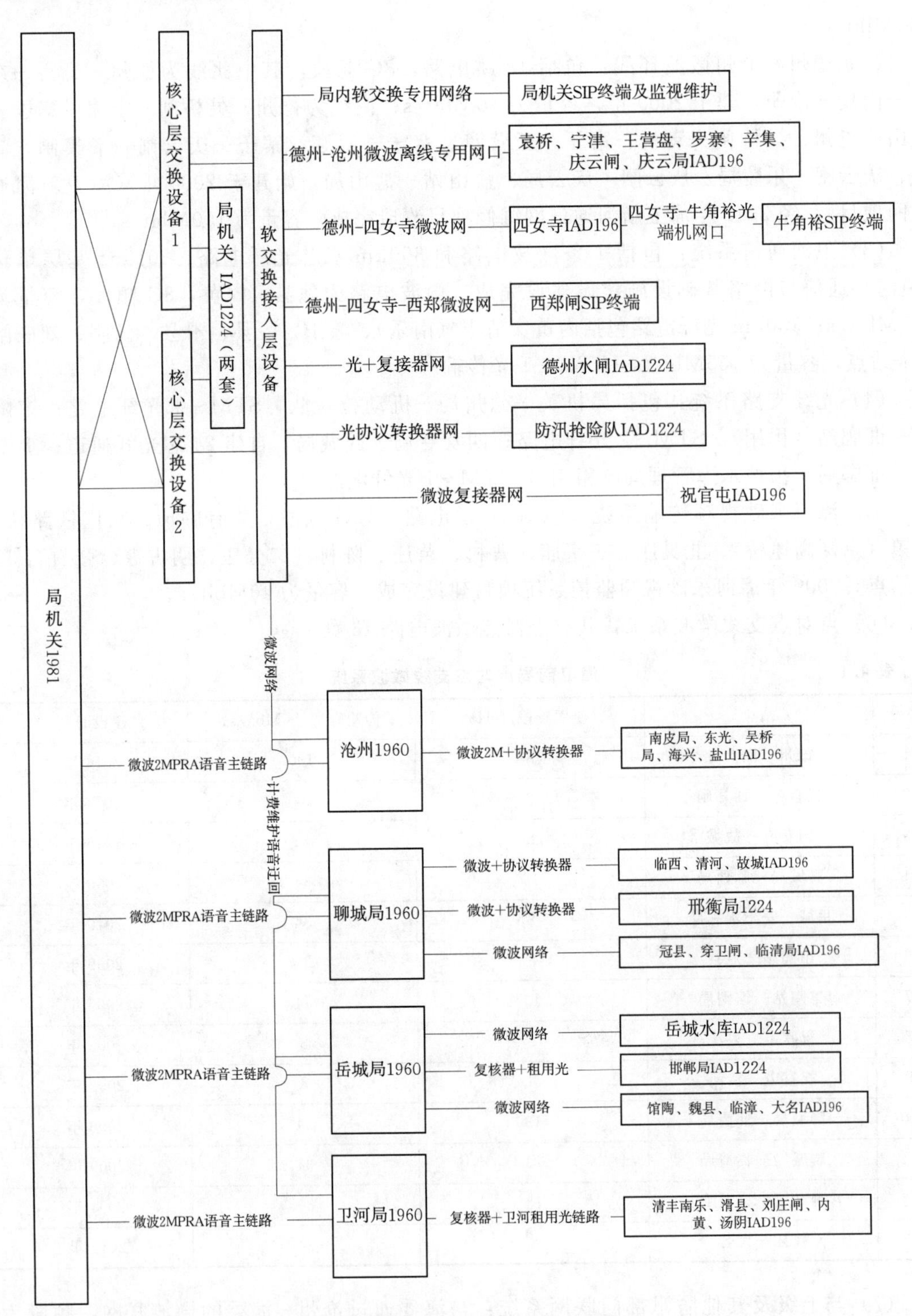

图 4.2　漳卫南局语音交换网络示意图

4.1.1.2 语音交换系统

漳卫南局现代化语音交换系统起步于1991年。1991年采购安装了加拿大北方电讯（Northern Telecom Limited）的SL1数字程控交换机，该交换机满容量288线，是德州市第一台数字程控交换机，该交换机的使用使漳卫南局直接从磁石交换阶段直接跨入数字程控阶段（语音交换产品发展的过程还有纵横交换机、模拟程控交换机两个阶段），后经多次升级改造，依托数字传输系统逐渐建成以局机关为中心的分级交换网，包括1个交换中心、4个交换分中心、3个直属接入局及35个三级交换局或远端接入局。

程控交换网交换中心位于漳卫南局机关，担负着漳卫南局各交换分中心及与水利部、海委和其他水利专网的汇接任务；4个交换分中心分别为卫河河务局、岳城水库管理局、聊城河务局及沧州河务局，交换分中心担负三级交换局或远端接入局的交换及汇接任务；3个直属接入局分别为德州河务局（水闸管理局）、防汛机动抢险队及四女寺枢纽管理局，直属接入局作为远端交换模块直接接入局机关交换中心；三级交换局或远端接入局通过数字中继或作为远端模块接入交换分中心。

随着计算机网络技术的发展及VoIP技术的成熟、推广，原来占用通信资源较大的线路交换设备逐渐退出了信息化市场，取而代之的是基于TCP/IP技术的软交换设备。为了适应信息化技术及市场的发展，漳卫南局自2012年开始语音交换系统的软交换改造。目前，漳卫南局交换中心为华为技术有限公司的eSpace U1981语音网关，分中心所用设备为华为技术有限公司的eSpace U1960语音网关，其他为华为技术有限公司IAD综合接入设备及中兴远端模块用户交换机。

4.1.2 计算机网络系统

漳卫南局机关计算机网络起步于信息中心内部使用的令牌环网，1998—1999年利用ADSL技术实现了局机关的计算机网络覆盖，2000年改造为基带传输的以太网，2002年实现了办公楼内以太网的桌面百兆连接并建立与海委以及各二级局的网络链路。经过多年发展，至今已发展为对上可以和海委计算机网络连接，对下可以覆盖局属各二级单位的大型网络，基本实现了各二级单位水情数据与局防办互通，并实现了二级单位通过局机关接入因特网。

4.1.2.1 计算机网络规模

漳卫南局计算机网络包括局机关计算机局域网、局属各单位计算机局域网以及局机关与局属各单位的广域网链接。局机关的核心交换设备通过微波、光纤等链路以及广域网设备实现与局属各单位的广域网连接，实现统一外网出口、统一规划、统一管理。漳卫南局计算机网络目前网内终端用户超过600个，网络交换设备59台，网络路由设备7台，其他网络设备20台。

4.1.2.2 网络安全管理体系

网络安全系统由网络防火墙、网络入侵防御系统（IPS）、网络入侵检测系统（IDS）、内网审计系统、入侵检测系统、网络漏洞扫描系统、网络防病毒系统、网络设备管理系统、网络用户管理系统等构成。网络安全系统结构图如图 4.3 所示。

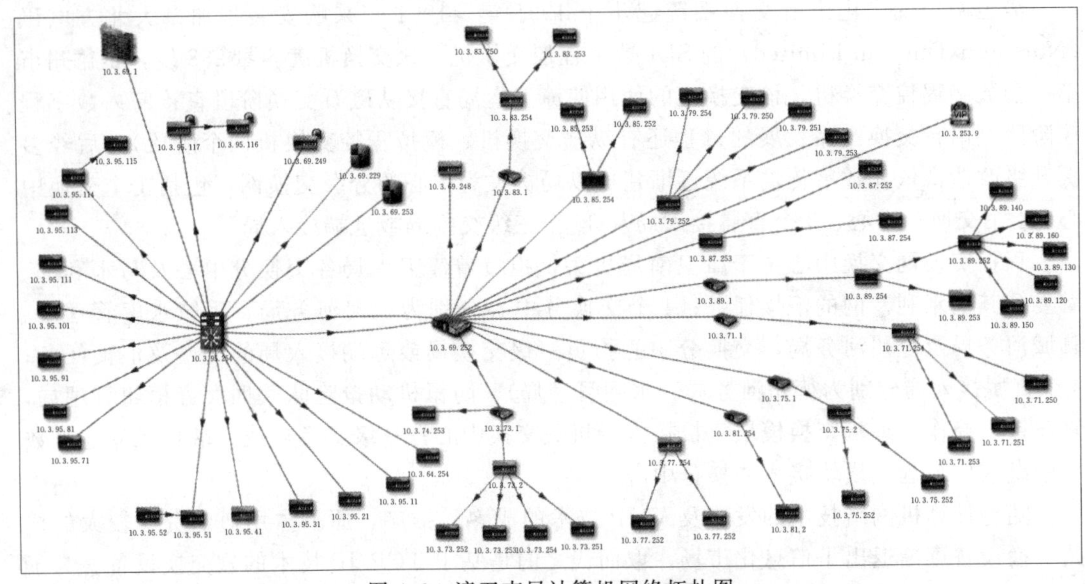

图 4.3 漳卫南局计算机网络拓扑图

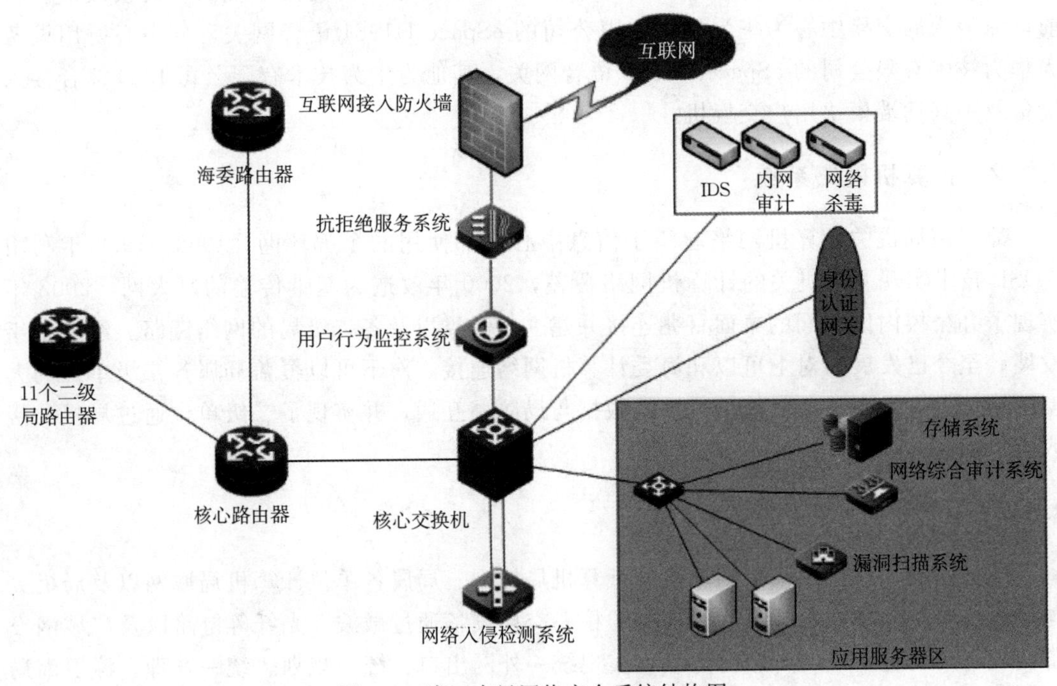

图 4.4 漳卫南局网络安全系统结构图

4.1.3 视频会商系统

漳卫南局视频会商系统始建于 2005 年，当时漳卫南局作为国家防汛抗旱指挥系统（一期）的异地会商端站，在局机关安装了 Tandberg 6000 视频会商终端，可以被呼叫参加国家防总、水利部、海委召开的视频会议。2006—2009 年，通过中央水利建设基金度汛应急项目建设了局属各单位的地会商站点，并在局机关配置了多点控制单元，可以作为中心站发起、控制多个站点的异地会商，2009 年全球环境基金 GEF 项目建设了漳卫南局机关 DLP 投影显示系统，并将局机关中心站搬迁到 5 楼会议室，2013—2014 年分别对部分站点进行升级改造，并对局机关中心站多点控制单元、会商终端进行了升级改造。目前，漳卫南局视频会商系统已经成为覆盖局机关及 10 个二级局（含岳城水库）共 12 个站点的防汛视频会商系统，局机关多点控制单元是华为 9630，支持 1080P 高清视频会商终端及全编全解、混合编码，局机关、邯郸局、德州局、岳城水库、岳城水库管理局、防汛机动抢险队等 6 站点为 1080P 高清会商终端站点，卫河局、聊城局、邢衡局、沧州局、水闸局、四女寺局等 6 站点为标清会商终端站点。

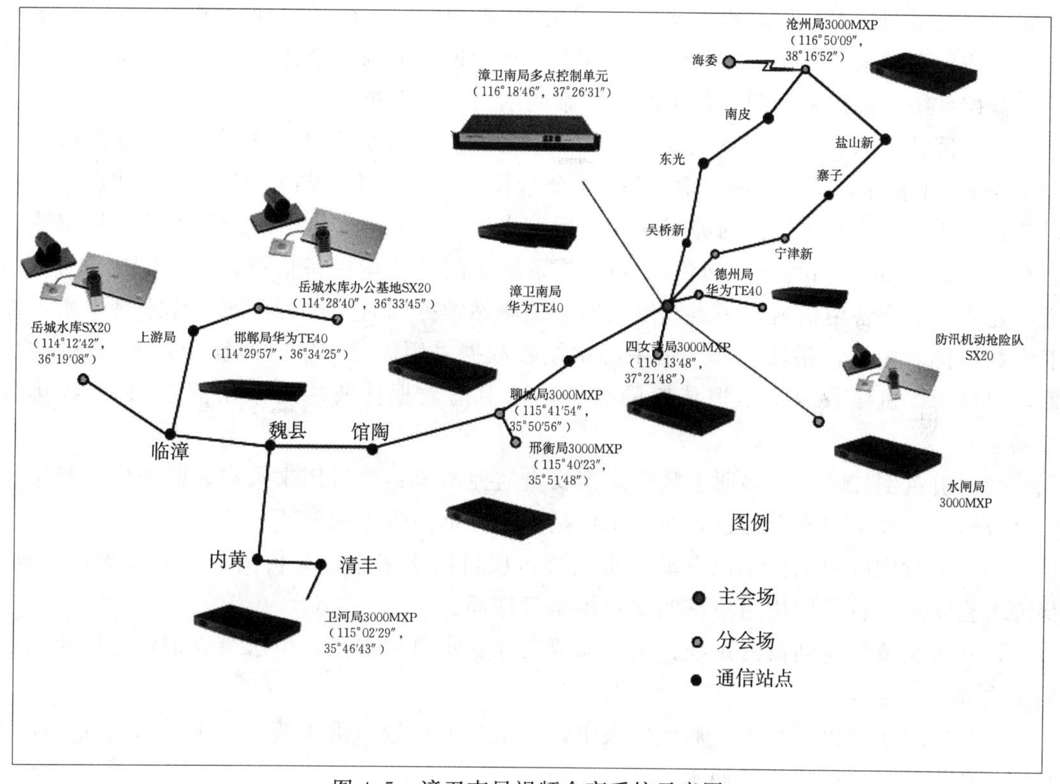

图 4.5 漳卫南局视频会商系统示意图

4.1.4 视频监控系统

目前漳卫南局运行的工程视频监控系统共有 4 套，分别为漳河采砂视频监控系统、岳城水库闸门视频监视系统、漳卫新河堤防监控系统、漳卫新河堤防河口监控系统。

（1）漳河采砂视频监控系统：项目建设于 2010 年，在京广铁路桥以下到张看台段设置 10 个河道采砂视频监控站，分别为京广铁路桥、郸镇（京深高速桥）、北吴庄、三宗庙、曹村、苗庄、陈村、二分庄、明古寺、张看台。该系统主要用于漳河采砂的实时监控，为采砂管理提供辅助手段，并为水政执法提供有效的证据，同时在汛期也可用于水情工情的视频监视，为防汛抗旱提供服务。

（2）岳城水库闸门视频监视系统：2010年岳城水库除险加固项目建设，在溢洪道启闭机房、泄洪洞启闭机房、主坝中部等设置彩色一体化球型摄像机13处，在溢洪道1～9孔闸门下游设置固定摄像机9处，主要用于岳城水库水情工情的视频监视。

（3）漳卫新河堤防监控系统：系统主要用于漳卫新河堤防监控，运行于公网平台，使用单位是德州河务局。

（4）漳卫新河堤防河口监控系统：系统主要用于漳卫新河堤防河口监控，运行于公网平台，使用单位是沧州河务局。

4.1.5 信息自动采集系统

漳卫南局信息采集系统包括：岳城水库自动遥测系统、引黄倒虹吸工程多通道数据采集安全监控系统、引黄倒虹吸工程水位自动测报系统、水文流量自动监测系统、实时水情报汛系统、岳城水库闸门控制系统、祝官屯枢纽管理所节制闸全计算机监控系统、庆云闸闸门监控系统、吴桥闸闸门监控系统、罗寨闸闸门监控系统。

（1）岳城水库自动遥测系统规模为1个中心站、36个遥测站，其中36个遥测站包括5个水位、雨量站，5个流量、雨量站，4个水位、流量、雨量站和22个雨量站点。该项目覆盖了清漳河全部，浊漳河漳泽水库、后湾水库、关河水库以下及漳河干流，控制流域面积约11910km^2，占总流域面积的66%。系统遥测站采用主备信道运行，GPRS为主信道，北斗卫星为备用信道，一点双发组网。遥测站数据同时发送到岳城水库水情中心，漳卫南数据接收中心，岳城水库水情中心站接收数据采用固定IP专线接收GPRS传输的数据，卫星指挥机接收卫星信道传输的数据，漳卫南数据接收中心采用固定IP专线接收数据。

（2）引黄倒虹吸工程多通道数据采集安全监控系统：项目用来采集、监测倒虹吸工程安全数据，保障工程安全运行，使用用户是四女寺枢纽管理局。

（3）引黄倒虹吸工程水位自动测报系统：项目用来采集、分析倒虹吸工程水位数据，保障工程安全运行，使用用户是四女寺枢纽管理局。

（4）水文流量自动监测系统：用于漳卫南局取水口取水量、引水量查询，使用用户是局水文处。

（5）实时水情报汛系统：局属各报汛站以报文形式报送雨水情信息至局水文处，实现水情自动报汛，使用用户是局水文处。

（6）岳城水库闸门控制系统：基于独立的工业控制系统，实现岳城水库闸门的集中控制、现地控制，建设于2010年岳城水库除险加固项目。

（7）祝官屯枢纽管理所节制闸全计算机监控系统：用于祝官屯枢纽闸门的集中控制、现地控制、调节水位、蓄水兴利、行洪排涝。建设于2013年祝官屯除险加固项目。

（8）庆云闸闸门监控系统：闸门监控系统采用开放式集中与分布三层控制模式，能现地手动控制、桥头堡集中控制、管理所远程控制。对现场执行机构进行控制数据信号采集上传。

（9）吴桥闸闸门监控系统：闸门监控系统采用开放式集中与分布三层控制模式，能现地手动控制、桥头堡集中控制、管理所远程控制。对现场执行机构进行控制数据信号采集上传。

(10) 罗寨闸闸门监控系统：闸门监控系统采用开放式集中与分布三层控制模式，能现地手动控制、桥头堡集中控制、管理所远程控制。对现场执行机构进行控制数据信号采集上传。

4.1.6　业务应用系统

漳卫南局各部门根据业务需要，陆续建设了许多业务应用系统，这些系统独立运行。根据部委统计整合政务信息系统的要求，漳卫南局信息中心对政务信息系统进行了统计，截至2017年9月，漳卫南局建设或使用的政务信息系统共50个。

4.1.7　辅助系统

辅助系统的功能主要是为信息化主设备的运行提供电力供应及良好的运行环境，由铁塔、机房、电源、空调等组成。由于漳卫南局系统建设时间跨度较大，因此设备厂家和型号也不尽相同。为了保证系统的维护便利性和缩短故障恢复时间，漳卫南局信息中心在设备的维修改造中逐渐将设备厂家和型号趋于统一，增加备品备件的通用型，从而更有效地保证系统的运行。

目前在用的组合电源主要是中达电通和艾默生两家的产品，蓄电池基本都是南都的产品，空调基本都是格力公司的产品，具体情况详见表4.2。

表4.2　　漳卫南局通信电源、通信机房、铁塔情况

序号	站名	组合电源		蓄电池	通信机房		通信铁塔	
		型号	容量/A	容量/Ah	面积/(m×m，长×宽)	位置	铁塔高度/m	状况说明
1	德州中心站	ESR	180	800	10×6	办公楼11楼	42	楼顶铁塔
2	德州中心站电源室	DUM	75	500	6×4	办公楼1楼	—	—
				400			—	—
				200			—	—
3	德州中心站网络机房	—	—	—	6×4	办公楼1楼	—	—
4	祝官屯	MCS	90	600	6×4	办公楼2楼	69	—
5	夏津局	MCS	60	100	6×4	办公楼3楼	24	镀锌管自制铁塔，应尽快更换
6	故城局	MS	90	100	4×2.5	办公楼1楼	24	镀锌管自制铁塔，应尽快更换
7	清河局	BUM	37.5	200	6×4	办公楼1楼	24	镀锌管自制铁塔，应尽快更换
8	西郑闸所	MCS	90	100	2.5×2.5	办公室	25	

续表

序号	站名	组合电源		蓄电池	通信机房		通信铁塔	
		型号	容量/A	容量/Ah	面积/(m×m,长×宽)	位置	铁塔高度/m	状况说明
9	聊城局	DUM	150	600	8×6	办公楼4楼	86	—
10	临清局	MCS	30	100	4×2.5	办公楼2楼	—	—
11	穿卫闸所	MCS	60	200	6×4	办公楼2楼	—	—
12	邢衡局	MCS	60	200	6×4	办公楼4楼	24	镀锌管自制铁塔，应尽快更换
13	临西局	MCS	30	100	3.5×2.5	办公室	18	—
14	邢衡基地	MCS	40		3×2	宿舍楼地下室	—	—
15	馆陶微波站	MCS	90	600	6×6	微波站2楼	78	—
16	馆陶局	MCS	30	100	3×2.5	办公楼2楼	—	—
17	冠县局	MCS	30	100	3×3	新址铁塔下	30	由无棣迁建至此
18	魏县局	MCS	90	400	6×4	办公楼3楼	78	—
19	大名局	BUM	25	200	6×4	办公楼3楼	24	镀锌管自制铁塔，应尽快更换
20	临漳局	MCS	90	400	6×4	办公楼3楼	78	—
21	岳城水库	MCS	90	400	6×4	办公楼3楼	71	—
22	岳城水库办公新址	MCS	60	400	6×3.5	办公楼5楼	—	—
23	邯郸局	MCS	60	200	3×3	办公楼5楼	—	—
24	岳城水库生活基地	BUM	37.5	100	5×3.5	生活基地6楼	—	—
25	漳河上游局	标定	60	400		办公楼5楼	73	—
26	德州局、水闸局	MCS	30	200	6×4	办公楼2楼	—	—
27	机动抢险队	MCS	90	100	4×3.5	办公楼4楼	—	—
28	四女寺局	MCS	90	100	3×3	老办公楼2楼	24	镀锌管自制铁塔，已不能满足需要，应尽快更换
29	武城局	—	—	—	5×3.5	办公楼1楼	—	—
30	袁桥闸所	JL	30	200	5×4	办公楼2楼	28	—
31	吴桥闸所	MCS	60	400	4×3	办公室	54	—
32	东光局	MCS	90	400	4×4	塔边房	46.5	按庆云闸铁塔图纸建造
33	南皮局	MCS	60	400	4×4	塔下房	48	原沧州塔拆除上部2节后，迁建至此

续表

序号	站名	组合电源		蓄电池	通信机房		通信铁塔	
		型号	容量/A	容量/Ah	面积/(m×m，长×宽)	位置	铁塔高度/m	状况说明
34	吴桥局	MCS	90	200	3.5×3	办公室	45	—
35	宁津局	MCS	60	400	4×4	塔下房	52	—
36	寨子	MCS	60	400	4×4	塔边房	54	—
37	王营盘	JL	20	200	4×3	办公室	25	—
38	罗寨闸所	JL	30	200	4×3	办公室	25	—
39	盐山微波站	MCS	60	400	4×4	塔下房	61	原设计为73m，后重新审核，拆除顶部2节以及顶平台
40	海兴局	JL	40	200	3×2.5	办公楼1楼	30	—
41	盐山局	JL	30	200	2.5×2.5	办公楼2楼	—	—
42	庆云闸所	MCS	90	400	4×4	院内塔下房	46.5	—
43	庆云局	JL	10	200	4×3	办公楼2楼	30	—
44	乐陵局	JL	30	200	4×3	办公楼2楼	30	—
45	辛集闸所	MCS	90	400	4×3	办公楼3楼	52	—
46	沧州局	艾默生	90	400	4×3	办公楼4楼	80	“海委基层”项目新建铁塔
47	卫河局	MCS	90	200	6×4	办公楼2楼	—	—
48	内黄局	MCS	90	400	2×4	办公楼1楼	65	—
49	清风局	MCS	60	200	2×5	办公楼1楼	—	—
50	汤阴局	MCS	60	200	2×6	办公楼1楼	—	—
51	浚县局	MCS	60	200	2×7	办公楼1楼	—	—
52	滑县局	MCS	60	200	2×8	办公楼1楼	—	—
53	刘庄闸	MCS	60	200	2×9	办公楼1楼	—	—

4.2 水利信息化发展需求及发展方向

4.2.1 水利信息化发展需求

“十三五”时期，是实现全面建设小康社会宏伟目标的关键时期，是深化水利重要领域和关键环节改革的攻坚时期，也是推进水利现代化进程、提升水安全保障能力的重要时期。经过“十一五”“十二五”水利信息化工作，漳卫南局逐步推进水利信息化服务体系的建设，在一定程度上支撑了水利改革与发展。

国家信息化战略的重大调整、信息技术的快速发展、水利深化改革的具体举措，都对水利信息化提出更高要求。

（1）国家大力推进信息化。信息化是当今世界发展的大趋势，中国正处在信息化快速发展的历史进程之中。从中共中央“十八大”报告明确提出“促进新型工业化、信息化、城镇化、农业现代化同步发展”（即“四化同步”）的要求，到中共中央十八届五中全会上出台的《中共中央关于制定国民经济和社会发展第十三个五年规划的建议》，以及国务院印发的一系列有关信息化的指导意见、行动纲要和意见，均对水利信息化的发展提出了更高的要求，也为水利信息化提供了前所未有的发展机遇。

（2）技术进步推动信息化。近年来，信息技术发展和新技术应用带来新变革。泛在感知、虚拟化资源、知识化处理等新技术形态显著提升了行业智能化水平，云计算、物联网、移动互联、大数据等新兴技术正在深刻影响着社会各行业发展。

（3）水利发展呼唤信息化。2014 年水利部《关于深化水利改革的指导意见》提出“增强水利保障能力、加快水生态文明建设；加强实用技术推广和高新技术应用，推动信息化与水利现代化深度融合”，以及“必须依靠科技创新，驱动水利改革发展”等改革要求，治水方略的重大调整对水利信息化提出了更高要求。

4.2.2 水利信息化发展目标与方向

4.2.2.1 水利信息化发展目标

根据水利部、海委水利信息化发展的要求，进一步加强资源的整合和共享，促进水利与信息技术进一步深度融合，同时建立水利信息的安全保障体系，将信息安全放到水利信息化的重要位置。

漳卫南局水利信息化近期发展总目标是：围绕水利中心工作，通过水利信息化资源整合、统筹共建以及深化应用，强化信息技术与水利业务深度融合，优化水利信息化资源配置，在全局范围内进一步完善协调统一的水利信息化基础设施、有序共享的水利信息资源、协同智能的水利综合应用、安全可控的水利网络与信息安全环境及优化健全的水利信息化保障环境，为加强节水型社会、水生态文明和水安全保障体系建设，全面提升水利业务、行政管理和社会服务水平，推进水治理体系和水治理能力现代化提供有力支撑与保障。

4.2.2.2 水利信息化发展方向

（1）进一步提升水利信息化基础设施水平。加强智能感知技术应用，扩大水生态要素采集、供用水计量，提高地下水监测覆盖率，提高直管工程监控覆盖率；加强网络融合和虚拟化技术应用，建成架构优化、布局完善的委系统水利通信网络，加大网络向基层延伸，拓宽骨干网络带宽；依托海委基础设施云，基本实现信息化基础设施的整合、共享及利用。

(2) 整合共享各类水利信息资源。加大漳卫南局系统各类水利数据的收集整理，丰富水利信息资源；全面梳理信息资源，按照水利信息资源目录体系，建设全局水利信息资源共享目录；完成基础信息资源整合，形成统一的共享基础数据库，构建协同的水信息基础平台，实现统一的“水利一张图”服务和数据管理体系。

(3) 深化各类水利综合应用。推进水利应用整合，建立全局统一的业务协同平台，推动面向水利综合管理决策的多业务间协同应用服务建设；建立全局统一的业务门户，实现用户授权、单点登录以及内容可定制的信息服务；完善电子政务，积极推进互联网水利政务，行政许可事项全部网上办理；大力推进移动应用建设，扩大移动办公、移动信息服务覆盖面。

(4) 保障水利网络与信息安全。进一步升级漳卫南局信息安全技术防护体系，完善安全管理制度，建立安全评估检测机制，使局系统全面达到信息系统安全等级保护的要求。

(5) 提升水利信息化保障环境水平。理顺管理机构，充分发挥漳卫南局网络安全与信息化工作领导小组的决策与管理作用；全面梳理水利信息化管理制度和技术标准，完善和落实水利信息化相关项目建设、资源整合共享方面的管理办法；提高水利信息化专业人才水利业务与政务知识水平。

4.2.3 信息系统建设规划

漳卫南局水利信息系统建设时间跨度大、站点分布广、应用种类多，业务部门根据自身业务需要建设了许多应用系统，这些应用系统的应用，提高了漳卫南局的水利信息化水平，也为漳卫南局的信息化支撑平台提出了更高的要求。同时，由于建设初期没有统一的规划管理，这些应用系统只有少数进行了集中统一管理，为信息安全带来很大的隐患。

根据目前实际情况，结合水利部、海委要求，漳卫南局信息化系统应加强水利信息基础设施建设，提高水利信息资源整合共享水平，完善信息安全保障体系，进一步提高水利管理的信息化水平。

4.2.3.1 通信系统

(1) 微波扩容改造。逐步升级改造现有的小容量、非 IP 型 PDH 微波，共计 19 跳，实现全流域管理单位 IP 型 SDH 微波全覆盖并可在中心机房进行集中管理，为全部管理单位实现较大容量的传输带宽接入，为防汛抗旱指挥调度、工程管理、日常工作等提供可靠的传输平台。

(2) LTE 移动传输系统建设。利用漳卫南局现有铁塔、机房等通信基础设施，并根据信号覆盖情况在大堤上新建基站，使用当今先进的 LTE 通信技术，建设覆盖漳河、卫河、卫运河、漳卫新河各主干河道及沿线闸所的移动数据传输网络，同时在基站间建设微波传输系统，既作为基站与核心设备的接入通道，也作为现有传输系统的迂回通道；并可为水政执法、水资源取水口、排污口、险工的视频监视采集，感知堤防建设、电子巡堤、应急通信、水信息采集等水利信息化业务的逐步发展建设提供移动传输平台。

4.2.3.2 计算机网络系统

依据国家网络与信息安全部署和水利应用安全需要，建立水利网络与信息安全体系，实现重要网络设施和大数据的安全可控。

(1) 制度建设。建立由安全策略、管理制度、操作规程等构成的统一的信息安全管理制度体系。

(2) 等级测评。建立安全评估检测机制，建设漳卫南局政务外网动态评估系统，定期进行安全评估，实现安全防护能力达到三级应用系统防御要求，并通过等保测评。

(3) 安全防护体系的完善。完善漳卫南局信息安全制度建设，开展信息安全定期检查和临时抽查，加强对管理维护服务外包企业的监管，建立有效的应急机制和预案，落实信息安全管理工作责任制，建立和完善维护漳卫南局水利信息安全的长效机制。

(4) 人员培训与素质提高。根据水利信息化需要，制定人才政策，建立水利信息化专业技术人才机制，充分利用各种教育培训资源，培养形成与水利信息化进程相适应的技术人才队伍。

4.2.3.3 视频会商系统

漳卫南局现有会商系统部分站点仍采用标清设备，配套设施无法满足高清会商的需求，需进行升级改造。漳卫南局机关建设高清多点控制单元、高清会商终端，建设灯光照明、会议发言、音响扩声、会议录播、大屏显示、中控等配套系统；卫河河务局、邯郸河务局等9个二级局建设高清会商终端光照明、会议发言、音响扩声、大屏显示等配套系统。

4.2.3.4 视频监控系统

(1) 漳卫南局所辖河道有险工267处，堤防险段123处。近几年随着河道治理和维修养护的不断投入，大部分险工险段得到了治理，工程安全状况和面貌均有了很大程度改善。但由于投入运行后没有经过洪水验证，为了观察其安全运行状况，除进行必要的变形观测及水文观测外，尚需进行工程视频监视系统建设。

(2) 基层单位管理人员严重不足，无法通过人员巡查及时发现和制止破坏、偷盗国有资产事件的发生。为了提高漳卫南局基层单位的管理水平和管理效率，提升基层单位的安全防范水平，减少偷盗国有资产事件的发生，并为盗失案件侦破提供有效证据材料，大力配合好地方城市规划建设工作，亟须在漳卫南局基层单位进行安全防范工程建设，从而保障局基层单位的国有财产安全，为职工创造良好的工作环境。

4.2.3.5 信息自动采集系统

(1) 近年来，漳卫南局逐步对岳城水库、祝官屯闸、吴桥闸、罗寨、庆云拦河闸进行了局部更新改造，增设了集中控制系统，实现了现地控制和控制室集中控制，其他水闸还是采用最原始的现地控制，远远达不到现代化管理的要求，需要建设自动化控制系统。

（2）漳卫南运河流域水资源监控能力建设主要包括：漳卫南运河重要取水口的水量在线监测、视频监视；漳卫南运河重要入河排污口的排污监督；整合完善流域水情自动测报系统，建立视频监视系统；搭建漳卫南运河流域水资源监控管理平台；建设漳卫南局水资源监控中心。

4.2.3.6 业务应用系统

（1）软硬件资源整合：整合已有服务器和软件资源，形成统一基础支撑环境。整合软件资源，补充缺少的部分软件资源。

（2）基础数据整合扩充：依托国家水信息基础平台海委节点建设，对漳卫南局数据中心基础数据库和专题产品进行整合与建设。

（3）“水利一张图”应用：依托海委进行漳卫南局“水利一张图”的建设、管理、应用及更新维护工作。

（4）资源共享目录体系及服务共享平台。

（5）业务应用整合及统一业务门户。

4.2.3.7 辅助系统

对机房及基础设施进行完善，采取统一标准，统一规格改造基础设施，初步达到专业机房标准要求，使通信机房内部规范、安全、实用，外部美观。

（1）通信机房设施统一布线，同一品牌、同一规格的机柜。改善机房灯光照明，完善机房防水，以及安全消防措施等。

（2）规范交流供电系统：采用统一规格电缆实现可靠供电。

（3）完善整流电源，安装 UPS 电源：做到整流器品牌、型号统一，备品、备件通用，同时为网络设备配备 UPS 电源。

（4）电源防雷：完善各机房交流电源的二级防雷系统。

（5）机房空调：为确保汛期通信设备安全运行，将现有空调更换为专用机房空调。

（6）动力环境监控：实现所有通信站动力环境指标实时监测和监控，确保实时掌握设备运行状态及时发现故障苗头，杜绝重大事故的发生。

4.3 水资源管理信息化建设

“十三五”时期是深入推进水利现代化进程，促进传统水利向现代水利转型的至关重要的5年。随着水资源管理和水环境保护问题的日益突出，急需加快水资源信息化建设，适应水利信息化、现代化需要，为落实最严格水资源管理制度提供重要支撑，为沿河社会和经济可持续发展提供全方位水资源信息服务。

4.3.1 漳卫南局水资源信息化建设现状和存在问题

4.3.1.1 水资源信息化建设现状

近年来，随着信息技术迅速发展，漳卫南局从无到有，陆续开展了一些信息化建设，并在水资源管理工作中发挥了重要作用。

(1) 水文遥测。岳城水库上游水文遥测系统于1985年、1990年、1999年经过三期建设，建有1个中心站、6个中继站、34个测站；河道水文遥测系统建于1997年，包括1个中心站、3个中继站、5个遥测站；水闸水位遥测系统建于2003年，包括7个站点。目前，以上测站大多已失去功能。

(2) 水环境监测。现有实验室1处、移动实验室（车）1台、监测设备若干，可对流域内21个省界控制断面、15个水功能区、37处排污口进行监测，可基本满足水质日常监测任务。

(3) 漳卫南流域水情系统。系统可对流域内水雨情业务进行分析处理，各水雨情站点将监测数据传输到省，通过海委中转再传输到漳卫南局水情系统。该系统水雨情站多数由地方水利部门管理，依赖数据共享，存在数据不全和滞后现象。

(4) 漳卫南运河子流域知识系统（KM）。系统属于全球环境基金GEF海河项目建设内容，面向子流域的水资源业务、水环境业务以及综合业务管理，开发较早，储存了一些数据，但前端监测点不足及缺乏在线监测，后期仅靠人工录入部分数据，无法充分发挥系统作用。

(5) 数据库建设。目前，漳卫南局已建有水资源保护信息系统、电子政务系统、水雨情查询系统、防汛调度指挥系统等数据库，由不同部门掌握和管理。

4.3.1.2 存在问题

(1) 基础设施薄弱，监控手段缺乏。管辖内取水口计量设施严重不足，绝大多数没有科学计量设施，仍采用传统方式计量，无法反映实时取水状态，严重影响取水统计数据科学性和准确性。

入河排污口监测能力低，目前仅靠人工一定频次的监督性监测难以全面反映排污情况，排污量存在偏差。

(2) 水文站网不完善。水文测站大部分建于20世纪60—70年代，站网站点不足，重要支流没有控制水文测站，不能准确掌握支流洪水和洪水来源，难以满足防洪调度以及雨洪资源精细化管理需要。站网功能单一，水位站、河道站均以防汛和工程管理为目标，水文测站以汛期为中心，无法满足水资源管理和调度的日常化需要。

(3) 信息资源不足。近年来漳卫南局在水资源管理方面做了大量基础性工作，积累了一些资料，但缺乏在线监测，信息资源还严重不足，时效较差、种类不全、内容不丰富、时空搭配不合理。

(4) 已建系统相对独立，缺乏整合。由于项目内容、任务来源和资金渠道不同，已建数据库及应用软件大多分散在不同业务部门，形成以专业、部门为边界的信息孤岛。数据库专为解决特定研究或业务应用而建，服务目标单一，考虑各自基本需求较多，给后续扩展和整合增加了困难。

(5) 缺乏整体规划。水资源管理工作涉及水资源、水保、水文、监测、调度等多方面，涉及多个管理部门，信息化建设项目散、乱、小，缺乏整体规划，缺乏综合平台，没有将水资源相关数据统一管理，且共享机制缺乏。

4.3.2 水资源管理信息化建设的必要性和可行性

4.3.2.1 建设的必要性

（1）水资源管理信息化建设是履行管理职责、践行治水新思路的需要。国家三定方案赋予漳卫南局管辖区域水资源管理职责，2014年习近平总书记提出了“节水优先、空间均衡、系统治理、两手发力”16字治水思路，赋予新时期治水新内涵、新要求、新任务，治水方略的重大调整对水利信息化提出了更高要求。但目前漳卫南局水资源计量监测水平低、监控手段缺乏，水资源信息化程度低，无法满足当前水资源管理需要。为更好履行管理职能，践行治水新思路，迫切需要水资源信息化建设，实现辖区水资源动态监测，实时提供水资源信息，服务于水资源管理和决策。

（2）水资源管理信息化建设是优化水资源配置的技术支撑。漳卫南局管辖河道主要是省际河流，卫河、清漳河、浊漳河是漳卫南运河主要支流，其来水量直接影响流域内水资源可利用量。这三条河流已被确定为国家跨省河流水量分配方案制定重点河流，流域内晋、冀、豫、鲁已对“三条红线”指标进行了分解。但目前在漳卫南运河干流，尚未建立完整的控制断面水资源监测和监控系统，不具备省际水量分配的技术能力。开展水资源信息化建设，建立在线监测、水情自动测报系统，实时掌握来水和用水动态，提高水资源预测预报能力，可为优化水资源配置，实施水量分配提供基础技术支撑。

（3）水资源管理信息化建设是落实最严格水资源管理制度的关键。实行最严格水资源管理制度要求对水资源进行定量化、科学化、精细化、动态化管理。目前国控一期建设，仅考虑了漳卫南局水资源调度业务，并没有进行前端取水口与排污口在线监测、后端信息系统等相关建设，距最严格水资源管理制度要求甚远。水利部水资源司确定漳卫南局为落实最严格水资源管理制度示范点，而建立完善的监测系统、全面的监测信息，实施水资源信息化建设是关键。

4.3.2.2 建设的可行性

（1）符合国家及水利事业改革发展方向。党的十八大将“信息化水平大幅提升”确定为全面建成小康社会的目标之一，习近平总书记提出的16字治水思路以及水利部《关于深化水利改革的指导意见》都对水利信息化提出了新要求。在漳卫南局开展水资源信息化建设，符合国家发展战略和水利事业改革发展方向，有利于漳卫南局水利事业发展。

（2）当前信息化技术可满足项目需求。当今时代，信息采集、通信、计算机网络等技术迅速发展，信息化进步前所未有，云计算、物联网、移动互联、大数据等新兴信息技术日益成为创新驱动发展的先导力量，为开展水资源信息化建设奠定了良好的技术基础。

（3）已有水资源信息化建设部分基础。目前，漳卫南局已建立了部分业务应用系统及数据库，国控一期项目已完成，流域内海委、行政区各级水资源管理系统建设初现成效。上述项目建设与应用，可为漳卫南局水资源信息化建设提供有益的借鉴，为实现水资源信息共享、系统整合提供基础。

4.3.2.3 水资源管理信息化建设的思路和原则

（1）建设思路。整体思路：围绕新时期水资源管理工作需要，跟踪国内外信息化发展趋势，采用先进技术，以信息化推进水利现代化，将水资源信息化建设作为单位水利事业发展的重要组成部分。贯彻新时期治水思路，落实五大发展理念，坚持可持续发展，逐步建立水资源信息化体系，提高水资源管理能力与水平，落实最严格水资源管理制度。

初步设想：漳卫南局水资源管理基础比较薄弱，水资源信息化建设应结合实际管理需求，要在分析现状、借鉴已建系统经验基础上做好顶层规划，有层次地推进，近期目标是要以建设完善水资源管理信息基础设施、提高水资源监测能力、解决信息资源不足为突破口，推进水资源信息化建设；远期目标是强化资源整合，促进协同共享，加快信息技术创新，深化资源开发利用，形成全方位共享的水利信息资源体系，全面提升信息能力，推动“数字水利”向“智慧水利”转变。

（2）建设原则。

1）统筹安排，突出重点。应针对漳卫南运河流域水资源管理特点，按照漳卫南局提出的“实现三大转变、建设五大支撑”工作思路，依托现有水文站网体系、水利信息化建设条件，统筹安排，注重实效，有针对性开展项目建设。

2）总体规划，分步实施。要从漳卫南局实际管理需求出发，统筹做好总体规划。同时，根据管理需求，优先安排重要紧迫的建设内容，分步推进项目建设。

3）充分整合，共享利用。要充分利用漳卫南局现有各种监测设施及信息化系统，新建项目应按资源共享的原则建设和应用，要强化漳卫南运河流域水资源基础信息的统一采集、优化配置、集中管理和共享利用。

4.3.2.4 水资源管理信息化建设的目标和内容

（1）建设目标。近期目标是实现水资源管理重要指标“可监测、可监控、可考核”，为落实最严格水资源管理制度提供重要技术支撑。

远期目标是实现水资源管理工作“信息采集自动化、传输网络化、管理数字化、决策科学化”，全面提升漳卫南运河水资源配置、调度、监控和保护工作能力和水平。

（2）建设内容。

1）水资源监测能力建设。对漳卫南运河大型以及重点取水口、重点入河排污口和重要断面进行在线监测建设，建设覆盖干流主要控制断面的水情自动测报系统，加强水资源信息基础设施和信息采集建设，完善水资源监测体系。

2）水资源监控管理信息平台。建立漳卫南局以及所直属管理局水资源监控管理信息平台，包括信息采集与传输、计算机网络、数据资源、应用支撑、业务应用等，并要与海委监控管理信息平台对接，提高水资源监控、会商、调度、决策能力，为漳卫南局以及所直属管理局、水利部、海委和社会公众提供服务。

3）深化水资源信息资源整合和业务应用开发。后期建设要跟踪、应用新技术，开展信息资源综合大数据库建设，整合水资源监控多源数据，深化业务管理系统应用，开发移动终端应用系统，提高信息化服务大数据分析水平，提高系统决策支持能力和智能化水平。

当前，漳卫南局水资源管理基础设施薄弱，信息化建设落后，难以满足新形势下水资源管理需要，为应对严峻的水资源形势，贯彻新时期治水新思路，落实最严格水资源管理制度，迫切需要开展水资源信息化建设，促进水利现代化进程，切实提高水资源管理综合能力和管理水平，构建和谐水利和现代化水利。

4.4 信息化基础设施建设

4.4.1 建设的必要性

漳卫南局按照水利部和海委的治水思路，结合漳卫南运河流域实际情况，提出了“实现三大转变，建设五大支撑系统”的工作思路。据此思路，传统的工程管理将向资源管理、生态管理和社会管理转变，并逐步建设水资源立体调配工程系统、水资源监测管理系统、洪水资源利用及生态调度系统、规划与科技创新系统、综合管理能力保障系统。

水利信息化是水利现代化的基础和重要标志，是实现水利管理现代化的重要手段，新的工作思路对漳卫南局信息系统的规划建设也提出了新的更高的要求。信息传输系统将向高带宽、面覆盖、可移动、多接口的方向发展，水政执法、水资源取水口、排污口、险工的视频监视采集，感知堤防建设、电子巡堤、应急通信、水信息采集等水利信息化业务也将逐步发展建设，以实现工程管理、水资源监测、水资源调配及洪水资源利用的远程可视化管理和精准管理。

信息化的发展离不开通信专网的建设。目前，漳卫南局信息网络已覆盖了局属全部各级水管单位，基本满足了日常业务需求和基本防汛需要，但仅限于各级水管单位点、线通信传输，没有对河道、堤防实现面的覆盖。空白的堤上通信系统导致河道或堤防的信息化业务建设难度很大，单独建设的建设成本、运维成本也很高。另外，漳卫南局信息网络的路由单一，没有迂回路由，一旦重要节点中断，将导致大面积通信瘫痪，存在很大的隐患。现有的通信覆盖范围和信息传输带宽限制了漳卫南局信息化的进一步发展，无法满足水利管理现代化需求。因此，为全面提高漳卫南局水利管理的现代化水平，结合现代通信技术的发展和水利事业对通信的实际需求，必须将防汛通信专网的覆盖范围从办公场所扩展至工程现场，提高通信网对各种水利信息化业务的适应能力，进而实现水利工程管理、水资源立体调配、防汛减灾指挥调度等的现代化。

4.4.2 建设内容

利用漳卫南局现有铁塔、机房等通信基础设施，并根据信号覆盖情况新建或改造铁塔28座，建设包括4个分中心站及39个基站的移动数据传输网络。该网络利用LTE通信技术，将覆盖漳卫南运河河道、滩地、堤防等，为视频监控、水文遥测、移动通信等业务提供传输平台。同时在基站间建设微波传输系统共计41跳，既作为基站与核心设备的接入通道，也作为现有传输系统的迂回通道。

4.5 网络安全提升改造

4.5.1 建设的必要性

网络安全是一个关系国家安全、社会稳定、民族文化的继承和发扬的重要问题。随着全球信息化步伐的加快，网络安全变得越来越重要，国家层面以及水利部均对网络安全以及网络管理提出了相应的要求。

漳卫南局计算机网络是漳卫南局防汛抗旱、水资源管理以及日常工作的重要工作平台。到目前为止，该计算机网络对上可以与海委计算机网络连接，对下可以覆盖各基层单位的计算机局域网，网络内基本实现了各二级单位水情数据与局防办互通，并实现了二级单位通过局机关 Internet 网出口上网。到目前为止，漳卫南局网络内有计算机 600 余台。

海委重要信息系统安全等级保护项目部署了入侵检测系统、用户行为监控系统、网络安全审计系统、抗拒绝服务攻击系统，漏洞扫描系统。海委防汛抗旱指挥系统二期部署了核心交换机、主接入路由器以及接入交换机。漳卫南局网络安全水平得到了一定的提升，但目前仍存在如下问题：

（1）漳卫南局现有的技术手段无法对网络整体架构进行全面的管理，容易造成网络安全问题的产生，并且不易及时发现和处理。

（2）目前，漳卫南局主防火墙是外国进口设备，已经不符合网络安全设备应该国产化的信息化要求，亟须更新为国产防火墙。由于近几年漳卫南局网络系统的发展，多地、单位与局机关网络互连，主接入路由器的关键性日益显现，漳卫南局现有主接入路由器单机运行，无法保证系统的稳定与可靠，因此需要购置系统功能、性能的路由器作为在线备份机使用。漳卫南局现有大部分网络交换机为国外产品，且端口使用率已达到 90%，曾多次因设备资源使用率过高，造成部分二级单位网络中断。

（3）计算机网络的信息安全建设已经成为保障漳卫南局各种业务平台的重要组成部分。整个漳卫南局网络的安全体系建设目前还极为不完善，与互联网的连接只有一台防火墙。对影响网络安全运行的黑客、木马入侵、非授权访问、不正常网络行为等到目前没有可靠的手段防范和记录。严重影响了网络内防汛水、工情信息的传输。

为确保漳卫南局网络系统的硬件、软件及其系统中的数据受到保护，不因偶然的或者恶意的原因而遭受到破坏、更改、泄露，保证系统连续可靠正常地运行，亟须全面测试评估现有的网络架构存在的漏洞和健全网络管理体系，实现网络管理精细化，更新进口网络设备，提高网络安全防范能力，完善网络安全监测预警手段，确保对外门户网站安全和网络信息安全。

4.5.2 建设方案

网络安全涉及面很广，不但涉及网络设备，而且涉及网络信息，不但有技术层面的，而且有管理层面的。因此，从漳卫南局现状出发，从以下方面提升漳卫南局网络安全水平：

（1）对整个漳卫南局网络进行评估，利用评估系统形成的历史资料和专家经验确定威胁实施的可能性；对可能受到威胁影响的资源确定其价值、敏感性和严重性，以及相应的保护级别；指导组织建立安全管理框架，提出安全建议，合理规划未来的安全建设和投入。评估主要内容：对漳卫南局域网内所有资产识别与赋值；分析网络内存在的威胁；分析网络安全潜在的弱点；对网络安全控制进行分析；进行网络安全的可能性及影响分析；进行网络风险识别；形成漳卫南局计算机网络安全评估报告及建议。

（2）改造进口网络设备，提升网络传输带宽和内部信息传输交换能力，主要内容如下：

1）局机关网络升级改造：包括替换原有进口思科防火墙1台；增加备份主路由器1台；更新局机关楼层接入交换机15台。

2）二级局网络设备更新购置：购置安装二级局主交换机10台。

（3）进行网络安全系统改造，购置安装部署网络威胁发现分析系统，提升漳卫南局网络安全和管理的级别。在现有的网络防病毒软件基础上，配置和部署威胁发现分析系统，与网络防火墙、网络路由器等网络设备实现网络安全联动。网络威胁发现分析系统基于云安全、智能行为分析和代码比对技术，能快速定位高危节点和攻击形态，帮助发现网络中的已知/未知威胁问题，如病毒、蠕虫、木马、后门程序、间谍软件等混合攻击。

4.6 语音交换系统升级改造

4.6.1 建设的必要性

漳卫南局现有语音交换设备大多由基于线路交换的程控交换机组成。随着软交换技术的迅猛发展，传统的程控交换设备逐步停产，备件和技术支持越来越困难，维护维修十分不便，因此漳卫南局逐步对现有语音交换系统进行升级改造，目前已升级改造了局机关、四女寺、祝官屯闸所、袁桥闸所等单位的程控交换机。

目前，邢衡局、故城局、清河局、辛集闸、盐山局、海兴局、庆云闸、庆云局仍采用北电OPT11用户交换机，沧州局、岳城局、卫河局、聊城局使用中兴局用机，其余站点使用中兴远端用户单元。这些基于线路交换的语音交换设备大多连续运行超过10年，已进入故障高发期。就中兴设备而言，对于端口故障，可以通过调配端口进行恢复，对于关键部件，如信号音卡板，由于硬件版本及配置芯片的差异，替代性差，一旦故障会导致系统瘫痪，同时影响与其直连的远端用户单元；原局机关、沧州局的中兴局用机，均遭雷击导致控制层背板稳定性变差，多次出现HW故障导致本机用户通信全部中断，交换机网板也存严重隐患，主备切换也会导致通信中断。北电OPT11设备连续运行已超过15年，故障重启恢复频繁，也无备用CPU。由于各语音交换机厂商都已将重点放到软交换产品的研发与生产，基于线路交换的设备由于面临技术淘汰，厂商已不再提供备品备件的生产及技术支持。因此漳卫南局程控交换设备的备品备件严重不足，维护维修十分不便，使得可靠性大大降低。

语音通信是漳卫南局防汛及日常工作最基本的通信手段，语音交换系统的运行必须保持很高的可靠性，并应充分利用传输资源，在语音交换平台上提供更多的服务，以适应漳卫南局不断发展的信息化业务需求。因此，为摆脱现有程控交换系统无备件、无技术支持的不利局面，提高防汛通信系统的可靠性，为漳卫南局的防汛及日常工作提供更为可靠的通信保障，亟须将现有程控交换系统全部更新为基于IP的软交换系统。

4.6.2 建设内容

将漳卫南局现有程控交换系统全部改造为软交换系统，局机关为整个系统的中心，各二级局为分中心，漳卫南局机关与分中心之间及分中心与三级局之间皆通过网络连接。

第5章　漳卫南运河知识管理系统

5.1　漳卫南运河知识管理系统项目概况

5.1.1　项目背景

为加强海河流域水资源与水环境综合管理，研究解决流域内复杂水问题的方法和途径，全球环境基金（GEF）通过世界银行援助中国开展GEF海河流域水资源与水环境综合管理项目（以下简称“GEF海河项目”）。GEF海河项目由国家财政部牵头、水利部和环境保护部共同领导，其项目目标旨在推进海河流域水资源与水环境综合管理，缓解水资源短缺状况，真正改善海河流域及渤海水环境质量。

漳卫南运河位于海河流域南部，流经山西、河南、河北、山东、天津市四省一市，入渤海。漳卫南运河流域水资源匮乏，河流污染严重，水生态环境严重恶化，是海河流域水资源供需矛盾与水环境恶化最为突出的水系，流域内水资源匮乏和跨省界河流水污染问题严重制约了流域经济社会的可持续发展。因此，GEF海河项目选定水污染最为严重、对渤海污染威胁最大、污染治理任务最重的漳卫南运河开展水资源与水环境综合管理和水污染防治示范。为保障漳卫南运河项目的成功实施，推进漳卫南运河流域水资源与水环境综合管理，保障漳卫南运河流域战略行动计划（SAP）的顺利实施，决定开发建设漳卫南运河流域知识管理系统，作为项目实施的技术支撑。

5.1.2　项目目标

漳卫南运河流域知识管理系统（以下简称“KM系统”）目标是提高漳卫南运河流域的水资源和水环境监管能力，为流域的水资源与水环境综合管理提供及时、有效的科学依据，为实现流域节水、减污和增流的目标提供监测和管理方法，为项目管理和项目目标的实现提供有效的管理工具，为水资源和水环境综合管理提供决策支持和技术保障。具体目标如下：

（1）综合运用现代信息网络与数字技术，构筑统一的水资源与水环境综合管理平台，实现漳卫南运河水资源和水环境信息的有效科学管理，强化流域管理，推进水资源和水环境信息资源共享，促进部门间信息共享和交流，加强社会监督和公众服务。

（2）建设水资源和水环境综合管理业务平台，提高水资源和水环境综合管理信息化、科学化水平，推动跨部门、跨省市的水资源与水环境综合管理体系的建立，推进水资源与水环境综合管理。

（3）通过充分整合、发挥GEF海河项目，特别是漳卫南运河流域项目研究成果的作用，建立水污染控制决策支持系统，为漳卫南运河流域的污染控制和水资源管理提供决策支持，为流域战略行动计划（SAP）的编制和实施提供支持。

5.1.3 建设任务

（1）通信及计算机网络系统建设。依托漳卫南运河流域水利信息网络，通过系统调查和分析，整合原有资源，对部分设备进行升级换代，提高网络水平，完善网络体系；开展必要的信息采集系统建设，保证重要监测断面、重要水源地和重要取水口以及排污口的信息及时、高效采集；建设流域水资源和水环境管理会商决策中心，构筑污染事故预防和信息共享平台。

（2）系统数据库建设。以现有防汛数据库为基础，新建、补充系统基础地理信息库、河道、水库水质信息库、排污口和污染源信息库、水功能区与水环境功能区信息库、水资源信息库、社会经济信息库等，实现水资源和水环境管理信息的规范化、系统化和科学化，满足水资源和水环境管理、分析和决策需要。

（3）管理平台建设。管理平台建设包括实时监视预警子系统、综合信息查询与管理子系统、安全授权管理子系统 3 个部分，为管理人员的管理和决策提供有效的工具。

（4）水资源和水环境综合管理业务应用系统建设。面向水资源与水环境综合管理实践需要，建设面向环境保护、水利部门的水资源和水环境业务管理工具，提高取水许可、排污许可、污染源管理、排污口管理等水资源和水环境综合业务管理水平。

5.1.4 建设依据

漳卫南运河流域知识管理系统数据和数据库系统建议书；
漳卫南运河子流域知识管理系统工作计划；
国家地表水水环境质量标准；
地表水环境质量标准（GB 3838—2002）；
水环境监测规范（SL 219—2013）；
水质数据库表结构与标识符规定；
水利基础电子地图图例规范；
国土基础信息数据分类与代码；
国家基本比例尺地形图要素分类与代码；
中国河流代码（SL 249—2012）；
中国水库名称代码（SL 259—2000）；
水利工程基础信息代码编制规定；
国家、水利部、信息产业部相关标准；
相关国际标准和水利行业标准。

5.2 总体结构设计

5.2.1 系统框架

KM 系统按照建设内容分为以下组成部分：数据整理与传输、KM 基础平台（包括系统运行环境、数据库、信息交换与应用控制平台）、应用系统、标准与规范和安全体系。

KM 系统架构图如图 5.1 所示。

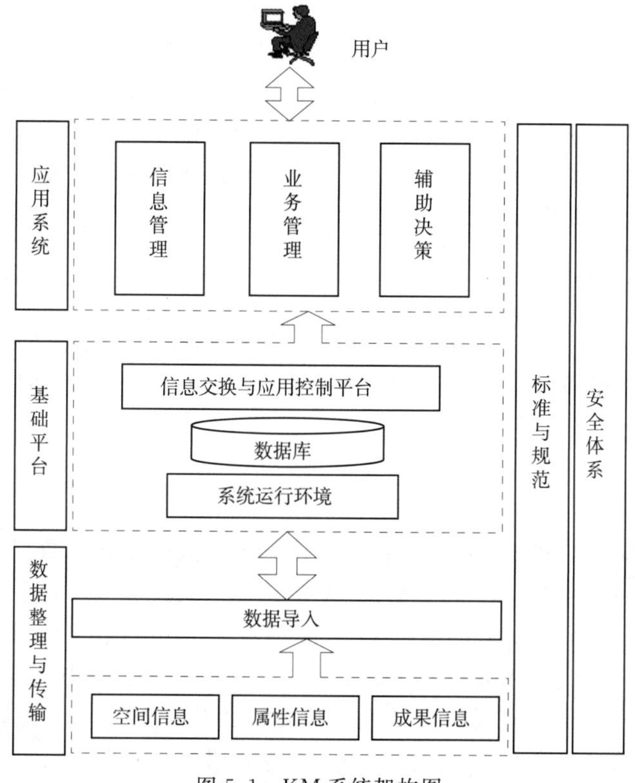

图 5.1　KM 系统架构图

5.2.2　数据整理

KM 系统数据整理涉及单位包括漳卫南运河流域四省一市水利部门和环保部门，以及其他相关部门的水资源与水环境数据。此外，还涉及对 GEF 海河项目的成果进行归类和整理，主要包括水资源与水环境综合管理规划、战略研究、专题研究及遥感监测 ET 项目产出的结果数据等。KM 系统数据整理的内容包括空间信息、工程属性信息、河流水质信息、雨水情信息、水量信息、水质信息、气象信息、社会经济信息等基础信息，以及基线调查、河流编码系统成果、IWEMPs、战略研究、遥感监测 ET 信息等 GEF 有关项目数据及成果。KM 系统数据传输尽量使用现有的通信设备与手段进行。与海河流域级 KM 系统的数据交换利用漳卫南局与海委的专线，从海河流域级 KM 系统得到 ET 数据、GEF 项目成果数据，同时上传流域 GEF 项目相关成果数据、基线数据和必要的水资源和水环境数据。KM 系统与四省一市及所辖的三个重点县与示范项目区之间主要通过光盘拷贝方式或在具备条件的地区采用拨号专线的方式传输信息。环保部与漳卫南局需建立 VPN 通道传输信息，实现分别部署于环保部与漳卫南局的 KM 系统间的信息传递。

5.2.3　基础平台

KM 系统的运行环境、信息交换与应用控制平台、数据库总称为 KM 基础平台。

5.2.3.1 系统运行环境

KM 系统的稳定性、可靠性、安全性及可维护性是其赖以生存的物理基础。为保证 KM 系统各项功能得到充分发挥，在环保部与漳卫南局分别部署服务器并安装相关基础软件。系统运行环境包括硬件环境、系统软件环境；硬件环境建设包括服务器、客户端计算机、网络集群设备及会商设备的选型、部署；系统软件环境建设主要是指操作系统、数据库管理软件、GIS 软件配置。

5.2.3.2 信息交换与应用控制平台

KM 信息交换与应用控制平台（以下简称“KM 平台”）是信息的交换和权限验证控制中心，是向应用系统提供系统级服务，实现信息交换及提供统一的身份认证、权限控制、安全控制和应用程序接口。

5.2.3.3 数据库

KM 系统数据库由空间数据库、属性数据库、主题数据库和元数据库组成。其中属性数据库由公共河段编码数据库、实时雨水情数据库、水文数据库、地下水数据库、水质数据库、气象数据库、社会经济数据库和工程数据库组成；主题数据库由水资源管理、水环境管理、行政许可等组成；元数据库由数据库描述、空间数据元数据、属性数据元数据、数据字典、数据服务元数据组成。KM 数据库数据内容包括降水、地表水、地下水、水质、水量、社会经济、水利工程、遥感监测 ET 等数据。

5.2.4 应用系统

应用系统面向流域的水资源业务、水环境业务以及水资源和水环境综合业务的管理，包括信息管理、业务管理、辅助决策支持 3 个子系统。应用系统组成如图 5.2 所示。

（1）信息管理子系统：对综合信息、雨量信息、水情信息、水质信息、工情信息、气象信息、水量信息、社会经济信息、ET 信息、项目成果信息进行管理。

（2）业务管理子系统：包括水平衡分析、取水许可管理、用水户协会管理、水质评价、排污许可管理、污染物目标排放管理、水质预警 7 部分内容，为水资源与水环境综合管理目标的实现提供技术支持。

（3）辅助决策支持子系统：利用漳卫南运河流域 SWAT 模型和 SAP 污染物总量控制模型成果为水资源和水环境管理提供辅助决策支持。

5.2.5 标准与规范

标准规范建设是 KM 系统实现水利部门和环保部门资源共享的必然要求，是与海河流域级和示范项目区（县）之间互通互联的基础。流域各子系统必须具备统一的开发运行模式，以实现系统的开放性和扩展性，保障系统的可持续开发使用。统一的开发模式除必须遵循国家标准、行业标准之外，还需制订各种强制性的标准和规范作为基准，并且建立良好的管理体制。

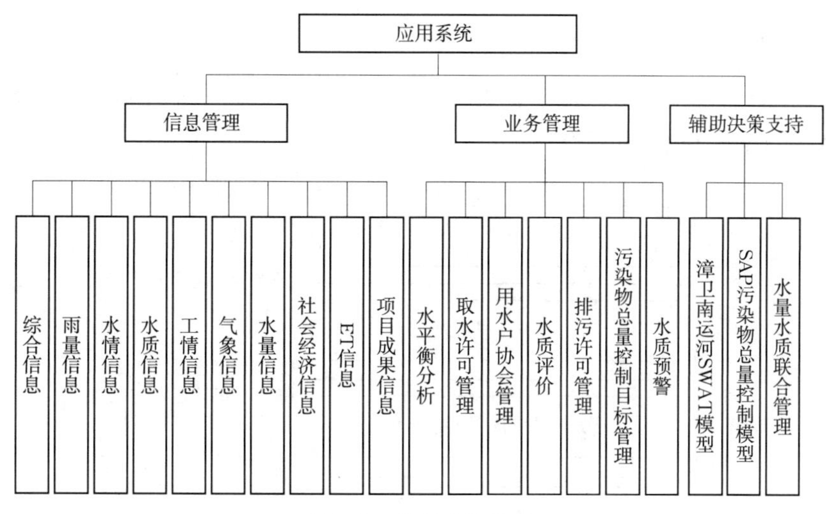

图 5.2　应用系统组成

5.2.6　安全体系

KM 系统安全体系建设是系统顺利运行的保障，需要从网络到系统、从防范到宣传等各个方面实施安全管理。KM 系统的安全涉及各个层次的设备及设施，包括数据传输安全、防火墙与路由器配置要求、防病毒软件设置等方面。

5.2.7　体系结构

考虑到用户特点和系统部署与维护的方便，KM 系统采用基于 J2EE 规范的分层 Browser/Server 结构。KM 系统架构如图 5.3 所示。

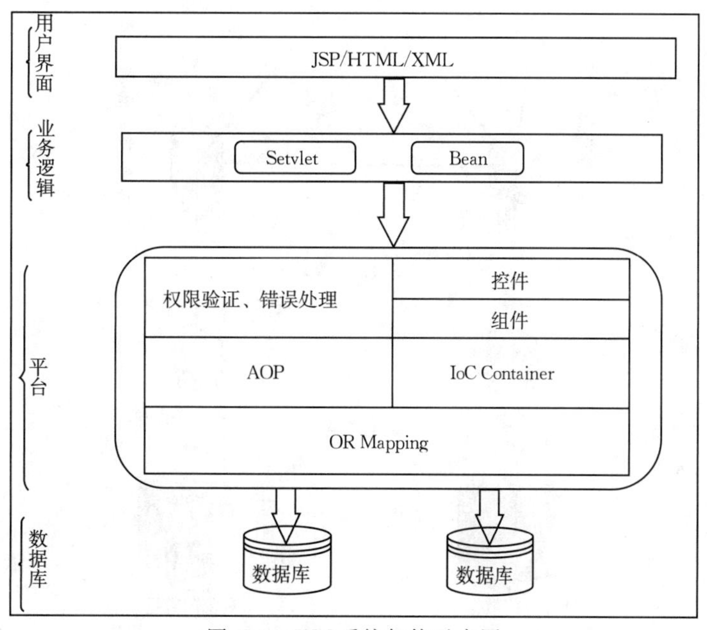

图 5.3　KM 系统架构示意图

5.2.7.1 系统分层

按SOA的框架要求，KM系统分为5层，包括用户界面、业务逻辑、信息交换与应用控制平台、数据库和系统运行环境，如图5.4所示。

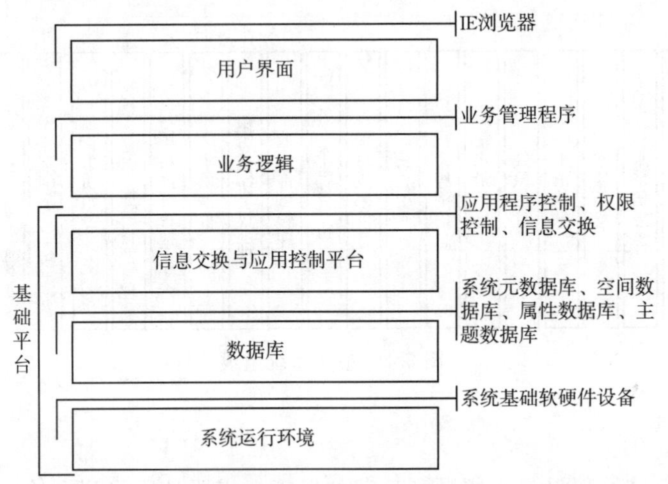

图5.4 KM系统分层示意图

5.2.7.2 物理结构

KM系统采用物理平行结构，在环保部和漳卫南局分别部署。流域级硬件及连接结构示意如图5.5所示。

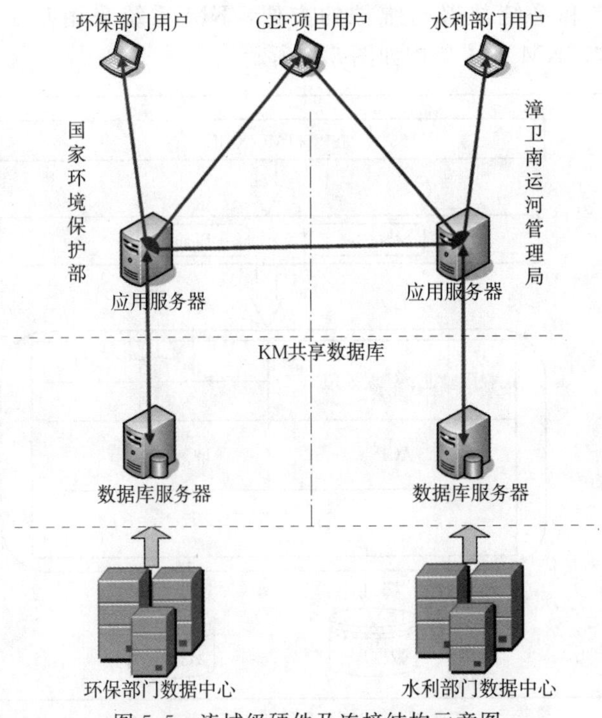

图5.5 流域级硬件及连接结构示意图

5.3 数据整理与传输

建设KM系统的主要目的之一是为用户提供信息交流和共享的平台。用户可以从系统提取所需的信息，同时都有义务为该系统提供信息，达到信息交换和共享的目的。KM系统建设对现有空间数据、水资源和水环境数据、GEF海河项目相关成果数据进行整理，并实现漳卫南运河流域KM系统与海河流域级KM系统、流域范围内的3个示范县KM系统、四省一市水利和环保部门等相关单位的数据传输。

5.3.1 数据整理

数据整理的涉及单位包括漳卫南局各相关部门、漳卫南运河流域四省一市水利部门和环保部门、流域SWAT模型承担单位、SAP总量控制模型承担单位、遥感监测ET中心等。

数据的类型包括空间数据、工程属性数据、雨水情数据、水质数据、水量数据、气象数据、社会经济信息等，以及流域SAP、基线调查数据、示范县IWEMPs、模型成果、河段编码系统成果、ET信息等。数据整理通过数据导入和数据采集两种方式将数据存储进数据库。

数据导入包括电子表格导入和手工录入2种方式。针对已整编的大量水资源和水环境数据，主要采用固定模板的数据表格导入数据；针对尚未整编或临时上报的数据，主要通过人机交互界面，采用手工录入方式录入数据。

数据采集功能实现子流域KM数据库与漳卫南局现有数据库之间数据的定期同步，保证子流域KM数据库中水质水量数据的及时更新，保证省界控制断面、重要监测断面、重要水源地和重要取水口以及排污口的信息能够及时在KM系统中展现。

5.3.2 空间数据

漳卫南运河流域1∶50000的国家基本比例尺电子地图，包括基础地理、水利工程、功能分区、监测站网的空间数据，以及土地利用图、数字高程模型等。

5.3.2.1 基础地理

漳卫南运河流域1∶50000国家基本比例尺电子地图，包括行政区划（省、市、县3级）、居民地（省、市、县3级）、地形（高程点）图形数据以及基本属性信息。漳卫南运河流域行政区域划分见表5.1。

表5.1　漳卫南运河流域行政区域划分

省级行政区	地市级行政区
山西	长治市、晋城市、晋中市
河北	邯郸市、邢台市、衡水市、沧州市
河南	焦作市、新乡市、鹤壁市、安阳市、濮阳市

续表

省级行政区	地市级行政区
山东	聊城市、德州市、滨州市
天津	静海县

5.3.2.2 水利工程

整理漳卫南运河流域内河流、水库、枢纽水闸、灌区、湿地的空间数据以及基本属性信息。

（1）河流。流域内3级以上主要河流的空间分布及基本属性信息，如名称、编码、所在水系、集水面积、河流长度。主要河流包括：

1）1级河流：漳河、卫河、卫运河、漳卫新河、南运河。

2）2级河流：浊漳河、清漳河、淇河、汤河等。

3）3级河流：浊漳河南源、北源等。

基于河流图层数据，进行公共河段的编码工作，最后产生河段流线图层供流域KM系统使用。

（2）水库。流域内34座大中型水库的空间分布及基本属性信息，如名称、代码、位置、所在水资源分区、所在行政区。

主要大中型水库包括：岳城水库、大浪淀水库、后湾水库、关河水库、漳泽水库、汤河水库、漳武水库、南谷洞水库、弓上水库、石门水库、琵琶寺水库、群英水库、小南海水库、双泉水库、塔岗水库、夺丰水库、正面水库、狮豹头水库、陈家院水库等。

（3）枢纽水闸。流域14座重要枢纽水闸的空间分布及基本属性信息，如水闸名称、位置、管理单位、水准基面。

重要枢纽水闸包括：四女寺枢纽（四女寺北进洪闸、四女寺南进洪闸、四女寺节制闸、四女寺船闸）、祝官屯枢纽（祝官屯枢纽节制闸、祝官屯枢纽船闸）、袁桥拦河闸、吴桥拦河闸、王营盘拦河闸、罗寨拦河闸、庆云拦河闸、辛集挡潮闸、七里庄拦河闸、西郑庄分洪闸、牛角峪退水闸（五孔闸、两孔闸、低水涵洞）、刘庄节制闸、卫运河临清引黄入卫老闸、引黄穿卫闸等。

（4）灌区。36座大型灌区的空间分布及基本属性信息，如名称、代码、位置；所在水资源分区、所在行政区；主要大型灌区包括河南省的漳南灌区、红旗渠灌区、跃进渠灌区，河北省的民有渠灌区、大跃峰灌区和小跃峰灌区。

（5）湿地。主要湿地的空间分布及基本属性信息，如名称、位置、所在水资源分区、所在行政区。

5.3.2.3 水资源分区和功能分区

整理漳卫南运河流域内的水资源分区、水功能区和水环境功能区数据。

（1）水资源分区。按照水资源三级分区划分，漳卫南运河流域包括漳卫河山区、漳卫河平原、黑龙港及运东平原、徒骇马颊河、大清河淀东平原等5个三级分区，整理水资源三级区的空间分布。整理 8 个省套水资源三级区及 22 个地套三级区的空间分布，见表 5.2。

表 5.2　　漳卫南运河流域水资源分区

三级分区	省级行政分区	地级行政分区
漳卫河山区	河北	邯郸
	山西	长治
		晋城
		晋中
	河南	安阳
		鹤壁
		新乡
		焦作
漳卫河平原	河北	邯郸
	河南	安阳
		鹤壁
		新乡
		焦作
		濮阳
黑龙港及运东平原	河北	邯郸
		邢台
		沧州
		衡水
徒骇马颊河	山东	德州
		滨州
		聊城
大清河淀东平原	天津	静海

（2）水功能区。53 个一级水功能区的空间分布，包括 9 个保护区、1 个保留区、34 个开发利用区、9 个缓冲区。

76 个二级水功能区的空间分布，二级水功能区在一级水功能区划的开发利用区中进行划分，包括 9 个饮用水源区、33 个农业用水区、4 个工业用水区、1 个渔业用水区、3 个景观用水区、4 个过渡区、22 个排污控制区。

（3）水环境功能区。103 个水环境功能区的空间分布，包括 35 个饮用水水源保护区、39 个农业用水区、9 个渔业用水区、12 个工业用水区、8 个景观娱乐用水区。

（4）整合后的功能区。基于公共河段编码系统，对水功能区和水环境功能区进行功能区的河段编码工作，并产生功能区河段编码成果。

5.3.2.4 监测站网

漳卫南运河流域内的75个雨量站、90个水文测站、89个地下水监测井、162个地表水水质测站、72个地下水水质监测井、311个入河排污口、82个取水口、4个气象站的图层数据以及基本属性信息，包括站名、站码、经度、纬度、站址等。

5.3.2.5 土地利用

漳卫南运河流域土地利用图数据和土地利用信息。

5.3.2.6 数字高程模型

数字高程模型（DEM）数据。

5.3.3 属性数据

水资源与水环境管理建立在对大量属性数据分析的基础上，从水利部门、环保部门及其他相关部门收集属性数据。属性数据主要包括工程属性数据、雨水情数据、地下水水情数据、水质数据、水量数据、行政许可数据、气象数据、社会经济数据等。

（1）工程属性数据。包括河流、水库、水闸、灌区、湿地等水利工程和监测站网的属性信息。

（2）雨水情数据。流域内雨量站、河道水文站、闸坝水文站、水库水文站等水文测站监测的雨情和水情数据，见表5.3。

表5.3 雨水情数据一览

站点类型	数量	数据类型
雨量站	75个	建站至今汛期每天1次、非汛期每10天1次的雨情数据
水文测站	90个	1956年以来的水文数据

（3）地下水水情数据。包括平原区89个地下水监测站建站至今每月监测的水位、埋深、开采量、水温等地下水监测数据。

（4）水质数据。包括流域主要地表水水质监测站、地下水水质监测井、入河排污口、污染点源的监测数据，见表5.4。

地表水水质监测站的监测数据主要包括悬浮物、pH值、溶解氧、电导率、高锰酸盐指数、生物需氧量、氨氮、硝酸盐、亚硝酸盐、氰化物、挥发酚、总磷、总砷、总汞、总镉、六价铬等。

地下水水质监测井的监测数据主要包括高锰酸盐指数、硝酸盐、亚硝酸盐、硫酸盐、氯离子、氟离子、氨氮、总氮、氰化物、挥发酚、总磷、重金属等。

入河排污口监测数据包括化学需氧量、氨氮等水质指标及排污量等监测信息。

污染点源监测数据包括化学需氧量、氨氮等水质指标及排污量等监测信息。

表 5.4 水质数据一览表

分类	站点类型	数量/个	数据类型
地表水	水质监测断面（环保部门）	50	1990 年至今所监测的水质项目数据
	常规河道水质监测断面（水利部门）	132	1990 年至今所监测的水质项目数据
	重要水源地监测站（水利部门）	24	建站至今所监测的水质项目数据
	省界水质监测断面（水利部门）	6	建站至今所监测的水质项目数据
地下水	地下水水质监测井	72	1990 年至今所监测的水质项目数据
入河排污口	主要入河排污口（水利部门）	311	1990 年至今所监测的水质项目数据
污染点源	主要污染点源（环保部门）		1990 年至今所监测的水质项目数据

（5）水量数据。主要包括 82 个取水口基本信息、月取水量，岳城水库月初蓄水量、月供水量，四女寺枢纽、祝官屯枢纽、袁桥闸、吴桥闸、王营盘闸、罗寨闸、庆云闸、辛集闸的月初蓄水量和月过水量等水量数据。

（6）行政许可数据。主要包括取水许可、排污许可、用水户协会管理所涉及的基本信息、许可证发放情况、监督审查情况等信息。

（7）气象数据。流域内 4 个气象站 2003 年开始的每日监测信息，包括风速、气温、空气湿度、气压、能见度、水气压、太阳辐射等。

（8）社会经济数据。流域内以地市为行政单元按年度统计的以及以水资源三级分区为单元按年度统计的社会经济数据，如人口、GDP、耕地面积、播种面积、灌溉面积、工业产值、农业产值等数据。

5.3.4 成果数据

成果数据主要包括基线调查成果、ET 信息、模型成果（包括 SWAT 模型和污染物总量控制模型）、SAP、重点县与示范项目区 IWEMP 成果、战略研究等。

5.3.4.1 基线调查成果

基线调查成果主要包括漳卫南运河流域基线调查报告及数据。

（1）入河污染物排放量基线。主要包括年入河排污总量、年化学需氧量排放总量、年氨氮排放总量、主要入河排污口排污情况（每日排放水量、每日化学需氧量排放量和浓度、每日氨氮排放量和浓度）、工业、生活和混合污水所占比例等。

（2）河流水质现状基线。主要包括流域内主要控制断面所辖排污口数量、排污总量、主要污染物排放量、水质类别、主要污染指标浓度等。

（3）污染源调查基线。主要包括流域内主要排污企业排污总量和主要污染物排放量。

（4）水功能区纳污能力基线。主要包括重要水功能区内化学需氧量和氨氮的入河排放量、纳污能力。

（5）面源调查基线。主要包括流域主要面源各类化肥、农药使用量。

（6）生态水量基线。主要包括降水量、生态水量控制站径流量。

（7）用水取水量基线。主要包括降水量、地表水资源量、地下水资源量、水资源总量、工业用水量、农业用水量、生活用水量、地表水供水量、地下水供水量、外调水量、河道取水量等。

(8) 入渤海水量水质基线。主要包括入渤海水量、化学需氧量、总氮、总磷、氨氮和挥发酚入海量和浓度、断面水质类别等。

(9) ET 基线。主要包括土地总面积，耕地和非耕地面积，按行政分区、水资源分区和土地利用类型统计的 ET 等。

(10) 地下水基线。主要包括地下水漏斗区位置、面积、埋深，地下水可利用量（浅层、深层），地下水开采量（浅层、深层），地下水超采量（浅层、深层），累计超采量。

(11) 水污染防治工程和重点水利工程基线。主要包括水污染防治工程名称、日处理量、重点水利工程基本情况。

(12) 经济社会基线。主要包括总人口（城镇常住、流动人口，农村人口），国民经济总产值（亿元）（工业、农业产值），人均社会用水量（m^3）[(城镇工业用水量+生活用水量）/城镇人口]，人均生活用水量（m^3）（城镇生活、农村居民），农田灌溉用水量（m^3），农田灌溉亩均用水量（m^3），工业用水量（m^3），万元产值增加值用水量，工业万元增加值用水量，渠系水利用系数，灌溉水利用系数，工业用水重复利用率（%），城市管网漏失率（%）。

5.3.4.2 ET 信息

主要为遥感监测 ET 系统生产的漳卫南运河流域范围的 ET 成果信息。包括 2003—2008 年不同尺度时间序列的 1km 分辨率 ET（实际 ET、参照 ET、潜在 ET）、土壤含水量、生物量、土地利用等数据。

5.3.4.3 模型成果

主要包括 SWAT 模型和 SAP 总量控制模型产出的成果数据。

(1) SWAT 模型成果。流域 SWAT 模型成果主要包括模型运算所得到的水量和水质信息，以及各类模拟情景下的方案。

水量信息包括降水量、蒸腾蒸发量、地表径流量、下渗量、土壤蓄水量、浅层地下水蓄水量及蓄变量等内容。

水质信息包括总氮、总磷、亚硝酸盐等项目信息。

(2) 污染物总量控制模型成果。SAP 收集污染物总量控制模型针对功能区计算所得到的环境容量成果，如化学需氧量总量、氨氮总量等，以及各类模拟情景下的方案。

5.3.4.4 其他项目成果

主要包括海河流域 SAP、流域 SAP、重点县与示范项目区 IWEMP、战略研究报告等。

5.3.5 数据传输

KM 系统利用现有的漳卫南运河管理局与海委的专线连接到海河流域级 KM 系统进行数据交换，从流域级 KM 系统得到 ET 数据、GEF 项目成果数据，同时上传流域 GEF 项目相关成果数据、基线数据和必要的水资源和水环境数据。

KM系统与四省一市及所辖的3个重点县与示范项目区之间主要采用通过光盘拷贝方式或在具备条件的地区采用拨号专线的方式传输信息，主要包括重要的水资源与水环境信息，内容为流域内省界控制断面、水库、水闸重要断面的水质水量监测信息和重要城市的污染源信息。

环保部与漳卫南运河管理局需建立VPN通道传输信息，实现分别部署于环保部与漳卫南局的KM系统间的信息传递。

为保证系统良好的运行环境和效率，需要完善漳卫南运河管理局内部网络，为流域KM系统创造良好的网络环境，图5.6为数据传输示意图。

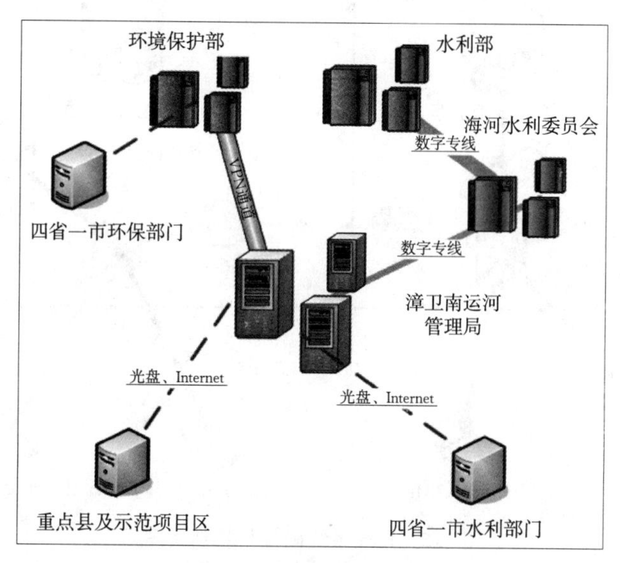

图5.6 数据传输示意图

5.3.6 系统运行环境

KM系统的运行需要基础软硬件支持，包括服务器、网络设备、操作系统、数据库软件、GIS软件等，这部分主要是采购的软硬件设备，为整个系统的运行提供硬件、网络、系统软件的运行环境。图5.7为KM系统硬件拓扑结构图。

5.3.6.1 硬件环境

根据KM系统的实际需求和对运行环境的要求，需要在环保部和漳卫南运河管理局为流域KM平台、应用系统和空间、属性数据库配置服务器，其硬件配置详见表5.5。

表5.5　　硬件配置

类别	部署数量		用途	配置要求
	漳卫南局	环保部		
应用服务器	1	1	部署流域KM平台，KM应用系统	并发访问连接25+Windows Server 2003 数据量80G GIS软件ArcIMS 9.x

续表

类别	部署数量		用途	配置要求
	漳卫南局	环保部		
数据库服务器	1	1	部署KM空间和属性数据库	Windows Server 2003 数据量1T 数据库管理系统Oracle9i GIS软件ArcSDE9. x

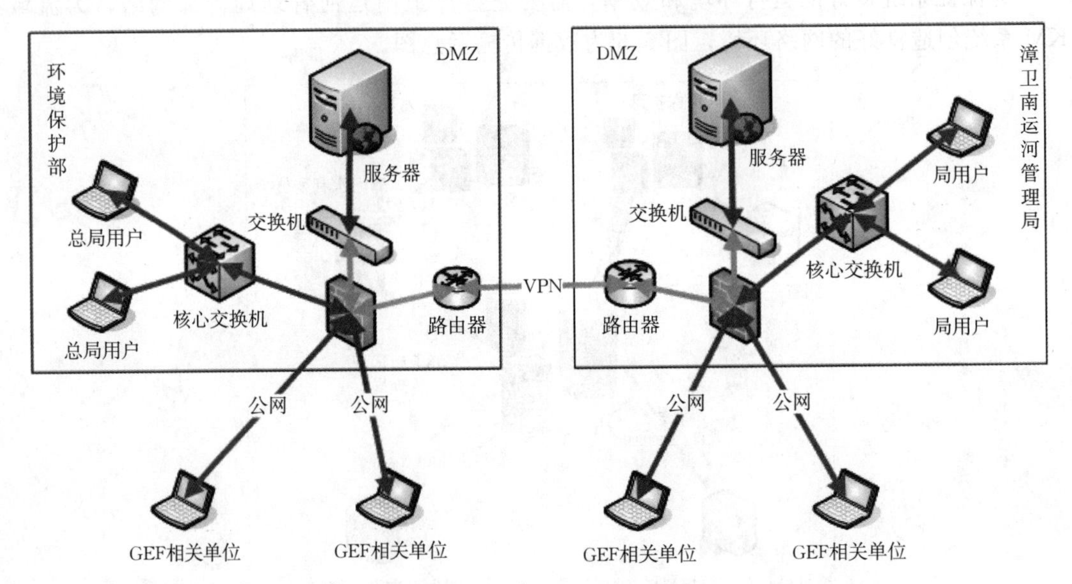

图5.7 KM系统硬件拓扑结构图

5.3.6.2 软件环境

KM系统所需软件环境见表5.6。

表5.6 软件配置

类别	开发环境	测试环境		运行环境	
		服务器	客户端	服务器	客户端
操作系统	Windows Server 2003	Windows Server 2003	Windows 2000或更高版本	Windows Server 2003	Windows 2000或更高版本
数据库管理系统	Oracle9i	Oracle9i		Oracle9i	
GIS软件	ArcIMS 9.2 ArcSDE 9.2	ArcIMS 9.2 ArcSDE 9.2		ArcIMS 9.2 ArcSDE 9.2	
浏览器	Internet Explorer 6		Internet Explore 6		Internet Explorer 6
JAVA	JDK1.5	JDK1.5		JDK1.5	
运行控制		流域KM平台容器		流域KM平台容器	

续表

类别	开发环境	测试环境		运行环境	
		服务器	客户端	服务器	客户端
WebService	XFire1.2 以上或 AXIS2.0 以上	XFire1.2 上或 AXIS2.0 以上		XFire1.2 以上或 AXIS2.0 以上	

5.4　信息交换与应用控制平台

KM 系统由信息管理、业务管理、辅助决策支持 3 个子系统组成，整个系统共同使用一个流域 KM 系统数据库，承载着大量的访问压力，为分散数据库访问压力，同时加强数据库的使用安全，建立一个支撑在数据库上的保护层就非常必要。另外，在应用系统方面，3 个子系统需要一个统一的管理平台，整合成一个完整的流域 KM 系统，同时应具有方便的扩展性，未来开发的新的业务系统能够方便的、平滑的插入到这个管理平台中来。所以在 KM 系统中需要建设一个信息交换与应用控制平台（简称“流域 KM 平台”），实现各子系统之间资源的共通、共享，达到最大化利用资源的目的。

流域 KM 平台包括信息交换和应用控制 2 部分功能。信息交换主要的任务是建立信息共享交换机制及访问调用的标准和接口，并坚持数据的统一操作维护和使用分离的原则，目的是解决上层业务管理系统与数据库的不匹配，部分的解耦合业务逻辑与数据库之间的依赖，并提供数据库连接的管理。

应用控制为流域 KM 应用系统提供统一程序管理、用户界面管理、输入输出管理和权限管理，并为今后的系统扩展、新功能增加提供方便。应用控制由轻量级容器、AOP 拦截、通用组件控件、权限验证和应用控制等组成。

5.4.1　流域 KM 平台的特性

（1）清晰的系统分层。数据脱离业务逻辑独立存在，坚持数据的单纯和唯一性。

（2）维护方便。无论是数据库还是应用的修改，都使其对整个系统的影响降到最低。

（3）稳定的数据库。应用系统的变化（增加、更新、停用）几乎对数据库没有影响，只是对平台中相应的配置文件做出修改即可，保证整个数据库的完整和一致性。

（4）更具可操作性的数据库安全保护。相对于数据库，应用程序只是一个用户，平台对应用程序的数据操作进行控制，更好地保证了数据库的安全性。

（5）安全前提下的灵活性。流域 KM 平台可为特殊处理提供接口，使应用的特殊要求有实现的通道，也因为这一接口由平台提供并控制，可避免误操作和非法操作。

（6）更好的数据存取性能。由于良好的分层控制，分散了系统的压力点，就是在多个应用系统同时运行时，数据库也不会有很大的压力。

5.4.2　流域 KM 平台架构

流域 KM 平台提供基础的信息交换及操作接口，尽量降低业务管理系统对数据库的依赖，并且提供一些通用的组件、控件和权限验证模型等。流域 KM 平台模块划分如图 5.8 所示，其中 OR-Mapping 提供通用数据库访问控制和交互的接口，IoC 容器提供 Bean 和其他资源的管理，AOP 拦截提供面向截面的拦截控制和管理。平台同时提供权限验证和日志记录等通用功能模块，在平台上层提供部分可重用的功能性组件和部分通用的可显示控件。

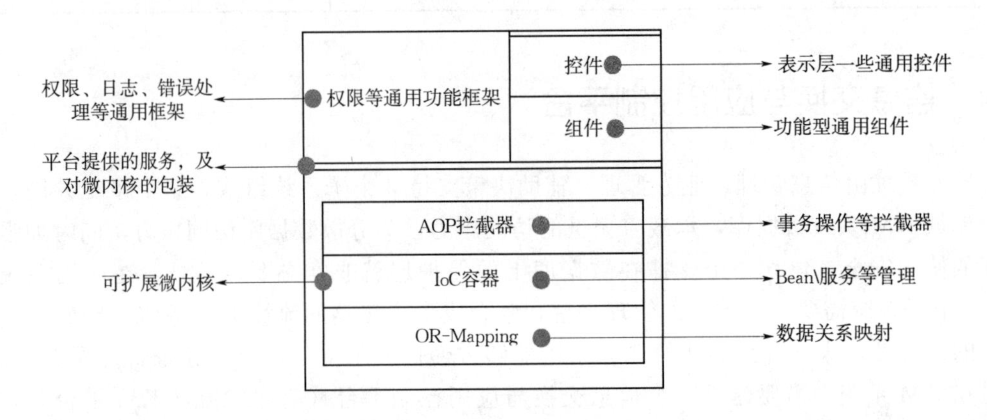

图 5.8　流域 KM 平台模块划分

5.4.3　平台与数据库和应用的关系

流域 KM 平台是数据库的一个保护壳，也是一个数据的提供窗口，为各数据库使用者提供数据交流接口。各应用（包括应用系统）模型只是作为数据库的一个用户，平台通过相应的权限配置文件为其提供数据集，即每个应用只能看到其权限允许的一个数据集，而不是整个数据库。

在平台保护下的数据库只具有提供数据的义务，不提供业务逻辑，这样就避免了数据库因业务的增加变化而不断地扩充，最后变得不可控的局面。同时，由于业务逻辑分配到应用程序中，分散了压力点，大大减轻了数据库的运行压力。图 5.9 是流域 KM 平台与数据库和应用关系的示意图。

5.4.4　基于流域 KM 平台的软系统架构

基于流域 KM 平台的软系统架构分为 4 层，自顶向下分别为用户交互层、应用程序层、平台层、数据库层，如图 5.10 所示。

（1）用户交互层直接面向使用者，提供用户选择交互和需求输出反馈功能。

（2）应用程序层实现业务处理流程，进行输入输出控制，根据业务逻辑需要使用平台提供的统一接口向平台发出数据请求。

（3）流域 KM 平台层主要完成权限控制和信息交换服务。平台根据相关应用程序的配置文件，控制用户对数据和操作功能树的使用，根据系统和应用的要求记录日志。提供统一的信息交换接口，KM 系统的数据使用者通过这个接口存取数据，同时平台允许在不脱离平台控制原则下的特殊处理请求。

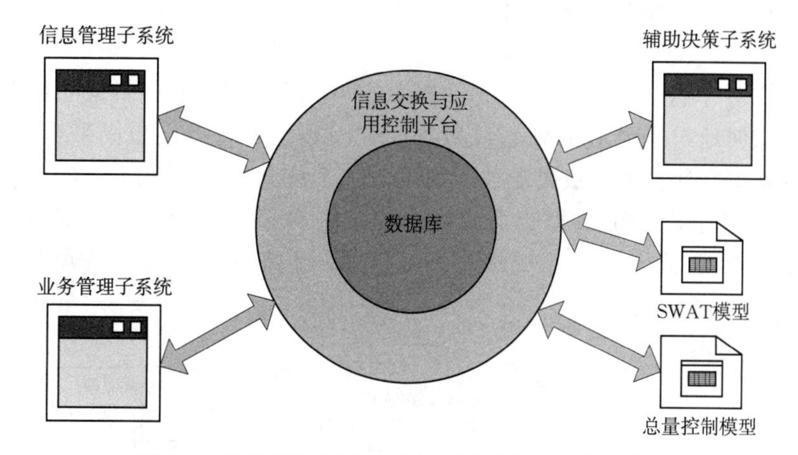

图 5.9 流域 KM 平台与数据库和应用关系的示意图

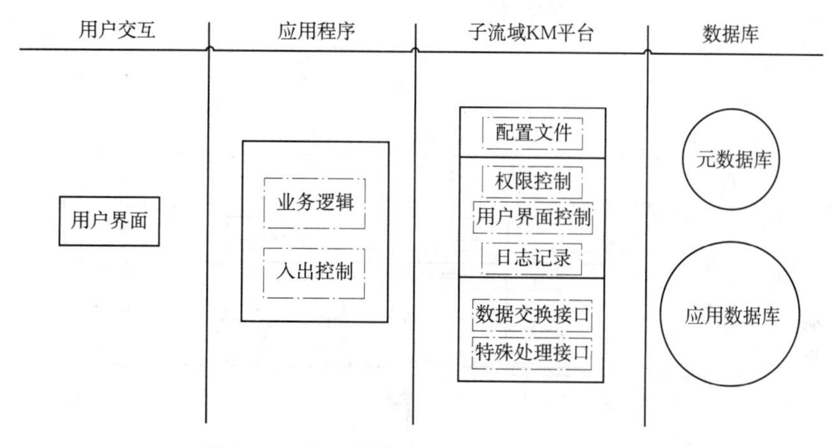

图 5.10 基于流域 KM 平台的软系统架构

(4) 数据库层是单纯的数据提供者，元数据库记录数据库管理系统中数据库的标识、数据库别名、数据库的用户权限、数据库的描述信息，为数据服务提供信息支持。应用数据库（基础数据库）是 KM 系统业务数据的集合。

5.4.5 平台接口

流域 KM 平台是应用系统访问中心数据库的桥梁，平台为应用系统提供信息交换接口，模型也使用平台的信息交换接口与流域 KM 系统数据库交换数据。由于空间数据库由 GIS 系统访问，使用 GIS 系统特定的数据结构形式，GIS 软件封装了数据库访问功能，所以空间数据库访问不通过流域 KM 平台，但由平台的应用控制部分对空间数据库的访问权限进行控制。

(1) 流域 KM 平台为应用系统提供应用控制接口，用来控制各业务系统的权限、日志、异常处理等。

(2) 流域 KM 平台可以为 GEF 海河项目漳卫南运河子流域 SAP、IWEMP 同时提供数据访问接口，并结合信息管理子系统提供基础数据和成果的导入、导出工具。

(3) 流域 KM 平台为县级 KM 工具提供数据的导入、导出接口，支持子流域与县级的数据交换。

(4) 流域 KM 平台为模型（SAP 总量控制、SWAT）提供基础数据的数据交换接口，模型可以平滑透明地与子流域 KM 系统数据库交换数据，提供模型成果存入子流域 KM 系统数据库的接口，使模型的成果能被子流域 KM 系统利用。

(5) 流域 KM 平台预留数据交换和应用控制整合接口，使后续开发建设的实时监控系统方便接入到子流域 KM 系统中。图 5.11 是流域 KM 平台为各项目提供的接口组成图。

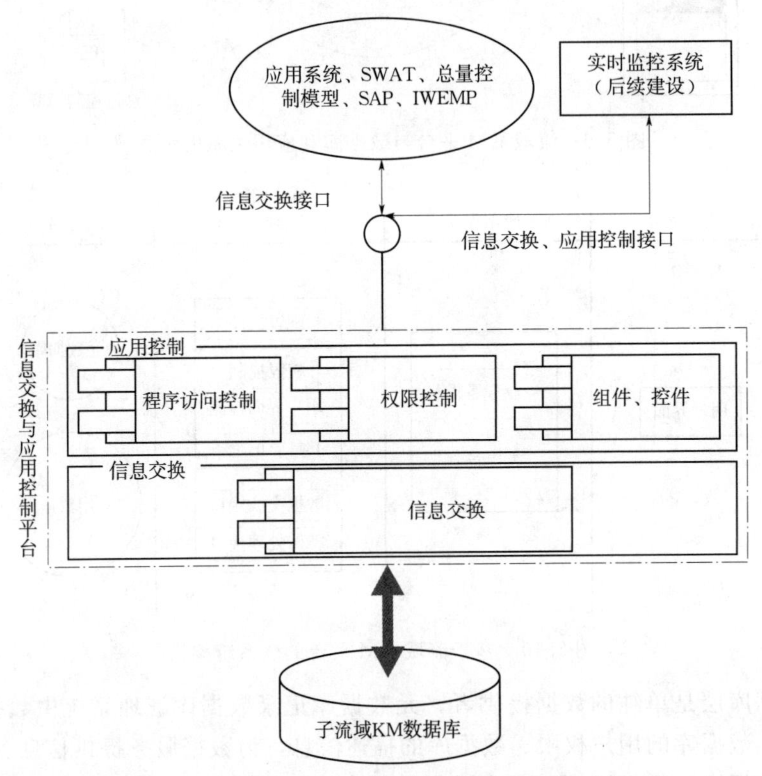

图 5.11　流域 KM 平台为各项目提供的接口组成图

5.5　数据库建设

5.5.1　数据库结构

漳卫南运河流域 KM 系统数据库由空间数据库、属性数据库、主题库和元数据库组成。其中属性数据库由雨水情数据库、水质数据库、地下水数据库、气象数据库、工程数据库组成，主题数据库由水资源管理、水环境管理、水资源与水环境综合管理、遥感监测 ET 管理、模型等主题库组成，元数据库由空间、属性、主题、数据服务等元数据组成。各数据库间的逻辑结构如图 5.12 所示。

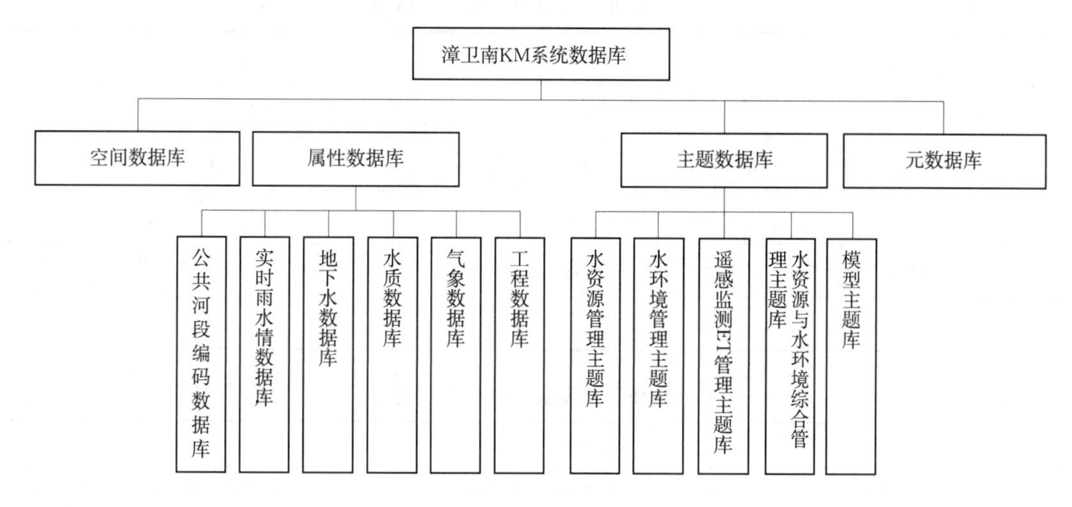

图 5.12　数据库逻辑结构

5.5.2　系统数据库设计与建立

数据库建设是一项复杂的系统工程，无论是空间数据库、水环境数据库、水资源数据库还是辅助数据库，都必须满足水资源和水环境综合管理及实际业务的需求。同时，数据库的建设也有其客观规律，本次数据库的设计遵循如下原则：

（1）数据库安全稳定。数据库是系统良好运行的关键，因此必须从软硬件平台选型、数据库结构等方面进行优化设计，确保数据库的稳定运行。采用严格的用户身份认证措施防止非法用户的攻击，做好数据的备份，防止数据库的崩溃。

（2）数据库设计规范合理。数据库设计必须符合数据完整性和数据最小处理单元的原则，进一步完善数据操作的安全性、完整性、一致性、并发性、保密性等。所有的数据标准必须遵守国家、水利部、信息产业部等有关标准。

（3）空间属性数据的一体化存储。为了实现对水资源、水环境业务数据的高效访问和操作，便于数据更新维护，必须考虑将空间数据和属性数据进行统一的设计，实现空间和属性的一体化存储和管理。

（4）满足海量数据的存储与管理。水资源和水环境业务涉及大量的空间数据、水资源实时数据、水环境实时数据、模型数据库等，数据将非常庞大，数据库设计中充分考虑了海量数据有效和快捷的管理和维护。

（5）适应数据的实时更新。水资源和水环境综合管理中对各项数据的编辑操作应能在数据库中得到实时更新，不同模块或不同子系统对同一数据对象的访问结果集应完全一致。数据编辑更新后关联数据也必须得到相应的更新。数据库设计将遵循 ER 实体关系模型，建设各个表之间合理的逻辑关系，确保数据库表之间的关联更新。

5.5.3　环境配置

环境配置详见表 5.7 和表 5.8。

表 5.7　　KM 系统开发和运行硬件环境资源

项目	开发环境	运行环境
CPU	P4 3.0	双核 2.0G 以上
内存	2G	1G
硬盘	73GB（SCSI），热插拔	150GB（SCSI），热插拔
网卡	百兆/千兆自适应	百兆/千兆自适应
内置磁带机	无	无

表 5.8　　KM 系统开发和运行软件环境资源

项目		开发环境	运行环境
服务器操作系统	Windows	Windows 2000 Server ＋ SP4	Windows 2000 Server ＋ SP4
	Unix		SunOS 5.9
Web 服务器		IIS6.0	IIS6.0
		WebLogic8.1、tomcat	WebLogic8.1
浏览器		Internet Explorer6.0	Internet Explorer6.0
数据库系统		Oracle 9i	Oracle 9i
GIS 软件		ArcIMS＋ArcSDE	ArcIMS＋ArcSDE
JDK		J2SDK1.5.0	J2SDK1.5.0
版本控制软件		TortoiseSVN 1.0.2	
开发平台		Eclipse	
		DreamWeaver	
测试工具	录制工具	Camtasia 1.0.4	
	抓图工具	HyperSnap - DX5	
	数据查询	plsql	
	地图操作	ARCGIS9.1	

5.5.4　数据库成果

5.5.4.1　空间数据库

漳卫南运河流域的水资源与水环境管理需要运用 GIS 工具进行管理，根据《漳卫南 KM 总体规划设计》的设计要求，收集并整理出漳卫南子流域范围内的空间信息，为满足子流域范围内水资源与水环境管理数据需要，空间数据库主要内容包括：行政区划（省、市、县 3 级）、道路、地形地貌、水系、河流、水资源分区、水功能区划、水文站、水位站、水库站、地表水水质监测站、地下水水质监测站、排污口监测站、大型灌区、数字高程模型等信息。

5.5.4.2 公共河段编码数据库

公共河段编码在KM数据库中起着水利与环保部门信息的纽带作用。通过河段编码，可以将分属水利和环保系统、具有不同编码方式的水质测站的属性信息相互连接。主要包括河段流线属性、面状水体属性、测站与河段编码对应信息、水功能区与河段编码对应信息、水环境功能区与河段编码对应信息。公共河段编码数据库表一览见表5.9。

表5.9　　公共河段编码据库表一览

分类	表标识	表名
基本信息类表	RC _ HYSTRC	水文测站公共河段编码表
	RC _ WQSTRC	水质测站公共河段编码表
	RC _ WFRRC	水功能区公共河段编码表
	RC _ WEFRRC	水环境功能区公共河段编码表

5.5.4.3 实时雨水情数据库

实时雨水情数据库的数据包括测站基本数据和雨水情监测数据，数据来源于漳卫南运河管理局及各省市的水利部门。雨水情监测数据包括雨情数据、水库水情数据、河道水情数据和闸坝水情数据。雨水情数据库依据水利部发布的《实时雨水情数据库表结构与标识符标准》(SL 323—2005) 进行设计，见表5.10。

表5.10　　雨水情库表一览

分类	表名	表标识
基本信息类表	测站基本属性表	ST _ STBPRP _ B
	站号对照表	ST _ ST58 _ B
	库/湖站关系表	ST _ RSVRSTRL _ B
	堰闸站关系表	ST _ WASRL _ B
	综合水位流量关系表	ST _ ZQRLSYN _ B
	库/湖容曲线表	ST _ ZVARL _ B
	多年平均蓄水量、降水量系列表	ST _ MYAVSRI _ B
	库/湖蓄水量多年同期均值表	ST _ RSVRMYAV _ B
	旬月降水量多年平均值表	ST _ PDMMYAV _ B
	断面测验成果表	ST _ RVSECT _ B
	水文预报发布单位编码表	ST _ INSTCD _ B

续表

分类	表名	表标识
监测信息类表	降水量表	ST_PPTN_R
	日蒸发量表	ST_DAYEV_R
	河道水情表	ST_RIVER_R
	堰闸水情表	ST_WAS_R
	水库水情表	ST_RSVR_R
	闸门启闭情况表	ST_GATE_R
	引排水量表	ST_IOV_R
	河道水情多日平均值表	ST_RVAV_R
	水库水情多日平均值表	ST_RSVRAV_R
	降水量统计表	ST_PSTAT_R
	引排水量统计表	ST_WDPSTAT_R
	土壤墒情表	ST_SOIL_R

5.5.4.4 地下水数据库

地下水数据库用来保存地下水水情及计算成果等数据，库表结构设计遵循《地下水监测规范》（SL 183—2005）中关于地下水数据库表结构的规定，由基本信息表、监测信息表和统计信息表组成。地下水数据库一览见表5.11。

表5.11 地下水数据库一览

分类	表标识	表名
基本信息表	GW_STINFO_B	监测站基本信息表
	GW_DEPTH_B	监测井井深变化表
	GW_DRILL_B	监测井信息表
	GW_LITHOLOGY_B	监测井岩性表
监测信息表	GW_WLC_R	实时水位表
	GW_TEMPERC_R	实时水温表
	GW_QUANTITYC_R	实时开采量（泉流量）表
	GW_WLH_R	历史水位表
	GW_TEMPERAH_R	历史水温表
	GW_QUANTITYH_R	历史开采量（泉流量）表
统计信息表	GW_MWL_S	水位（埋深）月统计表
	GW_YWL_S	水位（埋深）年统计表
	GW_YTEMPERA_S	水温年统计表
	GW_YQUANTITY_S	开采量（泉流量）年统计表

5.5.4.5 水质数据库

水质数据库依据《水质数据库表结构与标识符规定》（SL 325—2005）进行设计，包括基本信息类表、监测信息类表和评价信息类表。水质数据库一览见表5.12。

表5.12 水质数据库一览

分类	表标识	表名
基本信息表	WQ_WQSINF_B	水质监测站基本信息表
	WQ_SWSINF_B	地表水水质监测站信息表
	WQ_GWSINF_B	地下水水质监测站信息表
	WQ_SMSINF_B	入河排污口基本信息表
	WQ_WFRINF_B	水功能区基本信息表
	WQ_WRRINF_B	水资源分区基本信息表
	WQ_PTSRINF_B	污染点源列表
监测信息表	WQ_PCP_D	理化指标项目数据表
	WQ_NMISP_D	非金属无机物项目数据表
	WQ_MISP_D	金属无机物项目数据表
	WQ_PHNCP_D	酚类有机物项目数据表
	WQ_MOOOP_D	金属有机物及其他有机物项目数据表
	WQ_WBHP_D	水体卫生项目监测数据表
	WQ_SDWAS_D	入河排污口排污量统计表
	WQ_HYDROE_D	水文要素数据表
	WR_CNTMLMT_D	水域纳污能力及污染物限制排放量信息表
	WQ_PTSRINF_D	点源测站监测信息表
	WQ_PTSRDTA_D	污染点源主要污染物排放量统计表
评价信息表	WQ_PAS_A	项目评价标准表
	WQ_MSAR_A	测站评价结果表
	WQ_FYYH_A	湖库营养状态评价结果表
	WQ_MSAR_A_YEAR	分析统计结果表（全年、汛期、非汛期）

5.5.4.6 气象情数据库

气象数据库的数据内容为流域内主要气象站每日的监测信息。气象监测数据包括气象站的基本信息以及气象监测数据，按照气象行业相关标准进行设计，见表5.13。

表5.13 气象数据库一览

表标识	表名	表标识	表名
WE_WEDB_B	气象数据表	WECD	气象站代码对照表

5.5.4.7 水利工程数据库

水利工程数据库的表分类包括基本信息、河流、水库、湖泊、湿地、水闸、灌区等七类库表，见表 5.14。在整个数据库的生命周期中，内容基本保持不变。

表 5.14 水利工程数据库一览

分类	表标识	表名
基本信息	TB0002 _ DSCDNM	行政区划代码与名称表
	TB0006 _ DSEN	行政区划与工程表
	TB0003 _ PRGL	工程图库表
河流	TB0100 _ RV	河流表
	TB0101 _ RVCMIN	河流一般信息表
	TB0102 _ DRARBSIN	流域（水系）基本信息表
	TB0106 _ RVRCDS	河流-河段表
水库	TB0200 _ RS	水库表
	TB0201 _ RSCMIN	水库一般信息表
	TB0202 _ RSHYPR	水库水文特征值表
	TB0207 _ RWACDR	水库水位面积、库容、泄量关系表
湖泊	TB0700 _ LKCDNM	湖泊表
	TB0701 _ LKCMIN	湖泊一般信息表
	TB0702 _ LKBSIN	湖泊基本特征表
	TB0706 _ LKWTCPRL	湖泊水位面积、容积关系表
湿地	TB0600 _ HSGFS	湿地表
	TB0601 _ HSGFSCIN	湿地一般信息表
水闸	TB0900 _ SLUICE	水闸表
	TB0901 _ SLCMIN	水闸一般信息表
	TB0903 _ SLHYPR	水闸设计参数表
灌区	TB1800 _ IRSC	灌区表
	TB1801 _ IRSCIN	灌区一般信息表

5.5.4.8 主题数据库

主题数据库由水资源管理主题库、水环境管理主题库、遥感监测 ET 主题库、水资源与水环境综合管理主题库和模型主题库组成。其中水资源管理主题库存储海河流域内与水资源管理相关的统计数据，水环境数据主要为地表水水质数据、地下水水质数据、入河排污口、废污水排放量及其污染物总量数据，遥感监测 ET 主题库存储遥感监测 ET 的生产成果数据，水资源与水环境综合管理主题库包括地表水、地下水、供用水、水质等综合内容，模型主题库包括 SWAT 模型与总量控制模型运行数据支撑信息，详见表 5.15、表 5.16、表 5.17、表 5.18 和表 5.19。

表 5.15 水资源管理主题库一览

类别	表标识	表名
取水口信息表	WR_SWFWGT_B	取水口基本信息表
	WR_WSFSPL_S	取水口监测信息表
	WR_RLMW_C	取水口月取水量统计表
	WR_RLYW_C	取水口年取水量统计表
	WR_KDFLICBCA_M	取水口行政区取水量统计表
	WR_DFLICBCR_M	取水口河流取水量统计表
	WR_DFLICBCD_M	取水口河段取水量统计表
	WR_ADDVCD_B	行政区划表
	WR_WRRCD_B	水资源分区表
	WR_RSWP_M	岳城水库月蓄水及供水情况统计表
	WR_RSWP_Y	岳城水库年蓄水及供水情况统计表
	WR_SUW_M	枢纽水闸过水信息统计表
	WR_SNSSUW_M	四女寺枢纽蓄水、过水情况统计表
	WR_WRMEVNT_M	省际水事纠纷与水事违法案件统计表
	WR_SCTECNM_M	社会经济信息表
	WR_DFLIC_M	取水许可基本表
	WR_FWTYP_B	水源类型编码表
	WR_FWMD_B	取水方式编码表
	WR_WRYSCD_B	取水用途代码表
	WR_DFLICYCA_M	取水许可年审表
	WR_WRREPORT_B	统计报告表
	WR_REPORTYPE_B	报告类别表
	WQ_RVAV_B	水政水资源月报水文站月流量表
用水协会信息	WR_WUA_BINFO_B	用水协会基本信息表
	WR_WUA_BINFO_B_11	协会类型代码表
	WR_WUA_OBG_B	用水户协会机构建设指标表
	WR_WUA_OBG_B_3	协会主席产生方式代码表
	WR_WUA_OBG_B_4	协会主席身份代码表
	WR_WUA_OBG_B_15	办公场所代码表
	WR_WUA_MEM_B	用水户协会领导机构成员信息表

续表

类别	表标识	表名
用水协会信息	WR_WUA_IVT_R	用水户协会投资情况表
	WR_WUA_MWIVT_R	用水户协会量水设施表
	WR_WUA_MWIVT_R_3	量水设施类型代码表
	WR_WUA_IRC_R	用水户协会灌溉系统情况表
	WR_WUA_IRC_R_5	供水水源代码表
	WR_WUA_IRC_R_7	供水方式代码表
	WR_WUA_IRC_R_9	供水情况代码表
	WR_WUA_RUNC_R	用水户协会运行情况表
	WR_WUA_RUNC_R_3	水费计价方式代码表
	WR_WUA_RUNC_R_4	水费收取方式代码表
	WR_WUA_CSTAT_R	用水户协会社会统计表
	WR_WUA_WUES_R	用水户经济统计表
	WR_WUA_WUAES_R	用水记协会经济统计表
	WR_WUA_TRAIN_R	用水户协会培训情况表
水平衡信息	WR_BI_DGANY_B	地下水采补平衡分析表
	WR_BI_WSBL_B	水资源总量平衡分析表
排污许可管理信息	WR_SMSLICINFO_D	排污许可证管理基本信息表
	WR_SMSINF_D	排污口基本信息表
	WR_WWTP_B	污水类型代码表
	WR_DGPROP_B	排污性质代码表
	WR_DGMD_B	排放方式代码表
	WR_EPSMS_D	企业排污信息表
	WR_SMSLICINFO_M	企业排污统计表
	WR_SMSLICD_B	排污许可证与排污口关联表
	WR_SMSENPS_B	排污许可与排污企业关联表
	WR_ENPS_B	企业排污许可证基本信息表
项目成果信息	WR_PROJECT_B	项目表
	WR_PROJECTFILE_B	项目相关文件表
	WR_PROJECTCOMM_B	项目评价表

表 5.16　　水环境管理主题库一览

表标识	表名
WEM_RWM_B	项目区年河道水质状况表
WEM_DWM_B	项目区年地下水质井水质状况表

续表

表标识	表名
WEM _ CSLN _ B	年流域（城市）废污排放量表
WEM _ RESQUA _ B	项目区年水库水质状况表
WEM _ RESALI _ B	项目区年水库营养化状况表

表 5.17　　遥感监测 ET 主题库一览

表标识	表名
WR _ ETMONTH _ B	遥感监测 ET 主题表

表 5.18　　水资源与水环境综合管理主题库一览

表标识	表　　名
T _ DBGS _ BASIC	地表水供水基础设施调查统计表
T _ DBS	年降水量和天然年径流量（地表水资源量）
T _ DBS _ GSL	地表水源不同水质供水量调查分析
T _ DJ _ NAME	地级行政区编码名称对应表
T _ DJ _ TZZ	地级降雨量特征值
T _ DXGS _ BASIC	年地下水供水基础设施调查统计
T _ DXS _ GSL	地下水源不同水质供水量调查分析
T _ DXS _ KKCL	多年平均地下水（矿化度 $M \leqslant 2g/L$）可开采量成果
T _ DXS _ SZPJ	地下水现状水质评价成果
T _ DXS _ ZYL	不同质的地下水资源量状况
T _ EJQ _ NAME	二级区编码名称对应表
T _ EJQ _ TZZ	二级区降雨特征值
T _ GS	供水量调查统计
T _ JLL _ TZZ	径流量（地表水资源量）特征值
T _ PY _ KHD	平原区多年平均浅层地下水（矿化度大于 2g/L）资源量
T _ QC _ KHD	浅层地下水（矿化度 $M \leqslant 2g/L$）资源量成果
T _ QTGS _ BASIC	其他水源供水基础设施调查统计
T _ RAIN _ AVG	雨量代表站典型年及多年平均降水量
T _ RAIN _ TZZ	雨量站各统计年限年降水量特征值对比
T _ RIVER _ HSL	主要河流泥沙站实测含沙量与输沙量
T _ RIVER _ KFLY	当地水资源开发利用程度分析
T _ RIVER _ SZFL	河流水质分类现状
T _ RIVER _ TZZ	选用水文站天然年径流量特征值
T _ RVCD _ DQ	主要河流泥沙站实测含沙量与输沙量
T _ SCHEME _ BASIC	方案管理基础表
T _ SCHEME _ BOD	计算单元 BOD 产出
T _ SCHEME _ CY	计算单元各产业分析

续表

表标识	表　名
T_SCHEME_GDP	计算单元 GDP 分析
T_SCHEME_GXFX	基本（平衡）方案供需分析系列成果表
T_SCHEME_GXPH	水资源供需平衡计算结果汇总表
T_SCHEME_JJ	计算单元水资源配置
T_SCHEME_JJ2	计算单元水资源配置
T_SCHEME_TZ	计算单元投资分析
T_SCHEME_ZW	计算单元各作物产出
T_SJQ_NAME	三级区编码名称对应表
T_SJQ_TZZ	三级区降雨量特征值
T_SJ_NAME	省份编码名称对应表
T_SJ_TZZ	省级降雨量特征值
T_SK_BASIC	大型水库调查统计
T_SK_NAME	水库湖泊信息
T_SK_SZFL	湖泊（水库）水质分类及富营养化现状
T_SL_PH	水资源分区水量平衡分析
T_STCD_DQ	测站地区关系表
T_SZY	水资源总量系列
T_SZY_LY	水资源可利用总量
T_SZY_TZZ	水资源总量特征值
T_TYPE_NAME	降雨年类型编码名称对应表
T_XH	用水消耗量估算
T_YSL_CS	城市供用水量调查统计
T_YSL_SJ	用水量调查统计
T_YS_ZB	用水指标统计分析
T_ZF_AVG	蒸发代表站平均水面蒸发量
WC_CSLN_B	年流域（城市）排放量表
WC_DWM_B	项目区年水库水质状况监测表
WC_DWM_F	项目区年水库水质状况控制模拟方案表
WC_DWM_S	项目区年水库水质状况控制目标表
WC_RESQUA_B	年项目区水库水质情况监测表
WC_RESQUA_F	年项目区水库水质情况模拟方案表
WC_RESQUA_S	年项目区水库水质情况目标值表
WC_RWM_B	项目区年河道水质状况监测表
WC_RWM_F	项目区年河道水质状况监测表
WC_RWM_S	项目区年河道水质状况监测表

表 5.19 模型主题库一览

分类	表标识符	表名
SWAT 模型信息表	SWAT_BSB_B	子流域计算结果表
	SWAT_SBS_B	水文响应单元计算结果表
	SWAT_RCH_B	河道计算结果表
	WR_SWATSCHM_B	方案信息表
	WR_SEBALET_SUB	遥感 ET 信息表
	SWAT_WRRCDSUB_B	三级分区与子流域对应关系表
	SWAT_STCDSUB_B	水文测站与子流域对应关系表
	HY_YRQ_F	年流量表
	HY_MTQ_E	月流量表
	SWAT_STCDTNTP_B	重要水质监测断面水质信息表
	SWAT_STCDRCH_B	水质测站与 RCH 对应关系表
	SWAT_ADDVCDSUB_B	行政区与子流域的对应关系表
	SWAT_ADDVCDSTCD_B	行政区与水文测站的对应关系表
	SWAT_ADDVCDRCH_B	行政区与 RCH 的对应关系表
	SWAT_RAINFALL_B	水文测站降雨量表
总量控制模型信息表	WFRBASEINFO	综合功能区划基本信息表
	WFRINF_B	水功能区划基本信息表
	WFRWQRESULT	水功能区纳污能力计算结果表
	WFRPARM_B	水功能区纳污能力计算参数表
	WFRRESULT	功能区环境容量计算结果信息表
	WFREQRESULT	环境功能区心纳污能力计算结果表
	WFRENVQ	功能区环境流量信息表
	WFRUSTANDARD	功能区流速计算参数表
	WFRSTD	地表水水质标准信息表
	WFRSECTION	断面信息表
	WFRPICPATH	图片信息表

5.5.5 元数据库

元数据库包括数据库描述、空间数据元数据、属性数据元数据、数据服务元数据等内容。其中，数据描述表记录数据库管理系统中数据库的标识、数据库别名、数据库的用户权限、数据库的描述信息；空间数据元数据描述所存储空间信息的种类、存储的位置、存储数据的代码方式、与其他信息的关系、存储数据的来源以及与业务的关系等；属性数据库元数据表负责说明属性数据库中的表，表的标识符、数据来源、设计依据，表的结构、字段含义、字段标识符；数据字典表记录与描述数据库中所有表（包括空间数据和属性数据）的表结构、字段定义、约束条件等；数据服务元数据表包括用户数据库权限登记表、用户数据表权限登记表、数据库表字段值代码对照表等内容。

5.5.5.1 公共河段编码

漳卫南运河流域公共河段编码系统依据美国水文地理数据库（NHD）为原型，以河段为工作的中心，对流域内5级以上河流进行合理分段形成基本河段并对其赋予永久唯一的河段码，采用动态分段技术将基本河段组织成路径系统，首次在海河流域漳卫南子流域建立了一套比较完整的地表水河段编码系统。河段编码系统和河段路径系统构成了漳卫南流域地理水文数据库的基本平台，搭建了知识管理的数据通路。

唯一的编码河段路径系统是整个KM建设中标准规范的第一要点，它是连接水环境功能区等水环境管理基本要素和水功能区等水资源要素的关键性环节，是实现水环境管理和水资源管理数据整合的基础。依据漳卫南运河NHD的总体设计，制定出一套具有科学、完整、先进、可预见和可扩展的组合式河段编码，面向5级别以上主要河流建立以编码河段为基础的路径系统，为功能区整合乃至水环境和水资源共享的数据库奠定基础，最终为综合管理和行动计划服务。

5.5.5.2 质量控制指标

（1）面向漳卫南全流域，河段划分的覆盖流域内5级以上水体，包括主要河流水库湖泊等。

（2）对5级以上水体的河段划分符合交汇点规则。

（3）保证流线的线性结构，从源头到河口的连续性和方向一致性，水流经过湖泊水库时添加人工流线并予以标识。

（4）保证河段编码的唯一性，不出现重码。

（5）保证以河段为基本路径建立起来的路径系统完整一致，附带的路径属性表信息可以反映河段彼此间的水文逻辑关系，方便实现河段距离统计及其他查询功能。

（6）河段路径系统可方便实现线性定位，分段属性及多重属性对应等功能，也就是融入点事件和线事件。

5.5.5.3 技术路线

技术指标反映了漳卫南路径系统建立关键性的几个指标，是保证该系统实用的基本保证。

如图5.13所示，漳卫南运河NHD建立在修正的1∶50000比例尺电子地图的HYDNT基础上，以动态分段数据模型构建河段路径系统，融入先进的美国RF3河段编码经验，并分步完成。

漳卫南运河NHD实际为一地理信息系统，具有GIS的特性、数据库由相互关联的空间和属性两部分组成。图5.13左侧为建立漳卫南运河NHD空间数据的处理过程，分5级水体提取、数据修正3个步骤完成，图5.13右侧为漳卫南运河NHD属性数据（含水体类型分类、河段级别、分叉、源汇等信息）涉及的规则、需要的数据项等内容，两部分最终指向河段并最终汇合成一个完整的漳卫南运河 NHD，即漳卫南流域运河公共河段 GIS 路径系统。

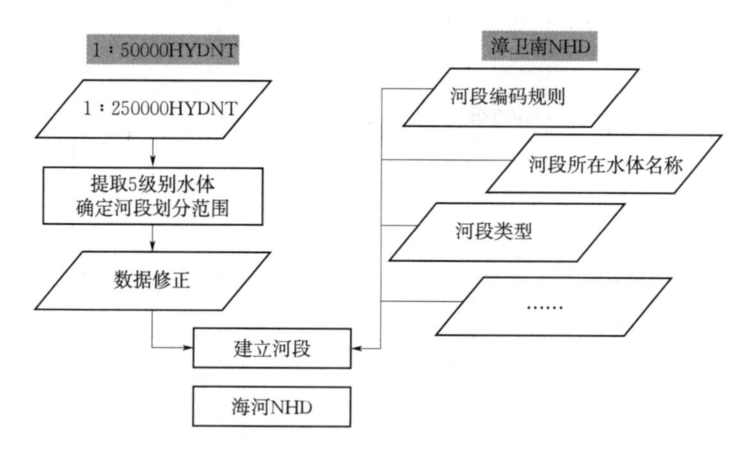

图 5.13　技术路线

5.5.5.4　主要成果

漳卫南运河流域公共河段编码系统主要成果为以唯一编码河段为中心的河段路径系统，该系统以河段为工作的中心，对流域内 5 级以上河流进行合理分段形成基本河段并对其赋予永久唯一的河段码，采用动态分段技术将基本河段组织成路径系统。该系统具有科学、实用、可扩展的技术特点。表 5.20 为漳卫南运河流域水功能区河段的编码，表 5.21 为漳卫南运河流域环境功能区河段的编码，表 5.22 为漳卫南子流域重要水文站河段的编码，表 5.23 为漳卫南子流域重要水质测站河段的编码。

表 5.20　　　　漳卫南运河流域水功能区河段编码信息

功能区编码	公共河段编码	起始位置	终止位置
C0307001553000	C0307006002	0	39
C0307001553000	C0307006002	39	100
C0307001553000	C0307006003	0	96
C0307001553000	C0307006006	66	100
C0307001553000	C0307006006	0	66
C0307001553000	C0307006008	0	100
C0307001553000	C0307006009	0	100
C0306002353000	C0307006020	30	100
C0307001553000	C0307006300	0	100
C0307001553000	C0307006301	0	100
C0307002353000	C0306006022	0	44

续表

功能区编码	公共河段编码	起始位置	终止位置
C0306001643000	C0306006035	6	8
C0306001643000	C0306006035	13	100
C0306001643000	C0306006035	0	6
C0307000503000	C0307006001	86	100
C0307000503000	C0307006007	77	100
C0307000503000	C0307006007	68	77
C0307000503000	C0307006007	50	68
C0307000503000	C0307006007	10	50
C0307000503000	C0307006007	0	10
C0307000503000	C0307006013	22	100
C0307000503000	C0307006013	0	22
C0307000503000	C0307006027	57	100
C0307000503000	C0307006027	0	39
C0307000503000	C0307006027	39	57
C0401000153000	C0401006065	12	18
C0401000153000	C0401006065	18	39
C0401000153000	C0401006065	0	12
C0401001263000	C0401006223	0	39
C0401001263000	C0401006223	39	100
C0306001643000	C0306006033	63	100
C0306001643000	C0306006034	0	14
C0306001643000	C0306006034	93	100
C0306001643000	C0306006037	0	100
C0307000503000	C0307006004	0	100
C0307000503000	C0307006021	0	100
C0307000133000	C0307006058	4	13
C0401001263000	C0401006098	52	72
C0401001263000	C0401006224	71	100
C0307000653000	C0307006001	53	86
C0307000653000	C0307006001	41	47
C0307000653000	C0307006001	47	53
C0401000563000	C0401006066	56	61
C0401000563000	C0401006066	61	74

续表

功能区编码	公共河段编码	起始位置	终止位置
C0401000563000	C0401006066	74	79
C0401000563000	C0401006066	79	100
C0401000563000	C0401006070	74	100
C0401000563000	C0401006070	0	74
C0401000563000	C0401006070	74	74
C0401000563000	C0401006075	55	100
C0401000563000	C0401006075	0	8
C0401000563000	C0401006075	8	41
C0401000563000	C0401006075	41	55
C0401000563000	C0401006076	0	44
C0401000563000	C0401006076	44	100
C0401000563000	C0401006085	0	100
C0401000563000	C0401006086	0	100
C0401000563000	C0401006087	0	38
C0401000563000	C0401006087	38	100
C0401000563000	C0401006088	0	100
C0401000563000	C0401006089	0	100
C0306000943000	C0306006050	18	100
C0306000943000	C0306006050	0	18
C0306000533000	C0306006052	69	100
C0306000343000	C0306006052	0	21
C0401000363000	C0401006065	94	100
C0401000363000	C0401006072	0	100
C0401000363000	C0401006108	0	62
C0401000363000	C0401006108	62	62
C0401000363000	C0401006108	62	100
C0306000533000	C0306006053	0	100
C0306000533000	C0306006054	0	100
C0306000533000	C0306006055	0	54
C0401000363000	C0401006100	0	100
C0401000363000	C0401006104	0	45
C0401000363000	C0401006104	45	100
C0401000363000	C0401006105	0	100

续表

功能区编码	公共河段编码	起始位置	终止位置
C0401000363000	C0401006106	0	100
C0401000363000	C0401006107	0	55
C0401000363000	C0401006107	55	100
C0401000363000	C0401006304	0	100
C0307002653000	C0307006026	46	100
C0307002653000	C0307006026	34	46
C0307002653000	C0307006026	19	23
C0307002653000	C0307006026	23	34
C0307002653000	C0307006026	34	34
C0307002653000	C0307006026	0	7
C0307002653000	C0307006026	7	19
C0306001543000	C0306006028	88	100
C0306001543000	C0306006030	0	15
C0306001543000	C0306006030	15	34
C0306001543000	C0306006030	34	87
C0306001543000	C0306006030	87	100
C0306001543000	C0306006032	0	46
C0306001543000	C0306006032	46	100
C0306001543000	C0306006038	0	36
C0306001543000	C0306006038	36	100
C0306001443000	C0306006042	0	100
C0306001443000	C0306006043	0	100
C0306001443000	C0306006044	0	100
C0306001443000	C0306006045	0	100
C0306001443000	C0306006046	0	13
C0306001443000	C0306006046	13	100
C0307002053000	C0306006010	87	100
C0307002053000	C0306006010	38	75
C0307002053000	C0306006010	75	87
C0307002053000	C0306006010	26	38
C0306001043000	C0306006047	0	22
C0308003333000	C0308006117	0	99
C0308003333000	C0308006118	0	100

续表

功能区编码	公共河段编码	起始位置	终止位置
C0308003333000	C0308006120	6	100
C0401001163000	C0401006096	0	100
C0306002353000	C0307006020	30	30
C0307000133000	C0307006058	0	4
C0307000133000	C0307006058	13	100
C0308002033000	C0308006064	0	100
C0308002533000	C0308006115	0	100
C0308003333000	C0308006120	0	6
C0308003233000	C0308006126	0	100
C0308001833000	C0308006131	0	27
C0308001833000	C0308006131	27	46
C0308001933000	C0308006131	46	100
C0308001833000	C0308006132	0	100
C0401001063000	C0401006083	0	100
C0401001363000	C0401006084	0	100
C0401001463000	C0401006090	72	93
C0401001463000	C0401006090	93	100
C0401001163000	C0401006095	66	78
C0401001163000	C0401006095	78	100
C0401001263000	C0401006097	0	100
C0401001263000	C0401006098	72	100
C0401001263000	C0401006224	0	71
C0401001263000	C0401006225	0	63
C0401001263000	C0401006225	63	100

表 5.21 漳卫南运河流域环境功能区河段编码信息

功能区编码	公共河段编码	起始位置	终止位置
410581CB812503	C0306006010	18	26
410821CB810201	C0307006001	0	41
371500CC070401	C0401006065	72	94
410900CC070402	C0401006065	39	55
371500CB080901	C0307006113	0	3
130900CC060501	C0308006117	99	100

续表

功能区编码	公共河段编码	起始位置	终止位置
130900CC060501	C0308006119	0	100
130983CC050501	C0308006122	0	100
371500CB080901	C0401006067	0	97
371500CB080901	C0401006068	0	100
371500CB080901	C0401006071	0	100
371400CC710501	C0401006098	29	52
371500CB080901	C0401006101	0	100
371500CB080901	C0401006103	0	100
130400CB810201	C0307006061	0	100
371502CB810201	C0307006061	0	47
371526CB810201	C0307006061	47	100
130400CB810201	C0307006060	0	100
371502CB810201	C0307006062	0	100
410581CB812504	C0306006010	26	26
410581CB814502	C0306006022	44	100
410581CB814501	C0306006022	44	44
140000CB803502	C0306006051	35	100
142400CB803501	C0306006051	0	35
130426CB803501	C0306006052	59	69
140000CB803502	C0306006052	21	59
410724CB811502	C0307006003	96	100
371522CC080401	C0401006066	35	56
410581CB814502	C0306006023	0	100
410522CB814503	C0306006024	0	100
410522CB814503	C0306006025	0	100
140428CB800401	C0306006028	0	88
140428CB800401	C0306006029	0	100
140400CB800402	C0306006031	0	100
140430CB801501	C0306006033	0	63
140400CB801502	C0306006036	0	100
140000CB803501	C0306006039	0	100
140000CB803501	C0306006040	0	100

续表

功能区编码	公共河段编码	起始位置	终止位置
140000CB803501	C0306006041	0	100
410500CB802501	C0306006047	22	100
142400CB803501	C0306006048	0	100
142400CB803501	C0306006049	0	100
130426CB803501	C0306006055	54	100
130400CB800401	C0306006056	0	100
130400CB800401	C0306006057	0	100
140400CB801502	C0306006035	8	13
140430CB801501	C0306006034	14	93
410581CB812502	C0306006010	0	18
410782CB812501	C0306006011	0	100
410782CB812501	C0306006012	15	100

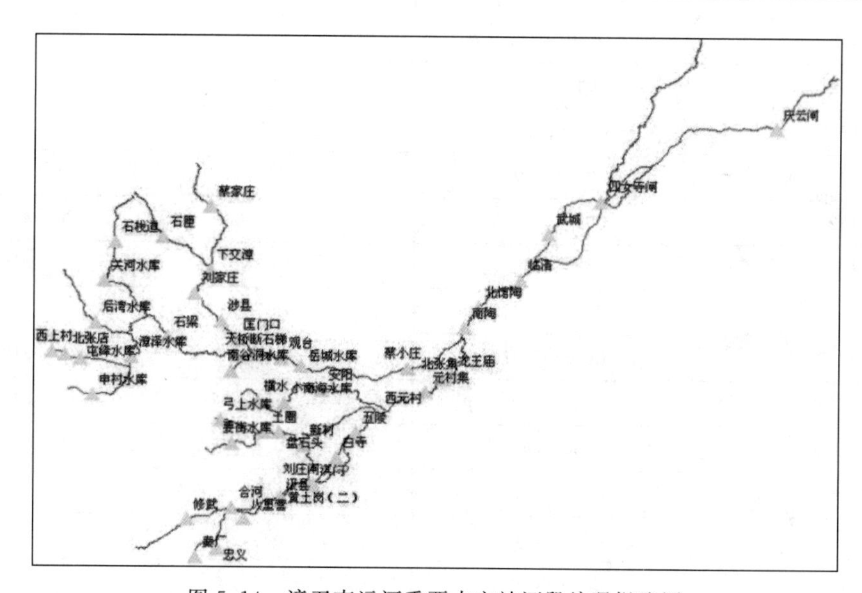

图 5.14 漳卫南运河重要水文站河段编码提取图

表 5.22 漳卫南运河流域重要水文站河段编码信息

测站编码	公共河段编码	起始位置	终止位置
31031850	C0307006113	497	470
31032150	C0308006116	470	405
31031300	C0306006056	528	529
31031700	C0307006113	497	470

续表

测站编码	公共河段编码	起始位置	终止位置
31030800	C0306006056	528	529
31030850	C0306006056	528	529
31030200	C0306006055	516	528
31030300	C0306006055	516	528
31029900	C0306006048	464	475
31030050	C0306006055	516	528
31024900	C0307006026	540	548
31029100	C0306006047	512	528
31024450	C0307006021	549	548
31023500	C0306006012	559	558
31023550	C0306006012	559	558
31023950	C0307006301	563	562
31022900	C0306006012	559	558
31021750	C0307006007	564	554
31021850	C0307006301	563	562
31029000	C0306006047	512	528
31028050	C0306006039	467	476
31027200	C0306006035	501	513
31027700	C0306006039	467	476
31026600	C0306006032	530	519
31026750	C0306006032	530	519
31026400	C0306006032	530	519
31026500	C0306006032	530	519
31025450	C0307006021	549	548
31025950	C0306006032	530	519
31025410	C0307006021	549	548
31024700	C0307006026	540	548
31008600	C0306006055	516	528
31008800	C0306006051	444	492
31007500	C0306006047	512	528
31006900	C0307006026	540	548
31007010	C0306006056	528	529
31005410	C0307006301	563	562

续表

测站编码	公共河段编码	起始位置	终止位置
31005700	C0306006012	559	558
31006300	C0307006007	564	554
31006401	C0307006301	563	562
31004400	C0307006021	549	548
31004600	C0307006113	497	470
31004900	C0307006007	564	554
31003400	C0307006007	564	554
31003600	C0307006007	564	554
31003700	C0307006007	564	554
31003910	C0307006007	564	554
31000100	C0307006113	497	470
31032625	C0307006110	413	412

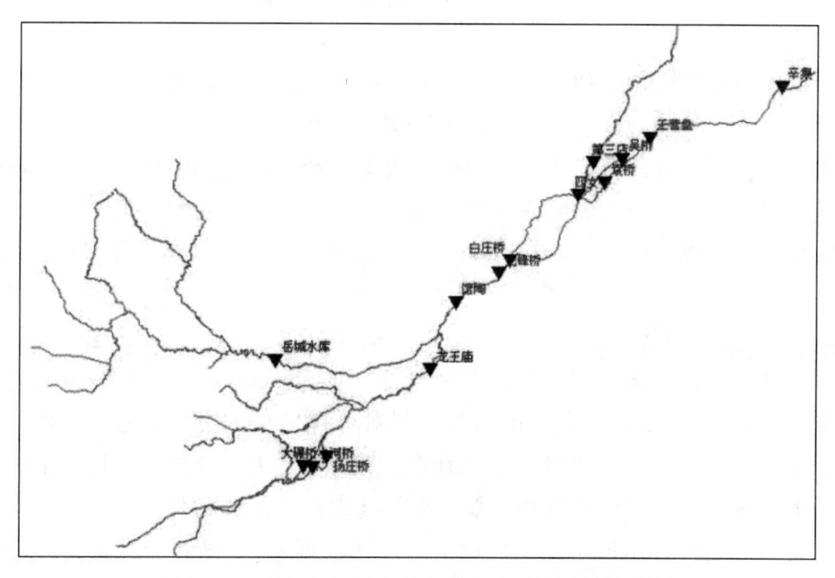

图 5.15　漳卫南运河重要水质测站河段编码提取图

表 5.23　　漳卫南子流域重要水质测站河段编码信息

测站编码	公共河段编码	起始位置	终止位置
31000001	C0307006007	564	554
31080480	C0307006021	549	548
31004700	C0307006113	497	470
31035811	C0307006113	497	470
31080750	C0307006110	413	412
31000003	C0307006110	413	412

续表

测站编码	公共河段编码	起始位置	终止位置
31012345	C0306006056	528	529
31080450	C0307006301	563	562
31080420	C0307006007	564	554
31000002	C0307006113	497	470
31080700	C0307006110	413	412
31080650	C0308006116	470	405
31000004	C0307006110	413	412
31000005	C0307006110	413	412

5.5.6 数据库评价

综合全部数据库特点，本系统数据库具有如下特点：

（1）数据库结构设计合理、规范。将水质数据库和水文数据库中的符合模型运算的大量数据经过分析加工，导入模型专用数据库中，对模型专用数据库的设计充分考虑数据共享和信息交换的宗旨，参照《基础水文数据库表结构与标识符标准》和《水质数据库表结构及标识符规定》行业标准进行。

（2）数据库表结构建立，规范准确。按照数据库设计报告，建立数据库表结构，通过数据库结构检查、关系检查，保证数据库表结构规范准确。

（3）采用的数据库管理技术先进。数据库管理系统采用 Oracle9i，它具备较强的灾难恢复能力、快速事务处理能力和对海量数据更好的支持能力。同时，第三方的数据加密算法增强了数据的安全性。

5.6 信息管理系统

信息管理系统以 1∶50000 电子地图为基础对综合信息、雨量信息、水情信息、水质信息、工情信息、气象信息、水量信息、社会经济信息、ET 信息、项目成果信息进行管理，实现信息的分类查询和统计分析功能。根据选定的区域、站点、时间范围、展示方式等条件，以文本、表格、图形等形式展示信息，并根据 GEF 项目和日常管理的需要，对重要信息进行发布，为管理及技术人员提供漳卫南运河子流域水资源和水环境数据支持。同时，系统提供资料检索功能，提高信息的利用效率，体现知识管理的要求。

5.6.1 信息管理系统主要功能

信息管理系统主要功能包括以下几个方面。

（1）空间信息展示。信息管理子系统基于 1∶50000 电子地图管理信息，实现电子地图的基本操作，包括：放大、缩小、漫游、全景、点击查询等功能。根据需要查询的不同信息类型，显示不同图层和信息内容，可显示或隐藏当前地图的图层列表，并对需要显示的图层进行选择，如图 5.16 所示。

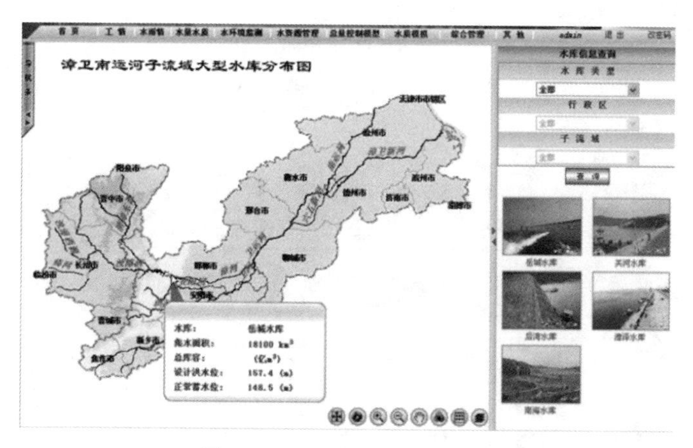

图 5.16　电子地图展示界面

（2）信息查询和统计分析。根据选定的测站（区域）、时间范围、数据类型、展示方式等条件，查询信息，统计累计值、均值、极值等，并与历史数据相结合进行对比分析，以文本、表格、图形等形式展示查询和统计分析结果，查询和统计分析界面如图 5.17～图 5.21 所示。

四女寺枢纽南进洪闸工程指标表

闸名			南进洪闸
功用			防洪、排涝、灌溉
施工单位			水利部工程总局六机总
排涝条件	上游水位（m）		
	下游水位（m）		
	流量（m³/s）		400
设计条件	上游水位（m）		25.27
	下游水位（m）		25.09
	流量（m³/s）		1500
校核条件	上游水位（m）		26.77
	下游水位（m）		26.37
	流量（m³/s）		2200
闸室结构	型式		开敞式
	孔数		12
	孔口尺寸（m）	高	6.0
		宽	10.0
	高程（m）	堰顶	27.77
		闸底板	19.77
		工作桥	27.77
		机架桥	31.27
		公路桥	27.77
公路桥荷载			汽13 拖60
护坡	型式	上游	砌石护坡
		下游	砌石护坡
	长度（m）	上游	浆砌250，干砌150
		下游	浆砌100，干砌100
消能工	型式		齿槛式消力池
	尺寸（m）		17.4
高程基点			黄海
闸址桩号			0+157

所在河流			漳卫新河（减河）
建设地点			四女寺枢纽
建成日期			1958年6月
闸门	型式		弧形钢闸门
	自重（t）		15.5
	运用条件		动水启闭
	支撑行走		支臂铰链
	止水	底	平板橡胶
		侧	平板橡胶
		顶	
启闭机	型式		固定卷扬式
	启门力		2×15t
	启门速度		1.94m/min
	操作方式		手电两用
	电机型号		YZ160L-8
	制动器型号		TW24-300/30
	钢丝绳规格		6×37-222 Φ19.5
	自重（t）		7.0
动力设施	变压器	型号	ST-440/10
		台数	1
	动力电缆	型号	XLQ2 3×50
		长度	220m
	柴油发电机组	型号	6160
		台数	2
检修门	型式		浮箱闸门
	启闭设备		电动绞车
其他	闸门：郑州水工机械厂制造		
	启闭机：郑州水工机械厂制造		
备注			

图 5.17　表格展示界面

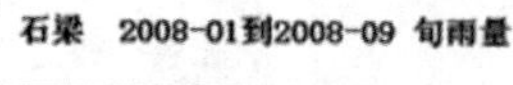

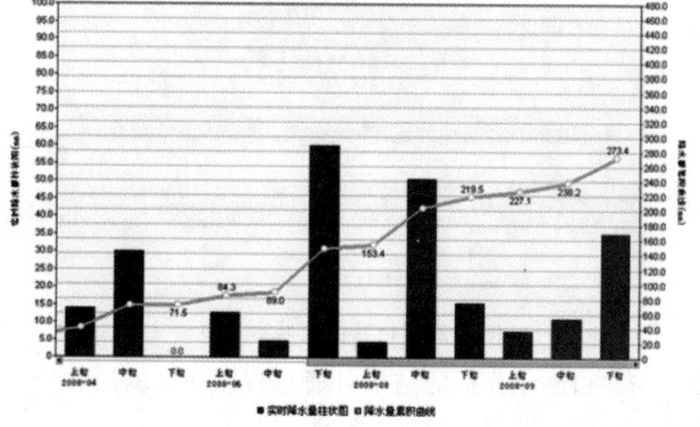

图 5.18　柱状图与折线图展示界面

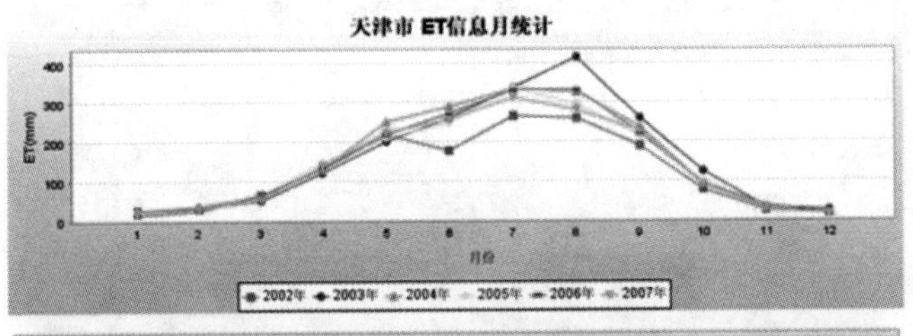

天津市 ET信息月统计 （单位：mm）						
	2002年	2003年	2004年	2005年	2006年	2007年
1月	26.5	24.3	25	26.4	15.8	19.7
2月	30.7	34.6	36	28.8	25.6	30.6
3月	66.3	52.9	63.5	63.7	63.9	55.1
4月	130.1	121.3	130.6	147.5	136.1	139.6
5月	220.2	202.1	250.4	210.7	217.7	225.7
6月	176.9	259.3	290.8	247.8	271.9	257.4
7月	265.1	338.6	337.2	340.4	332.3	314.3
8月	259.8	417.3	326.8	296	332.8	280.1
9月	190.5	260.8	236.1	216.8	221.4	226

图 5.19　折线图表展示界面

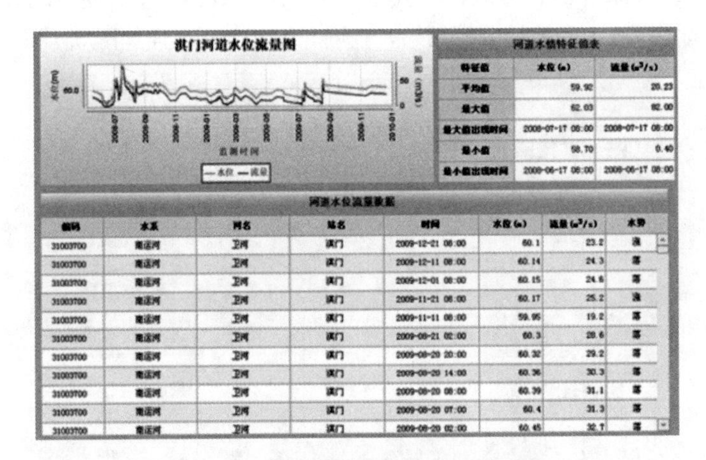

河道水情特征值表		
特征值	水位(m)	流量(m^3/s)
平均值	59.92	20.23
最大值	62.03	82.00
最大值出现时间	2008-07-17 08:00	2008-07-17 08:00
最小值	58.70	0.40
最小值出现时间	2008-06-17 08:00	2008-06-17 08:00

河道水位流量数据							
编码	水系	河名	站名	时间	水位(m)	流量(m^3/s)	水势
31003700	南运河	卫河	淇门	2009-12-21 08:00	60.1	23.2	涨
31003700	南运河	卫河	淇门	2009-12-11 08:00	60.14	24.3	落
31003700	南运河	卫河	淇门	2009-12-01 08:00	60.15	24.6	落
31003700	南运河	卫河	淇门	2009-11-21 08:00	60.17	25.2	涨
31003700	南运河	卫河	淇门	2009-11-11 08:00	59.95	19.2	落
31003700	南运河	卫河	淇门	2009-08-21 02:00	60.3	28.6	落
31003700	南运河	卫河	淇门	2009-08-20 20:00	60.32	29.2	落
31003700	南运河	卫河	淇门	2009-08-20 14:00	60.36	30.3	落
31003700	南运河	卫河	淇门	2009-08-20 08:00	60.39	31.1	落
31003700	南运河	卫河	淇门	2009-08-20 07:00	60.4	31.3	落
31003700	南运河	卫河	淇门	2009-08-20 02:00	60.45	32.7	落

图 5.20　曲线图与特征值表展示界面

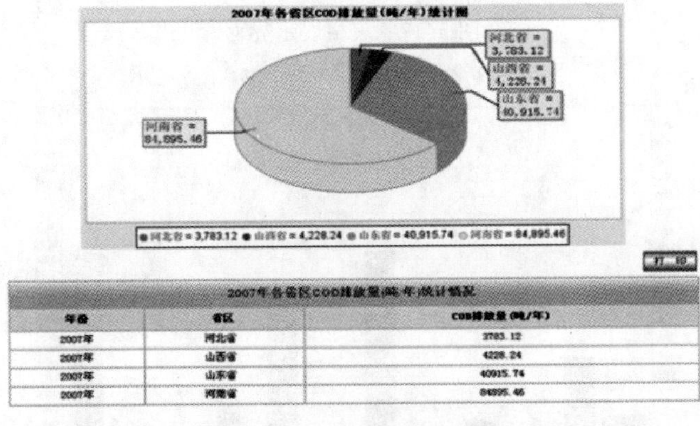

2007年各省区COD排放量(吨/年)统计情况		
年份	省区	COD排放量(吨/年)
2007年	河北省	3783.12
2007年	山西省	4228.24
2007年	山东省	40915.74
2007年	河南省	84895.46

图 5.21　饼状图表展示界面

（3）数据输出。查询和统计分析的结果可通过打印功能输出和导入到 Excel 文档中，方便用户进行自定义的处理和操作，界面如图 5.22 所示。

取水信息分区统计表 时间：1998-05~2008-05

省	市	县	取水量（万m³）
河南省		[illegible]	[illegible]
		林州市	13137.15
		小计	58100.37
	焦作市	市辖区	11249.99
		修武县	10870.30
		博爱县	10201.56
		武陟县	10201.56
		小计	42523.41
	新乡市	市辖区	13874.80
		新乡县	11281.20
		获嘉县	10201.56
		延津县	11281.20
		卫辉市	10870.30
		辉县市	12526.64
		小计	70035.70
	鹤壁市	市辖区	12526.64
		浚县	10416.32
		淇县	10416.32
		小计	33359.28
	濮阳市	市辖区	10416.32
		清丰县	11364.60
		南乐县	10870.30
		小计	32651.22
	合计		236669.98
天津市	天津市	静海县	11658.24
		小计	11658.24
	合计		11658.24
漳卫南子流域			852534.48

导出Excel　打　印

图 5.22　数据输出界面

（4）信息发布。根据用户的实际管理需要，将综合信息中雨量、水情、水质、蓄水、供水、取水、过水等重要水资源和水环境信息进行发布，使用户能够通过Web浏览器浏览这些信息，实现资源共享的目的，信息发布界面展示如图5.23所示。

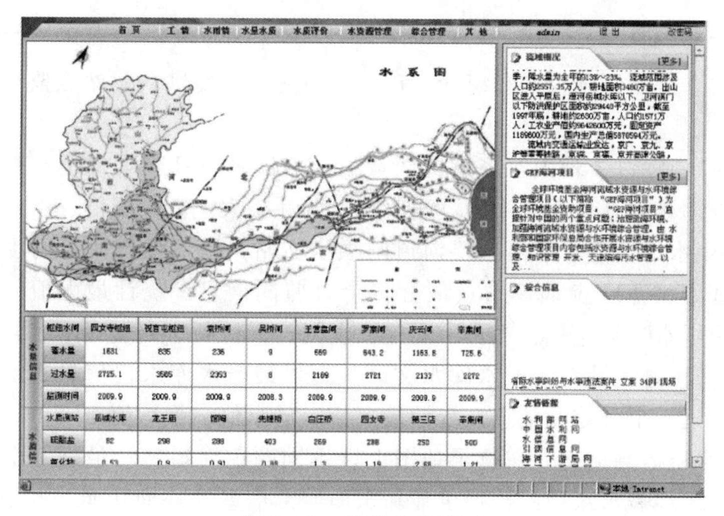

图 5.23　信息发布界面

5.6.2 信息查询

对漳卫南运河子流域重要站点最新的监测信息和子流域最新的水资源管理信息进行查询。重要站点监测信息主要包括重要雨量站、河道水文站、闸坝水文站、水库水文站、地表水水质站监测的日降雨量、水位、流量、水质状况等信息，水资源管理信息主要包括按月统计的水事纠纷与水事违法案件数量、岳城水库月蓄水及供水情况、重要取水口取水情况、重要枢纽水闸蓄水过水情况。综合信息查询见表5.24。

表5.24　综合信息查询内容

分类	信息类型	重要站点/水库/枢纽水闸	内容
重要站点监测信息	雨量信息	3日内有降雨的雨量站	日降雨量
	河道闸坝水情	观台、元村、淇门、天桥断、四女寺闸（北）	水位、流量
	水库水情	岳城水库	水位、入流、出流、蓄水量
	地表水水质	观台、匡门口、天桥断、四女寺闸上、岳城水库（库心）、龙王庙、北馆陶、先锋桥、白庄桥、第三店、袁桥、吴桥闸、王营盘闸、辛集闸	水质现状、污染变化趋势、主要污染物
水资源管理信息	水事纠纷与水事违法案件		发生及解决情况
	岳城水库月蓄水及供水情况	岳城水库	水位、蓄水量、平均流量、入库水量、出库水量、供水水量
	取水口取水情况		取水量
	枢纽水闸蓄水过水情况	四女寺枢纽、祝官屯枢纽、袁桥闸、吴桥闸、王营盘闸、罗寨闸、庆云闸、辛集闸	蓄水量、过水量

（1）重要站点监测信息查询和统计。在电子地图上，提供重要站点监测信息的展示和查询。

1）雨量信息。针对3日内有降雨的雨量站，提供最新日降雨量信息查询功能，并根据选定站点，查询该站点最近1个月监测信息，统计最大值、最小值、平均值。

2）河道闸坝水情信息。针对重要河道闸坝水文站，提供最新河道闸坝水情信息查询功能，并根据选定站点，查询该站点最近1个月监测信息，统计最大值、最小值、平均值。重要河道闸坝水文站包括：观台、元村、淇门、天桥断、四女寺闸（北）。

3）水库水情信息。针对岳城水库水文站，提供最新水库水情信息查询功能，并应能够查询该站点最近1个月监测信息，统计最大值、最小值、平均值。

4）地表水水质监测信息。在电子地图上以不同颜色河道展示最近1个月水质监测评价结果。针对重要地表水水质站，提供最新水质监测信息的查询功能，并根据选定站点查询该站点最近半年监测信息。重要地表水水质站包括：观台、匡门口、天桥断、四女寺闸上、岳城水库（库心）、龙王庙、北馆陶、先锋桥、白庄桥、第三店、袁桥、吴桥闸、王营盘闸、辛集闸。

（2）水资源管理信息查询和统计。提供子流域最新1月水资源管理信息的查询功能，并根据选定月份和项目，查询历史月份和详细分项的水资源管理信息，以表格和曲线图的方式展示。

1）水事纠纷与水事违法案件。提供最近半年省界水事纠纷与水事违法案件信息的查询。

2）岳城水库月蓄水及供水情况。提供最近半年岳城水库月蓄水及供水信息的查询和累计量统计。

3）取水口月取水情况。提供选定月份取水口月取水量信息的查询，并计算合计值。

4）枢纽水闸蓄水、过水情况。提供选定重要枢纽水闸最新的蓄水过水信息的查询和累计量统计。重要枢纽水闸包括四女寺枢纽、祝官屯枢纽、袁桥闸、吴桥闸、王营盘闸、罗寨闸、庆云闸、辛集闸。

5.6.2.1　雨量信息

对雨量站测站基本信息、雨量信息进行查询，并提供累计值统计、历史同期监测信息对比、最大日降雨量统计等功能。

（1）测站基本信息查询。根据选定的站点，查询测站基本信息，并在电子地图上实现定位功能。

（2）监测信息查询和统计：

1）电子地图为漳卫南运河子流域雨量站分布图，显示10天内有降雨的雨量站日降雨量监测信息，以不同颜色标志不同等级的雨量。

2）根据选定的站点、数据类型（日雨量/旬月雨量/月雨量）和时间范围，查询雨量监测信息，以表格或累计线图形式表示，并在电子地图上实现定位功能。

3）根据选定的站点和对比年份，对比历史同期的雨量信息，以对比图和对比表形式显示。

（3）信息统计。根据选定月份，提供各站点当月最大日降雨发生时间、最大日降雨量、月降雨量等信息的统计功能。

5.6.2.2　水情信息

对河道站、闸坝站、水库站、地下水监测井的测站基本信息和监测信息进行查询，并提供特征值统计、历史同期监测信息对比、最大流量统计、月均流量统计等功能。水情信息组成图如图5.24所示。

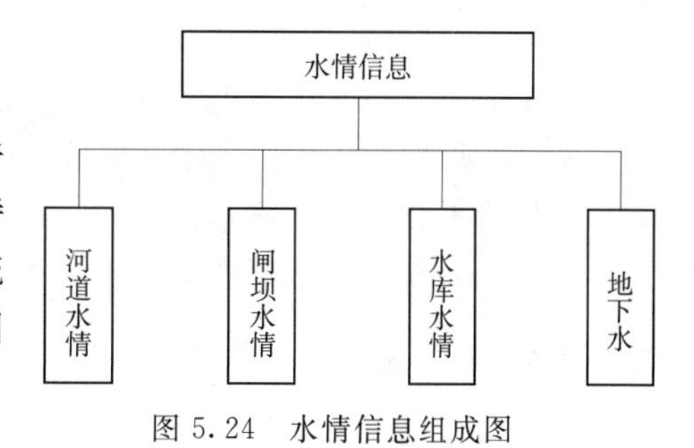

图5.24　水情信息组成图

5.6.2.3　河道水情

（1）测站基本信息查询。根据选定的站点，查询测站基本信息，并在电子地图上实现定位功能。

（2）监测信息查询和统计：

1）电子地图为漳卫南运河子流域河道重要水文站分布图，显示重要水文站最新监测信息。

2）根据选定的站点和时间范围，查询监测信息，以表格、过程线图形式表示，统计特征值，并在电子地图上实现定位功能。

3）根据选定的站点、对比年份、时间范围和数据类型（水位或流量），对比历史同期监测信息，以对比图和对比表形式显示。

（3）信息统计。根据选定月份，提供重要河道水文站当月最大流量发生日期、最大流量、月均流量等水情信息的统计功能。

5.6.2.4 闸坝水情

（1）测站基本信息查询。根据选定的站点，查询测站基本信息，并在电子地图上实现定位功能。

（2）监测信息查询和统计：

1）电子地图为漳卫南运河子流域闸坝水文站分布图，显示重要水文站最新监测信息。

2）根据选定的站点和时间范围，查询监测信息，以表格、过程线图形式表示，统计特征值，并在电子地图上实现定位功能。

3）根据选定的站点、对比年份、时间范围和数据类型（水位或流量），对比历史同期监测信息，以对比图和对比表形式显示。

（3）信息统计。根据选定月份，提供重要闸坝水文站当月最大流量发生日期、最大流量、月均流量等水情信息的统计功能。

5.6.2.5 水库水情

（1）测站基本信息查询。根据选定的站点，查询测站基本信息，并在电子地图上实现定位功能。

（2）监测信息查询和统计：

1）电子地图为漳卫南运河子流域水库水文站分布图，显示重要水文站最新监测信息。

2）根据选定的站点和时间范围，查询监测信息，以表格、曲线图形式表示，同时统计特征值，并在电子地图上实现定位功能。

3）根据选定的站点、对比年份、时间范围和数据类型（水位/入流/出流/蓄水量），以对比图和对比表形式显示。

（3）信息统计。根据选定月份，提供重要水库水文站当月 1 日水情信息的统计功能。

5.6.2.6 地下水

（1）基本信息和最新监测信息查询。电子地图为漳卫南运河子流域地下水监测井分布图。

（2）监测信息查询和统计。根据选定的站点、时间范围，查询监测信息，以表格和显示过程线形式表示，统计特征值，并在电子地图上实现定位功能。

（3）信息统计。根据选定月份，提供当月各地下水监测井月埋深信息的统计功能。

5.6.2.7 水质信息

对地表水、地下水水质测站、入河排污口、污染点源的测站基本信息和监测信息进行查询，并提供特征值统计、月均值统计等功能。水质信息组成图如图 5.25 所示。

5.6.2.8　地表水水质

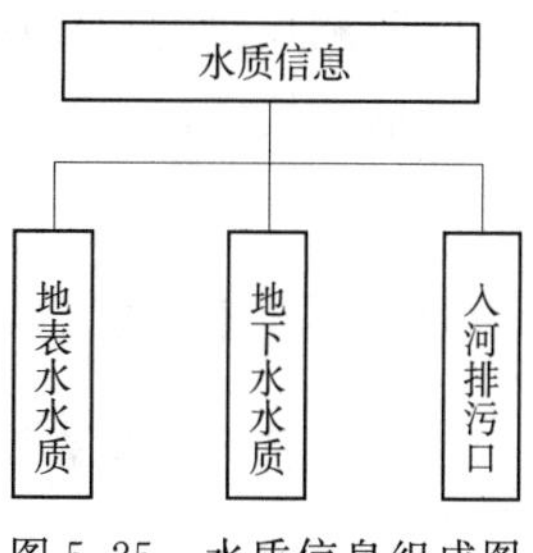

图 5.25　水质信息组成图

（1）测站基本信息查询。根据选定的站点，查询测站基本信息，并在电子地图上实现定位功能。

（2）监测信息查询和统计：

1）电子地图为漳卫南运河子流域地表水水质站分布图，以不同颜色的河道展示最近一个月水质监测评价结果，显示重要水质站最新监测信息。重要地表水水质站点见表 5.25。

表 5.25　重要地表水水质站点一览

序号	站点	序号	站点
1	观台	13	王营盘闸
2	天桥断	14	辛集闸
3	匡门口	15	岳城水库（出口）
4	四女寺闸上	16	徐万仓
5	岳城水库（库心）	17	大碾桥
6	龙王庙	18	小河桥
7	北馆陶	19	杨庄桥
8	先锋桥	20	祝官屯闸上
9	白庄桥	21	七里庄
10	第三店	22	沟店铺
11	袁桥	23	北大洼
12	吴桥闸		

2）根据选定的站点和时间范围，查询水质监测信息，以表格、过程线图形式表示，统计不同监测项目的特征值，并在电子地图上实现定位功能。

（3）信息统计。根据选定月份，提供重要地表水水质站当月水质信息统计功能，选取当月第一次监测数据。

5.6.2.9　地下水水质

（1）测站基本信息查询。根据选定的站点，查询测站基本信息，并在电子地图上实现定位功能。

（2）监测信息查询和统计：

1）电子地图为漳卫南运河子流域地下水水质站分布图。

2）根据选定的站点和时间范围，查询水质监测信息，以表格、过程线图形式表示，统计不同监测项目的特征值，并在电子地图上实现定位功能。

(3) 信息统计。根据选定月份，提供重要地下水水质站当月水质信息统计功能，选取当月第一次监测数据。

5.6.2.10 入河排污口

(1) 测站基本信息查询。根据选定的站点，查询测站基本信息，并在电子地图上实现定位功能。

(2) 监测信息查询和统计：

1) 电子地图为漳卫南运河子流域入河排污口分布图，显示重要入河排污口最新监测信息。

2) 根据选定的站点和时间范围，查询监测信息，以表格、过程线图形式表示，统计不同监测项目的特征值，并电子地图上实现定位功能。

(3) 信息统计。根据选定年份，提供漳卫南运河子流域各地级市当年入河排污信息的统计功能。

5.6.2.11 污染点源

(1) 测站基本信息查询。根据选定的站点，查询测站基本信息，并在电子地图上实现定位功能。

(2) 监测信息查询和统计：

1) 电子地图为漳卫南运河子流域污染点源分布图，显示重要污染点源最新监测信息。

2) 根据选定的站点和时间范围，查询监测信息，以表格、过程线图形式表示，统计不同监测项目的特征值，并在电子地图上实现定位功能。

(3) 信息统计。根据选定年份，提供漳卫南运河子流域各地级市当年污染点源排污信息的统计功能。

5.6.2.12 工情信息

对主要河流、水库、水闸、灌区、湿地的工情信息进行查询。工情信息组成图如图5.26所示。

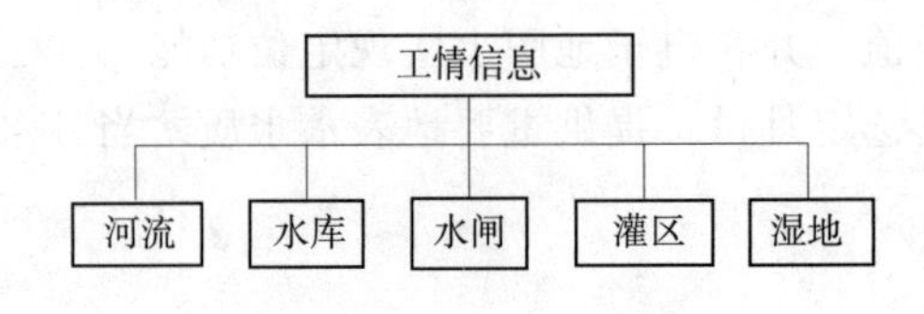

图 5.26 工情信息组成图

5.6.2.13 河流

(1) 基本工情信息查询。电子地图为子流域河系图，显示一级河流基本信息。

(2) 详细工情信息查询。根据选定的河流和查询内容查询河流的工程信息，同时实现地图定位。查询内容包括：河流一般信息、流域（水系）基本情况、河流横断面基本特征、河流-河段、图片资料和音像资料。

5.6.2.14　水库

（1）基本工情信息查询。电子地图为子流域主要水库分布图，显示大型水库主要基本信息。

（2）详细工情信息查询。根据选定的水库和查询内容查询水库基本信息，同时实现地图定位。查询内容包括：水库一般信息、水库水文特征值、水库特征值、水库水位面积/库容/泄量关系、自动测报系统信息、图片资料、音像资料。

5.6.2.15　水闸

（1）基本工情信息查询。电子地图为子流域主要水闸分布图，显示重要水闸主要基本信息。

重要枢纽水闸包括：四女寺枢纽（四女寺北进洪闸、四女寺南进洪闸、四女寺节制闸、四女寺船闸）、祝官屯枢纽（祝官屯枢纽节制闸、祝官屯枢纽船闸）、袁桥拦河闸、吴桥拦河闸、王营盘拦河闸、罗寨拦河闸、庆云拦河闸、辛集挡潮闸、七里庄拦河闸、西郑庄分洪闸、牛角峪退水闸（五孔闸、两孔闸、低水涵洞）、刘庄节制闸、卫运河临清引黄入卫老闸、引黄穿卫闸等。

（2）详细工情信息查询。根据选定的水闸和查询内容查询闸坝基本信息，同时实现地图定位。查询内容包括：水闸一般信息、水闸设计参数、水闸工程特性、水闸效益指标、水闸与控制站、图片资料、音像资料。

5.6.2.16　灌区

（1）基本工情信息查询。电子地图为子流域主要灌区分布图，显示大型灌区主要基本信息。

（2）详细工情信息查询。根据选定的灌区和查询内容查询灌区基本信息，同时实现地图定位。灌区查询内容包括：灌区一般信息、图片资料、音像资料。

5.6.2.17　湿地

（1）基本工情信息查询。电子地图为子流域主要湿地分布图，显示重要湿地主要基本信息。

（2）详细工程信息查询。根据选定的湿地和查询内容查询湿地基本信息，同时实现地图定位。查询内容包括：湿地一般信息、图片资料、音像资料。

5.6.2.18　气象信息

对气象站测站基本信息和监测信息进行查询，提供特征值统计功能。

（1）测站基本信息查询。根据选定的站点（单选），查询测站基本信息，并在电子地图上实现定位功能。

（2）监测信息查询和统计：

1）电子地图为漳卫南运河子流域气象站分布图，显示最新监测信息。

2）根据选定的站点（单选）、数据类型（日数据/旬数据/月数据）和时间范围，查询气象监测信息，统计特征值，并在电子地图上实现定位功能。

（3）信息统计。根据选定的月份，提供主要气象信息的统计功能。

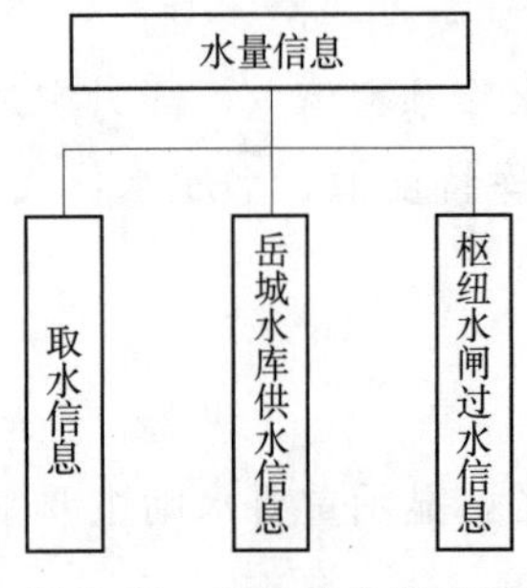

图 5.27　水量信息组成图

5.6.2.19　水量信息

针对漳卫南运河子流域主要取水口的基本信息和取水量信息进行查询，实现按不同时段和区域统计取水量的功能；提供岳城水库供水信息和主要枢纽水闸过水信息的查询功能。水量信息组成图如图 5.27 所示。

5.6.2.20　取水信息

（1）取水口基本信息查询。根据选定的取水口，查询取水口基本信息，并在电子地图上实现定位功能。

（2）取水口取水量信息查询和统计：

1）电子地图为子流域主要取水口分布图，显示重要取水口主要基本信息和最新取水量信息。

2）根据选定取水口查询、数据类型（月取水量/年取水量）和时间范围，查询取水量信息，并统计累计值，以表格和柱状图形式显示。

（3）取水信息统计：

1）根据选定的月份，提供子流域地市级行政区取水信息的统计功能。

2）根据选定的统计方式（行政区划/河流/分省河流/水源类型）和时间范围，统计取水量，并统计合计值。

5.6.2.21　岳城水库供水信息

根据选定的数据类型（月数据/年数据）和时间范围查询岳城水库月、年蓄水及供水信息，统计累计值。

5.6.2.22　枢纽水闸过水信息

（1）根据选定的枢纽水闸和时间范围，查询过水量的变化情况，以表格和曲线图的形式显示，并统计累计值。重要枢纽水闸包括四女寺枢纽、祝官屯枢纽、袁桥闸、吴桥闸、王营盘闸、罗寨闸、庆云闸、辛集闸。

（2）根据选定的月份查询 8 个枢纽水闸历史月份蓄水、过水信息。

5.6.2.23　社会经济信息

提供社会经济信息的查询功能，如人口、耕地面积、粮食总产量、人均粮食占有量、国内生产总值和工业增加值等。

（1）根据选定年份查询子流域内各地级市、省级行政区、水资源三级区的社会经济信息。

（2）根据选定区域查询子流域内各地级市、省级行政区、水资源三级区历年的社会经济信息。

5.6.2.24　ET信息

提供ET信息和土壤含水量、土地利用类型等相关信息的查询和统计分析功能。

（1）信息查询。根据选定条件，查询ET（实际ET、参照ET、潜在ET）、土壤含水量、生物量、土地利用等数据，以报表格式、统计图表、空间专题图及其他方式展示查询结果。

（2）信息统计。信息统计功能针对ET信息，提供单元统计、汇总统计和时间序列统计等功能，统计的时间尺度是旬、月、季或年，以报表格式、统计图表、空间专题图等方式展示查询结果。

1）单元统计：按不同的单元类型进行统计，统计每个单元内像元值累计或平均值。

2）汇总统计：对于ET统计的结果，按类别进行汇总（县、流域、市）。

3）时间序列：根据选定的单元，按时间段（旬、月、季、年）统计ET信息，分析按时间序列的变化情况。

5.6.2.25　项目成果信息

提供GEF项目相关成果的查询和下载。根据选定项目，查询和下载GEF项目相关的文件，包括：SAP、基线调查报告、示范县IWEMP、战略研究等。项目成果信息统计见表5.26。

表5.26　项目成果信息统计

项目	内　容
SAP	流域SAP、漳卫南运河子流域SAP
基线调查报告	漳卫南运河子流域、德州、潞城、肥乡基线调查报告
IWEMP	德州、潞城、肥乡IWEMP报告
战略研究	包括8项战略研究报告：《国家级水资源与水环境综合管理有关政策法规和机构改革战略研究报告》《渤海水资源与水环境综合管理战略研究报告》《海河流域水生态系统、河道、湿地保护和管理对策战略研究报告》《海河流域节水和高效用水战略研究报告》《海河流域地下水可持续开发利用、水权及取水许可管理战略研究报告》《海河流域废污水再生利用战略研究报告》《海河流域水污染规划管理及产业政策调整战略研究报告》《南水北调中线工程实施后北京市水资源合理配置战略研究报告》

5.7　业务管理系统

水资源和水环境业务管理系统包括水平衡分析、取水许可管理、用水户协会管理、水质评价、排污许可管理、水环境监测管理、水质模拟七个部分。通过运用对比、统计、趋势分析等各种分析和计算方法，对水资源和水环境信息进行系统分析，深入评价，合理预测，为水资源与水环境综合管理目标的实现提供理论依据和技术支持。

5.7.1 水平衡分析

水平衡分析包括地下水采补平衡分析和水资源总量平衡分析两部分。

(1) 地下水采补平衡分析。对漳卫南运河流域地下水总补给量、可开采量、实际开采量和超采量进行年度采补平衡分析，采用时间序列法进行多年采补水量趋势分析。统计分析的结果以报表、柱状图、曲线、饼图等形式展示，分析结果可导入 Excel 文件。地下水年度采补平衡分析及结果查询界面如图 5.28 所示。

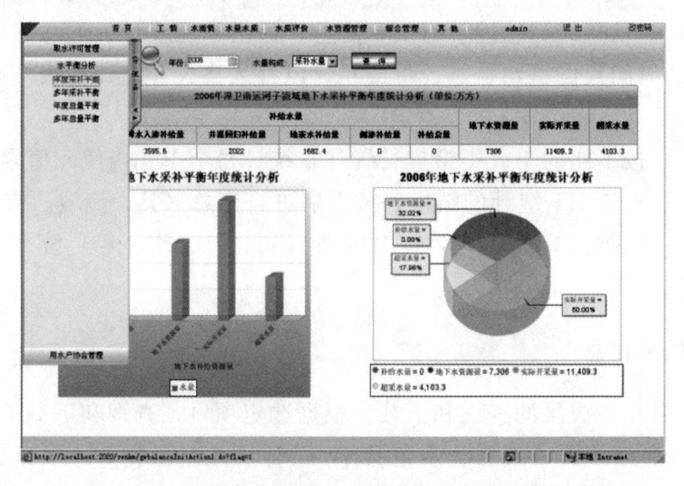

图 5.28　地下水年度采补平衡分析及结果查询界面

(2) 水资源总量平衡分析。利用 SWAT 模型的情景模拟分析成果，展现采用不同节水措施之后的水平衡分析结果，节水措施主要包括优化灌溉（如改变灌溉量及灌溉次数）、调整农作物种植结构等措施。对漳卫南运河子流域降水量、地表水入境量、地表水出境量、地下水入境量、地下水出境量、ET、蓄变量进行年度总量平衡分析，采用时间序列法进行多年总量平衡分析。统计分析的结果以报表、柱状图、曲线、饼图等形式展示，分析结果可导入 Excel 文件。水资源总量年度平衡分析操作界面如图 5.29 所示。

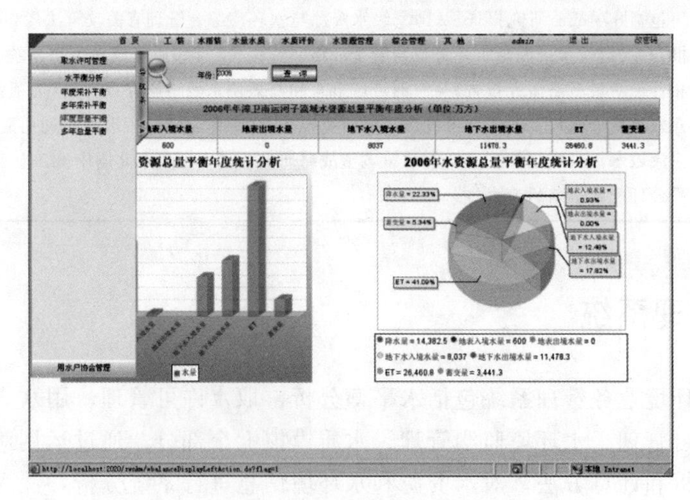

图 5.29　水资源总量年度平衡分析操作界面

5.7.2　取水许可管理

取水许可管理主要包括：取水许可证基本信息、取水口基本信息及取水量信息的管理；取水许可证审批和年审情况统计及取水许可审批辅助管理等。

根据取水许可证，管理取水口的基本信息和取水量等信息，并按取水单位统计取水许可证发放情况和取水量情况，操作界面如图 5.30 所示。

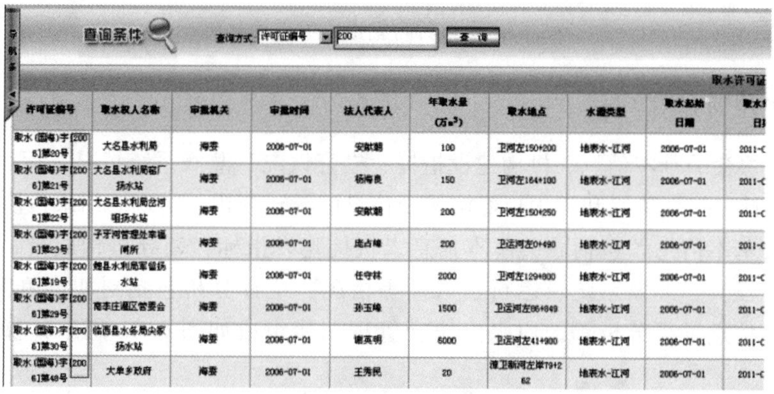

查询条件　查询方式：许可证编号　200　查询

取水许可证

许可证编号	取水权人名称	审批机关	审批时间	法人代表人	年取水量（万m³）	取水地点	水源类型	取水起始日期	取水 日
取水（国海）字[2006]第20号	大名县水利局	海委	2006-07-01	安献朝	100	卫河左150+200	地表水-江河	2006-07-01	2011-
取水（国海）字[2006]第21号	大名县水利局窑厂扬水站	海委	2006-07-01	杨海良	150	卫河左164+100	地表水-江河	2006-07-01	2011-
取水（国海）字[2006]第22号	大名县水利局岔河咀扬水站	海委	2006-07-01	安献朝	200	卫河左150+250	地表水-江河	2006-07-01	2011-
取水（国海）字[2006]第23号	子牙河管理处幸福闸所	海委	2006-07-01	庞占峰	200	卫运河左0+490	地表水-江河	2006-07-01	2011-
取水（国海）字[2006]第19号	魏县水利局军留扬水站	海委	2006-07-01	任守林	2000	卫河左129+800	地表水-江河	2006-07-01	2011-
取水（国海）字[2006]第29号	南李庄灌区管委会	海委	2006-07-01	孙玉峰	1500	卫运河左86+849	地表水-江河	2006-07-01	2011-
取水（国海）字[2006]第30号	临西县水务局尖冢扬水站	海委	2006-07-01	谢英明	6000	卫运河左41+900	地表水-江河	2006-07-01	2011-
取水（国海）字[2006]第49号	大单乡政府	海委	2006-07-01	王秀民	20	漳卫新河左岸79+262	地表水-江河	2006-07-01	2011-

图 5.30　取水许可查询结果

取水许可证年审情况统计。分类统计某年内的年审取水许可证的数量、年审水量、取水许可证批准的水量、取水许可证吊销等方面的信息，操作界面如图 5.31 所示。

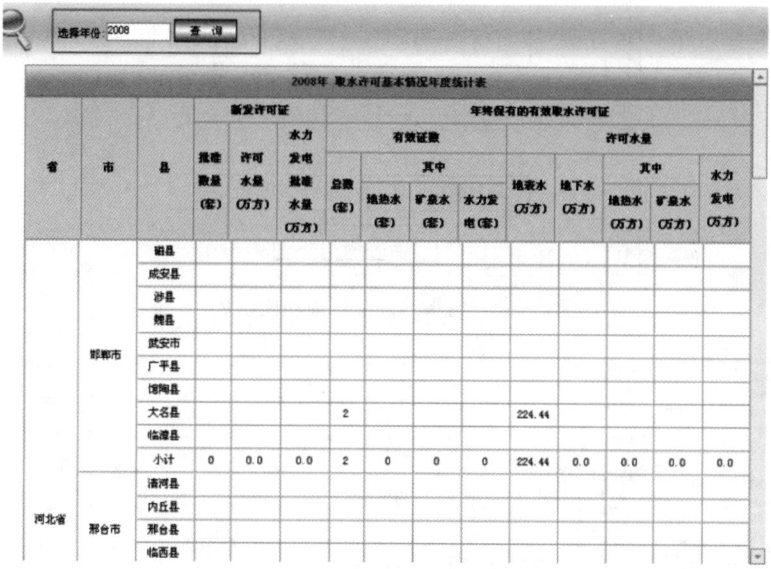

选择年份：2008　查询

2008年 取水许可基本情况年度统计表

省	市	县	新发许可证			年终保有的有效取水许可证								
						有效证数				许可水量				
			批准数量（套）	许可水量（万方）	水力发电批准水量（万方）	总数（套）	其中：地热水（套）	其中：矿泉水（套）	其中：水力发电（套）	地表水（万方）	地下水（万方）	其中：地热水（万方）	其中：矿泉水（万方）	水力发电（万方）
河北省	邯郸市	磁县												
		成安县												
		涉县												
		魏县												
		武安市												
		广平县												
		馆陶县												
		大名县				2				224.44				
		临漳县												
		小计	0	0.0	0.0	2	0	0	0	224.44	0.0	0.0	0.0	0.0
	邢台市	清河县												
		内丘县												
		邢台县												
		临西县												

图 5.31　取水许可证年审情况统计

取水许可审批辅助管理。为取水许可审批提供辅助信息支持功能，针对工业、生活取水，提供相关单位的排污许可和排污量信息；针对农业取水，提供该地区（地级市、县）的 ET 信息，操作界面如图 5.32 所示。

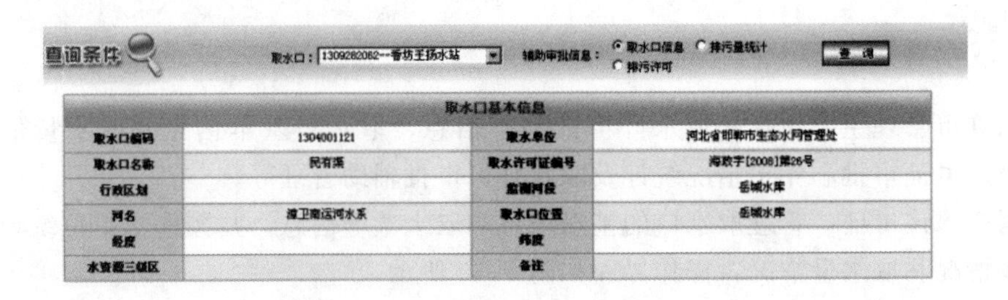

图 5.32　取水许可辅助决策操作界面

5.7.3　用水户协会管理

对用水户协会的基本信息、机构建设指标、投资情况、灌溉系统情况、运行情况、社会统计、经济统计、培训情况和用水户经济统计信息的统计分析，实现对用水户协会的管理。

管理协会基本信息，包括协会基本信息、机构建设指标、领导机构成员；运行管理包括用水户协会投资、灌溉系统、运行、培训等情况；统计分析包括对协会和用水户经济、协会年度统计信息进行分析等。用水户协会管理功能组成如图 5.33 所示，操作界面如图 5.34 所示。

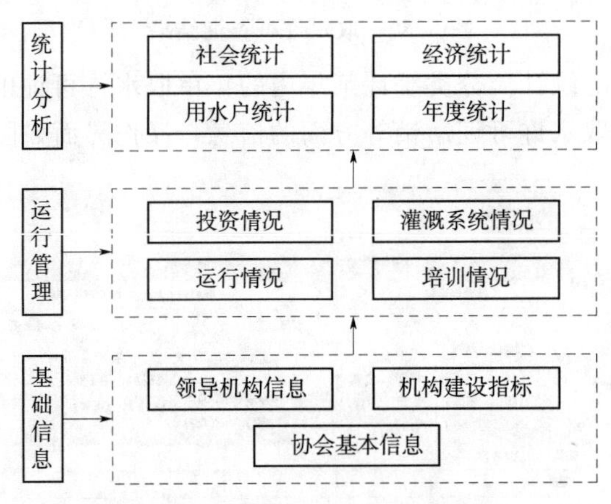

图 5.33　用水户协会管理功能组成

龙虎乡用水者协会	否	代表大会选举	普通农民	7	1	15	3	-	有	有	有	有	有	有	协会自有
木井乡用水者协会	否	代表大会选举	普通农民	7	2	13	6	-	有	有	有	有	有	有	协会自有
偏城镇用水者协会	否	代表大会选举	普通农民	7	1	24	5	4822	有	有	有	有	有	有	协会自有
偏店乡用水者协会	否	代表大会选举	普通农民	7	0	14	4	5622	有	有	有	有	有	有	协会自有
涉城镇用水者协会	否	代表大会选举	普通农民	7	2	19	6	25157	有	有	有	有	有	有	协会自有
神头乡用水者协会	否	代表大会选举	普通农民	7	0	11	4	4562	有	有	有	有	有	有	协会自有
索堡镇用水者协会	否	代表大会选举	普通农民	7	1	18	5	9306	有	有	有	有	有	有	协会自有
西达镇用水者协会	否	代表大会选举	普通农民	7	1	14	3	6288	有	有	有	有	有	有	协会自有
西戌镇用水者协会	否	代表大会选举	普通农民	7	1	6	2	-	有	有	有	有	有	有	协会自有

导出Excel　打印

图 5.34　用水户协会管理操作界面

5.7.4 水质评价

水质评价的范围包括重点城市供水水源地、大型水库、干支流省界断面及其他重点河段、城市河湖和污染重点监测地区等。对地表水水质进行评价和统计分析，可评价单站水质、超标污染物等相关内容，也可计算检出率、超标率、最大超标倍数、污染河段长度及所占比例等，分析相关指标的变化趋势。地表水水质评价操作界面如图 5.35 所示。

首页 工情 水雨情 水量水质 水质评价 水资源管理 综合管理 其他 admin 退出 改密码

水质评价
水质监测成果月报
省界断面水质监测成果月报
富营养化评价
水质资料整编
水质资料年报
地表水质评价统计
地表水评价项目定制
地表水监测断面定制

时间：2008-3 选择项目 <DL计值：以0计 查询

2008年3月 漳卫南运河水质监测成果表

河名	水功能区名称	采样日期	水温(℃)	悬浮物(mg/L)	氟化物(mg/L)	氯化物(mg/L)	硫酸盐(mg/L)	总硬度(mg/
南运河	南水北调东	2008-03-05	10	49	2.14	259	394	626
岳城水库	岳城水库水	2008-03-04	3					
卫河	卫河豫冀线	2008-03-05	10	62	1.03	210	427	561
南运河	漳卫新河鲁	2008-03-05	7.5	198	1.66	231	399	651
卫运河	卫运河冀鲁	2008-03-05	11	32	0.96	248	389	601
卫河	卫河河南开	2008-03-04	13.5	117	0.96	231	91	280
漳卫新河	漳卫新河鲁	2008-03-05	10					

导出Excel 打印

2008年3月 漳卫南运河水质评价成果表

		河名	水功能区名称	采样日期	水质类别	区划目标	是否达标	水温(℃)	悬浮物(mg/L)	氟化物(mg/L)	氯化物
		南运河	南水北调东	2008-03-05	劣V	II	否			劣V	
		岳城水库	岳城水库水	2008-03-04	I	II	是				
		卫河	卫河豫冀线	2008-03-05	劣V	IV	否			IV	
		南运河	漳卫新河鲁	2008-03-05	劣V	IV	否			劣V	
ZWH0485	先锋桥	卫运河	卫运河冀鲁	2008-03-05	劣V	IV	否			I	
ZWH0516	小河桥	卫河	卫河河南开	2008-03-04	劣V	V	否			I	
ZWH0629	袁桥闸	漳卫新河	漳卫新河鲁	2008-03-05	劣V	IV	否				

http://localhost:2020/zwnkm/xzjcTb.do?flag=init 本地 Intranet

图 5.35 地表水水质评价操作界面

5.7.5 排污许可管理

排污许可管理主要包括排污许可证基本信息、排污信息查询统计，排污许可证发放情况统计及排污许可审批辅助管理等功能。

(1) 排污许可证基本信息管理。排污许可证基本信息的管理，包括新增、删除、修改、查询等，操作界面如图 5.36 所示。

查询条件 开始时间：2008-01-01 结束时间：2008-06-01 企业：全部 查询

企业排污信息

企业	监测日期	排污许可证	采样点位	排污量					
				项目	监测值	项目	监测值	项目	监测值
化工公司一	2008-04-01	X3002		PH值	10.25	石油类	26.47	六价铬	20.36
				悬浮物	15.8	氰化物	35.6	铜	32.5
				COD	19.8	挥发酚	21.78	汞	33.65
				BOD5	22.58	硝基苯	58	氟化物	25.4
				氨氮	24.5	苯胺		大肠菌群	3.25
				硫化物	25	色度(倍)	2	流量(m^3/d)	10
化工公司一	2008-04-03	X3002		PH值	9.98	石油类	26	六价铬	20.15
				悬浮物	14.98	氰化物	34.25	铜	30.15
				COD	19	挥发酚	21.05	汞	32
				BOD5	24.1	硝基苯	50.36	氟化物	22.59
				氨氮	23.89	苯胺		大肠菌群	6.35
				硫化物	24.57	色度(倍)	2	流量(m^3/d)	15.45
				PH值	11.58	石油类	25.63	六价铬	17.56
				悬浮物	16.9	氰化物	31.25	铜	28.64

图 5.36 排污信息查询操作界面

（2）排污信息查询统计。排污许可证相关排污口、排污企业的基本信息和排污量等信息按时间段统计，操作界面如图5.37所示。

企业排污信息

企业	监测日期	排污许可证	采样点位	排污量					
				项目	监测值	项目	监测值	项目	监测值
化工公司一	2008-04-01	X3002		PH值	10.25	石油类	26.47	六价铬	20.36
				悬浮物	15.8	氰化物	35.6	铜	32.5
				COD	19.8	挥发酚	21.78	汞	33.65
				BOD5	22.58	硝基苯	58	氟化物	25.4
				氨氮	24.5	苯胺		大肠菌群	3.25
				硫化物	25	色度(倍)	2	流量(m^3/d)	10
化工公司一	2008-04-03	X3002		PH值	9.98	石油类	26	六价铬	20.15
				悬浮物	14.98	氰化物	34.25	铜	30.15
				COD	19	挥发酚	21.05	汞	32
				BOD5	24.1	硝基苯	50.36	氟化物	22.59
				氨氮	23.89	苯胺		大肠菌群	6.35
				硫化物	24.57	色度(倍)	2	流量(m^3/d)	15.45
				PH值	11.58	石油类	25.63	六价铬	17.58

图5.37　选择排污企业操作界面

（3）排污许可证发放情况统计。按时间、排污类型、区域对排污许可证发放情况进行统计分析，操作界面如图5.38所示。

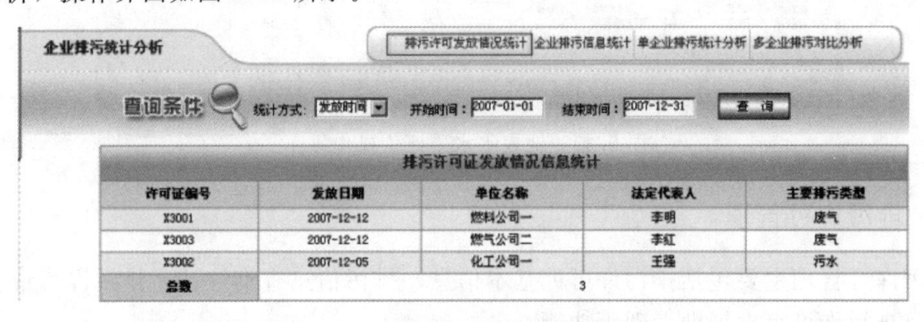

排污许可证发放情况信息统计

许可证编号	发放日期	单位名称	法定代表人	主要排污类型
X3001	2007-12-12	燃料公司一	李明	废气
X3003	2007-12-12	燃气公司二	李红	废气
X3002	2007-12-05	化工公司一	王强	污水
总数		3		

图5.38　排污许可发放情况统计界面

（4）排污许可审批辅助管理。根据排污口位置输出该河段水质状况、水环境容量及申请单位的取水许可信息，为排污许可审批提供辅助信息支持功能，辅助决策操作界面如图5.39所示。

ET校验
排污许可管理
排污许可证基本信息
排污信息查询
排污信息统计
审批辅助支持

排污口：排污口一　同河段相关信息：排污口信息　取水许可信息　查 询

排污口基本信息

口编码	0001	排放性质	1
排污口名称	排污口一	测站地址	河东区龙潭路15号
行政区划		排入水功能区（水环境功能区）	C030600
河系	漳卫河	岸别	1
排入河流	漳卫河	污水类型	1
经度	123°45′67″	纬度	12°34′56″
排放方式	1	排污单位	化工厂
所属河段	卫河左67+423		

图5.39　排污许可辅助决策操作界面

5.7.6 水环境监测管理

水环境监测模块实现了基于角色和用户对水环境监测的业务流程的管理，主要表现为控制了各种单据的填写和水质监测报告的生成，水环境监测的流程包括制定监测计划、下达测试任务通知单、填写现场采样记录表、样品接收单、样品发放单、样品解密单、样品化验单等，如图 5.40 所示。监测计划表如图 5.41 所示。

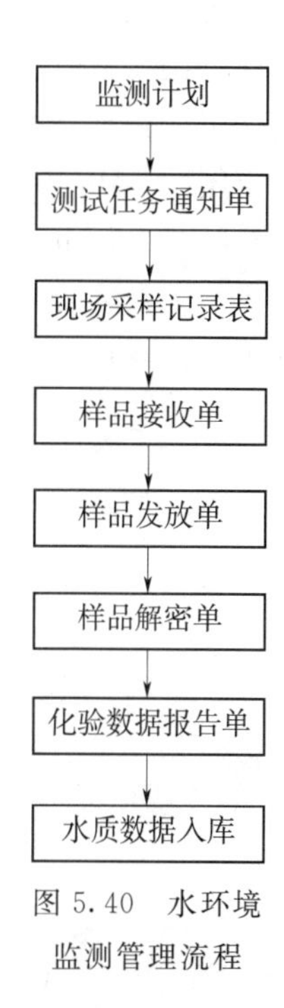

图 5.40 水环境监测管理流程

5.7.7 水质模拟

水质模拟是针对河道污染物扩散进行模拟，利用一维水质模型为漳卫南运河子流域的突发水污染事故处理提供信息支持，利用水质模型预测污染物到达下游的时间、浓度以及污染危害和范围，为决策者提供信息支持。

（1）模型原理。水体的自净包括两个方面：一是水体自身对污染物的降解；二是由于水体稀释而带来浓度的变化，称为稀释自净。目前计算水体自净较为合理的、普遍采用的是水体自净模型，我们计算的对象主要是河道，所以选用水体自净一维模型。

选择年份：2009 查询

监测计划列表

序号	监测计划名称	编制人	编制时间	审批人	审批时间	类型	状态	操作
1	2009年9月监测计划（常规）	admin	2009-09-14	--	--	常规计划	待审批	修改 审批
2	2009年7月15日监测计划（临时）	admin	2009-07-08	admin	2009-07-15	临时计划	审批已通过	-- --
3	2009年7月监测计划（常规）	admin	2009-07-31	admin	2009-07-31	常规计划	审批已通过	-- --
4	2009年6月监测计划（常规）	秦风英	2009-06-24	刘晓光	2009-06-18	常规计划	审批已通过	-- --
5	2009年5月监测计划（常规）	秦风英	2009-05-20	刘晓光	2009-05-22	常规计划	审批已通过	-- --
6	2009年4月监测计划（常规）	秦风英	2009-04-14	admin	2009-07-15	常规计划	审批已通过	-- --
7	2009年3月监测计划（常规）	秦风英	2009-03-24	刘晓光	2009-03-24	常规计划	审批已通过	-- --
8	2009年2月监测计划（常规）	秦风英	2009-02-24	刘晓光	2009-02-27	常规计划	审批未通过	修改 待修改
9	2009年1月监测计划（常规）	秦风英	2009-01-20	刘晓光	2009-01-14	常规计划	审批已通过	-- --

编制计划

图 5.41 监测计划操作界面

一维模型假定污染物浓度仅在河流纵向上发生变化，主要适用于同时满足以下条件的河段：①宽浅河段；②污染物在较短的时间内基本能混合均匀；③污染物浓度在断面横向方向变化不大，横向和纵向的污染物浓度梯度可以忽略。

模型计算公式如下：

$$C=C_0e^{-kx/u}$$

式中：C 为计算单元下断面污染物浓度，mg/L；C_0 为计算单元上断面污染物浓度，mg/L；e 为 2.72（自然对数，常数）；k 为自净系数，1/D；x 为计算单元长度，km；u 为计算单元流速，m/s。

（2）设计流量计算。采用海河流域综合规划中主要控制站历年逐月实测径流量成果表，提取元村站1956—2000年逐月径流资料作为径流系列。经过水文排频，结合流域的实际情况（图5.42），选取枯水期75%流量作为水功能区设计流量（水资源综合规划规定北方河流可以选取75%枯水期流量作为设计流量）。经过计算，元村站的75%枯水期设计流量初步定为15m³/s，并根据元村站设计流量对应的典型年份，这一数据与1979年实测资料比较接近，因此我们选取1979年元村以上各条河流非汛期月平均实测流量资料进行分析，得出上游主要支流的设计流量，安阳河占35%，淇河占12%，新河占10%，其他支流均不超过10%。

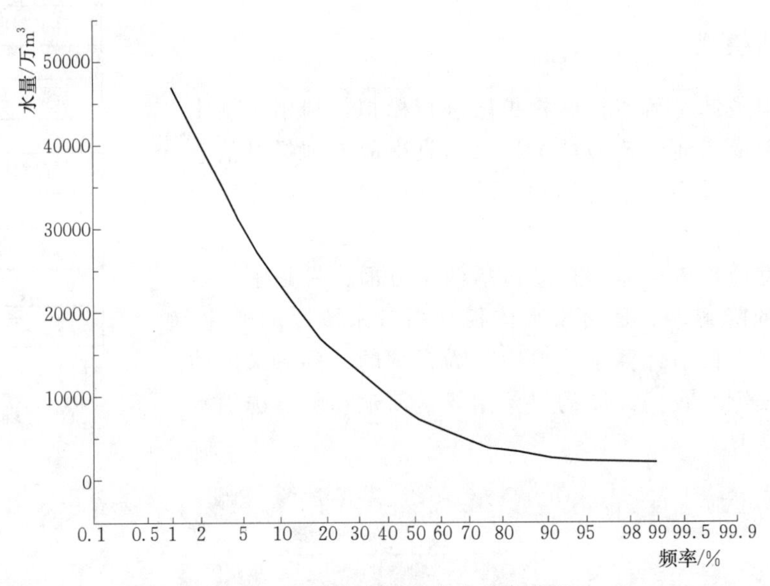

图5.42　元村站枯水期水文频率曲线

为便于比较，对元村水文站90%最枯月平均流量也进行了计算，经过计算，元村站90%最枯月平均流量为4.9m³/s。这一数据与1994年实测资料比较接近。

$$X_{均}=4613\ (万\ m^3/月)$$

$$C_v=0.8067$$

$$C_s=2.5C_v$$

（3）河流流量-流速关系计算。选取合河站、淇门站、安阳站、楚旺站、临清站、四女寺闸下6个站点1975年、1985年的1800多个流量-流速实测资料，建立合河站、淇门站、安阳站、楚旺站、临清站、四女寺闸下的流量-流速关系曲线（图5.43～图5.49）。

经过对河流实际情况的分析，对于能够利用上述6个测站流量-流速关系曲线的计算单元，将采用上述6个测站的流量-流速资料，对于代表性较差的计算单元，参考上述6个测站的流量-流速资料，并结合实际情况确定计算单元的流速，对于上游支流河道上的计算单元，一般采用0.25～0.35之间的流速资料进行计算。

$$Y=0.3762X^{0.1845}$$

式中：X为流量，m³/s；Y为流速，m/s。

$$Y=0.2497X^{0.2141}$$

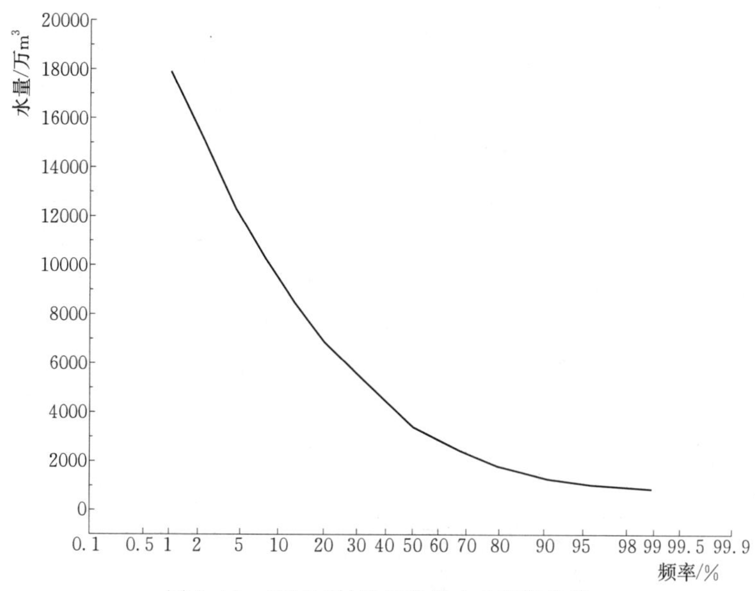

图 5.43 卫河元村站最枯月水文频率曲线

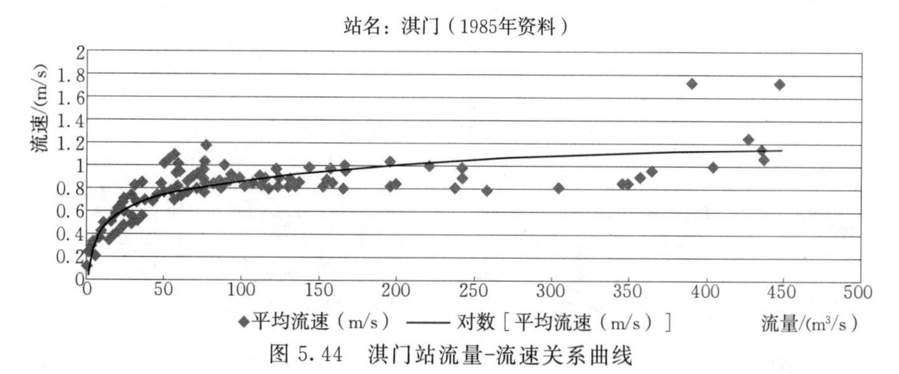

图 5.44 淇门站流量-流速关系曲线

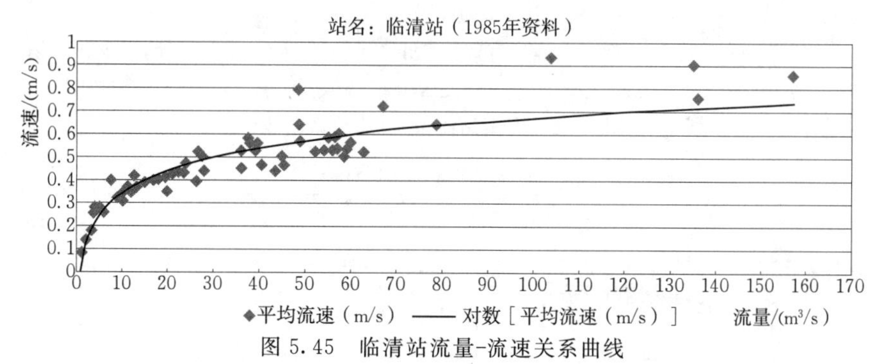

图 5.45 临清站流量-流速关系曲线

式中：X 为流量，m^3/s；Y 为流速，m/s。

$$X=0.1224Y^{0.3358}$$

式中：X 为流量，m^3/s；Y 为流速，m/s。

$$Y=0.1977X^{0.2747}$$

式中：X 为流量，m^3/s；Y 为流速，m/s。

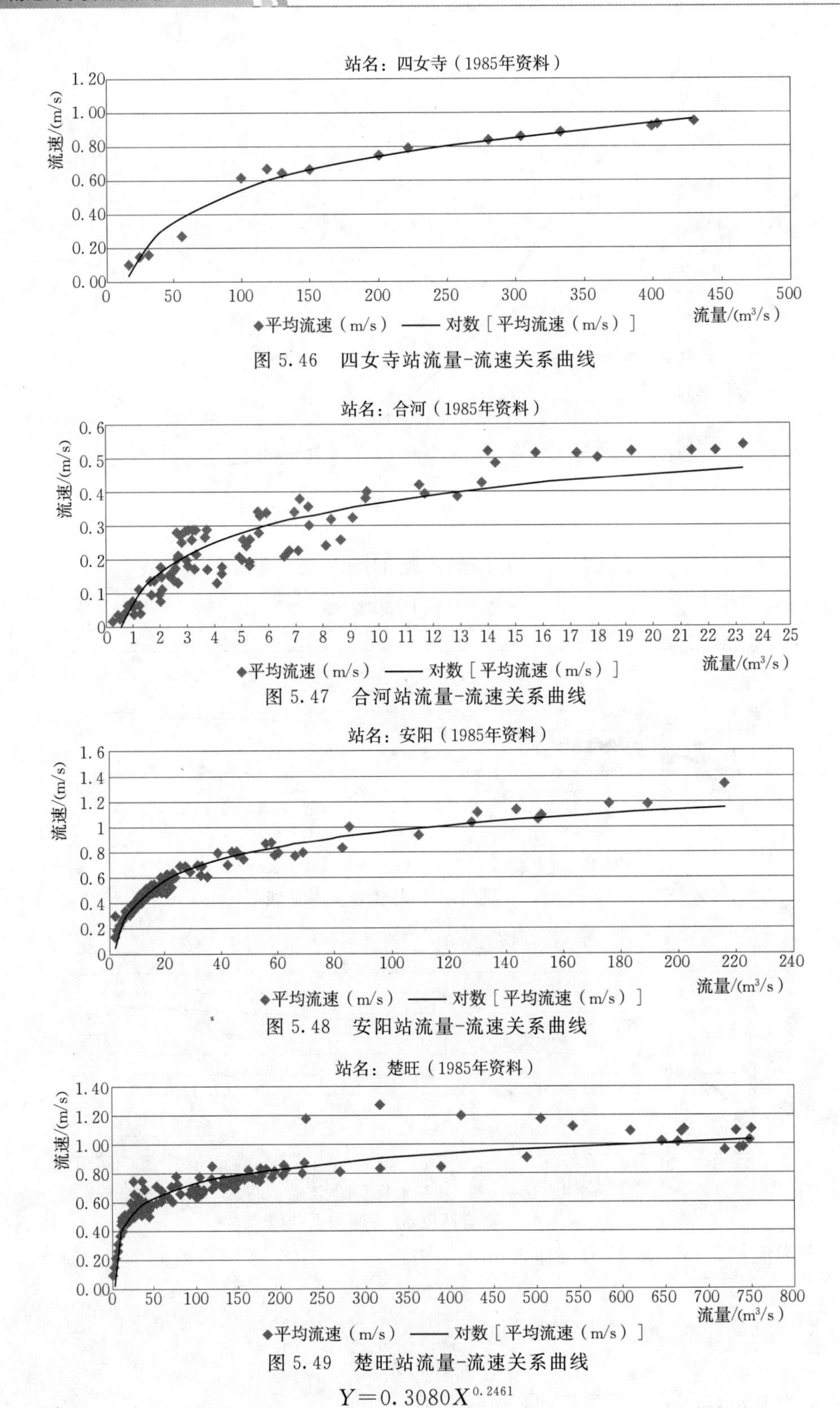

图 5.46　四女寺站流量-流速关系曲线

图 5.47　合河站流量-流速关系曲线

图 5.48　安阳站流量-流速关系曲线

图 5.49　楚旺站流量-流速关系曲线

$$Y=0.3080X^{0.2461}$$

式中：X 为流量，m³/s；Y 为流速，m/s。

$$Y=0.3519X^{0.1633}$$

式中：X 为流量，m^3/s；Y 为流速，m/s。

（4）模型调试、数据校验：

1）现状排污资料。采用海河流域水资源综合规划中各功能区2000年排污资料作为基础现状资料，这些资料来源于各省，在流域内作了修正和审查，资料可信度较高。

2）综合衰减系数与模型验证。运用水质模型进行水质预测，在模型的各项参数中，污染物输入数据可以通过调查取得，设计流量和流速可以通过水文计算求得，综合衰减系数是最难以确定的，现场追踪监测取得的数据可以计算出综合衰减系数，但是现场监测受随机因素影响很大。漳卫南运河管理局多次对卫河、卫运河进行了水质水量追踪监测，通过多组监测数据求得化学耗氧量（COD）综合衰减系数为0.039～0.498，氨氮综合衰减系数为0.064～0.512。为推求适合的综合衰减系数，可以选取在上述范围内的综合衰减系数进行计算，并将模拟计算结果与2000年实际水质监测结果年均值进行比较，通过计算结果与实际监测年均值的比较，对所选取的综合衰减系数进行修正。

从表5.27可看出，选取综合衰减系数 $k_{COD}=0.03\ (1/d)$，$k_{氨氮}=0.05\ (1/d)$ 设计流量 $q=75\%$，各断面水质模拟结果与2000年监测结果比较接近。因此，选取综合衰减系数 $k_{COD}=0.03\ (1/d)$ $k_{氨氮}=0.05\ (1/d)$。

（5）模型界面。漳卫南运河流域KM系统水质模拟操作界面如图5.50所示。

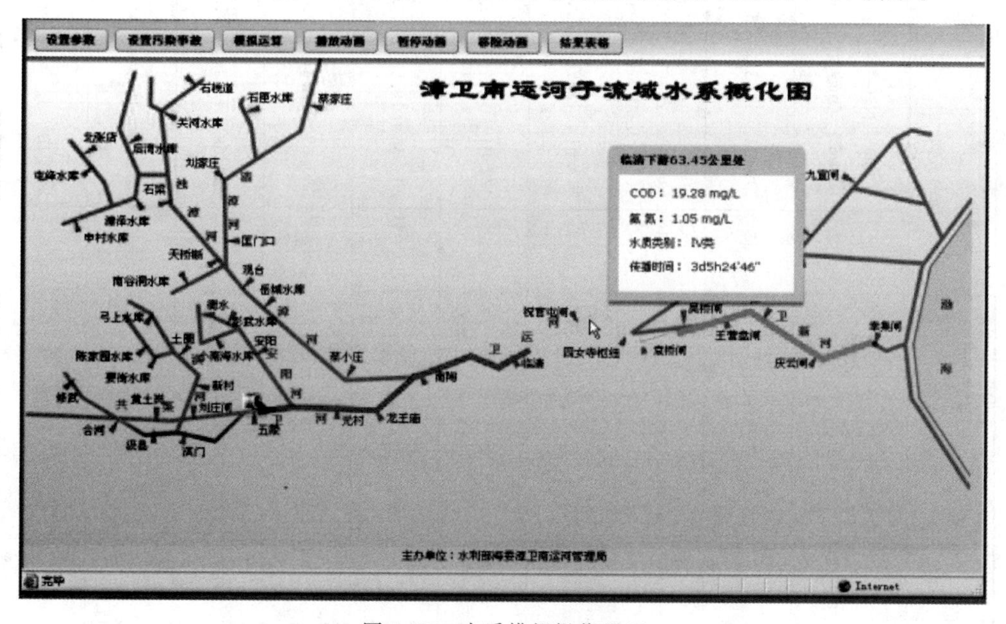

图5.50　水质模拟操作界面

5.7.8　水平衡分析

结合SWAT模型的分析成果，对现状及采用节水措施后的水平衡进行分析，包括地下水采补平衡分析和水资源总量平衡分析两部分。

表 5.27　不同综合衰减系数各断面水质模拟结果

断面名称	2000年实测值			选取 $k=0.05$，$q=90\%$			选取 $k=0.00$，$q=90\%$			选取 $k=0.05, q=75\%$			选取 $k=0.03, q=75\%$			选取 $k=0.01, q=75\%$		
	流量 /(m^3/s)	COD /(m^3/s)	NH_3-N /(m^3/s)	流量 /(m^3/s)	COD /(mg/L)	NH_3-N /(mg/L)	流量 /(m^3/s)	COD /(mg/L)	NH_3-N /(mg/L)	流量 /(m^3/s)	COD /(mg/L)	NH_3-N /(mg/L)	流量 /(m^3/s)	COD /(m^3/s)	NH_3-N /(m^3/s)	流量 /(m^3/s)	COD /(mg/L)	NH_3-N /(mg/L)
合河站				3.63	195.94	12.46	3.63	209.62	13.33	6.13	122.54	7.54	6.13	126.26	7.75	6.13	130.21	7.98
淇门站		298	24.1	9.88	359.12	24.03	9.88	400.99	26.62	15.38	236.14	15.57	15.38	247.08	16.23	15.38	258.68	16.92
元村站	35	225	8.4	19.8	204.58	13.96	19.8	272.01	18.70	29.85	140.07	9.37	29.85	157.05	10.53	29.85	176.44	11.84
龙王庙		255	10.4	19.81	201.23	13.73	19.81	272.01	18.70	29.86	137.78	9.21	29.86	155.50	10.42	29.86	175.86	11.80
馆陶站		226	9.1	20.33	184.08	12.54	20.33	265.56	18.23	30.38	127.12	8.49	30.38	147.26	9.86	30.38	170.93	11.46
临清		205	8.8	21.07	236.77	11.56	21.07	330.69	18.10	31.12	163.84	7.92	31.12	186.62	9.46	31.12	214.31	11.33
四女寺		196	7.36	21.07	216.08	10.55	21.07	330.69	18.10	31.12	149.524	7.23	31.12	176.66	8.96	31.12	210.43	11.13
德州		188	7.72	22	205.70	11.21	22	327.10	19.00	32.05	144.15	7.77	32.05	172.81	9.55	32.05	209.10	11.83
辛集闸				22	171.82	9.36	22	327.10	19.00	32.05	120.41	6.49	32.05	155.12	8.57	32.05	201.71	11.41

5.7.8.1 地下水采补平衡分析

（1）功能描述。对漳卫南运河子流域地下水总补给量、可开采量、实际开采量和超采量进行年度采补平衡分析，采用时间序列法进行多年采补水量趋势分析。统计分析的结果以报表、柱状图、曲线、饼图等形式展示，分析结果可导入Excel文件。

（2）结果输出。地下水采补平衡年度统计分析见表5.28。

表5.28 ××年地下水采补平衡年度统计分析 单位：万 m^3

补给水量					地下水资源量	实际开采量	超采水量
降水入渗补给量	井灌回归补给量	地表水补给量	侧渗补给量	补给总量			

地下水采补平衡多年趋势分析见表5.29。

表5.29 ××年—××年地下水采补平衡分析 单位：万 m^3

年份	补给水量					地下水资源量	实际开采量	超采水量
	降水入渗补给量	井灌回归补给量	地表水补给量	侧渗补给量	补给总量			

5.7.8.2 水资源总量平衡分析

（1）功能描述。利用SWAT模型的情景模拟分析成果，展现采用不同节水措施之后的水平衡分析结果，节水措施主要包括优化灌溉（如改变灌溉量及灌溉次数）、调整农作物种植结构等措施。对漳卫南运河子流域降水量、地表水入境量、地表水出境量、地下水入境量、地下水出境量、ET、蓄变量进行年度总量平衡分析，采用时间序列法进行多年总量平衡分析。统计分析的结果以报表、柱状图、曲线、饼图等形式展示，分析结果可导入Excel文件。

（2）结果输出。水资源总量平衡年度统计分析见表5.30。

表5.30 ××年水资源总量平衡年度统计分析 单位：万 m^3

降水量	地表入境水量	地表出境水量	地下入境水量	地下出境水量	ET	蓄变量

水资源总量平衡多年趋势分析见表5.31。

表5.31 ××年—××年水资源总量平衡多年趋势分析表 单位：m^3

年份	降水量	地表入境水量	地表出境水量	地下入境水量	地下出境水量	ET	蓄变量

5.7.9 取水许可管理

（1）功能描述。取水许可管理主要包括取水许可证基本信息、取水口基本信息及取水量信息的管理，以及取水许可证审批和年审情况统计及取水许可审批辅助管理等功能。

1）取水许可证基本信息管理。管理取水许可证基本信息，包括新增、删除、修改、查询等。

2）取水信息查询统计。根据取水许可证，管理取水口的基本信息和取水量等信息，并按取水单位统计取水许可证发放情况和取水量情况。

3）取水许可证审批情况统计。按行政分区统计某年内的新批取水许可证数量和许可水量等方面的信息。

4）取水许可证年审情况统计。分类统计某年内的年审取水许可证的数量、年审水量、取水许可证批准的水量、取水许可证吊销等方面的信息。

5）取水许可审批辅助管理。为取水许可审批提供辅助信息支持功能，针对工业、生活取水，提供相关单位的排污许可和排污量信息；针对农业取水，提供该地区（地级市、县）的ET信息。

（2）结果输出：

1）取水许可证基本信息管理。取水许可基本信息见表5.32。

2）取水信息查询统计（表5.33～表5.35）。

表5.32　　取水许可基本信息

取水许可证编号	
审批单位	
法人代表	
年取水量/万 m^3	
取水地点	
水源类型	
申请开始日期	
申请截止日期	
取水方式	

表5.33　　取水口基本信息

取水口编码	
取水口名称	
水源类型	
河名	
行政区划	
水资源三级区	
取水口位置	
经度	
纬度	
取水方式	
取水单位	
取水许可证编号	

表5.34　　××取水口月取水量统计

时间	取水量/万 m^3
1月	
……	
12月	
合计	

表5.35　　××取水口取水量年统计时间：××年××月至××年××月　　单位：万 m^3

时间	取水量/万 m^3
××年	
……	
合计	

5.7.10 用水户协会管理

对用水户协会的基本信息、机构建设指标、投资情况、灌溉系统情况、运行情况、社会统计、经济统计、培训情况和用水户经济统计信息的统计分析，实现对用水户协会的管理。

管理协会基本信息，包括机构建设指标、领导机构成员、用水户协会投资、灌溉系统、运行等情况，对协会和用水户经济、协会年度统计信息进行分析等。

5.7.11 水质评价

水质评价内容包括地表水水质评价和地下水水质评价两部分。

5.7.11.1 地表水水质评价

（1）功能描述。地表水水质评价的范围包括重点城市供水水源地、大型水库、干支流省界断面及其他重点河段、城市河湖和污染重点监测地区等。对地表水水质进行评价和统计分析。可评价单站水质、超标污染物等相关内容，也可计算检出率、超标率、最大超标倍数、污染河段长度及所占比例等，分析相关指标的变化趋势。

1）评价方法。地表水环境质量评价应根据应实现的水域功能类别，选取相应类别标准，进行单因子评价，评价结果应说明水质达标情况，超标的应说明超标项目和超标倍数。

对河流、水库和省界断面和污染重点监测地区的水质监测站点采集的水环境监测数据，依据《地表水环境质量标准》（GB 3838—2002）和环境保护规划、功能区的水质要求，利用采集的信息，采用单因子评价与历史数据对比的方法进行评价。

评价水质、超标污染物信息等相关内容，计算检出率、超标率、最大超标倍数、污染河段长度及所占比例等，分析相关指标的变化趋势，分析评价结果以图表形式显示。

以《湖泊水库富营养化调查规范》为标准，采用评价指标证分法对总磷、总氮、悬浮物、叶绿素 a、高锰酸盐指数进行水库富营养化评价。

2）水域功能分类。Ⅰ类主要适用于源头水、国家自然保护区；Ⅱ类主要适用于集中式生活饮用水地表水源地一级保护区、珍稀水生生物栖息地、鱼虾类产卵场、仔稚幼鱼的索饵汤等；Ⅲ类主要适用于集中式生活饮用水地表水源地二级保护区、鱼虾类越冬场、洄游通道、水产养殖区等渔业水域及游泳区；Ⅳ类主要适用于一般工业用水区及人体非直接接触的娱乐用水区；Ⅴ类主要适用于农业用水区及一般景观要求水域。

对应地表水上述 5 类水域功能，将地表水环境质量标准基本项目标准值分为 5 类，不同功能类别分为执行相应类别的标准值。水域功能类别高的标准值严于水域功能类别低的标准值。同一水域兼有多类使用功能的，执行最高功能类别对应的标准值。实现水域功能与达功能类别标准为同一含义。

环境质量标准是我国环境标准体系的重要组成部分，地表水环境质量标准是衡量地表水环境质量好坏的法定尺度，是我国不同地域水环境质量具有可比性的前提，是实施水环境管理的重要依据。

3）评价标准（表 5.36～表 5.38）。

表 5.36　地表水环境质量标准基本项目标准值（GB 3838—2002）　单位：mg/L

序号	项目（标准值/分类）		Ⅰ类	Ⅱ类	Ⅲ类	Ⅳ类	Ⅴ类
1	水温/℃		人为造成的环境水温变化应限制在： 周平均最大温升≤1 周平均最大温降≤2				
2	pH 值（无量纲）		6～9				
3	溶解氧	≥	饱和率 90%（或 7.5）	6	5	3	2
4	高锰酸盐指数	≤	2	4	6	10	15
5	化学需氧量（COD）	≤	15	15	20	30	40
6	五日生化需氧量（BOD_5）	≤	3	3	4	6	10
7	氨氮（NH_3-N）	≤	0.15	0.5	1.0	1.5	2.0
8	总磷（以 P 计）	≤	0.02（湖、库 0.01）	0.1（湖、库 0.025）	0.2（湖、库 0.05）	0.3（湖、库 0.1）	0.4（湖、库 0.2）
9	总氮（湖、库、以 N 计）	≤	0.2	0.5	1.0	1.5	2.0
10	铜	≤	0.01	1.0	1.0	1.0	1.0
11	锌	≤	0.05	1.0	1.0	2.0	2.0
12	氟化物（以 F^- 计）	≤	1.0	1.0	1.0	1.5	1.5
13	硒	≤	0.01	0.01	0.01	0.02	0.02
14	砷	≤	0.05	0.05	0.05	0.1	0.1
15	汞	≤	0.00005	0.00005	0.0001	0.001	0.001
16	镉	≤	0.001	0.005	0.005	0.005	0.01
17	铬（六价）	≤	0.01	0.05	0.05	0.05	0.1
18	铅	≤	0.01	0.01	0.05	0.05	0.1
19	氰化物	≤	0.005	0.05	0.2	0.2	0.2
20	挥发酚	≤	0.002	0.002	0.005	0.01	0.1
21	石油类	≤	0.05	0.05	0.05	0.5	1.0
22	阴离子表面活性剂	≤	0.2	0.2	0.2	0.3	0.3
23	硫化物	≤	0.05	0.1	0.05	0.5	1.0
24	粪大肠菌群/（个/L）	≤	200	2000	10000	20000	40000

表 5.37　集中式生活饮用水地表水源地补充项目标准限值（GB 3838—2002）　单位：mg/L

序号	项目	标准值
1	硫酸盐（以 SO_4^{2-} 计）	250
2	氯化物（以 Cl^- 计）	250
3	硝酸盐（以 N 计）	10
4	铁	0.3
5	锰	0.1

表 5.38　　集中式生活饮用水地表水源地特定项目标准限值（GB 3838—2002）　　单位：mg/L

序号	项　目	标准值	序号	项　目	标准值
1	三氯甲烷	0.06	41	丙烯酰胺	0.0005
2	四氯化碳	0.002	42	丙烯腈	0.1
3	三溴甲烷	0.1	43	邻苯二甲酸二丁酯	0.003
4	二氯甲烷	0.02	44	邻苯二甲酸二（2-乙基己基）酯	0.008
5	1，2-二氯乙烷	0.03	45	水合肼	0.01
6	环氧氯丙烷	0.02	46	四乙基铅	0.0001
7	氯乙烯	0.005	47	吡啶	0.2
8	1，1-二氯乙烯	0.03	48	松节油	0.2
9	1，2-二氯乙烯	0.05	49	苦味酸	0.5
10	三氯乙烯	0.07	50	丁基黄原酸	0.005
11	四氯乙烯	0.04	51	活性氯	0.01
12	氯丁二烯	0.002	52	滴滴涕	0.001
13	六氯丁二烯	0.0006	53	林丹	0.002
14	苯乙烯	0.02	54	环氧七氯	0.0002
15	甲醛	0.9	55	对流磷	0.003
16	乙醛	0.05	56	甲基对流磷	0.002
17	丙烯醛	0.1	57	马拉硫磷	0.05
18	三氯乙醛	0.01	58	乐果	0.08
19	苯	0.01	59	敌敌畏	0.05
20	甲苯	0.7	60	敌百虫	0.05
21	乙苯	0.3	61	内吸磷	0.03
22	二甲苯①	0.5	62	百菌清	0.01
23	异丙苯	0.25	63	甲萘威	0.05
24	氯苯	0.3	64	溴清菊酯	0.02
25	1，2-二氯苯	1.0	65	阿特拉津	0.003
26	1，4-二氯苯	0.3	66	苯并（a）芘	2.8×10^{-6}
27	三氯苯②	0.02	67	甲基汞	1.0×10^{-6}
28	四氯苯③	0.02	68	多氯联苯⑥	2.0×10^{-5}
29	六氯苯	0.05	69	微囊藻毒素-LR	0.001
30	硝基苯	0.017	70	黄磷	0.003
31	二硝基苯④	0.5	71	钼	0.07
32	2，4-二硝基甲苯	0.0003	72	钴	1.0
33	2，4，6-三硝基甲苯	0.5	73	铍	0.002
34	硝基氯苯⑤	0.05	74	硼	0.5
35	2，4-二硝基氯苯	0.5	75	锑	0.005
36	2，4-二氯苯酚	0.093	76	镍	0.02
37	2，4，6-三氯苯酚	0.2	77	钡	0.7
38	五氯酚	0.009	78	钒	0.05
39	苯胺	0.1	79	钛	0.1
40	联苯胺	0.0002	80	铊	0.0001

① 二甲苯：指对-二甲苯、间-二甲苯、邻-二甲苯。
② 三氯苯：指 1，2，3-三氯苯、1，2，4-三氯苯、1，3，5-三氯苯。
③ 四氯苯：指 1，2，3，4-四氯苯、1，2，3，5-四氯苯、1，2，4，5-四氯苯。
④ 二硝基苯：指对-二硝基苯、间-硝基氯苯、邻-硝基氯苯。
⑤ 硝基氯苯：指 2-硝基氯苯、3-硝基氯苯、4-硝基氯苯。
⑥ 多氯联苯：指 PCB-1016、PCB-1221、PCB-1232、PCB-1242、PCB-1248、PCB-1254、PCB-1260。

（2）结果输出。水质评价结果统计包括：超标率统计，统计全部评价断面符合各类别的数量，计算各类别断面占全部评价断面的比例；统计符合Ⅲ类标准的断面数量和所占比例；统计超Ⅲ类标准的断面数量和所占比例，将超标倍数按不同数量级进行统计。

可进行污染河长统计，即以水质监测断面符合的水质类别表征其所代表河流长度的水质状况，分别统计符合各类别的河流长度，计算各占总评价河长的比例。

水库富营养化评价统计分析包括：统计不同营养状况水库的数量，并计算不同营养程度水库在总评价水库数量中所占的比例；统计不同营养程度水库的蓄水量，并计算在总评价水库蓄水量中所占的比例等。

5.7.11.2 地下水水质评价

（1）功能描述。地下水水质评价是地下水资源评价的重要组成部分，只有水质符合要求的地下水才是可以利用的地下水资源。地下水水质评价的内容包括：①对单点或多点的地下水水质进行年、季、汛期、非汛期的水质评价；②计算检出率、超标率、最大超标倍数、平均值、水质类别等；③经对比分析，评价水质变化趋势。

1）评价方法。对地下水水质的评价按照不同的含水层进行，根据《地下水环境质量标准》（GB/T 14848—1993）对地下水水质项目进行单因子水质评价。对单点或多点的地下水水质进行年、季、汛期、非汛期的水质评价；计算检出率、超标率、最大超标倍数、平均值、水质类别等；经对比分析，评价水质变化趋势；掌握项目区地下水水质总体演变的状况。

2）分类标准。Ⅰ类主要反映地下水化学组分的天然低背景含量，适用于各种用途；Ⅱ类主要反映地下水化学组分的天然背景含量，适用于各种用途；Ⅲ类以人体健康基准值为依据，主要适用于集中式生活饮用水水源及工农业用水；Ⅳ类以工农业用水要求为依据，除适用于工农业用水外，适当处理后可作生活饮用水；Ⅴ类不宜饮用，其他用水可根据使用目的选用。

3）评价标准（表5.39）。

表5.39　　地下水水质评价标准（GB/T 14848—1993）

项目序号	项目 \ 标准值 \ 类别	Ⅰ类	Ⅱ类	Ⅲ类	Ⅳ类	Ⅴ类
1	色（度）	≤5	≤5	≤15	≤25	>25
2	嗅和味	无	无	无	无	有
3	浑浊度（度）	≤3	≤3	≤3	≤10	>10
4	肉眼可见物	无	无	无	无	有
5	pH值	6.5～8.5			5.5～6.5，8.5～9	<5.5，>9
6	总硬度（以$CaCO_3$，计）/（mg/L）	≤150	≤300	≤450	≤550	>550

续表

项目序号	类别 标准值 项目	Ⅰ类	Ⅱ类	Ⅲ类	Ⅳ类	Ⅴ类
7	溶解性总固体/(mg/L)	≤300	≤500	≤1000	≤2000	>2000
8	硫酸盐/(mg/L)	≤50	≤150	≤250	≤350	>350
9	氯化物/(mg/L)	≤50	≤150	≤250	≤350	>350
10	铁(Fe)/(mg/L)	≤0.1	≤0.2	≤0.3	≤1.5	>1.5
11	锰(Mn)/(mg/L)	≤0.05	≤0.05	≤0.1	≤1.0	>1.0
12	铜(Cu)/(mg/L)	≤0.01	≤0.05	≤1.0	≤1.5	>1.5
13	锌(Zn)/(mg/L)	≤0.05	≤0.5	≤1.0	≤5.0	>5.0
14	钼(Mo)/(mg/L)	≤0.001	≤0.01	≤0.1	≤0.5	>0.5
15	钴(Co)/(mg/L)	≤0.005	≤0.05	≤0.05	≤1.0	>1.0
16	挥发性酚类(以苯酚计)/(mg/L)	≤0.001	≤0.001	≤0.002	≤0.01	>0.01
17	阴离子合成洗涤剂/(mg/L)	不得检出	≤0.1	≤0.3	≤0.3	>0.3
18	高锰酸盐指数/(mg/L)	≤1.0	≤2.0	≤3.0	≤10	>10
19	硝酸盐(以N计)/(mg/L)	≤2.0	≤5.0	≤20	≤30	>30
20	亚硝酸盐(以N计)/(mg/L)	≤0.001	≤0.01	≤0.02	≤0.1	>0.1
21	氨氮(NH_4)/(mg/L)	≤0.02	≤0.02	≤0.2	≤0.5	>0.5
22	氟化物/(mg/L)	≤1.0	≤1.0	≤1.0	≤2.0	>2.0
23	碘化物/(mg/L)	≤0.1	≤0.1	≤0.2	≤1.0	>1.0
24	氰化物/(mg/L)	≤0.001	≤0.01	≤0.05	≤0.1	>0.1
25	汞(Hg)/(mg/L)	≤0.00005	≤0.0005	≤0.001	≤0.001	>0.001
26	砷(As)/(mg/L)	≤0.005	≤0.01	≤0.05	≤0.05	>0.05
27	硒(Se)/(mg/L)	≤0.01	≤0.01	≤0.01	≤0.1	>0.1
28	镉(Cd)/(mg/L)	≤0.0001	≤0.001	≤0.01	≤0.01	>0.01
29	铬(六价)(Cr^{6+})/(mg/L)	≤0.005	≤0.01	≤0.05	≤0.1	>0.1
30	铅(Pb)/(mg/L)	≤0.005	≤0.01	≤0.05	≤0.1	>0.1
31	铍(Be)/(mg/L)	≤0.00002	≤0.0001	≤0.0002	≤0.001	>0.001
32	钡(Ba)/(mg/L)	≤0.01	≤0.1	≤1.0	≤4.0	>4.0
33	镍(Ni)/(mg/L)	≤0.005	≤0.05	≤0.05	≤0.1	>0.1
34	滴滴滴/(μg/L)	不得检出	≤0.005	≤1.0	≤1.0	>1.0
35	六六六/(μg/L)	≤0.005	≤0.05	≤5.0	≤5.0	>5.0

续表

项目序号	类别 / 标准值 / 项目	Ⅰ类	Ⅱ类	Ⅲ类	Ⅳ类	Ⅴ类
36	总大肠菌群/(个/L)	≤3.0	≤3.0	≤3.0	≤100	>100
37	细菌总数/(个/L)	≤100	≤100	≤100	≤1000	>1000
38	总σ放射性/(Bq/L)	≤0.1	≤0.1	≤0.1	>0.1	>0.1
39	总β放射性/(Bq/L)	≤0.1	≤1.0	≤1.0	>1.0	>1.0

(2) 结果输出。分别统计不同类别水质的地下水监测井个数，分析不同类别的地下水水质监测井在总监测井所占的比例；统计超标的监测井个数和所占比例，超标倍数按不同数量级统计。

5.7.12 排污许可管理

(1) 功能描述。排污许可管理主要包括排污许可证基本信息、排污口基本信息及排污量信息的管理，排污许可证发放情况统计及排污许可审批辅助管理等功能。

1) 排污许可证基本信息管理。排污许可证基本信息的管理，包括新增、删除、修改、查询等。

2) 排污信息查询统计。排污许可证相关排污口、排污企业的基本信息和排污量等信息按时间段统计。

3) 排污许可证发放情况统计。按时间、排污类型、区域对排污许可证发放情况进行统计分析。

4) 排污许可审批辅助管理。根据排污口位置输出该河段水质状况、水环境容量及申请单位的取水许可信息，为排污许可审批提供辅助信息支持功能。

(2) 结果输出：

1) 排污许可证基本信息管理。排污许可证基本信息见表5.40。

表5.40　排污许可证基本信息

企业名称		
证书编号		
起止日期		
发证机关		
发证日期		
污染物名称	污水中污染物允许排放量/(t/a)	最高允许排放浓度/(mg/L)
COD		
SS		
pH值		

续表

污水允许排放量/（万 t/a）	
单位平面示意图	
生产工艺示意图	
主要污染治理工艺示意图	

2）排污信息查询统计。排污口基本信息见表 5.41。

表 5.41　　排污口基本信息

排污口编码	
排污口名称	
行政区划	
河系	
排入河流	
经度	
纬度	
测站地址	
排入水功能区（水环境功能区）	
岸别	
污水类型	
排放性质	
排放方式	
排污单位	

企业排污信息见表 5.42。

表 5.42　　企业排污信息

项目	监测值	项目	监测值
编号		氰化物	
单位		挥发酚	
监测日期		硝基苯	
采样点位		苯胺	
pH 值		色度/倍	
悬浮物		六价铬	
COD		铜	
BOD_5		汞	
氨氮		氟化物	

续表

项目	监测值	项目	监测值
硫化物		大肠菌群	
石油类		流量/（m^3/d）	

排污信息统计分析见表5.43。根据选定的年份和排污企业统计排污企业监测信息，按月、年统计选定排污企业排污信息，分析比较不同企业时段排污量比较，统计分析的内容包括排污企业的排污水质、排污水量等（图5.51、图5.52）。

表5.43　　排污企业排污信息统计

单位	监测日期	pH值	悬浮物	COD	BOD_5	氨氮

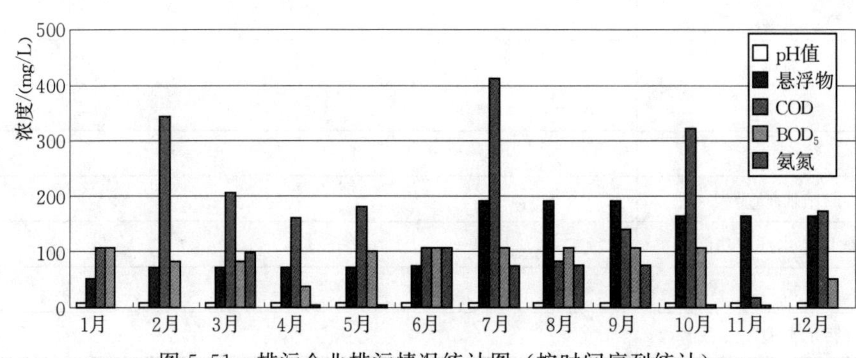

图5.51　排污企业排污情况统计图（按时间序列统计）

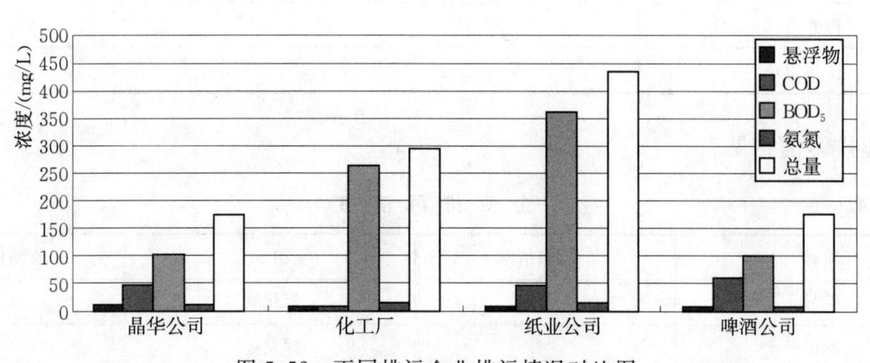

图5.52　不同排污企业排污情况对比图

3）排污许可证发放情况信息统计（表5.44）。

表5.44　　排污许可证发放情况信息统计

许可证编号	发放日期	单位名称	法定代表人	主要排污类型
总数				

5.7.13　污染物总量控制目标管理

依据漳卫南运河子流域治理污染的管理目标，对排入河道的废污水量和污染物总量进行管理。

（1）对污染物排放单位污染物排放量按时段进行统计分析，分析内容包括时间序列分析、趋势分析、历史对比分析，并以报表、图形方式输出统计结果。

（2）以行政区划为单元进行排污量统计、污染物浓度统计、排污总量统计，并与历史数据进行对比，分析其动态变化趋势。

1）对选定行政区划的某一时间序列的污染物排放量、污染物浓度进行统计分析，分析的内容包括时间序列分析、趋势分析、历史对比分析，并以报表、图形方式输出统计结果。

2）根据统计分析的结果，对于排污量接近或超过排污指标的行政区划或单位，在电子地图上分别以醒目的颜色显示位置和相应的警示信息。

（3）模型支持。

1）根据污染物总量控制模型计算成果，统计各水功能区的水环境容量计算结果（即COD和氨氮的年纳污能力）。以纳污能力为基准，根据各入河排污口现状排污量、水域水环境容量以及污染物现状排放量，统计分析各功能区污染物允许排放量和应削减量，并以报表、图形方式输出统计结果。

2）统计分析各水功能区不同规划水平年地表水污染物总量控制目标，与现状年污染物总量进行对比，分析其变化趋势，提出各功能区排污总量的技术、经济优化分配原则，并以报表、图形方式输出统计结果。

5.7.14　水质预警

水质预警包括水质实时监控和突发污染事故应急处理预案两部分功能，目的是对子流域的水质状况信息进行数字化采集与存储、动态监测与管理，同时，利用一维水质预警模型为漳卫南运河子流域的突发水污染事故处理提供信息支持。

5.7.14.1　水质实时监控

在地理信息系统平台上对各监测站点的实时水质进行可视化监控，并在监控画面及其他处理终端上提供报警功能。

（1）水质状况图形化展示。基于动态监测数据和图形开发技术，在地图上显示不同河段的水质状况，用不同的颜色表示水质的等级和污染的严重程度。

（2）报警功能。对照国家水质标准，预先设定一系列的阈值，及时地将实时数据反映到系统的操作界面上。如果实时数据超过阈值，利用图形和声音等方式进行报警。

（3）信息统计。根据实时监测数据，统计分析子流域内各监测断面的水质达标、超标断面及百分比、超标量等信息，利用图形和报表等形式展示。

5.7.14.2　污染事故应急分析

利用水质预警模型进行突发污染事故应急分析模拟，为突发污染事故应急处理提供辅助决策支持。

（1）功能描述。利用水质预警模型预测污染物到达下游水源地的时间、浓度以及污染危害和范围，根据预测结果提出预警信号，为决策者提供信息支持。

（2）方法。主要针对根据突发的重大水污染事件，在水质预警模拟平台上完成对污染物的定性测定，定量分析并对污染物的性质、危害程度进行评估，为污染物应急处置提供辅助决策支持；跟踪分析污染物分布及浓度变化过程，认定水情现状，预报水情发展及污染团位置。

模拟结果以表格、示意图、文本、过程线等形式输出。

5.8 辅助决策支持系统

利用漳卫南运河子流域SWAT模型和污染物总量控制模型的成果，进行水量水质联合管理，为污染控制和水资源管理和决策提供有效的分析和管理工具，辅助管理决策。本子系统主要有两方面的工作。

首先是对漳卫南运河子流域SWAT模型和污染物总量控制模型的整合，然后依据GEF项目对水权三要素的关注，进行水量水质联合管理。模型的整合主要包括数据交换、模型对本系统的支持以及统一操作界面三个方面。辅助决策支持子系统与KM其他部分的关系如图5.53所示。

5.8.1 SWAT模型

漳卫南运河流域SWAT模型以分布式SWAT模型为基础平台，综合运用遥感和地理信息系统技术模拟流域水量过程，并估算面污染量，为在流域进行水平衡分析和ET管理方面提供技术支持作用。

漳卫南运河子流域SWAT模型的主要功能包括水量过程模拟、水质模拟和情景模拟与分析等功能。其中，水质模拟功能包括主要断面污染负荷过程模拟和主要污染物浓度过程模拟，情景模拟与分析功能主要包括诸如流域降水量和蒸发量变化、南水北调东线工程实施并通水后、加强流域节水和采用农业管理措施、流域水量过程及面源污染变化情况以及污染物排放总量控制情景分析等。

漳卫南运河流域SWAT模型通过模拟水量过程，模拟流域中污染物输移过程，评价各种农业活动的污染影响，选择最佳农业生产方式，为实现漳卫南运河子流域水资源与水环境综合管理打下基础。

流域KM系统中的辅助决策支持子系统和子流域SWAT模型可进行数据交换，同时SWAT模型成果为KM系统提供数据支持功能并可在KM系统中进行成果展示。

5.8.1.1 S数据交换

数据交换的功能是提供数据共享和交换服务，存储构建漳卫南运河流域SWAT模型所需的基础数据和成果数据，并为SWAT模型的后续开发提供实时的监测数据。

流域SWAT模型与KM系统交换的数据主要包括基础数据和模型计算的成果数据。

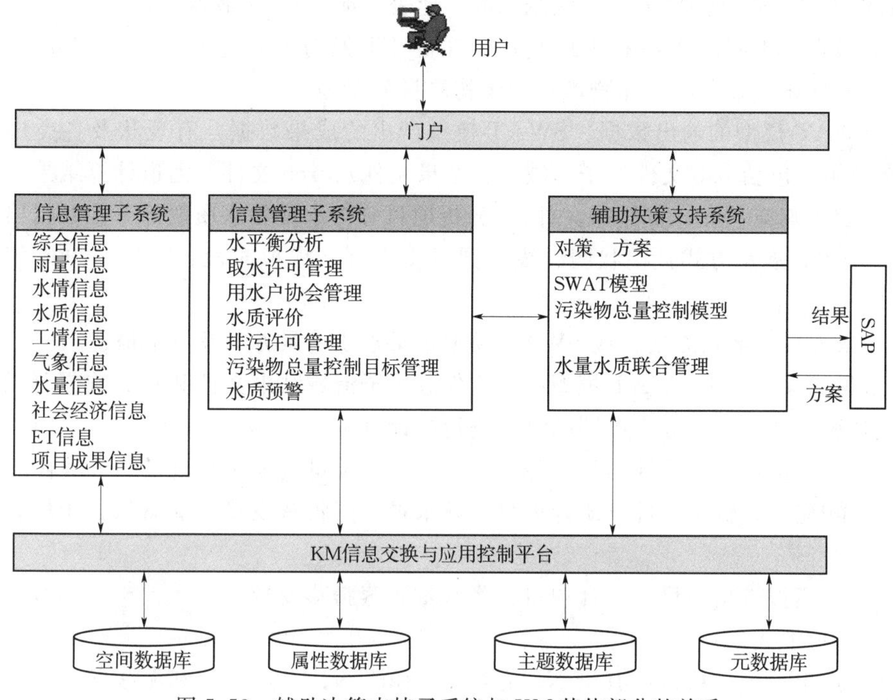

图 5.53　辅助决策支持子系统与 KM 其他部分的关系

基础数据包括构建模型所需的空间、属性数据，成果输出数据包括模型计算的水量、水质和情景分析结果。

流域 KM 系统应为 SWAT 模型持续使用提供基础数据支持，这些数据包括雨水情信息、工情信息、气象信息、水质信息、水量信息、社会经济信息等。

(1) SWAT 模型的输入数据。SWAT 模型的输入数据包括空间数据和属性数据。

1) 空间数据：

• 数字高程模型：子流域各点的数字高程信息 100m×100m，栅格图像。

• 数字河网：子流域主要河系分布图，1∶250000，shp 格式。

• 土地利用图及属性：包括土地利用类型；植被类型与状态，如生物量；作物、植被生长有关的部分参数等；1∶100000，shp 格式。

• 土壤图及土壤类型属性：包括表层土壤类型分布图，土壤干容重、导水率，给水度，土壤饱和含水量、田间持水量、凋萎点含水量等；1∶1000000，shp 格式。

• 监测站网：主要包括气象站、雨量站、水质监测站、水库和水文站的监测信息和分布。

2) 属性数据：

• 雨量资料：雨量站点时间连续的日降水量资料。

• 气象资料：包括气温、湿度、辐射、日照、风速等，各气象要素的日时间系列的监测数据。

• 点源/排污口数据：包括点源位置、排污口数据、污染物类型、负荷等。

• 管理措施：包括化肥、农药施用量及施用日期，典型耕作方式。

• 农业灌溉：包括灌区分布、灌溉水源（地表、地下）、灌溉水量。

• ET 数据：不同农作物和土地利用的实际 ET 及分布，包括 1km×1km 分辨率的 ET 分布、叶面积指数分布，作物产量和干物质量分布等。

（2）SWAT 模型的输出数据。SWAT 模型产出的成果数据，有现状及各类模拟情景下的方案结果，包括 bsb 文件（子流域计算结果文件）、rch 文件（河道计算结果文件）和 sbs 文件（水文响应单元计算结果文件），分析项目分为水量和水质两部分。数据格式：文本文件（.txt）；展示方式：柱状图、线性图或文本等；模拟时段：2000—2004 年；输出频率：日、月、年。

1）情景方案。情景方案存放 SWAT 模型水量水质情景方案及方案描述。

2）水量成果。由于 SWAT 模型结果文件分为子流域结果文件和水文响应单元结果文件，因此各种统计项目也分为不同的级别进行统计分析。

• 子流域输出项目。统计项目：降水量、蒸腾蒸发量、地表径流量和土壤含水量。

• 水文响应单元输出文件。统计项目：降水量、蒸腾蒸发量、灌溉量、土壤含水量以及作物产量。

• 行政区模拟输出项目。统计项目：降水量、蒸腾蒸发量。

3）水质模拟成果：

• 面源产出。统计项目：有机 N、有机 P、径流 N、可溶性 P 和泥沙 P。

• 河道水质产出。统计项目：硝酸盐、BOD、氨氮。

5.8.1.2 模型对系统的支持

在进行业务管理时，利用 SWAT 模型计算的不同农业管理措施情景下的模拟成果，进行水平衡状况分析。

统计分析模型计算的不同节水措施下（包括优化灌溉，如改变灌溉量及灌溉次数，调整农作物种植结构等措施）的漳卫南运河子流域三级分区及行政分区水平衡中各项水资源量，包括降水量、实际蒸腾蒸发量、地表水入流量和出流量、地下水入流量和出流量、土壤水储变量、地下水净使用量、水平衡分析结果等，提供给业务管理子系统进行水平衡分析。

成果展示模块主要是展示模型计算的水量、水质以及情景分析结果，以文字、图表等形式进行展示。

5.8.1.3 ET 校核

对 SWAT 模型计算的 ET 与遥感技术获得的 ET 进行校核，包括流域 ET 校核、三级分区 ET 校核、全流域 ET 校核和不同土地利用类型的 ET 校核。

（1）流域 ET 校核。对 SWAT 模型划分的 110 个子流域 2002—2004 年的 ET 进行校核分析，校核内容为 SWAT 计算的 ET（SWAT _ ET）和由遥感观测得到的 ET（SEBAL _ ET），并进行作图比较（图 5.54）。

（2）三级分区 ET 校核。对漳卫南运河子流域水资源三级分区 2002—2004 年的 ET 进行校核分析，校核内容为 SWAT 计算的 ET（SWAT _ ET）和由遥感观测得到的 ET

(SEBAL _ ET)，并进行作图比较（图 5.55)。

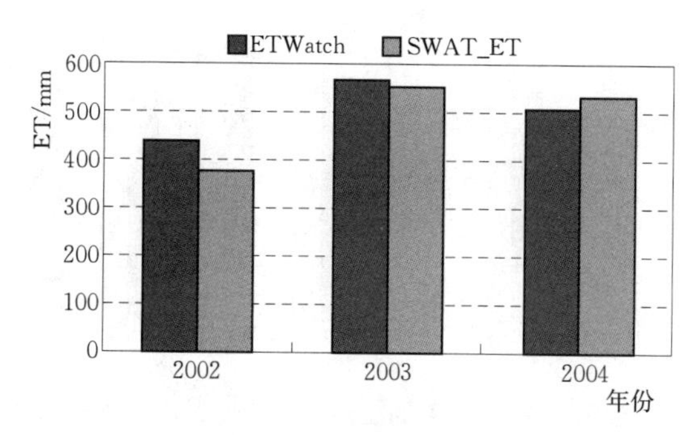

图 5.54　SWAT 模型子流域的 2002—2004 年 ET 校核图

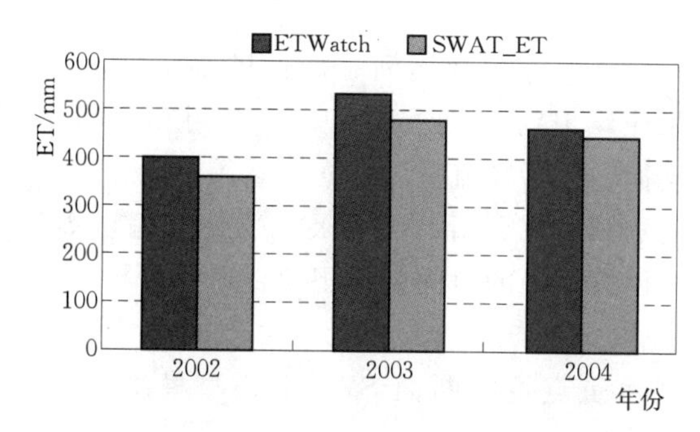

图 5.55　漳卫南山区 ET 校核图

(3) 漳卫南运河子流域 ET 校核。对漳卫南运河子流域 2002—2004 年的 ET 分别进行年校核和月校核分析，校核内容为 SWAT 计算的 ET（SWAT _ ET）和由遥感观测得到的 ET（SEBAL _ ET)，并进行作图比较（图 5.56)。

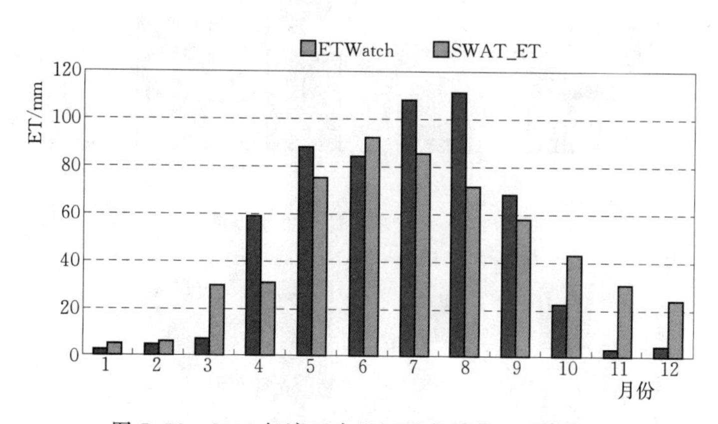

图 5.56　2003 年漳卫南运河子流域月 ET 校核图

(4) 不同土地利用类型的 ET 校核。对 2002—2004 年不同土地利用类型的 ET 分别进行校核分析，校核内容为 SWAT 计算的 ET（SWAT _ ET）和由遥感观测得到的 ET (SEBAL _ ET)，并进行作图比较（图 5.57)。

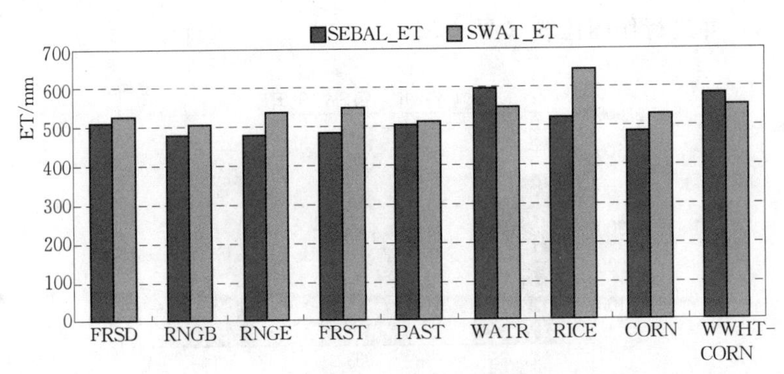

图 5.57　2003 年不同土地利用类型的 ET 校核图

5.8.1.4　水量模拟

统计分析重点控制断面（如漳卫南运河下游段的临清站，漳河支流上的观台、天桥断、石梁、匡门口、刘家庄，卫河支流上的元村、淇门和合河站、入海口）2000—2004 年短系列水量过程校核模拟，包括径流量、入海水量等。

分析方式包括图表展示和对比分析。图表展示主要是输出 SWAT 模型计算的重点控制断面的计算结果，分析计算结果的时间变化规律。对比分析是将模型计算结果与相应的实测过程进行对比。

(1) 年径流模拟。展示重点控制断面 SWAT 模型模拟的年径流量和实测值的对比（图 5.58 和图 5.59）。

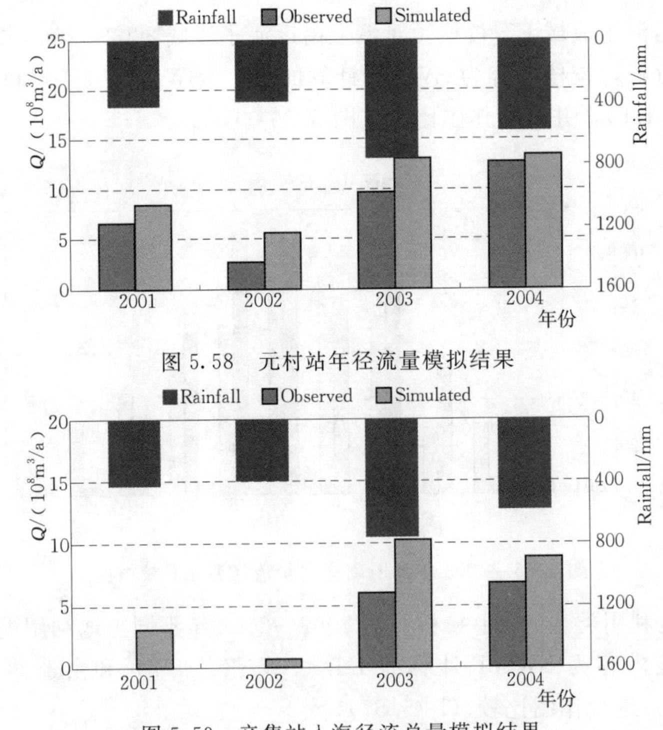

图 5.58　元村站年径流量模拟结果

图 5.59　辛集站入海径流总量模拟结果

（2）月径流模拟。展示重点控制断面月径流模拟值和实测值的对比（图5.60）。

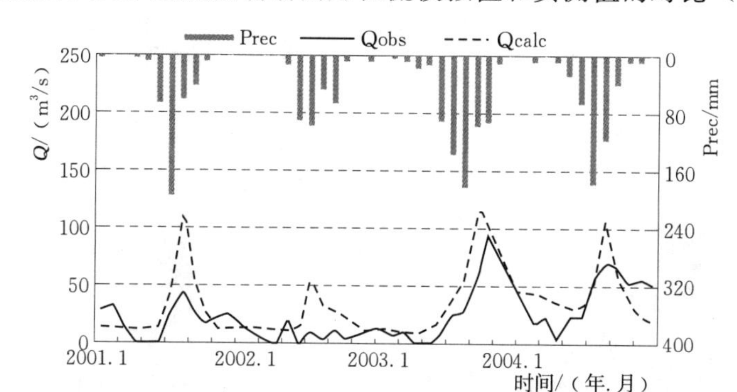

图5.60　元村站2000—2004年月径流量模拟结果

5.8.1.5　水质模拟

在考虑了流域内主要排污口排污负荷和化肥施用以后，对模型输出的2003—2005年主要水质监测断面及入海口的总氮、总磷、亚硝氮等污染物过程的统计分析和对比，并分析漳卫南运河流域的总氮、总磷及泥沙分布。分析方式包括绘图分析和对比分析。绘图分析是对SWAT模型计算的主要水质监测断面的计算结果以折线图、柱状图的形式表示，分析计算结果的时间变化规律。对比分析是将模型计算结果与相应的实测过程进行对比，按年进行统计分析。

（1）控制断面水质模拟。展示重要控制断面的水质模拟值与实测值的对比（图5.61）。

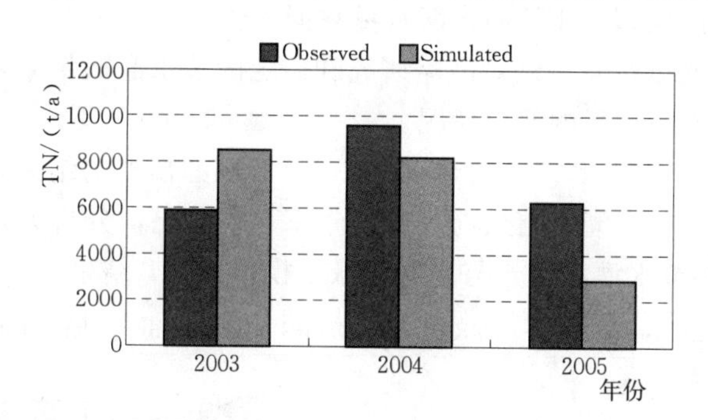

图5.61　入海总氮负荷模拟和实测对比分析

（2）流域水质及泥沙分布模拟。展示漳卫南运河流域2003—2005年的总氮、总磷及泥沙流失分布（图5.62）。

5.8.1.6　情景方案分析

（1）农业灌溉水量变化情景：

1）情景设置：

• 情景一：基础情景（现状灌溉情景）。展示现状灌溉条件，利用SWAT模型模拟该条件下子流域ET变化和分布情况。

• 情景二：优化灌溉情景（按理论需水量灌溉）。展示以CROPWAT计算出的作物理

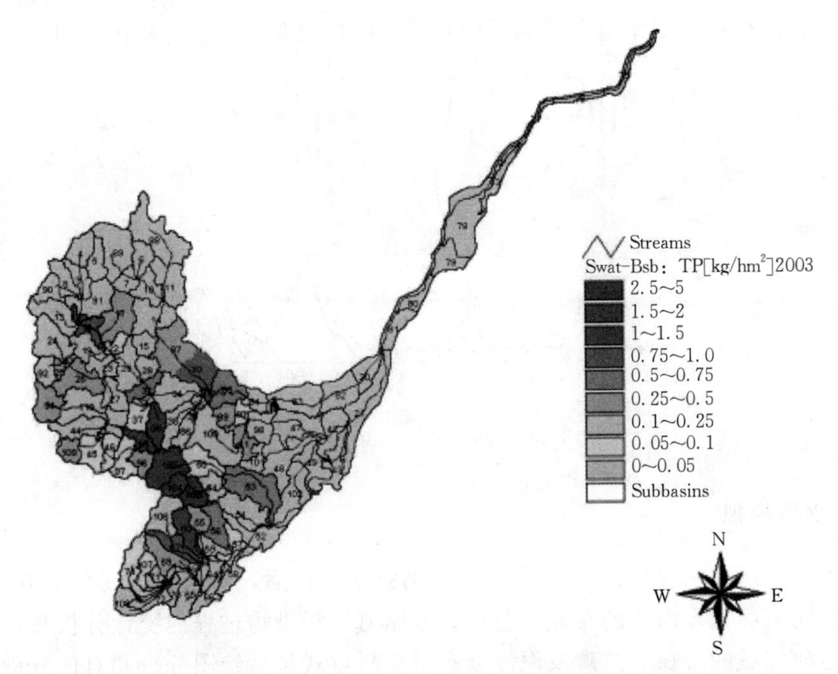

图 5.62　2003 年总磷流失分布示意图

论需水量按照周灌溉计划，并输入灌溉模型，分析在理论灌溉用水情景下的 ET 和入海水量变化。

• 情景三：自动灌溉情景。展示 SWAT 模型内置的自动灌溉功能设置的农业灌溉计划，并与其他灌溉方式模拟的 ET 和入海水量数据比较。

• 情景四：节水灌溉情景。展示战略研究和假定的节水灌溉情景，模拟在采取不同节水措施条件下 ET 和入海水量的变化情况。

2）模拟结果。统计分析以上 4 种情景下 SWAT 模型模拟的结果，并比较前三种灌溉情景下的 ET 变化以及节水灌溉情景与现状情景 ET 的变化，分析方式采用柱状图和表格形式。图 5.63 为不同节水灌溉情景与现状情景下模拟的 ET 结果。

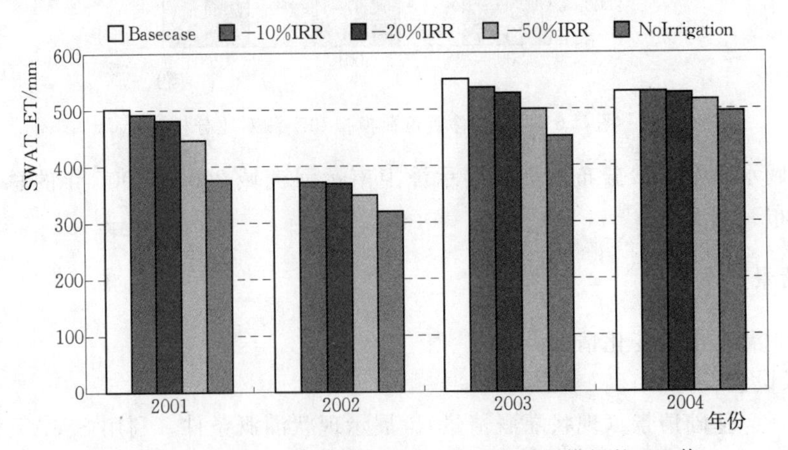

图 5.63　不同节水灌溉情景与现状灌溉情景下模拟的 ET 值

（2）污染物排放总量控制情景：

1）情景设置：

• 情景一：现状排污情景。统计现状排污口排污条件（排污口位置和排污总量），利用 SWAT 模拟入海污染物总量变化，并以此作为其他污染物总量控制情景比较的基础，分析各种总量控制措施对降低入海污染物总量的效果。

• 情景二：污染物总量削减情景。按照国家在“十一五”期间主要污染物总量 COD 和氨氮需要在 2005 年基础上削减 15%的要求，从总量上控制卫河和漳河流域主要排污口污染物排放总量（如按国家要求到“十一五”末期削减 15%），以此作为点源排污削减目标来考察对降低入海污染物总量的影响情况。

• 情景三：无点源排污情景。展示关闭所有排污口后总氮、总磷的模拟情况，以及点源污染物的贡献比例。

2）模拟结果。统计分析以上情景设置下 SWAT 模型模拟的结果，并与现状情景进行对比。分析方式包括绘图分析和对比分析。绘图分析是对 SWAT 模型计算的各种情景下的结果以折线图和表格方式表示。对比分析是将模型计算结果与相应的实测过程进行对比（图 6.64）。

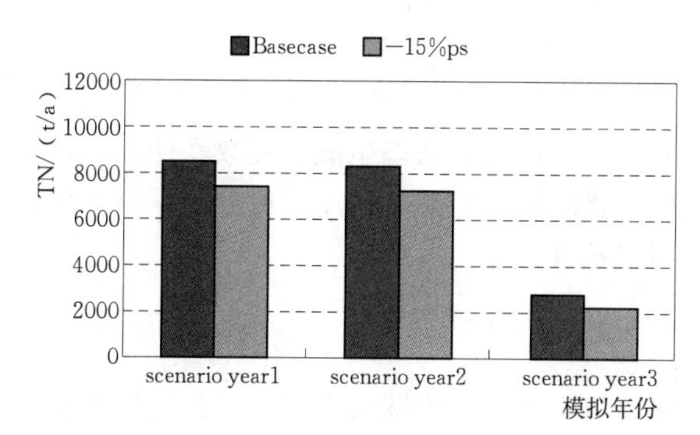

图 5.64　污染物削减 15%后 2003—2005 年总氮模拟值

5.8.2　污染物总量控制模型

污染物总量控制是根据水体使用功能要求及自净能力，对污染源排放的污染物总量实行控制的管理方法，基本出发点是保证水体使用功能的水质限制要求。污染物总量控制可使水环境质量目标转变为流失总量控制指标，落实到企业的各项管理之中，它是环保监督部门发放排放许可证的根据，也是企业经营管理的基本依据之一。

漳卫南运河流域污染物总量控制模型是在充分利用海河项目中有关蒸腾蒸发量（ET）、地表水可利用量、地下水可开采量以及入渤海及出境水质、水量的研究成果的基础上建立起来的子流域污染物总量控制模型。

流域 KM 系统中的辅助决策支持子系统和污染物总量控制模型进行全面整合，整合后的污染物总量控制模型采用 B/S 结构，集成在辅助决策支持系统中，可直接进行数据的计算和成果展示。执行流程如图 5.65 所示。

图 5.65 中，序号表示处理步骤，1～8 为一次计算请求处理的完整流程。模型计算程序主要包括 3 个部分：前处理模块、后处理模块和污染物总量控制模型。前处理模块的功

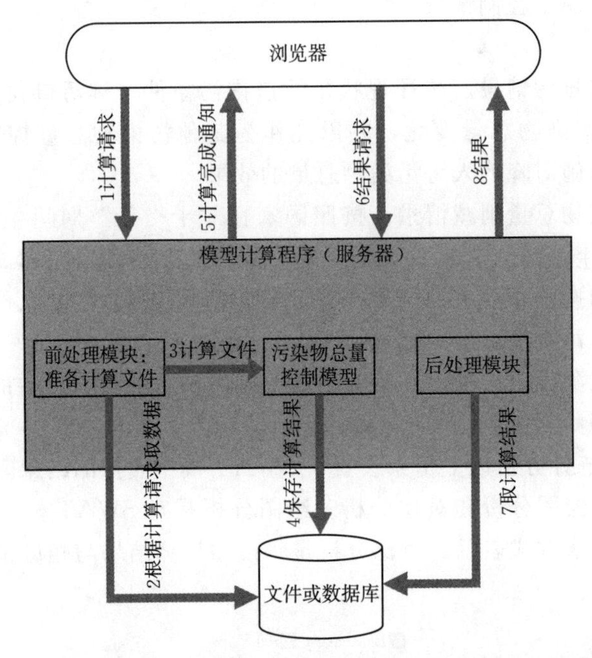

图 5.65　污染物总量控制模型执行流程

能是：根据计算请求，判断并生成需要动态生成的参数文件，由污染物总量控制模型进行计算，生成计算结果文件并将结果保存到数据库。后处理模块根据计算请求，读取计算结果文件，并按所需格式返回给客户端。

5.8.2.1　数据交换

KM 系统数据库存储漳卫南运河子流域污染物总量控制模型所需的基础数据及产出的成果数据。

基础数据包括构建模型所需的空间、属性数据；成果数据包括模型计算的各功能区水环境容量、允许排放量和削减量。

为了保证模型的持续使用，子流域 KM 系统应为污染物总量控制模型提供基础数据支持。

（1）模型输入：

1）起始断面的污染物浓度。

2）控制断面的污染物浓度。

3）河段设计流量。

4）COD 以及氨氮降解系数。

5）河段长度。

6）河段设计流速。

7）规划水质类别与上段功能区水质类别。

（2）模型输出。对应水质类别下的功能区纳污能力，即 COD 与氨氮容量。

5.8.2.2　模型对系统的支持

通过污染物总量控制模型的计算和情景模拟，通过水环境容量计算，根据各入河排污口现状排污量、水域水环境容量以及污染物现状排放量，确定各控制单元、子控制单元污染物允许排放量和应削减量。在子流域环境容量资源优化分配至各区域的基础上，在各区域内进行排污总量的技术、经济优化分配，进而提出不同规划年地表水污染物总量控制目标，可为业务管理系统中的污染物总量控制管理提供数据支持，实现污染物排放单位污染物排放量的快速统计和分析比较，根据统计分析的结果，对于排污量接近或超过排污指标的行政区划或单位提出相应的警示信息。

5.8.2.3　模型原理

污染物总量控制是根据水体使用功能要求及自净能力，对污染源排放的污染物总量实行控制的管理方法，基本出发点是保证水体使用功能的水质限制要求。污染物总量控制可使水环境质量目标转变为流失总量控制指标，落实到企业的各项管理之中，它是环保监督部门发放排放许可证的根据，也是企业经营管理的基本依据之一。

（1）模型原理。水环境容量是指一定水体在规定环境目标下所能容纳污染物的量。容量大小与水体特征、水质目标及污染物特性有关，同时水环境容量还与污染物的排放方式及排放的时空分布有密切的关系。

基于水环境容量的定义，作如下假设：首先，研究河流的混合输移过程通常只关心污染物浓度的沿程变化，而不关心其在断面上的变化，这时可采用一维水质模型进行描述，考虑到国内的具体治理能力及有关水环境保护要求，同时考虑到稳态模型发展较成熟，采用零维和一维稳态模型进行容量计算；其次，当前国内河流的污染都以有机物污染为主，有机物污染相当严重，所以以COD和氨氮为代表对有机物的环境容量计算方法进行研究（下文叙述中以COD为代表）；第三，为了简化计算，只对点源污染（即排污口）进行计算，同时假定各排污口连续、均匀排污，对于支流，可将它们视作干流的一个污染源；第四，考虑河段取水口取水量的影响时，从各小段流量中减去即可。

一维稳态情况下有机物的降解过程可用托马斯（Thomas）模型表述（忽略弥散）：

$$U\frac{\partial C}{\partial x}=-(k_1+k_3)C$$

在 $C(0)=C_0$ 的初值条件下得到托马斯模型的积分：

$$C(x)=C_0\exp\left(-\frac{k_1+k_3}{u}x\right)$$

式中：$C(x)$、C_0 为 $x=x$ 和 $x=0$ 处河水COD浓度，m/L；x 为到排污口($x=0$)的河水流动距离，m；u 为河水平均流速，m/s；k_1、k_3 分别为COD或氨氮的衰减系数和COD沉浮系数($d-1$)。

（2）水功能区段末控制法。水功能区段末控制就是在水功能区的最末断面控制水质。方法的实质是控制功能区最终断面，而不考虑段内水质变化是否超标。类似于分段段首控制，水功能区段首的稀释容量为

$$E_0 = Q_0(C_s - C_0)$$

按排污口（及支流入汇）对水功能区分段后，各排污口下游的浓度变化为

$$C_i(x) = \frac{Q_iC_i + q_iC_i}{Q_i + q_i} f(x_{i+1} - x_i) \quad (i = 1, n)$$

各排污口断面的流量按下式计算：

$$Q_1 = Q_0$$

$$Q_i = Q_{i-1} + q_{i-1} \quad (i = 2, n)$$

设最下游排污口（n）到水功能区段末的距离为 d，则水功能区段末的浓度为

$$C(\text{段末}) = \frac{Q_nC_n + q_nC_n}{Q_n + q_n} f(d)$$

计算时，首先统计各排污口的现状排污量，并按此计算各排污口的排污量比例。然后按此排放条件逐段计算至水功能区段末，如果最终断面水质低于控制标准[C(段末)$>C_s$]，则削减各排污口的排污总量（乘以小于 1 的系数）；反之，则增加各排污口排放量（乘以大于 1 的系数），以计算环境容量。若 $C_s = C$（段末），则各排污口排放总量即为该段在现行情况下的环境容量。

（3）模型参数的确定：

1）水质目标 C_s 的确定。水质目标确定原则一般是对于一条河流，从上游到下游，逐段给出对应的水质目标和水质现状，主要考虑因素为：水质目标的确定是否符合功能区划和有关规划要求；上、下游水质目标是否能够实现顺畅衔接；上游来水水质是否过高，造成上游省份的水环境容量得不到充分合理的利用，或者上游来水水质要求是否太低，以侵占了下游省份的环境容量。

2）河流间距 x 的确定。河流间距的确定要根据河流的流速以及河道的用途等特性来确定合理的间距，但实际上，由于各种污染参数的确定主要是根据已有的监测数据确定，所以河流的间距也是根据以往监测时划分的河段来确定。

3）起始断面污染物浓度 C_0 的确定。主要根据上一水功能区的水质目标值确定 C_0，即上一个水功能区的水质目标值就是下一功能区的初始浓度值 C_0。

4）设计流量 Q_r 的确定。设计流量 Q_r 的几种确定方法和原则为：水文保证率为 90%作为设计流量；10 年最枯月平均流量；于 10 年最枯月或 90%保证率下设计流量为 0，则该单元水环境容量为 0，此时，各地仍然可以选择适宜的保证率进行设计流量的选择和参考容量的计算，或者按照区域社会经济发展需求反算最低保证流量（生态流量）的需求。

在无资料地区，当设计断面上、下游有水文站时，可用上、下游两站的观测资料，经频率计算确定设计保证率的月平均最枯流量，用内插法求取缺乏资料站的设计流量。对于无资料地区，也可以采用水文比拟（类比）法。首先找出一个与缺乏资料流域的气候与自然地理条件相似、流域面积相差不大且有较长期实测资料的流域作为参证（类比）流域，将参证流域时段径流量的统计参数或径流过程修正后移用至缺乏资料流域。

位面积上、单位降水强度产生的地表径流量称为径流系数。流域面积（A）、降水强度（I）可比较方便地从有关流域图集及气象资料中获得。

在影响剧烈区，必须根据闸坝的调度资料进行分析。

在本系统中设计流量 Q_r 来自 GEF 海河项目基线调查报告的研究数据中。其他水文保证率下的流量根据《漳卫南运河环境流量研究》研究数据。

在系统具体计算中，对于有水文系列长资料时，采用水文保证率为 90%作为设计流量；如果此设计流量为 0，采用近 10 年最枯月平均流量。

无水文资料时，若上下游有资料，采用内插法；若无上下游资料，流量较小的卫河，对于不小支流，都取 0.1m³/s，流量较大的漳河，对于不小支流，根据干流情况取 0.25～0.5 倍干流流量。

5）流速 u 的确定。在实测资料比较丰富的地区，能绘制出水位-流量、水位-面积关系曲线，在已知设计流量情况下，即可以推求断面设计水位和相应面积；无资料时，可采用经验公式计算断面流速，也可通过实测确定。对实测流速要注意转换为设计条件下的流速。本系统采用方法为杨百成提供的经验公式：

$$u=0.15Q_r^{0.36}\ （临清）$$

$$u=0.29Q_r^{0.33}\ ［漳河（岳城水库下）］$$

$$u=0.18Q_r^{0.29}\ （元村）$$

6）综合自净系数 k 的确定。综合自净系数确定的常用方法有：

• 分析借用：对于以前在环评、环保规划和科研工作中开展过类似工作，有资料可供利用的，有关资料经过分析检验后可采用。无资料时，可借用水力特性、污染状况及地理、气象条件相似的邻近河流的资料。

• 实测法：选取一个河道顺直、水流稳定、中间无支流汇入、无排污口的河段，分别在河段上游和下游布设采样点，监测污染物浓度值，并同时测验水文参数以确定断面平均流速，进一步确定衰减系数。

• 经验公式法：可以根据各种经验公式推求综合衰减系数。

7）水质标准 C_s 的确定。根据相关的水质标准作为 C_s 确定的依据，《地表水环境质量标准》（GB 3838—2002）见表 5.45。

表 5.45　《地表水环境质量标准》中漳卫南 COD 和氨氮水质标准的确定

分类		Ⅰ类	Ⅱ类	Ⅲ类	Ⅳ类	Ⅴ类
CODC$_s$/（mg/L）	≤	15	15	20	30	40
氨氮 C_s/（mg/L）	≤	0.15	0.5	1.0	1.5	2.0

相关的参考标准还有：

《农田灌溉水质标准》（GB 5084—2005）；

《景观娱乐用水水质标准》（GB 12941—1991）；

《渔业水质标准》（GB 11607—1989）。

（4）限制排放量确定原则。海河流域限制排污总量的确定原则是改善保护区、保留区和饮用水源区水质，充分利用水体纳污能力确定其他类型功能区的限制排污总量；各类功能区限制排污总量具体确定原则如下：

1）本着维持并逐步改善保护区、保留区水质的原则，限制排污总量取纳污能力与现状污染物入河量中的较小者。

2）缓冲区是指为协调省际间用水关系而划定的特殊水域。缓冲区的水质不得有恶化现象，考虑到海河流域的实际情况，缓冲区一般都在河流中下游，污染比较严重，限制排污总量取纳污能力值。

3）开发利用区是指具有满足工农业生产、城镇生活、渔业和娱乐等多种需水要求的水域。该区内的开发利用活动必须服从二级功能区划的分区要求，限制排污总量确定原则为：①饮用水源区指满足县及县以上城镇、重要乡镇生活用水需要的水域，该水域内包括现有或规划中已确定设立的城市生活用水集中取水口，为保障城乡居民生活用水安全，应维持或逐步改善这类功能区的水质，限制排污总量取纳污能力与现状污染物入河量中的较小者；②其他二级功能区指满足工业或农业等生产用水需要而划定的水域。该水域的水质以能满足生产用水需要为原则，限制排污总量取纳污能力值。

本系统中所用的水功能区限制排污总量及其他指标值，均依据GEF海河项目基线调查报告的研究成果而来。表5.46为基线调查报告中漳卫南子流域水功能区的设计纳污能力与限制排放量指标值。

表5.46　　一级水功能区设计纳污能力与限制排放量（2004年）

水功能区名称	起始断面	终止断面	COD/（万t/a）		氨氮/（万t/a）	
			纳污能力	限排量	纳污能力	限排量
岳城水库水源地保护区	库区	库区	325.894	325.894	7.565	7.565
清漳河山西左权开发利用区	口则	下交漳	10.428	10.428	0.312	0.312
清漳河晋冀缓冲区	下交漳	刘家庄	222.069	222.069	6.603	6.603
清漳河河北邯郸开发利用区	刘家庄	匡门口	188.88	188.88	3.753	3.753
清漳河岳城水库豫冀缓冲区	匡门口	合漳	55.451	55.451	1.662	1.662
清漳东源山西和顺源头水保护区	河源	口则	167.567	167.567	5.16	5.16
清漳西源山西左权源头保护区	河源	石匣水库	43.437	43.437	0.851	0.851
清漳西源山西左权开发利用区	石匣水库	口则	247.938	247.938	11.034	11.034
漳河岳城水库上游缓冲区	合漳	岳城水库	722.9	722.9	21.578	21.578
浊漳河晋冀豫缓冲区	实会	天桥断	654.445	654.445	37.928	37.928
浊漳河岳城水库上游豫冀缓冲区	天桥断	合漳	106.054	106.054	3.18	3.18
浊漳北源山西榆社源头水保护区	河源	石栈道	120.281	120.281	2.388	2.388
浊漳北源山西武乡开发利用区	石栈道	合河口	880.309	880.309	37.721	37.721
浊漳南源山西长治市潞城开发利用区	河源	合河口	309.13	309.13	7.736	7.736
浊漳西源山西长治市开发利用区	河源	甘村	228.983	228.983	7.528	7.528
清漳东源山西和顺开发利用区	恋思水库	口则	1000	1000	100	100
绛河山西屯留开发利用区	河源	东司徒	86.768	86.768	1.618	1.618
峪河河南辉县市开发利用区	河源	入大沙河口	131.582	131.582	6.138	6.138

续表

水功能区名称	起始断面	终止断面	COD/（万 t/a）		氨氮/（万 t/a）	
			纳污能力	限排量	纳污能力	限排量
石门河河南辉县市开发利用区	河源	石门水库大坝	13.734	13.734	1.286	1.286
浊漳河山西黎城开发利用区	合河口	实会	424.733	424.733	8.461	8.461
沧河河南卫辉市开发利用区	河源	新庄村	278.848	278.848	11.024	11.024
淇河河南源头水保护区	河源	林州市河头公路桥	2719.677	2719.677	61.063	61.063
汤河河南鹤壁市安阳市开发利用区	河源	汤河水库大坝	296.329	296.329	13.133	13.133
羑河河南鹤壁市安阳市开发利用区	河源	鹤壁、安阳界	248.654	248.654	11.899	11.899
大屯水库山东调水水源保护区	库区	库区	10000	10000	100	100
六五河山东调水水源保护区	夏津	大屯水库	1000	1000	100	100
马厂减河天津开发利用区	九宣闸	南台尾闸	1000	1000	100	100
卫运河冀鲁缓冲区	徐万仓	四女寺	38558.738	38558.738	653.283	653.283
南运河天津开发利用区（一）	九宣闸	十一堡	3025.083	3025.083	73.615	73.615
七一河山东调水水源保护区	邱屯闸	夏津	1000	1000	100	100
漳卫新河鲁冀缓冲区	四女寺	辛集	67460.023	67460.023	939.809	939.809
漳河河北邯郸开发利用区	岳城水库	徐万仓	835.414	835.414	7.856	7.856
卫河河南开发利用区	合河	元村水文站	106315.703	106315.703	1781.677	1781.677
卫河豫冀缓冲区	元村	龙王庙	5509.018	5509.018	137.087	137.087
卫河河北邯郸开发利用区	龙王庙	徐万仓	11814.549	11814.549	289.407	289.407
大沙河河南焦作市开发利用区	八疙节	合河	467.174	467.174	12.868	12.868
新河河南焦作市开发利用区	河源	入大沙河口	1000	1000	100	100
大狮捞河河南焦作市开发利用区	河源	入大沙河口	195.227	195.227	7.732	7.732
西孟姜女河河南新乡市开发利用区	河源	入卫河口	128.468	128.468	5.245	5.245
东孟姜女河河南新乡市开发利用区	河源	入卫河口	165.839	165.839	6.136	6.136
人民胜利渠河南新乡市开发利用区	秦厂渠首闸	入卫河口	3333.158	3333.158	129.763	129.763
百泉河河南辉县市开发利用区	河源	入卫河口	42.819	42.819	2.273	2.273
共渠河南新乡市鹤壁市开发利用区	合河水文站	入卫河口（五陵）	5488.946	5488.946	186.248	186.248
思德河河南淇县开发利用区	河源	入共渠口	146.505	146.505	5.682	5.682
淇河河南鹤壁开发利用区	林州市河头公路桥	入共渠口	1954.912	1954.912	37.612	37.612
洪水河河南安阳市开发利用区	河源	入羑河口	341.281	341.281	14.265	14.265
茶店坡沟河南安阳市开发利用区	河源	入羑河口	272.631	272.631	12.524	12.524

续表

水功能区名称	起始断面	终止断面	COD/（万 t/a）		氨氮/（万 t/a）	
			纳污能力	限排量	纳污能力	限排量
安阳河河南林州市开发利用区	河源	横水水文站	3826.227	3826.227	176.925	176.925
安阳河河南林州市安阳市缓冲区	横水水文站	小南海水库入口	1282.618	1282.618	25.353	25.353
安阳河河南小南海自然保护区	小南海水库入口	彰武水库入口	827.71	827.71	16.471	16.471
红旗渠林州市开发利用区	渠首	分水闸	1000	1000	100	100
安阳河河南安阳市开发利用区	彰武水库入口	入卫河口	13400.15	13400.15	384.408	384.408
硝河河南内黄县开发利用区	河源	入卫河口	217.216	217.216	8.255	8.255
南水北调东线河北输水保护区	四女寺	九宣闸	14249.28	14249.28	1041.093	1041.093

（5）模拟运算流程。对于每个水功能区，输入上游断面设计流量和设计浓度、水质目标（浓度），根据河网概化的结果和水功能分区，从数据库检索每个水功能区的排污口和支流、取水口，并从数据库统计各排污口的排污流量和各取水口的取水流量，即可进行水功能区的纳污能力计算。

采用一维模型水功能区段段末控制法计算一个水功能区纳污能力的程序流程如图 5.66 所示。

5.8.2.4 模型界面

纳污能力计算界面设计主要包括：通过空间关系选取功能区、通过属性信息选取功能区、功能区纳污能力实时计算结果展示、功能区计算结果修改与计算结果展示几部分（图 5.67～图 5.70）。

5.8.3 水量水质联合管理

根据 GEF 项目对水权三要素（取水量、耗水量、排水量）的关注，同时考虑到与排放总量、水质和污染物负荷量的融合，以实现对子流域水量水质真实有效的管理，结合基线调查数据、SWAT 和污染物总量控制模型模拟成果，对漳卫南水量水质状况实行综合分析。

5.8.4 水权管理

取水量指以地级行政分区为单元，对取水量进行统计分析，包括工业、城镇生活和农业取水情况。

耗水量指借助于遥感监测 ET 数据和 SWAT 模型 ET 计算成果，统计分析各地级行政分区的 ET 值。

排水量即流出城市的水量，利用 SWAT 模型计算成果进行统计分析。

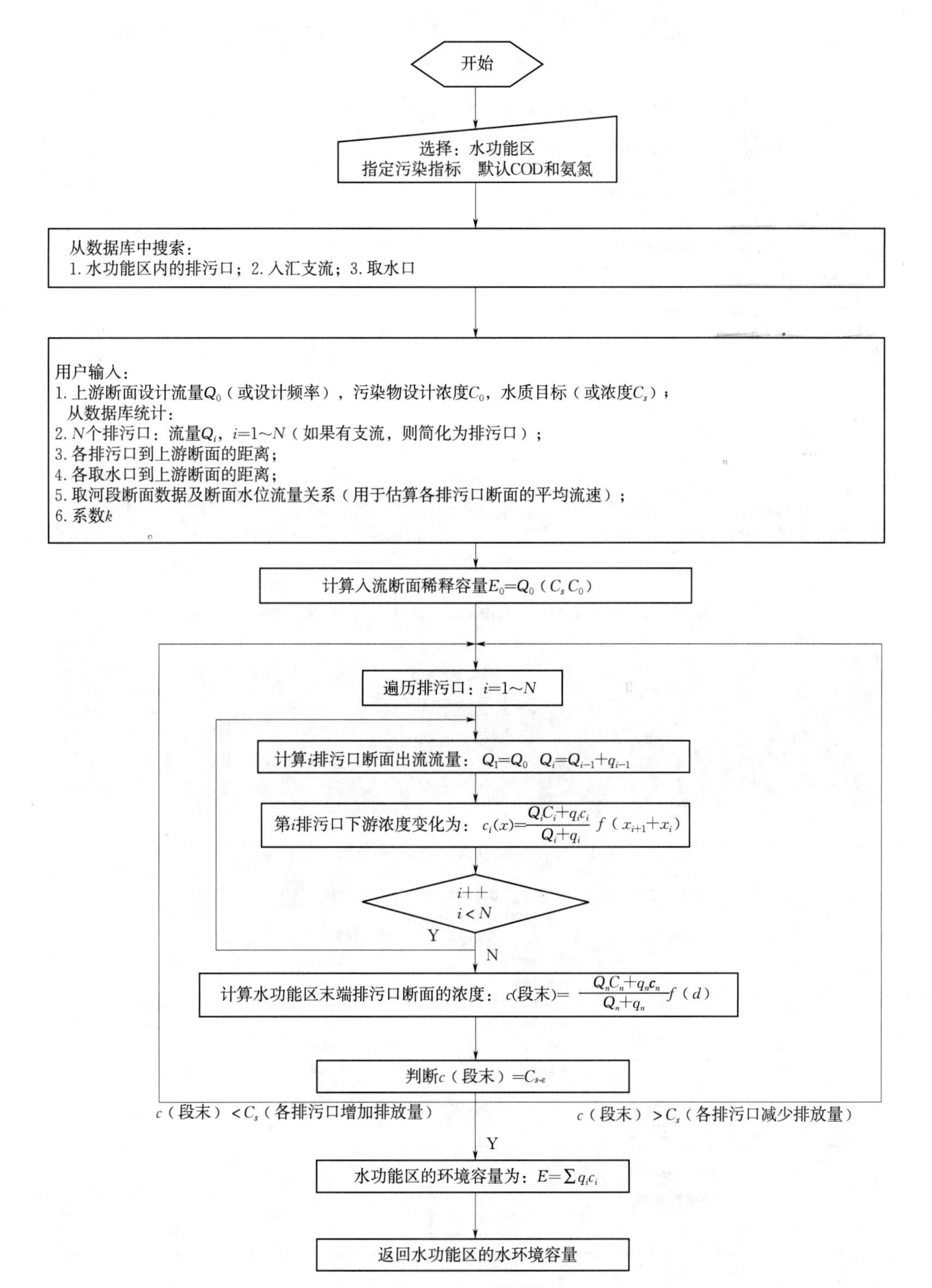

图 5.66　段末控制法程序流程

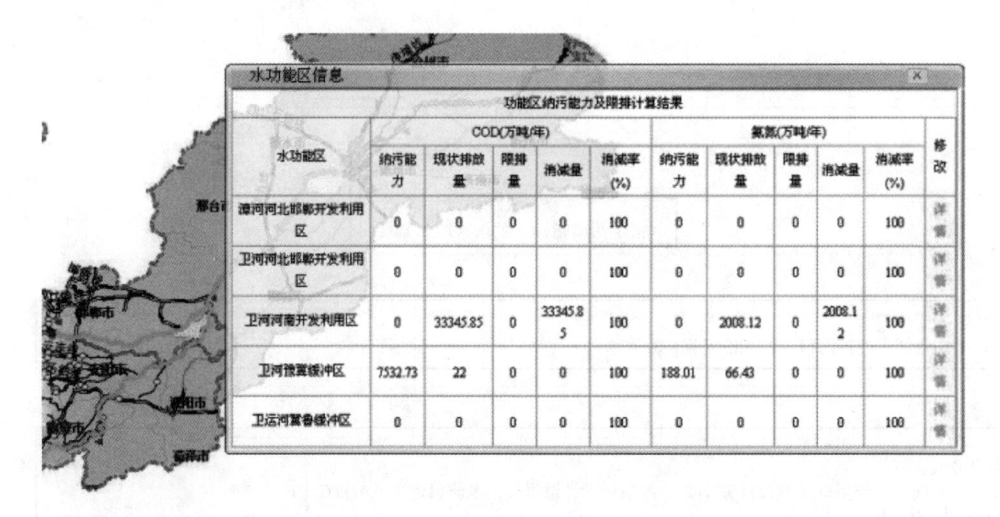

水功能区信息

水功能区	COD(万吨/年) 纳污能力	现状排放量	限排量	消减量	消减率(%)	氨氮(万吨/年) 纳污能力	现状排放量	限排量	消减量	消减率(%)	修改
漳河河北邯郸开发利用区	0	0	0	0	100	0	0	0	0	100	详情
卫河河北邯郸开发利用区	0	0	0	0	100	0	0	0	0	100	详情
卫河河南开发利用区	0	33345.85	0	33345.85	100	0	2008.12	0	2008.12	100	详情
卫河豫冀缓冲区	7532.73	22	0	0	100	188.01	66.43	0	0	100	详情
卫运河冀鲁缓冲区	0	0	0	0	100	0	0	0	0	100	详情

图 5.67　通过空间关系在地图上选取功能区并实时计算其环境容量

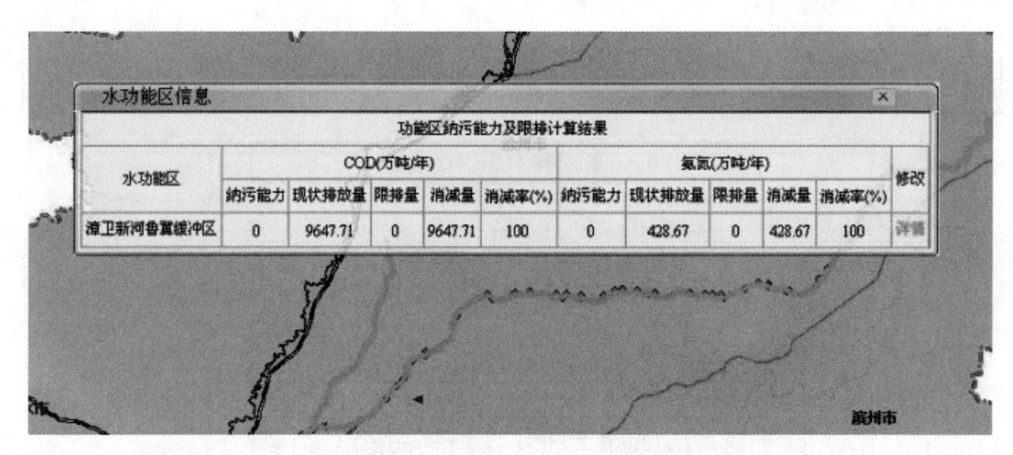

水功能区信息

水功能区	COD(万吨/年) 纳污能力	现状排放量	限排量	消减量	消减率(%)	氨氮(万吨/年) 纳污能力	现状排放量	限排量	消减量	消减率(%)	修改
漳卫新河鲁冀缓冲区	0	9647.71	0	9647.71	100	0	428.67	0	428.67	100	详情

图 5.68　功能区纳污能力实时计算结果展示界面设计

※ 水功能区纳污能力计算结果修改 ※

河段属性			
功能区名称	漳卫新河鲁冀缓冲区	起始断面	四女寺
所在省市	河北省/山东省	终止断面	辛集
所属流域	海河流域	长度	165.0 km
所在河系	漳卫南运河	面积	0.0 km^2
所在河流	漳卫新河	水质目标	III 类
代表测站	庆云闸(上)	设计流量	10.0 m^3/s

模型参数

模型系数设定 | 流量和浓度条件 | 排污口排放流量 | 取水流量 | 支流

COD降解系数(1/日)：	0.5
氨氮降解系数(1/日)：	0.25

计 算　取 消

图 5.69　功能区环境容量计算条件查询与修改

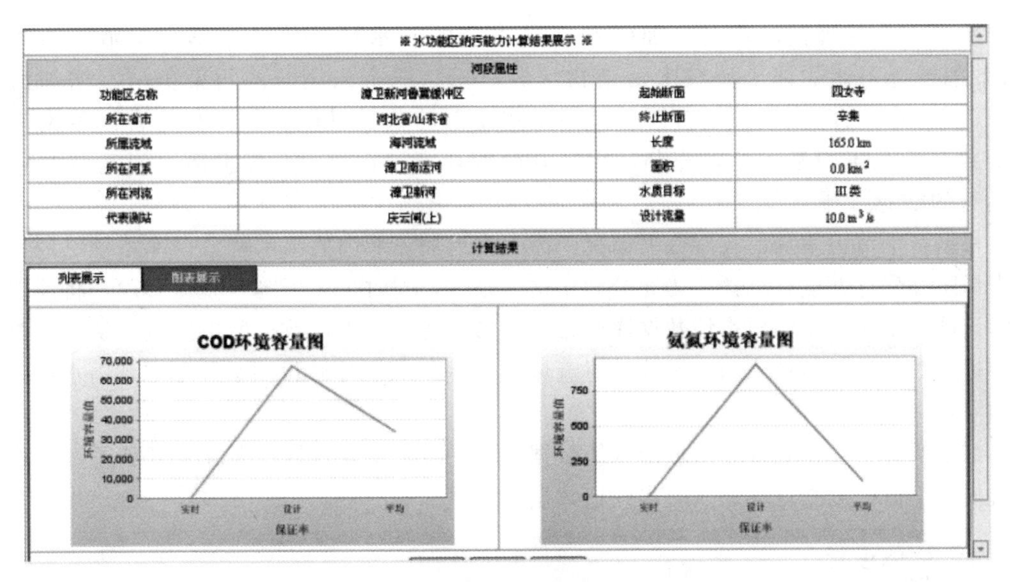

图 5.70 功能区环境容量计算结果展示

统计分析结果以报表、图形（柱状图、曲线图、饼图）等方式显示输出（表 5.47 和图 5.73）。

表 5.47 水权计算结果表

城市	取水量/（万 m^3/a）	耗水量/（万 m^3/a）	排水量/（万 m^3/a）

5.8.5 水质管理

利用污染物总量控制模型计算成果和监测数据，统计分析各地级行政分区的污染物排放总量和环境容量。

根据 SWAT 模型的计算单元排水量和水质监测断面数据，统计地级行政分区不同水质类别的排水量。

统计分析结果以报表方式输出（表 5.48）。

表 5.48 ××年水量水质分析

城市	污染物排放量/（t/a）		环境容量/（t/a）		排水量/万 m^3					
	COD	氨氮	COD	氨氮	Ⅰ类	Ⅱ类	Ⅲ类	Ⅳ类	Ⅴ类	劣Ⅴ类

5.9 雨水情数据同步系统

漳卫南运河流域 KM 系统建设内容包括数据整理与传输、基础平台（控制平台）、数据库与应用系统，将在充分利用、整合现有信息系统与资源的基础上，构筑统一的水质水量综合管理信息平台，加强和促进水资源和水环境信息共享和交流，为实现“有效削减漳卫南运河子流域水污染物排放总量、减少入渤海的污染负荷、增加河道生态流量和入渤海流量，缓解跨省界污染纠纷”的项目目标服务。在结合漳卫南局现有的数据库系统的基本上，充分利用现有数据环境，构筑符合漳卫南运河流域 KM 系统运行的数据库平台。

根据目前漳卫南局的实际数据情况，漳卫南运河流域内的雨水情数据库系统已经由漳卫南局防办建立并进行维护，为充分利用这一条件，同时也为了统一数据管理，将漳卫南运河流域系统所使用的雨水情数据库数据，直接由防办雨水情数据库中提供，从而实时获取数据并对其进行整理入库，因此，对流域 KM 系统数据库建设中必须考虑到雨水情数据库的同步问题。

综上所述，设计开发了流域雨水情数据同步系统，主要目标在为流域 KM 系统的稳定运行提供稳健的数据环境好实时水雨情数据。

5.9.1 总体设计

5.9.1.1 系统结构

系统的稳定运行是以稳健的数据环境为依托的。考虑到数据库是漳卫南子流域 KM 系统运行的主要支撑，因此本系统设计以 C\S 架构独立运行于服务器上，只能数据库管理员与服务器系统管理员等少数人来运行与维护。系统总体设计如图 5.71 所示。

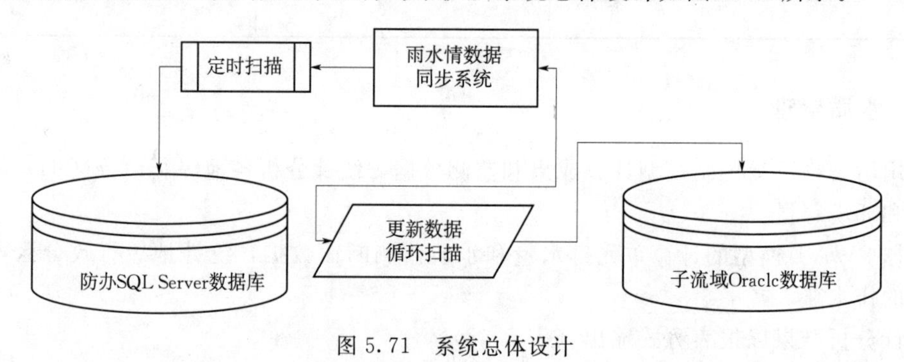

图 5.71 系统总体设计

5.9.1.2 系统流程

系统基本流程如图 5.72 所示。

数据更新系统部署在 Oracle 数据库服务器，它随服务器系统启动而启动，可以设置其更新周期，单位为天；也可以在服务器上通过点击相关菜单对数据进行立即更新。

系统启动分为两部分：一部分实时监视 SQL 数据库的动向，一旦被监视的数据表有插入操作时，系统将自动将所插入数据存入指定的数据预存区中。另一部分，所定数据更新周期到点，系统将把数据预存区中的所有数据更新到 Oracle 数据库中，同时删去预存数据区中已经被更新的数据。

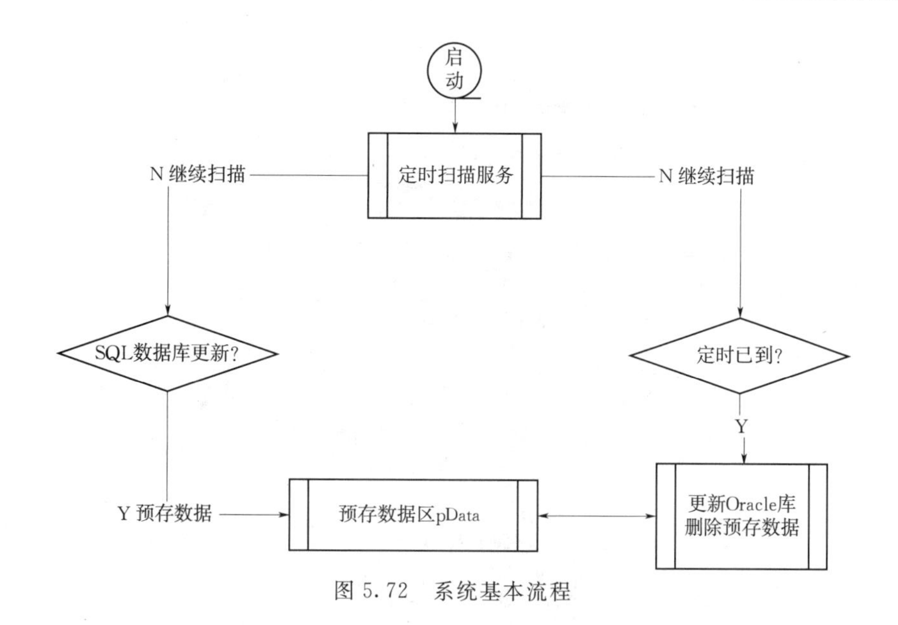

图 5.72 系统基本流程

5.9.2 数据同步系统设计

雨水情数据同步系统在设计上有 3 个模块组成：参数设置、更新方式、系统退出处理。参数设置数据库连接信息，更新方式提供了对数据立即更新的入口，为保证因误操作而导致系统退出而耽误数据更新工作，系统在触发退出事件时加了特别提醒说明。

系统运行主界面隐藏，点击桌面右下角图标，主界面出现。主界面以仿 DOS 模式形式记录系统当前运行状态，如图 5.73 所示。

图 5.73 运行状态

5.9.2.1 参数设置

(1) 功能描述。系统运行参数首先包括 SQL 数据库连接信息（数据库名称、合法的登录用户名称及密码），其次包括了 ORACLE 连接信息（数据库服务器名称或 IP、用户名称及对应密码），最后连接信息保存了数据更新的时间间隔。运行参数都被以 .ini 文件的形式保存在了系统运行目录下。

(2) 输入。当程序启动后，在桌面右下角的程序图标右击，系统将弹出如图 5.74 所示菜单：

图 5.74 菜单

点击“参数设置”，系统将弹出如图 5.75 所示设置界面：

SQL SERVER数据库设置
SQL SERVER服务器名：ps
用户名：sa
密码：**
数据库名：zwndb
Oracle数据库设置
Oracle服务器名：192.168.100.92
用户名：system
密码：******
数据库名：gefora
时间设置
数据更新时间间隔：1 小时
确 定 取 消

图 5.75　设置界面

(3) 输出。根据说明填写各项参数，点击“确定”按钮，系统将最新参数保存到指定文件中作为系统下次启动参数。

5.9.2.2　数据更新

(1) 功能描述。考虑到数据库可能会某些特殊时候需要立即将 SQL 数据库信息与 ORACLE 数据信息进行同步，特别增加些功能。只要点击“立即更新”菜单，系统即执行一次同步流程。

(2) 输入。当程序启动后，在桌面右下角的程序图标右击，系统将弹出如图 5.76 菜单。

图 5.76　菜单

点击“立即更新”，系统自动开始执行数据同步程序。

(3) 输出。同步 Oracle 中对应雨水情数据库表。

5.9.3 退出系统

(1) 功能描述。为满足实时准确更新数据，系统不允许用户通过主界面关闭按钮对系统进行退出操作，但同时为了能在需要的时候退出系统运行，特别的在系统属性工具栏处菜单上加上了“退出系统”的入口。

(2) 输入。右击桌面右下角图标，系统出现操作菜单界面，点击“退出系统”，系统将给出确认退出系统的对话框，如果用户再次确认，系统将被真正退出，如图 5.77 所示。

图 5.77 退出提示

(3) 输出。退出系统。

5.10 安全体系

流域 KM 系统安全体系建设是系统顺利运行的关键，需要从网络到系统、从防范到宣传等各个方面实施安全管理计划。KM 系统的安全问题是全方位的，涉及各个层次的各种设备及设施，因此 KM 系统安全体系建设，应结合实际，有重点地进行。

安全体系要为 KM 数据安全、监管控制、大众服务功能提供安全保证。解决好信息共享与信息保密性、完整性的关系；开放性与保护隐私的关系；互联性与局部隔离的关系。保护网络中信息存放、传输的安全，提高网络防护、检测、恢复和对抗攻击的能力，保证网络的保密性、甄别性、完整性、可用性和可控性。

KM 系统安全建设在满足 KM 系统要求的前提下尽量利用现有设备进行。

5.10.1 网络层安全

5.10.1.1 防火墙

环保部和漳卫南局网络系统是一套独立的网络体系结构。从网络安全角度上讲，它们属于不同的网络安全域，因此在网络边界需安装防火墙，并根据需要实施相应的安全策略控制。另外，根据对外提供信息查询等服务的要求，为了控制对关键服务器的授权访问控制，应把对外公开服务器集合起来划分为一个专门的服务器子网，设置防火墙策略来保护对它们的访问。

采用防火墙等成熟产品和技术实现网络的访问控制，采用安全检测手段防范非法用户的主动入侵。

5.10.1.2 数据传输安全

由于存在公网之间传输行业秘密或敏感信息，所以在此类广域网传输线路上，可采用国家许可的网络层加密设备，在基于 IPSEC 国际标准协议基础上，采用 VPN 技术构建安全保密的虚拟专用网络。通过网络层加密设备之间的加解密机制、身份认证机制、数字签名机制，将 KM 系统信息传输网络构造成一个安全封闭的网络，保证 KM 系统数据在广域网传输过程中的机密性、真实性和完整性。

为保证数据传输的机密性和完整性，需要采用安全 VPN 系统，配备 VPN 设备，对于移动用户安装 VPN 客户端软件。环保部和漳卫南局现有防火墙设备都集成了 VPN 功能，结合现状，已有的防火墙已经具备 VPN 功能，不需要单独配置 VPN 设备。可根据 KM 数据传输的方式和需要，利用公网线路建立 VPN 通道，进行数据的加密传输和交换，同时保证数据传输的安全性。

5.10.2 系统层安全

系统层安全建设的内容包括操作系统安全建设和防病毒。环保部和漳卫南局已经基本完成病毒防护软件建设，满足流域 KM 系统的防病毒要求。

5.10.2.1 操作系统安全

操作系统是所有计算机终端、工作站和服务器等正常运行的基础，安全性十分重要。操作系统因为设计和版本的问题，会存在安全漏洞，应及时下载操作系统补丁程序。同时在使用中由于安全设置不当，也会增加安全漏洞，带来安全隐患。为了加强操作系统的安全管理，要从登录安全、用户权限安全、文件系统、注册表安全、RAS 安全等方面制定强化安全的措施。

5.10.2.2 服务器安全

服务器连接互联网对外提供公开信息服务，这使得系统的公开服务器的安全性大大降低，因此要对公开服务器重点保护。

对重要服务器系统配置备份与灾难恢复系统，确保一旦服务器系统被破坏无法修复时，通过灾难恢复系统快速恢复以提供正常的服务。

5.11 标准与规范

KM 系统的标准与规范是实现流域的水利部门和环保部门之间、流域与海河流域级和重点县及示范项目区级之间资源共享的必然要求。KM 系统设计开发必须具备统一的模式，以实现系统的整合及开放性和扩展性。

KM 系统的标准与规范是在遵循流域级 KM 项目标准规范的基础上，制订符合流域特点的各种指导性的标准和规范，并且建立在良好的管理体制之上。

5.11.1 基于公共河段编码的测站编码标准

5.11.1.1 公共河段编码

作为GEF海河项目的重要组成部分，公共河段编码系统在解决水利与环保以及其他行业基于河流的信息管理应用问题中担负着桥梁和纽带的作用，是解决行业间信息交换问题的有效途径，是实现水利与环保两个部门数据共享的基本前提，也是GEF海河流域水环境和水资源综合管理中知识管理（KM）的基础所在。

目前，我国有不同标准的多种河流编码系统，水利部和环保部采用的都是按本行业标准制定的河流编码系统，具有各自的特点，互不兼容。

其中，水利部已颁发了《中国河流代码》（SL 249—2012）的行业标准，编码对象为流域面积大于1000km^2，以及大型和重要中型水库、水闸等工程所在的河流。代码采用拉丁字母（I、O、Z舍弃）和数字的混合编码，共8位，分别表示河流所在的流域、水系、编号及类别。

环保部门的河流编码在编码方法上采取线分类分段等长8位编码。前两位为流域码与测绘编码中的一致，三四位为一级支流，从01～99不间隔顺序排码；五六位为上一级河流的支流码，从01～99不间隔顺序排码；七八位上一级河流的支流码，从01～99不间隔顺序排码。

公共河段编码系统作为一个转换器，通过借鉴国际先进的河段编码技术，将河段划分成最小单元，从而建立起一套适用于GEF海河项目的公共河段编码系统，实现水资源与水环境综合管理。

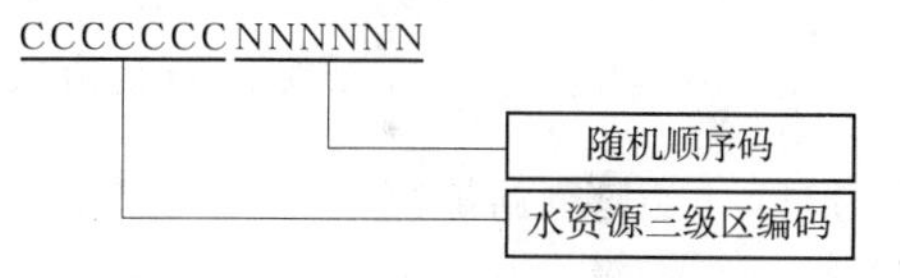

图5.78 公共河段编码说明图

公共河段编码采用13位字符编码，由两部分组成，如图5.78所示。

其中，前7位为水资源三级区编码，后6位为随机顺序编码。在同一个三级区内，可编码的河段最多有999999条，可保证在同一个水资源三级区内河段的编码不重复。

基于公共河段编码，所有与河段相关的空间位置都可以用河段的位置百分比来描述，如在河段的起点以0%表示，而在河段的终点以100%来表示。

以位置百分比的方式就可以建立起基于公共河段的编码系统，以此来表示基于河段的管理信息，不但能表示点状的单元，如水文测站、水质测站，而且能表示线状单元，如水功能、水环境功能区，甚至面状单元，如水库、湖泊等。

基于公共河段编码的水利与环保部门管理信息关联如图5.79所示。

在流域层次上，已建立起基于国家测绘局发布的1∶250000电子地图的公共河段编码系统。在此基础上，针对漳卫南运河子流域的实际情况，在1∶50000电子地图上，对河流图形数据进行提取和整理，合理划分河段并赋予河段唯一编码，整合子流域范围内的水功能区和水环境功能区，并对测站进行编码。在子流域KM系统中通过GIS功能更好地展现子流域河段、功能区和测站的实际情况，为水利与环保两个部门数据共享和综合管理建立基础。

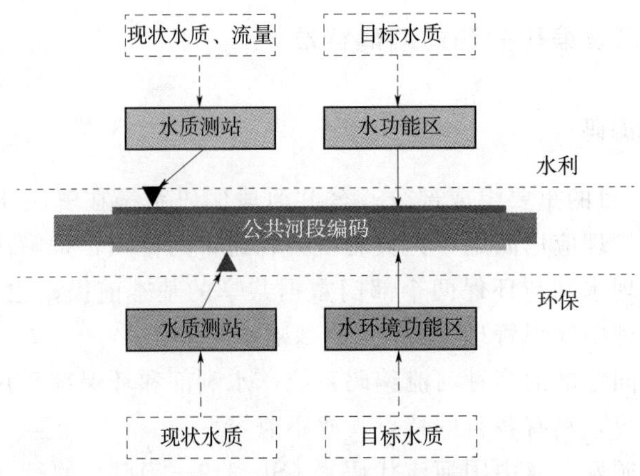

图 5.79　公共河段编码关联示意图

(1) 公共河段编码。利用 1：50000 电子地图，提取 5 级（包括 5 级）以上河流图形数据并进行整理，按照河段公共编码的原则进行公共河段的编码工作。

(2) 功能区信息整理。在公共河段编码的成果基础上，对子流域范围内的水功能区和水环境功能区进行编码工作，以数字化的形式储存在 1：50000 电子地图上，并在子流域 KM 系统中实现 GIS 管理；主要的编码内容包括功能区所在的公共河段编码、起点位置、终点位置、水质目标等信息。

在子流域 KM 系统中，确定一种水环境功能区和水功能区之间的映射关系，即任意一个水环境功能区都可以找到与其有关的一个或几个水功能区，反之亦然。

5.11.1.2　测站编码

基于公共河段编码，制定漳卫南运河子流域的测站编码，对子流域范围内的水文测站、水质测站以及排污口进行编码工作，主要的编码内容包括测站所在的公共河段编码、起点位置、终点位置等信息，以统一的方式分别对水利与环保行业的测站进行编码，可实现水利与环保信息交换与共享应用，在技术上实现水资源与水环境综合管理应用。

基于公共河段的测站编码为字符编码，码长 33 位。其编码形式如图 5.80 所示。

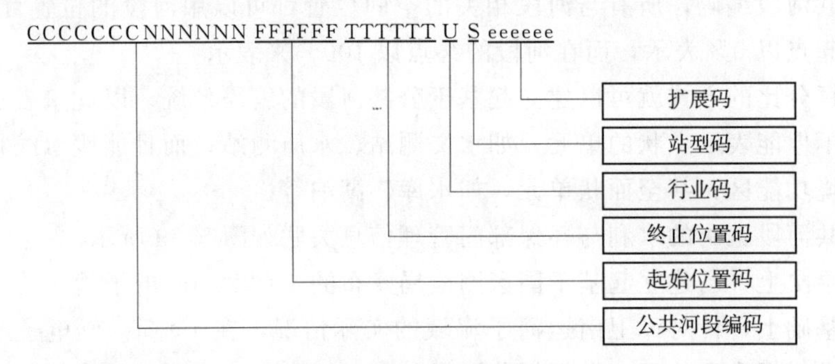

图 5.80　测站编码说明图

CCCCCCCNNNNNN 是 13 位的公共河段编码，前 7 位 “CCCCCCC” 为水资源三级区编码，后 6 位 “NNNNNN” 为机器顺序码。

FFFFFF是测站所在河段上起点位置编码，6位数字码，是河段上由河段起始点至测站的距离占河段长度的百分比。如042530，表示测站在河段上42.53%的位置，又如000000，表示测站在河段的起点处，而100000表示测站在河段的终点上。

TTTTTT是测站所在河段上终点位置编码，6位数字码，与起点位置编码方法相同。

U是一位字符编码，用于区分水利与环保部门的测站，取值为E或W，其中E代表环保部门，W代表水利部门。

S是一位数字或字符编码，区分不同类型的测站，编码方法参考《水文测站编码方法》，如：0～1用于水文站和水位站；2～5用于降水（蒸发）站；6～7用于地下水站；8～9用于水质站；A用于其他站。

eeeeee是预留的扩展码，以便以后扩展之用。缺省值为空。当测站需要区分在河段的左右岸或是在水库的哪个方位时可以使用此扩展码予以标识。如左右岸采用一位编码，剩余五位作为距离河岸的距离使用。如左岸以L、右岸以R表示，则R00450则表示测站在河段的右岸，离河岸450m处。

5.11.2 数据库设计与应用系统开发标准

5.11.2.1 数据库设计标准

作为子流域水资源和水环境信息的共享中心，数据库是子流域KM系统的基础，应用系统、模型通过系统数据库进行相互间的信息交换，同时为顺利地与流域级、县级进行数据传输，必须制定统一的数据库设计标准与规范以保证信息交换的完整及通畅。

5.11.2.2 空间数据库

（1）空间数据的建设严格执行国家标准《国土基础信息数据分类与代码》（GB/T 13923—1992）和国家基本比例尺地形图的建设标准。

（2）空间数据建设的数学基础为：坐标系统采用1980西安坐标系，高程系统采用1985国家高程基准，平面坐标采用高斯-克吕格投影，根据海河流域的地理位置，统一使用117度为中央子午线；流域空间数据库的地图比例尺为1∶50000。

5.11.2.3 属性数据库

（1）命名规则：

1）优先采用国家标准、环保行业标准、水利行业标准关于数据库建设中标识符定义的规定。

2）标识符包括数据库标识、表标识、字段标识，具有唯一性；标识符由英文字母、数字和下划线（“_”）组成，首字符应为英文字母；英文字母应采取大写表示。

3）标识符应按组成表名或字段名中文词组对应的术语符号或惯常使用符号命名，也可按表名或字段名英文译名缩写命名；如果采用中文拼音缩写命名更加容易理解，也可按中文拼音缩写命名。

4）标识符与其名称的对应关系应简单明了，应体现其标识内容的含义，且具有唯一性。

5）空间数据的图层名由数据层名缩写加数据实体类型代码组合组成。数据层名参考“国家基础地理信息系统数据库”中图层命名方法，数据实体类型代码为一位数字码，取值为1、2、3、4，其中1代表面状实体，2代表线状实体，3代表点状实体，4代表注记。

（2）键选择：

1）键选择原则为：为关联字段创建外键；所有的键都必须唯一；避免使用复合键；外键总是关联唯一的键字段。

2）可选键可做主键。把可选键进一步用做主键，可以拥有建立强大索引的能力。

（3）索引：

1）逻辑主键使用唯一的成组索引，对系统键（作为存储过程）采用唯一的非成组索引，对任何外键列采用非成组索引。

2）数据库应索引自动创建的主键字段，并且索引外键。

（4）数据字典。数据字典设计是对数据库设计中涉及的各种项目，如数据项、记录、系、文卷、模式、子模式等一般要建立起数据字典，以说明它们的标识符、同义名及有关信息。

5.11.3 应用系统开发标准

KM系统开发需要工程化的管理，在软件开发过程中，编程的工作量是相当大的，为了提高代码的可读性、系统的稳定性及降低维护和升级的成本，需要编写统一的源代码、版本、文档、测试等方面的规范，保证系统开发的统一和协调。在系统设计开发过程中应采用统一的建模语言工具，保证系统的维护和升级的持续性。

除了统一建模以外，应用程序的开发还要遵循以下要求。

（1）注释：

1）编写代码期间注释要求占程序总量15%以上。

2）每个模块顶部必须说明模块名称、功能描述、作者等。

3）每个过程、函数、方法等开头部分必须说明功能、参数、返回值、元数据和目标数据的结构等。

4）变量定义的行末应当对变量给出注释。

5）程序在实现关键算法的地方应当给出注释。

（2）变量、函数、过程、控件等命名规则：

1）变量命名采用“作用范围”“数据类型”“自定义名称”规则定义，要求看到变量名就能直观地看出其范围和数据类型。

2）函数、过程、方法、事件等命名应尽量做到观其名知其义。

3）控件的命名采用“控件类型”“自定义名”规则定义，要求通过名字能直观看出控件类型。

4）自定义命名空间规则，要求能顾名思义。

（3）源代码规则：

1）风格约定：采用缩进的格式保存程序的层次结构。要求能直观地看出循环、判断等层次结构。

2）严禁使用无条件跳转语句，如“go to”。

3）对数据库操作只能使用标准 SQL 语句。

（4）用户界面规范：

1）用户界面布局和结构应当合理。

2）颜色搭配方面应当咨询美术专业人员。

3）界面中必须有公司或产品标识。

4）界面总体视觉应当大众化。

（5）合理性原则：

1）提示说明应当简短且避免产生歧义。

2）提示或警告信息应当具有向导性，能准确告诉用户错误原因及恢复方法。

3）快捷键的定义必须符合用户操作习惯。

4）程序需要长时间处理或等待时，应当显示进度条并提示用户等待。

5）一些敏感操作，如删除等操作在执行前必须提示用户确认。

6）防止用户直接操作数据库，用户只能用账号登录到应用软件，通过应用软件访问数据库，不允许有其他途径操作数据库。

（6）其他：

1）应用程序中，数据库连接应使用统一的用户，尽量减少创建数据库连接请求，不用的连接应及时关闭以释放资源。

2）应用程序应有身份验证功能，不符合要求的用户应返回。

3）录入平台中对日期，数字等数据应进行验证，防止无效数据录入，影响后台程序转换。

5.12 创新点和推广应用

5.12.1 主要创新点

目前，我国水行政管理工作涉及水利、环保等不同行政机构，流域水行政管理多隶属于不同行政区的多个部门，针对某一流域尚未能从流域一级综合考虑水资源管理与水环境管理问题，国内外尚无针对流域的水资源与水环境综合管理系统，在信息化技术支持流域水行政管理方面缺少成功经验。漳卫南运河流域 KM 系统开创了适合流域管理层面使用的知识管理系统的先河，系统成果得到了世行首席水资源专家的认可，并在海河流域水资源与水环境综合管理国际会议上也获得了与会专家一致好评。主要创新点如下：

（1）在信息化领域实现子流域级水利与环保部门水资源、水环境综合信息共享，推进水资源水环境综合管理。

（2）采用世界先进的基于 ET 管理的水资源管理理念和技术，为流域水资源综合管理提供技术支撑和决策支持。

（3）实现流域 GIS 平台和水质模型耦合，系统实现取水口、排污口等信息的 GPS 定位，采用河段水功能区河流编码技术，提高水质模拟精度和可靠性。

（4）建立流域 SWAT 模型、污染物总量控制模型、水质模型，并实现技术耦合，为漳卫南运河流域水资源与水环境业务管理提供决策支持。

(5) 实现控制模型与流域水情测报系统的耦合，实时为水质模拟提供准确水量信息，实现了各水功能区理论环境容量实时计算分析，可为污染控制提供及时、有效的决策支持，极大提高了水污染控制的决策支持和管理水平。

5.12.2 推广应用前景

5.12.2.1 应用条件

漳卫南运河流域是我国北方地区水资源短缺和水环境恶化的典型区域之一，该流域的水行政管理工作分别隶属于不同省市、不同行政机构，具备组织结构复杂、管理难度大等特点。我国其他流域的水行政管理工作也具备类似特点，这为流域 KM 系统的推广应用提供了良好的条件。

KM 系统采用国际领先的基于耗水的水资源管理理念，遵循国家和行业标准，利用 SWAT 和污染物总量控制模型、遥感、服务资源集中中间件等先进技术进行设计和开发，系统完整成熟，在漳卫南运河流域得到了良好的应用。

KM 系统能够适应我国子流域水行政管理的业务特点，符合在流域实现跨部门、跨行政区的水资源与水环境综合管理的要求，满足复杂的流域水行政管理的业务需求。

KM 系统的成功应用为子流域水资源与水环境综合管理提供了宝贵经验，在多部门数据共享、水质水量联合管理和决策模拟技术辐射能力强，适合在全国范围内逐步推广到其他流域，使之发挥更大的效益。

5.12.2.2 应用前景

漳卫南运河流域 KM 系统紧密结合水资源管理和水环境保护的重点工作，在水资源与水环境信息统计、行政许可审批管理、水资源与水环境监测管理、水资源与水环境规划、水质评价、水资源与水环境预测等方面得到了较好的应用。系统自 2009 年在漳卫南局和环保部安装部署以来，系统运行稳定可靠，满足了漳卫南运河流域的水资源与水环境综合管理的实际需求，显著提高了工作效率，降低了管理成本，规范了业务流程，增强了决策支持的科学性，系统应用成果得到了用户的肯定。具体应用范围如下：

(1) 水资源与水环境信息统计应用。可方便地对流域范围内各个行政区、河流、水功能区、水环境功能区的水资源与水环境数据进行统计，自动形成统计报表，并以专题图的方式展示统计结果。

(2) 行政许可审批管理应用。对流域的取水许可证和排污许可证及相关的取水口和取水量、排污企业和排污量等信息进行管理。同时，在取水许可审批中考虑取水口附近区域的排污信息，在排污许可审批的过程中同时考虑申请单位的取水许可信息，以达到取水和排污联合管理。

(3) 水资源与水环境监测管理应用。管理人员可以方便地获取、存储、管理和分析各种水资源和水环境监测数据，系统可提供监测对象的动态要素分析和专题图制作，并提供各类信息的查询、修改与编辑功能，进而对监测数据和空间数据进行科学有效的组织和管理。

（4）水资源与水环境规划应用。通过 KM 系统可以迅速查询到漳卫南运河流域或流域内某个行政区域可利用的水资源量、水资源动态特征与历史水资源利用情况，并通过地理信息系统空间定位等功能，分析比较区域内有关的水资源与水环境资料，以便科学合理地进行水资源与水环境规划工作。

（5）水质评价应用。可对漳卫南运河流域的水资源质量进行客观、全面地评价，及时地反映漳卫南子流域内的水环境状况。用户可以通过系统快速地查询、统计和分析子流域的水质信息，从而为流域生态恢复、污染物总量控制管理和水资源可持续利用提供有力的科学依据。

（6）水资源与水环境预测管理应用。针对流域存在的水资源短缺和污染严重等问题，系统为管理者提供有效的水量水质分析和评价功能，并能预测未来流域的水量、水质状况以及变化趋势，从而有利于流域水资源量的优化配置管理，并为突发污染事故的处理提供辅助决策支持功能。

（7）公共河段编码应用。漳卫南运河流域公共河段编码在 KM 数据库中起着水利与环保部门信息的纽带作用。通过河段编码，可以将分属水利和环保系统、具有不同编码方式的水质侧站的属性信息相互连接。

（8）ET 成果应用。KM 系统管理 ET 成果数据，并按照时间范围和行政区划统计漳卫南运河流域范围内的 ET 信息，为各相关模型和其他项目提供数据支持。

5.12.3 综合评价

（1）KM 系统在应用过程中能够进行不断完善，使之持续为漳卫南运河流域的水资源与水环境综合管理发挥经济、社会和环境等方面的效益。KM 系统适合在全国范围内的其他流域进行推广，结合其他流域的特点，在以上各应用范围均可进行应用，从而发挥更大的效益。

（2）KM 系统在充分利用、整合、挖掘现有系统资源的基础上，构筑统一的水质水量综合管理信息平台，加强和促进各单位之间的信息共享和交流，为有效削减漳卫南运河流域水污染物排放总量、增加河道生态流量、缓解跨省界污染纠纷、减少入渤海的污染负荷的管理服务。

（3）本项目依托先进信息和网络技术，实现水环境、水资源等专业技术和 SWAT 模型、污染物总量控制模型技术的高效结合，极大提升了水资源和水环境综合管理水平，推进了流域节水、污染治理和水生态保护进程。

（4）KM 系统在改善漳卫南运河流域水生态环境、提高水资源水环境管理水平以及推进信息共享等方面具有重要意义，系统的成功开发为同类项目的建设提供了宝贵经验，有助于同类 KM 系统在其他流域的推广。

第6章　水资源监控能力建设目标和任务

6.1　漳卫南局水资源监控能力建设项目概述

6.1.1　项目必要性

随着国家地下水压采治理政策出台，漳卫南运河流域内有关地区因实行地下水压采，地表水供水需求明显增加，沿河争抢、过度引蓄河水现象加剧，上下游争水矛盾加剧，水资源配置和监督管理任务进一步加重。与此同时，由于水资源节约、保护和管理投入不足，水质监测能力不足，水资源的计量监控及管理支撑能力较低，与落实最严格水资源管理制度的要求差距很大，必须加快实施最严格水资源管理制度，开展漳卫南运河流域水资源监控能力建设项目。

6.1.1.1　提高漳卫南局水资源管理水平的迫切需要

根据《关于印发漳卫南运河管理局主要职责机构设置和人员编制规定的通知》（海人教〔2010〕51号）批复，漳卫南局水资源管理和保护相关职责包括以下5个方面：①负责取水许可监督管理等工作，组织编制年度水量调度计划和应急水量调度预案并组织实施；②负责管辖范围内水资源保护工作，参与拟定水资源保护规划、水功能区划并监督实施，负责水功能区监督管理工作、入河排污口监测和水功能区纳污总量监督工作、水质监测和水质站网的建设和管理工作；③负责直管水源地保护工作；④按照规定，负责管辖范围内水利突发公共事件的应急管理工作；⑤负责管辖范围内水文工作，负责水文水资源监测和水文站网建设和管理工作、水文情报预报工作。漳卫南局的管辖范围均为省际河流，中下游的卫运河、漳卫新河近350km处于河北、山东省界。漳卫南局目前已形成了局机关、市级河务局和县级河务局的三级管理体制，但流域内水资源计量监测水平低、监控手段缺乏，水资源监测、计量、信息能力无法满足日益提升的水资源管理需要。为更好地履行工作职责，提高水资源管理水平，迫切需要从微观层面上掌握流域内水资源开发利用状况，支撑宏观层面上的水资源配置、节约和保护工作。

漳卫南运河流域水资源监控能力建设项目利用先进的通信和计算机技术，整合现有的水资源信息化资源，搭建强有力的支撑平台，实现取水、排污的动态监测，有效监控流域水资源动态变化，辅助水资源管理的调配决策，全面提升水资源管理能力和水平。

6.1.1.2　辅助水资源配置、节约和保护的重要手段

卫河、清漳河、浊漳河是漳卫南运河的主要支流，其来水量直接影响流域内水资源的可利用量，水资源的优化配置、统一调度与管理，对缓解河北省、河南省、山东省用水矛

盾、保障经济社会可持续发展有重要意义。目前，卫河、清漳河、浊漳河被确定为国家跨省河流水量分配方案制定的重点河流，其水量分配方案已经通过水规总院审查，且流域内山西省、河北省、河南省、山东省等已实现“三条红线”控制指标的分解，基本覆盖省、市、县三级。

在漳卫南运河干流，还未建立完整的控制断面水资源监测和监控系统，不具备省际水量分配的技术能力。漳卫南运河流域水资源监控能力建设项目将利用科学的水量监测方法，在安阳河、汤河、岳城水库上游地区建立在线水量监测系统，进而建立覆盖主要干流的水情自动测报系统，实时获取重要控制断面的水位、流量信息，反映河流的水位流量变化情况，为落实最严格水资源管理制度和水量分配方案的实施提供基础技术支撑。

6.1.1.3　漳卫南局全面落实最严格水资源管理制度的技术支撑

实行最严格水资源管理制度要求对水资源进行定量化、科学化、精细化管理。完善的监测系统、全面的监测信息，是执行最严格水资源管理制度的重要依据。水利部开展了国家水资源监控能力建设项目，在海委部分的建设项目中，仅考虑了漳卫南运河管理局的水资源调度业务，为漳卫南运河流域的水资源管理提供了支持，但未考虑对农业取水、排污口的监控，无法全面科学计量直管河段的水资源开发利用状况。

漳卫南运河流域水资源监控能力建设项目将针对流域内规模以上取水口进行实时监控，同时对水质污染贡献率高的入河排污口设置监测设施和手段，积极探索农业取水和入河排污口监测的建设方式和方法，促进流域水资源的优化配置和高效利用，积累经验后可以向全流域推广，有利于推动最严格水资源管理制度的落实。

综上所述，本项目是漳卫南局履行水行政管理职能，适应最严格水资源管理制度的工作要求，落实“三条红线”的划定和实施，保障水资源管理目标实现的关键措施和手段，实施漳卫南运河水资源监控能力建设项目十分必要和迫切。

6.1.2　设计依据

6.1.2.1　国家水资源监控能力建设项目标准规范和相关文件

国家水资源监控能力建设项目文件和相关通知如下：

《水资源监测要素》（SZY 201—2016）。

《水资源监测设备技术要求》（SZY 203—2016）。

《水资源监测数据传输规约》（SZY 206—2016）。

《水资源监测站建设技术导则》（SZY 202—2016）。

《水资源监测设备现场安装调试》（SZY 204—2016）。

《水资源监测设备质量检验》（SZY 205—2016）。

《基础数据库表结构及标识符》（SZY 301—2013）。

《监测数据库表结构及标识符》（SZY 302—2013）。

《业务数据库表结构及标识符》（SZY 303—2013）。

《空间数据库表结构及标识符》（SZY 304—2013）。

《多媒体数据库表结构及标识符》(SZY 305—2013)。

《信息分类及编码规定》(SZY102—2013)。

《元数据》(SZY 306—2014)。

《数据字典》(SZY 307—2015)。

《水利部办公厅关于印发〈国家水资源监控能力建设项目档案管理办法〉的通知》(办档〔2013〕191号)。

《水利部办公厅关于印发〈水利部国家水资源监控能力建设项目验收实施细则〉的通知》(办财务〔2014〕73号)。

6.1.2.2 行业标准和规范

设计常用行业标准和规范如下:

《入河排污口监督管理办法》(水利部令第22号)。

《水行政许可实施办法》(水利部令第23号)。

《取水许可管理办法》(水利部令第34号)。

《水功能区管理办法》(水资源〔2003〕233号)。

《地表水环境质量标准》(GB 3838—2002)。

《水文站网规划技术导则》(SL 34—2013)。

《水资源水量监测技术导则》(SL 365—2015)。

《水环境监测规范》(SL 219—2013)。

《水位观测标准》(GB/T 50138—2010)。

《河流流量测验规范》(GB 50179—2015)。

《灌溉渠道系统量水规范》(GB/T 21303—2007)。

《水资源实时监控系统建设技术导则》(SL/Z 349—2015)。

《水利水电工程水文自动测报系统设计规范》(SL 566—2012)。

《水文基础设施建设及技术装备标准》(SL 276—2002)。

《水资源监控设备基本技术条件》(SL 426—2008)。

《水文自动测报系统技术规范》(SL 61—2015)。

《水利水电工程水文自动测报系统设计规范》(SL 566—2012)。

《水利工程代码编制规范》(SL 213—2012)。

《实时雨水情数据库表结构与标识符标准》(SL 323—2011)。

《基础水文数据库表结构与标识符标准》(SL 324—2016)。

《水质数据库表结构与标识符规定》(SL 325—2016)。

《地下水数据库结构与标识符规定》(SL 586—2012)。

《水资源评价导则》(SL/T 238—1999)。

《水文数据固态存贮收集系统通用技术条件》(SL/T 149—2013)。

《水利系统通信业务导则》(SL 292—2004)。

《水利系统通信运行规程》(SL 306—2004)。

《数据通讯基本型控制规程》(GB/T 3453—1994)。

《外壳防护等级（IP代码）》（GB 4208—2008）。

《供电电源标准》（GB 2887—2011）。

《电子建设工程概（预）算编制办法及计价依据》（信息产业部 HYD 41—2005）。

《关于发布〈通信建设工程估算、预算编制方法及费用定额〉等标准的通知》（邮部〔1995〕626号）。

《关于印发〈基本建设财务管理规定〉的通知》（财政部〔2002〕394号）。

《水利工程设计概（估）算编制规定》（水利部水总〔2002〕116号）。

6.1.3 建设目标

以实现水资源管理重要指标的可监测、可监控、可考核为目标，建设和完善漳卫南运河取水口、入河排污口和重要断面的监测站网，建设覆盖干流主要控制断面的水情自动测报系统，建立漳卫南运河水资源监控管理信息平台，全面提高水资源监控和管理能力，为落实最严格水资源管理制度提供管理和技术支撑。

6.1.4 建设原则

本项目建设坚持“统筹安排，突出重点；总体规划，分步实施；充分整合、共享利用”的原则。

（1）统筹安排，突出重点。在国家水资源监控能力建设项目一期经验和成果的基础上，针对漳卫南运河流域水资源管理特点，按照漳卫南局提出的“实现三大转变、建设五大支撑”工作思路，依托现有水利信息化建设条件，统筹安排，注重实效，有针对性开展项目建设。

（2）总体规划，分步实施。从漳卫南局实际管理需求出发，统筹做好总体规划。在加强水资源在线监测能力建设前提下，配套必要巡测设备；保持水资源管理专用平台的相对独立性的同时，协调设计好与其他相关系统信息共享信息交换的关系。同时，根据管理需求，优先安排重要紧迫的建设内容，分步推进项目建设。

（3）充分整合、共享利用。本项目所有的信息化基础设施都必须按资源共享的原则建设和应用，充分利用漳卫南局现有各种监测设施及信息化系统，结合本次建设内容，强化漳卫南运河流域水资源基础信息的统一采集、优化配置、集中管理和共享利用，发挥其最大效能。

6.1.5 建设任务

项目主要建设内容包括取用水监测体系、入河排污口监测体系、水情自动测报系统、水资源监控管理信息平台等。

（1）取用水监测体系。根据漳卫南运河流域取水户的取水情况，确定34个重要取水户（包括14个引水闸、20个扬水站）建立在线监测系统，实现取水量在线监测，其中15个具备视频监视条件、取水位置敏感且重要的取水户建立视频监视系统，实现取水实时监控；配置1套便携式电波流速枪、1套便携式直读流速仪、5套便携式水位计等巡测设备，辅助取水口的水量监督监测。

（2）入河排污口监测体系。根据漳卫南运河流域入河排污口的排污情况，确定5个重要入河排污口建立在线监测系统及视频监视系统，实现排污口的污水排放情况实时监控。

（3）水情自动测报系统。建立重要支流安阳河、汤河口水位、流量在线监测系统及视频监视系统，实现安阳河和汤河的水位流量实时监控；建设岳城水库水文自动测报系统，建设34个水位、雨量遥测站和岳城水库管理局信息接收中心站，实现岳城水库以上流域水雨情信息自动测报，为岳城水库的水资源配置和调度管理提供支撑；实现优化和整合，建设覆盖干流主要控制断面的水情自动测报系统。

（4）漳卫南局水资源监控管理信息平台。充分整合漳卫南运河管理局信息和网络资源，建立漳卫南运河水资源监控管理信息平台，包括计算机网络、数据资源、应用支撑、业务应用系统、应用交互、监控会商环境、系统安全等。

1）计算机网络。利用漳卫南局政务外网，实现漳卫南局水资源监控管理信息平台与海河流域水资源监控管理信息平台间信息的互联互通。

2）数据资源。按照国家水资源监控能力建设数据库建设标准规范，收集整理漳卫南运河的取水口、入河排污口、水闸等相关的基础信息、监测信息、空间信息、业务信息，建设基础数据库、监测数据库、空间数据库、业务数据库、决策数据库、元数据库，实现水资源数据资源的统一管理，同时利用数据同步的方式接入已建的水雨情数据，支撑水资源调度管理。

3）应用支撑。采用虚拟化云技术实现漳卫南局信息资源的优化配置，支撑漳卫南运河管理局信息管理平台现代化。

4）业务应用系统。建设水资源信息服务、水情业务系统、水质预测预警、水资源调度管理系统，为漳卫南运河流域水资源管理和决策提供技术支持。

5）监控会商环境。建设漳卫南局水资源监控中心，提供获取所有相关业务信息、进行决策分析预测与仿真、召开视频会议的环境与场所。同时，在二级局建立视频接收中心站，接收管辖范围内的取水户、入河排污口、重要断面的视频信息，实现历史视频信息的远程调用，局机关通过访问各直属局的视频控制系统来查看及调用视频信息。

6.1.6 项目效益

通过漳卫南运河流域水资源监控能力建设，将实现漳卫南运河水功能区、省界断面、排污口和重要取水口的在线监测，可以控制漳卫南运河流域许可取水量的95%及入河排污量的50%，实现对重要取水口、入河排污口的水量在线监测、视频监视，建设覆盖干流主要控制断面的水情自动测报系统，动态掌握流域内水情信息和取用水信息，实现流域内水量、水质预测及水资源调度业务支持，全面提升漳卫南运河的水资源监测监控能力，为落实严格水资源管理制度提供有效的支撑。

6.2 项目需求分析

6.2.1 项目服务对象分析

（1）流域机构。包括海委、漳卫南局以及9个直属局（卫河河务局、邯郸河务局、聊城河务局、邢台衡水河务局、德州河务局、沧州河务局、岳城水库管理局、四女寺枢纽工程管理局、水闸管理局)。

(2) 水利部及流域内各省市区水利部门。包括水利部，河北省水利厅、山东省水利厅、河南省水利厅。

(3) 社会公众。包括需要了解漳卫南运河流域水资源开发利用信息和水资源管理相关法律、法规、政策的社会公众。

6.2.2 政务目标分析

通过本项目的建设，应实现以下政务目标。

(1) 建立最严格水资源管理制度“三条红线”考核的技术支撑框架体系。水资源开发利用控制、用水效率控制和水功能区限制纳污控制是实行最严格水资源管理制度提出的三条控制红线。目前，漳卫南运河流域内山西省、河北省、河南省、山东省等已实现“三条红线”控制指标的分解，基本覆盖省、市、县三级。通过重要取水户在线监测体系、重要入河排污口在线监测体系、重要支流断面水位监测体系的建立，实现漳卫南运河流域海委颁证的许可取水量95%的控制、入河排污总量80%的控制，安阳河、汤河、岳城水库上游地区重要断面的水位监测，以及省界控制断面的水质监测全覆盖，将提高对三条红线贯彻落实的监督能力，同时，能及时掌握流域内用水总量控制指标、用水效率控制指标、水功能区限制纳污控制指标，为海委对山西省、河北省、河南省、山东省等省市进行考核提供辅助支撑。

(2) 实现水资源定量化、精细化管理。通过漳卫南运河流域水资源监控管理信息平台的建立，使漳卫南局实时掌握流域内重要取水口、入河排污口、重要断面的水量、水质监测信息，辅助进行水情业务、河道干流的水质预测、水资源调度、水闸监视管理等业务，初步实现水资源的定量化、精细化管理，提升漳卫南局水资源管理能力和水平。

6.3 漳卫南局水资源管理和保护现状描述

6.3.1 水资源监控现状描述

漳卫南局在水利信息化系统建设的同时，建设了水位、流量信息采集测站，为流域防汛抗旱、水资源管理、水资源保护等工作提供了及时、准确的数据信息，发挥了巨大作用。

6.3.1.1 水源地监测站

岳城水库是漳河干流上的一座以防洪为主，兼有灌溉、城市供水、发电等综合效益的大(1)型水利枢纽，控制流域面积1.8万km^2，占漳河流域山区面积的99%。岳城水库作为海委直管的重要水源地，担负着河北邯郸、河南安阳的供水。目前，在岳城水库建立2个水质监测站，监测现状见表6.1。

(1) 主要监测项目。水位、水温、pH 值、溶解氧、高锰酸盐指数、COD、BOD_5、氨氮、总磷、铜、锌、氟化物、砷、汞、镉、铬（六价）、铅、氰化物、挥发酚、总氮、硫酸盐、氯化物、硝酸盐、铁等。

(2) 监测频次。1～2 次/月。

表 6.1　水库监测现状表

编号	监测断面	河流（水库）名称	行政区（简称）	水质目标
1	岳城水库坝前	岳城水库	冀	Ⅱ类
2	岳城水库库心			Ⅱ类

6.3.1.2　省界控制断面监测站

目前，漳卫南局已实现了 21 个省界水质断面的监测，监测现状见表 6.2。

(1) 主要监测项目。水位、流量、pH 值、溶解氧、高锰酸盐指数、COD、BOD_5、总氮、氨氮、总磷、铜、锌、氟化物、硒、砷、汞、镉、六价铬、铅、氰化物、挥发酚、石油类、阴离子表面活性剂、硫化物、粪大肠杆菌等。

(2) 监测频次。水质为 1 次/月；水位、流量为 1 次/日，汛期视具体情况定。

表 6.2　省界水质断面监测现状表

编号	监测断面	河流（水库）名称	行政区（简称）	水质目标
1	刘庄水文站	共渠	豫	Ⅴ类
2	淇门水文站	卫河		Ⅴ类
3	烧酒营	卫河		Ⅴ类
4	东方红路桥	卫河		
5	浚县城关南环公路桥	卫河	豫	Ⅴ类
6	备战桥	卫河		
7	五陵水文站	卫河		Ⅴ类
8	内黄县楚旺	卫河		Ⅴ类
9	元村	卫河	豫‖冀	Ⅴ类
10	龙王庙	卫河	豫‖冀	Ⅳ类
11	营镇桥	卫河	冀	Ⅳ类
12	秤钩湾	卫运河		Ⅲ类
13	临清大桥	卫运河	冀‖鲁	Ⅲ类
14	油坊桥	卫运河		Ⅲ类
15	四女寺闸			Ⅲ类
16	第三店	南运河	鲁→冀	Ⅱ类
17	袁桥闸	漳卫新河	冀‖鲁	Ⅳ类

续表

编号	监测断面	河流（水库）名称	行政区（简称）	水质目标
18	田龙庄桥	漳卫新河	冀‖鲁	Ⅳ类
19	玉泉庄桥	漳卫新河	冀‖鲁	Ⅳ类
20	王营盘	漳卫新河	冀‖鲁	Ⅳ类
21	辛集闸	漳卫新河	冀‖鲁	Ⅲ类

6.3.1.3　水功能区测站

根据“三定”要求，漳卫南局开展了管辖范围内的水功能区监测工作。目前，已实现15个水功能区的直接监测，监测现状见表6.3。

（1）监测项目。水温、pH值、溶解氧、高锰酸盐指数、COD、BOD_5、总氮、总磷、氨氮、铜、锌、氟化物、砷、汞、镉、铬（六价）、铅、氰化物、挥发酚、硫化物和粪大肠菌群等。

（2）监测频次。1次/月。

表6.3　水功能区监测现状列表

<table>
<tr><th>编号</th><th>一级水功能区名称</th><th>二级水功能区名称</th><th>河流（水库）名称</th><th>行政区（简称）</th><th>水质目标</th></tr>
<tr><td>1</td><td>岳城水库水源地保护区</td><td></td><td>岳城水库</td><td>冀</td><td>Ⅱ类</td></tr>
<tr><td>2</td><td>共渠河南新乡、鹤壁开发利用区</td><td>共渠河南新乡、鹤壁农业用水区</td><td>共渠</td><td>豫</td><td>Ⅴ类</td></tr>
<tr><td>3</td><td>卫河河南开发利用区</td><td>卫河河南卫辉市农业用水区</td><td>卫河</td><td rowspan="7">豫</td><td>Ⅴ类</td></tr>
<tr><td>4</td><td>卫河河南开发利用区</td><td>卫河河南浚县农业用水区1</td><td>卫河</td><td>Ⅴ类</td></tr>
<tr><td>5</td><td>卫河河南开发利用区</td><td>卫河河南滑县排污控制区</td><td>卫河</td><td></td></tr>
<tr><td>6</td><td>卫河河南开发利用区</td><td>卫河河南浚县农业用水区2</td><td>卫河</td><td>Ⅴ类</td></tr>
<tr><td>7</td><td>卫河河南开发利用区</td><td>卫河河南浚县排污控制区</td><td>卫河</td><td></td></tr>
<tr><td>8</td><td>卫河河南开发利用区</td><td>卫河河南浚县农业用水区3</td><td>卫河</td><td>Ⅴ类</td></tr>
<tr><td>9</td><td>卫河河南开发利用区</td><td>卫河河南内黄县农业用水区</td><td>卫河</td><td>Ⅴ类</td></tr>
<tr><td>10</td><td>卫河河南开发利用区</td><td>卫河河南濮阳市农业用水区</td><td>卫河</td><td>豫‖冀</td><td>Ⅴ类</td></tr>
<tr><td>11</td><td>卫河豫冀缓冲</td><td></td><td>卫河</td><td>豫‖冀</td><td>Ⅳ类</td></tr>
<tr><td>12</td><td>卫河河北邯郸开发利用区</td><td>卫河河北邯郸农业用水区</td><td>卫河</td><td>冀</td><td>Ⅳ类</td></tr>
<tr><td>13</td><td>卫运河冀鲁缓冲区</td><td></td><td>卫运河</td><td>冀‖鲁</td><td>Ⅲ类</td></tr>
<tr><td>14</td><td>南水北调东线调水水源地保护区</td><td></td><td>南运河</td><td>鲁→冀</td><td>Ⅱ类</td></tr>
<tr><td>15</td><td>漳卫新河冀鲁缓冲区</td><td></td><td>漳卫新河</td><td>冀‖鲁</td><td>Ⅲ类</td></tr>
</table>

6.3.1.4 取水口监测站

截至2016年年底，海委在漳卫南运河流域共颁发了取水许可证120套（其中地表水104套，地下水16套），累计年许可水量4.5亿m^3。其中，岳城水库2处取水口由漳卫南局管辖，其余118处取水口均由地方水利部门所有和管理，漳卫南局负责取水许可监督管理。

目前，这些取水口尚未实现水量在线监测，漳卫南局只能依靠取水户每月上报取水量，对这些取水口的取水情况进行监督，见表6.4。

表6.4 漳卫南运河管理局直接管辖取水口目录

序号	取水工程	取水口位置	取水量/万m^3
1	漳南渠	岳城水库	农业5320
			工业2860
2	民有渠	岳城水库	农业5560
			工业3560
3	淇门南街扬水站	卫河右岸01+700	22
4	淇门东街扬水站	卫河右岸03+600	10
5	西高宋扬水站	卫河右岸06+000	25
6	东高宋扬水站	卫河右岸06+500	22
7	耿湾扬水站	卫河右岸08+300，09+100	8
8	码头扬水站	卫河左岸08+600	9
9	新镇扬水站	卫河右岸11+500	15
10	兰庄扬水站	卫河右岸09+850	40
11	赵摆扬水站	卫河右岸011+350	22
12	纸坊扬水站	卫河右岸16+290，16+690	33
13	饭店扬水站	卫河右岸17+800，17+700	27
14	前郭渡扬水站	卫河右岸17+850，17+650	20
15	后郭渡扬水站	卫河右岸19+250，19+550	27
16	西郭渡扬水站	卫河右岸20+150	6
17	西王渡扬水站	卫河右岸20+250	7
18	梨园扬水站	卫河右岸25+000	10
19	申弯扬水站	卫河右岸25+800	24
20	菜园扬水站	卫河右岸45+200	30
21	圈里扬水站	卫河右岸58+900	13
22	葛庄扬水站	卫河右岸60+010	20

续表

序号	取水工程	取水口位置	取水量/万 m^3
23	苑庄扬水站	卫河右岸 62＋990	20
24	孙石井提水站	卫河右岸 64＋010～65＋000	8
25	南老关嘴扬水站	卫河右岸 66＋500，65＋280，68＋050	18
26	南苏村扬水站	卫河右岸 69＋300	15
27	孟庄扬水站	卫河左岸 0＋900，1＋800	6
28	于庄扬水站	卫河左岸 03＋150，03＋600	11
29	侯村扬水站	卫河左岸 12＋100，012＋580	17
30	彭村扬水站	卫河左岸 10＋550，11＋200	10
31	牛村扬水站	卫河左岸 12＋550，13＋750	15
32	南雷村扬水站	卫河左岸 17＋450	5
33	权庄扬水站	卫河左岸 17＋750	5
34	石羊扬水站	卫河左岸 18＋790，19＋400	12
35	杜庄扬水站	卫河左岸 20＋300，20＋800	13
36	埽头扬水站	卫河左岸 21＋050	13
37	柴湾扬水站	卫河左岸 34＋020	14
38	东周口扬水站	卫河左岸 36＋020	18
39	中周口扬水站	卫河左岸 37＋500	13
40	西周口扬水站	卫河左岸 38＋050	12
41	瓦岗乡扬水站	卫河左 67＋700	24
42	五陵镇扬水站	卫河右 115＋400	80
43	张固村水井	卫河右 115＋400	1.2
44	西台头村水井	卫河右 90＋700	1.2
45	范羊村水井	卫河右 107＋230	1.2
46	西石盘水井	卫河右 97＋000	1.2
47	西渡村水井	卫河右 97＋000	1.2
48	王营村水井	卫河右 93＋300	1.5
49	东元村水井	卫河右 93＋300	1.5
50	西元村水井	卫河右 93＋000	1.5
51	大刘水井	卫河右 79＋000	1.2
52	潮旺水井	卫河右 129＋600	1.5
53	涨旺水井	卫河右 129＋600	1.5

续表

序号	取水工程	取水口位置	取水量/万 m^3
54	百尺水井	卫河右 131＋980	1.2
55	南渠头水井	卫河右 143＋000	1.5
56	东郭村水井	卫河左 134＋050	1.5
57	宋庄水井	卫河左 136＋500	1.2
58	邵庄水井	卫河左 139＋350	1.5
59	魏县军留扬水站	卫河左 129＋800	2000
60	大名窑厂扬水站	卫河右 164＋100	200
61	大名岔河嘴扬水站	卫河左 150＋250	200
62	班庄扬水站	卫河右 181＋731	2000
63	乜村扬水站	卫河右 188＋281	300
64	馆陶幸福引水闸	卫运河左岸 0＋490	200
65	王庄扬水站	卫运河右 31＋000	800
66	李圈扬水站	卫运河右 43＋372	80
67	东桥扬水站	卫运河右 48＋890	10
68	南李庄扬水站	卫运河左岸 87＋000	1500
69	尖冢扬水站	卫运河左岸 41＋800	6000
70	土龙头扬水站	卫运河右 81＋340	12.1
71	渡口驿扬水站	卫运河右 92＋040	13.3
72	渡东扬水站	卫运河右 93＋520	10.1
73	吕洼扬水站	卫运河右岸 96＋200	10
74	青苏厂扬水站	卫运河右岸 134＋300	15
75	袁厂扬水站	卫运河右岸 137＋150	20
76	八屯扬水站	卫运河右岸 145＋000	50
77	土龙头引水闸	卫运河右 81＋840	1000
78	曹寺引水闸	卫运河左岸 102＋557	500
79	吕洼引水闸	卫运河右 96＋787	1500
80	和平引水闸	卫运河左岸 110＋300	1000
81	蔡村第五扬水站	减河右岸 4＋000	70
82	乜管屯二扬水站	减河右岸 5＋450	30
83	小天罡扬水站	减河左岸 33＋260	13
84	乜庄扬水站	减河左岸 39＋523	10

续表

序号	取水工程	取水口位置	取水量/万 m^3
85	高庄扬水站	岔河右岸 22+719	5
86	沙王扬水站	岔河右岸 28+500	20
87	锞子杨扬水站	岔河右岸 29+600	20
88	西宋门扬水站	岔河左岸 25+656	9
89	孙庄扬水站	岔河左岸 29+525	5
90	闯齐扬水站	岔河左岸 30+690	5
91	砥桥引水闸	漳卫新河左岸 79+262	20
92	陈庄扬水站	漳卫新河左岸 101+445	10
93	南陈庄扬水站	漳卫新河左岸 108+231	9.5
94	韩集扬水站	漳卫新河左岸 114+460	10
95	南卫扬水站	漳卫新河左岸 116+938	22
96	蔡家扬水站	漳卫新河左岸 118+536	8
97	西关扬水站	漳卫新河左岸 131+920	10
98	左一扬水站	漳卫新河左岸 138+521	12
99	东忠扬水站	漳卫新河左岸 141+020	20
100	马庄扬水站	漳卫新河左岸 150+900	8
101	东王扬水站	漳卫新河左岸 156+977	20
102	郭桥扬水站	漳卫新河左岸 158+915	3
103	管庄扬水站	岔河左 26+920	10
104	于仲举扬水站	岔河右 24+950	10
105	香坊王扬水站	岔河右岸 24+956	6
106	军王扬水站	岔河左岸 31+380	15
107	永丰引水闸	岔河左 35+600	5
108	牟庄扬水站	岔河右 35+492	50
109	崔庄扬水站	岔河右 31+000	50
110	王营盘引水闸	漳卫新河左 62+500	5000
111	道口引水闸	漳卫新河右 62+500	350
112	小安引水闸	漳卫新河左 86+088	300
113	寨子引水闸	漳卫新河左 91+040	5
114	前王引水闸	漳卫新河左 92+862	1800
115	跃丰引水闸	漳卫新河右 102+201	500

续表

序号	取水工程	取水口位置	取水量/万 m^3
116	反刘引水闸	漳卫新河左 119+695	120
117	王信引水闸	漳卫新河左 126+430	400
118	刘范引水闸	漳卫新河左 128+242	80
119	辛集引水闸	漳卫新河左 164+949	650
120	马庄引水闸	漳卫新河左 150+900	25

6.3.1.5 入河排污口监测站

漳卫南管辖范围内共有入河排污口 37 处，分布于漳河、卫河、卫运河、南运河、漳卫新河，涉及河南、河北和山东三省 5 个地级市。

据 2014 年漳卫南运河流域入河排污口调查统计，漳卫南局共调查了 26 个入河排污口，监测 20 个入河排污口，见表 6.5。其中，山东省 14 个，河南省 8 个，河北省 4 个。

（1）主要监测项目。污废水流量、COD、氨氮。

（2）监测频次。不定期。

表 6.5　　入河排污口调查情况表

行政区	调查排污口数/个	实测排污口数/个	暗管/个	明渠/个	涵闸/个	涵管/个
河南	8	7	2	5		
河北	4	4		4		
山东	14	9			7	2
总计	26	20	2	9	7	2

6.3.1.6 水环境监测分中心

漳卫南分中心现有移动实验室 1 个，检测设备 48 台，设备名称、建设时间见表 6.6。监测项目包括常规五参数、COD、氨氮、硝酸盐氮、氯化物、总氮、总磷、细菌总数、部分金属离子和有机污染物等，基本可以满足水质日常检测任务。

表 6.6　　漳卫南分中心现有设备表

序号	设备名称	单位	数量	建设时间
1	采（送）样车	辆	1	2008 年
2	移动实验室	个	1	2007 年
3	便携式多参数监测仪	台	5	2000 年、2008 年、2010 年、2013 年
4	水质等比例采样器	台	1	2010 年
5	气相色谱仪	台	1	2003 年

续表

序号	设备名称	单位	数量	建设时间
6	原子吸收分光仪	台	1	2003 年
7	紫外可见分光光度仪	台	5	2000 年、2002 年、2008 年、2013 年
8	分光光度仪	台	3	1982 年、1994 年、2013 年
9	COD 测定仪	台	1	2010 年
10	BOD 测定仪	台	2	2003 年、2013 年
11	原子荧光分光光度仪	台	2	2002 年、2012 年
12	总有机碳测定仪	台	1	2007 年
13	普通显微镜	台	1	2008 年
14	微波消解仪	台	1	2008 年
15	红外测油仪	台	2	2005 年、2012 年
16	高速冷冻离心机	台	1	2008 年
17	电子天平	台	4	2002 年、2013 年
18	冷藏柜	台	6	2007 年、2013 年
19	高纯水制备系统	台	2	2010 年、2013 年
20	高效固液萃取仪	台	1	2010 年
21	COD 快速测定仪	台	1	1997 年
22	便携式快速细菌检验箱	台	1	2010 年
23	便携式快速水质检验系列	台	1	2010 年
24	自动点位滴定仪	台	1	2012 年
25	流动注射分析仪	台	1	2012 年
26	溶解氧仪	台	1	2013 年
27	电导率仪	台	1	2013 年

6.3.2 存在的问题

(1) 取水计量设施不足。漳卫南局管理范围内有 120 个取水户，取水口取水计量设施严重不足，绝大部分依靠传统的方法进行计量，由取水户按月上报各自的取水量，缺少科学的取水计量设施，无法反映取水户的实时取水状态，严重影响了取水统计数据的科学性和准确性，也影响了漳卫南局取水许可监督管理业务的开展。

(2) 入河排污口监测能力低。漳卫南局管理范围内有 37 个入河排污口，年污水排放量约 2 亿 t/a，目前仅靠每年的入河排污口监督性监测对入河排污口的排污情况进行计量，在监督性监测期间，部分排污口不进行排污或排污量较小，而在其他时间段则排污量较大，这样就造成排污量统计存在偏差，影响了入河排污口监督管理业务的开展。而且，漳卫南运河的水生态环境恶化严重，与入河排污口的排放情况紧密相关，急需对重要排污口设置在线监测，以掌握流域内的排污情况。

(3) 重要支流流量情况尚未监测。安阳河是漳卫南运河水系的第二大支流，年均径流量约2.65亿m^3，为常年河；汤河是卫河的重要支流，这两条重要支流上的来水量直接影响漳卫南运河的水量。目前，在安阳河、汤河上没有水位、流量在线监测站，只能靠人工巡测或省市上报的方式来获取其流量状况，岳城水库上游水情测报系统报废，无法预测预报岳城水库的来水量。因水情测报系统没有覆盖流域，故而无法准确掌握漳卫南运河的来水量，这严重影响下游岳城水库及漳卫南运河干流的水资源调度。

6.4 水资源监控管理信息平台建设现状描述

近年来，在全球环境基金（GEF）海河等项目带动下，水资源管理信息化水平得到了一定的提高，开展了信息化建设项目，发挥了重要作用。

6.4.1 业务系统

6.4.1.1 漳卫南运河子流域知识管理（KM）系统

KM系统部署在漳卫南局，面向子流域的水资源业务、水环境业务以及水资源和水环境综合业务的管理，包括信息管理、业务管理、辅助决策支持3个子系统。信息管理子系统对综合信息、雨量信息、水情信息、水质信息、工情信息、气象信息、水量信息、社会经济信息、ET信息、项目成果信息进行管理；业务管理子系统包括水平衡分析、取水许可管理、用水户协会管理、水质评价、排污许可管理、污染物目标排放管理、水质预警7部分内容，为水资源与水环境综合管理目标的实现提供技术支持；辅助决策支持子系统利用漳卫南运河子流域SWAT模型和污染物总量控制模型成果为水资源和水环境管理提供辅助决策支持。

目前，KM系统存储了漳卫南流域雨水情数据、水质数据、水量数据、气象数据、社会经济数据等信息。

6.4.1.2 漳卫南局水情系统

水情系统部署在漳卫南局，可以对漳卫南运河流域内的水雨情业务进行分析处理，各监测站点利用GPRS将水雨情监测信息传输至各省，通过海委中转的方式，将漳卫南局管理范围内的水雨情信息传输至漳卫南局水情系统中。

该系统存储的水雨情监测站多数是由地方水利部门管理，依赖于地方水利部门的数据共享，且存在数据滞后现象。

6.4.2 通信与计算机网络

漳卫南局的网络拓扑结构采取星型网络结构方式。以漳卫南局为中心，对上通过专网和公网相结合的方式连接海委，对下通过微波或光纤连接局属各单位。漳卫南局和海委以及局属各单位连接网络带宽在155Mbit/s之间可分配。

网络业务主要是视频会商系统、电子政务、水文数据、语音电话及其他视频数据等。目前漳卫南网络已建设了网络防病毒系统、安全审计系统，以及网络管理系统等，如图6.1所示。

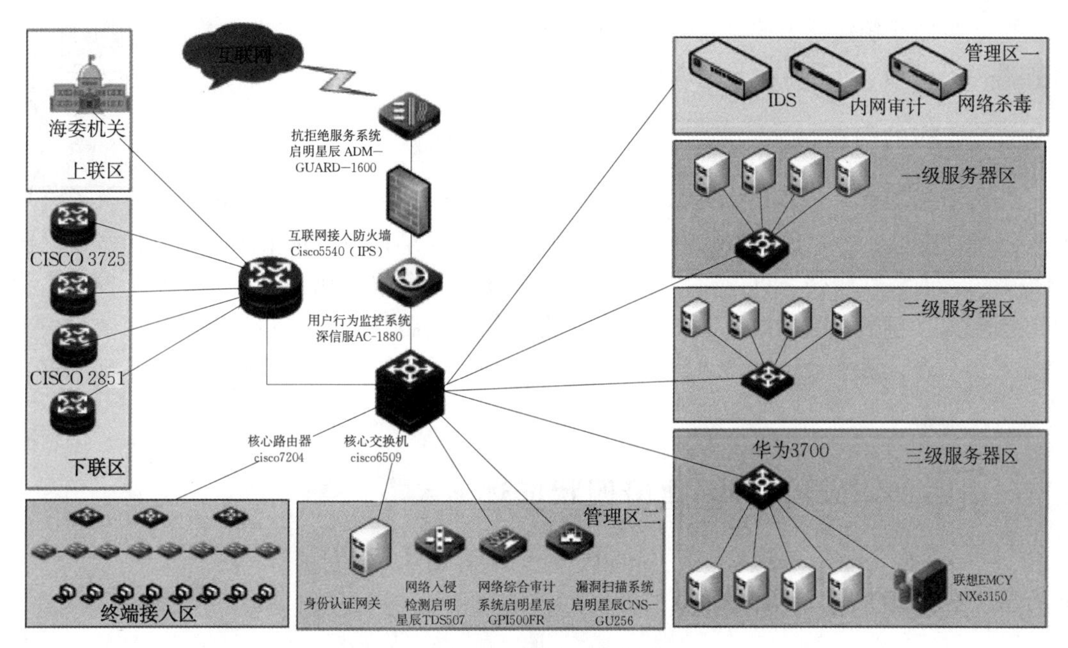

图 6.1 网络拓扑图

6.4.3 数据库建设

目前漳卫南局已建的数据库系统包括水资源保护信息系统数据库、电子政务系统数据库、实时水雨情查询系统数据库、防汛调度指挥系统数据库、卫星云图接收处理系统数据库、实时雨情分析系统数据库、洪水预报调度系统数据库等，见表6.7。

表 6.7　　数 据 库 清 单

序号	数据库	数据库软件
1	水资源保护信息系统数据库	SQL Server2000
2	电子政务系统数据库	Oracle 9i
3	实时水雨情查询系统数据库	SQL Server2000
4	防汛调度指挥系统数据库	SQL Server2000
5	卫星云图接收处理系统数据库	SQL Server2000
6	实时雨情分析系统数据库	SQL Server2000
7	洪水预报调度系统数据库	SQL Server2000

实时水雨情查询系统数据库、水资源数据库、防汛调度指挥系统数据库、洪水预报调度系统数据库等主要服务于水雨情查询系统、水情应用系统、防汛调度系统，数据内容为水文数据、水雨情数据、洪水预报数据、图像数据、工程数据。水资源保护信息系统数据库用于接收来自岳城水库及卫河河道的水质信息等水资源保护信息。

6.4.4 机房

目前漳卫南局中心机房使用面积为 $50m^2$，主要作为漳卫南局的网络通信系统、信息系统、数据库系统等系统的设备运行及数据存储处理中心。机房在作为数据机房的同时，还作为漳卫南局办公楼的综合配线机房使用。

6.4.5 存在的问题

漳卫南局的信息化发展相对较慢，依托全球环境基金海河项目建立了漳卫南子流域KM系统，存储了一定的基础数据、监测数据，开发较早；根据水情业务建立的水情预测预报系统，业务性较强，可以对漳卫南运河的水情进行预报。现在各业务处室掌握了大量的数据资源，包括基础数据、监测数据、业务数据等，各自使用，共享困难，而缺少一个综合展示平台，该平台可以将水资源相关的数据统一管理，为各业务处室提供基础的信息及分析结果，辅助其进行专业的业务处理。

6.5 相关水资源信息化建设现状描述

6.5.1 业务需求及流程分析

根据《关于印发漳卫南运河管理局主要职责机构设置和人员编制规定的通知》（海人教〔2010〕51号），漳卫南运河管理局管辖范围包括岳城水库及其以下漳河、淇门以下卫河、刘庄闸及其以下共产主义渠、卫运河、漳卫新河、南运河（四女寺至第三店），水资源管理的主要业务包括供水管理、用水管理、水资源保护管理、水资源调配管理、水资源统计管理、水资源应急管理等，具体业务包括水源地管理、取水许可管理、计划用水管理、水功能区管理、入河排污口管理、水生态系统保护与修复管理、水资源规划管理、水资源调度管理、水资源统计管理、水资源应急管理等业务。

6.5.1.1 水源地管理

岳城水库作为河北省邯郸市和河南省安阳市的饮用水源地，由漳卫南局负责管理。

（1）业务内容。包括采集岳城水库的基础信息，水量、水质监测信息，统计岳城水库月蓄水及供水情况，编制水源地保护方案及应急处理预案。

（2）业务流程。

1）信息管理。采集岳城水库的基础信息，水量、水质监测信息，并进行统计，分析岳城水库每月的蓄水量及供水情况。不定期组织有关技术人员，赴水库周边及水库上游进行实地查勘，摸清污染源有可能进入水库的通道，对入库排污口加强巡查，加密监测频率。

2）水源地保护方案制定。对岳城水库的资料进行整理、分析，根据水源地的保护目标，制定水源地保护方案，为水源地生态保护和污染防治提供依据。

3）水源地应急处理预案编制。对岳城水库的资料进行整理、分析，编制水源地应急处理预案，为突发性水污染事件的应急处理提供指导和依据。

（3）业务数据。包括基础信息、监测信息和管理信息，见表6.8。

表6.8　　水源地管理业务数据表

信息类别		详细信息
基础信息		水源地名称、位置、类型、开始蓄水年份、开始蓄水月份、校核洪水位、校核库容、设计洪水位、设计库容、正常高水位、正常库容、死水位、死库容、主要服务对象、供水人口、设计供水能力等
监测信息	水量	水位、可供水量、蓄水量或储存量等
	水质	水温、pH值、色度、嗅和味、浑浊度、肉眼可见物、溶解氧、高锰酸盐指数、总硬度、溶解性总固体、总大肠菌群、细菌总数、COD、BOD_5、氨氮、铜、锌、氟化物、砷、汞、镉、铬、铅、氰化物、挥发性酚类、硫酸盐、氯化物、硝酸盐、亚硝酸盐、铁、锰等
管理信息		水源地保护方案信息、应急预案信息等

6.5.1.2　取水许可管理

（1）业务内容。根据有关法律法规，取水许可审批权限在海河水利委员会，由漳卫南局负责监督管理。目前已经形成了漳卫南局、市河务局（管理局）、县河务局（闸所）三级机构的分级管理机制，对取水许可进行监督管理。为进一步加强取水许可监督管理工作，2014年，漳卫南局印发了《漳卫南局关于加强取水许可监督管理的通知》，从取水许可监督管理的重要意义、取水许可监督检查制度、取水许可监督管理档案、取水计划管理、取水许可数据统计、督促取水户依法取水、提高取水计量准确性、依法开展水资源管理执法、加强宣传力度等方面提出要求，切实贯彻取水许可制度，有效促进漳卫南局取水许可监督管理工作。

（2）业务流程。

1）取水许可业务处理。在漳卫南局管辖范围内取水户申请取水许可时，由省级水行政主管部门上报至海委进行取水许可审批相关业务。漳卫南局配合海委进行取水许可核验、发证，取水许可证变更、换发、注销等工作。

2）取水许可监督管理。包括取用水统计分析、监督检查、超指标纠正、纠纷调处和违法行为处罚。

3）取用水统计分析。漳卫南局每月对管辖范围内的取水口的取用水情况进行统计，定期将有关情况报海委，并将取用水情况及时向社会公布。

4）监督检查。定期进行检查，对重点取水口门进行跟踪调查和监管，发现取水户在实际取水过程中违背许可条件或有采用瞒报、虚报、谎报上报数据的行为，责令取水户改正。根据漳卫南运河流域的取用水情况，建立了重点取用水户监控名录。

5）超指标纠正。对耗水指标超过规定标准的取水户，责令其限期改正。期满无正当理由仍未达到规定要求的，可以根据规定的用水标准核减其取水量。

6）纠纷调处。在取水工程施工或运行过程中，如果发生由工程而引起的水事纠纷，漳卫南局进行纠纷调处，开展协调工作。

7）违法行为处罚。根据法律法规的规定，对于取水户的违法取水行为，漳卫南局上报海委，由海委责令其限期改正。情节严重的，由海委吊销其取水许可证。

（3）业务数据。包括取水户基础信息和取水许可证基础信息，见表6.9。

表6.9　　取水许可管理业务数据表

信息类别	详细信息
取水户基础信息	取水户名称、法人代表、详细地址、联系方式、管理单位、单位类型、行业类别、用水监测时间、取（用）水量、行政执法情况等
取水许可证基础信息	取水许可证代码、审批单位、监督管理机关、取水户名称、申请取水起始日期、年取水总量、水源类型、最大取水流量、取水口设置、取水方式、计量方式等

6.5.1.3　计划用水管理

（1）业务内容。漳卫南局注重取用水户的计划用水管理，每年对取水户取水计划进行初审，从严监督，辅助进行取用水户的监督管理工作。

（2）业务流程。漳卫南局强化计划用水管理和过程管理，每年专门下发通知，督促取水户按时报送年度取水总结和下一年度取水计划，并对取水计划进行初步审核，初步审核计划取水量不得超过许可取水量。在实施过程中，加强用水过程管理、跟踪管理，做好取用水过程监督。

（3）业务数据。包括计划用水信息，见表6.10。

表6.10　　计划用水业务数据表

信息类别	详细信息
计划用水信息	取用水户名称、时间、生产用水总量、生活用水总量、生态环境用水总量、年度需水量、来水量、计划用水量

6.5.1.4　水功能区管理

（1）业务内容。定期对管辖范围内的水功能区水质状况进行检查和评价，及时公布水功能区水质状况，做好局辖范围内水功能区达标评估工作，完成省界监测断面确界立碑工作。

（2）业务流程。

1）监测信息管理。漳卫南运河水环境监测中心负责管辖范围内15个水功能区（共24个断面）的水质监测，每月月初进行监测，并将监测信息及时发送至海河流域水环境监测中心。

2）水质状况评估。根据每月的水质监测结果，对水功能区的水质达标状况进行评估，编制水功能区水质状况月报，并及时对外发布。

3）省界监测断面立碑。在漳卫南局管辖范围内，确定省界监测断面所设标志碑的碑身尺寸、碑体材质、碑面标识、埋设位置等内容，完成立碑工作。

（3）业务数据。包括空间信息、基础信息、监测信息，见表6.11。

表6.11 水功能区管理业务数据表

信息类别	详细信息
空间信息	水功能区划空间分布图
基础信息	功能区名称、起止断面、长度、面积、类型、现状水质、目标水质、动态流量、动态水质、水质标准、纳污能力、入河排污口数量、位置、排污能力、污水水质信息等
监测信息	水温、pH值、溶解氧、高锰酸盐指数、COD、BOD_5、氨氮、铜、锌、氟化物、砷、汞、镉、铬（六价）、铅、氰化物、挥发酚、硫化物、粪大肠菌群、现状水质、目标水质、超标因子等

6.5.1.5 入河排污口管理

（1）业务内容。包括组织开展局辖范围内重点入河排污口水质水量监测，掌握管辖范围内入河排污口设置状况，完善入河排污口管理档案。

（2）业务流程。

1）入河排污口调查。对漳卫南运河水系内的河南、河北和山东3省5个地级市，5条大小河流的入河排污口进行调查，补充完善入河排污口的基本信息，建立入河排污口管理名录。

调查具体内容包括入河排污口名称、入河排污口所在地理位置（GPS定位）、入河方式、排放规律、污水性质、污水入河量、污水排入河流及水功能区等基本情况。

2）监督性监测。漳卫南局制定了《漳卫南运河水系入河排污口监督性监测实施方案》，根据该方案，每年组织开展入河排污口监督性监测工作，并编制《海河流域漳卫南局管入河排污口监督性监测成果报告》。

入河排污口监督监测实行水量、水质同步监测。水量按照水文测流要求，由排污口所在地管理单位配合监测。水质监测由漳卫南运河水环境监测中心承担，按照《污水综合排放标准》（GB 8978—1996）《地表水环境质量标准》（GB 3838—2002）中水质分析和采样方法进行，每年监测2次。

（3）业务数据。包括空间信息、基础信息、监测信息，见表6.12。

表6.12 入河排污口管理业务数据表

信息类别	详细信息
空间信息	入河排污口空间位置图
基础信息	入河排污口名称、入河排污口所在地理位置（GPS定位）、入河方式、排放规律、污水性质、污水入河量、污水排入河流及水功能区等
监测信息	污废水流量、COD、氨氮等

6.5.1.6 水生态系统保护与修复管理

（1）业务内容。包括开展漳卫南运河河湖健康评价、生态监测技术推广、生态调水等工作，推进漳卫南运河水生态系统修复。

（2）业务流程。

1）河湖健康评价。开展漳卫南运河河湖健康状况调查，建立漳卫南运河河流生命健康标准体系。

2）生态监测技术推广。开展高新监测技术推广应用研究，推进水生态监测系统和水生态评估体系建设。加强生态治污新技术推广，开展了袁桥闸过流曝气试验、岔河四女寺至于官屯生态修复试验研究，探索改善河道水质和水生态环境的有效途径，指导德州等地方开展城市河段风景区、湿地公园等水生态建设。

3）生态调水。根据岳城水库的蓄水情况，漳卫南局实施了引岳济淀、引岳济衡、引岳济沧生态调水工程。

（3）业务数据。包括河流健康评价、生态调水等业务信息，见表6.13。

表6.13　水生态系统保护与修复管理业务数据表

信息类别	详细信息
业务信息	河流生命健康标准体系名称、指标名称、指标含义、权重等；生态调水工程名称、时间、受水区、调水量等

6.5.1.7　水资源规划管理

（1）业务内容。包括组织开展规划编制工作，并对规划实施进展进行监督管理。

（2）业务流程。

1）规划编制。收集、整理水资源信息，包括水资源资源量情况、开发利用情况、供水预测、需水预测、入河污染物控制总量、节水目标等，组织编制漳卫南局水资源管理相关规划。

2）规划实施进展监督管理。监督管理规划实施进度、完成情况，对规划实施进展与规划方案进行对比分析。

（3）业务数据。包括基础信息、监督管理信息和规划成果信息，见表6.14。

表6.14　水资源规划管理业务数据表

信息类别	详细信息
基础信息	水资源时空分布特征、河流、水库、人口、经济信息、水资源开发利用现状信息、供水预测方案、需水预测信息等
监督管理信息	规划实施时间、实施计划、工作进展、年度完成百分比等

6.5.1.8　水资源调度管理

（1）业务内容。包括制定岳城水库年度水量调度方案，对方案执行情况进行监督管理，并总结、上报水资源调度情况。

（2）业务流程。

1）制定年度水量调度方案。漳卫南局会同河北省、河南省水利厅编制岳城水库的年度水量调度方案和调度计划，经审核后由海委报水利部批复后，组织实施。

2）水量调度实施监督管理。漳卫南局负责岳城水库水量调度执行情况的监督管理，对引岳入邯郸、入安阳工程的水量、水质信息进行监测、统计分析，并对岳城水库的来水量进行预测，保证岳城水库的水量分配。同时，漳卫南局对流域内的水闸工程进行调度，完成漳卫南运河的水量调度工作。

3）水资源调度业务总结。漳卫南局对岳城水库的水资源调度情况进行总结，及时将信息上报海委。总结内容包括调水时间、调水量、分水比例、沿途水质情况等。

同时，总结流域内的调水情况，编写流域内调水大事记，包括调水计划、实施情况等信息。

（3）业务数据。包括空间信息、水量调度方案和监测信息，见表6.15。

表6.15　　水资源调度管理业务数据表

信息类别	详细信息
空间信息	引岳入邯郸、入安阳工程空间位置图，调水路线图等
水量调度方案	岳城水库年度水量调度方案等
监测信息	实施过程、调水量、调水水质

6.5.1.9　水资源统计管理

（1）业务内容。包括管理、统计流域内各类水资源管理、水功能区监测信息，完成相应报表的编制、发布或上报工作。

（2）业务流程。漳卫南局安排专人负责水资源统计报表的编制工作，包括水政水资源月报、水功能区水质状况通报、水资源管理年报等报表，及时将信息上报至海委，并对外公布，见表6.16。

表6.16　　水资源统计报表清单

序号	报表名称	编制单位	编发频率	保密等级
1	水政水资源月报	漳卫南局	每月1次	社会公布
2	水功能区水质状况通报	漳卫南局	每月1次	社会公布
3	水资源管理年报	漳卫南局	每年1次	社会公布

其中水政水资源月报从2001年开始编制，截至2016年12月，共编制月报125期；水功能区水质状况通报共编制118期；水资源管理年报共编制5期。

（3）业务数据。包括水资源信息和业务信息，见表6.17。

表6.17　　水资源统计管理业务数据表

信息类别	详细信息
水资源信息	供水情况、取水情况、河流和水源地水质评价状况等
业务信息	水量分配信息、水资源调度工作情况等

6.5.1.10 水资源应急管理

（1）业务内容。包括制定漳卫南局重大突发事件（水污染事件、工程事故、自然灾害、人工灾害等）的应急预案，收集和分析应急信息，并进行应急调度和会商。

（2）业务流程。

1）应急预案制定。组织制定重大突发事件应急预案，确定不同类型突发事件发生时的应急机构、职责分工、应急调度和应急管理措施、保障措施等。

2）应急信息收集和分析。收集、整理重大突发事件的应急监测信息、视频监视信息、现场调查信息、事故处理信息等，对上述信息进行汇总、统计和分析，形成相关的现场情况报告并上报。

3）应急调度与会商。发生突发事件时，依据采集的应急监测信息，组织、协调重大突发事件涉及的省市应急机构以事件现场指挥、视频会议、电话会议等形式进行应急调度，确定应急响应方案，并组织实施。

（3）业务数据。包括空间信息、监测信息和管理信息，见表6.18。

表6.18　　水资源应急管理业务数据表

信息类别	详细信息
空间信息	事发地点及相关工程设施空间位置图及属性信息
监测信息	气象、雨水情、社会经济、工情、旱情、墒情、水质信息、生态环境以及供水、用水等水资源信息
管理信息	应急预案信息

6.6 数据需求及流程分析

6.6.1 最严格水资源管理数据需求分析

6.6.1.1 数据内容

为支撑漳卫南局最严格水资源管理制度实施，需要对取用水户、入河排污口、水功能区以及省界断面的实时监测信息进行监控，掌握各监控对象的空间分布。

根据最严格水资源管理制度的实施要求，结合漳卫南运河流域实际，需整合监测类信息、业务类信息、地理信息类信息、基础类信息及多媒体类信息。

（1）监测类信息。需掌握漳卫南运河流域内岳城水库、15个水功能区、24个省界控制断面水质站，36个水文站的监测信息、34个重点取水户的取水信息及86个取水户的取水统计信息、5个入河排污口的监测信息及34个入河排污口的监督监测信息，包括水位、水量、水质、水生态信息。

（2）业务类信息。需掌握漳卫南运河流域水源地管理、取水许可、计划用水、入河排污口管理、水功能区管理、水生态保护与修复管理、水资源规划管理、水资源调度管理、水资源应急管理等方面的数据。

(3) 地理信息类信息。需掌握漳卫南运河流域1∶250000的基础地理、水利工程空间分布图，水资源工程空间数据，水资源专题图，水资源分区、水功能分区以及遥感影像图。

(4) 基础类信息。需掌握漳卫南运河流域岳城水库、15个水功能区、24个省界控制断面水质站，36个水文站、120个取水户、39个入河排污口、引岳入邯郸、引岳入安阳、引岳济淀、引岳济衡、引岳济沧等工程的基础信息，以及测站属性数据等。

(5) 多媒体类信息。需掌握漳卫南运河流域岳城水库，15个水功能区，24个省界控制断面水质站，36个水文站，120个取水户，39个入河排污口，引岳入邯郸、引岳入安阳、引岳济淀、引岳济衡、引岳济沧等工程的图像和影音资料，以及与水资源管理相关的技术标准规范数据。

6.6.1.2 数据量估算

根据漳卫南运河流域水资源管理需要的监测信息、业务信息、基础信息、地理信息、多媒体信息内容，同时考虑通过数据共享的方式获取海河流域水资源监控管理信息平台的信息，分析各类信息的数据量。

(1) 水量数据。漳卫南运河流域共有水文站36处，每个测站每份报文长度为80Byte，汛期每天按24段次，非汛期每天按4段次，按汛期120天，非汛期245天计算；取水口监测站点34个，每个测站每份报文长度为80Byte，按每天报送24次；其数据总量为

$$80\text{Byte}\times[36\times(24\times120+4\times245)+34\times24+5\times24]=33.1\text{MB}$$

(2) 水质数据。漳卫南运河流域共设水功能区站点24个，每年巡测12次；入河排污口测站约90个，每年巡测2次，入河排污口5个在线监测站，每个测站每份报文长度为80Byte，按每天报送24次；河流水库水质测站约49个，其中2个为自动站，每天监测2次，其他47个为人工监测，每年巡测12次。每次水质信息长度约100Byte，水质数据总量为

$$100\text{Byte}\times[(93+47)\times12+90\times2+2\times365\times2+206\times12]=0.81\text{MB}$$

(3) 统计信息。包括旱情信息、气象信息、社会经济信息等，按以上几项信息的30%计，其数据量为

$$(33.1\text{MB}+0.81\text{MB})\times30\%=10.2\text{MB}$$

(4) 业务数据。包括水源地、取水许可、计划用水、水功能区、入河排污口、水生态系统保护与修复、水资源调配、水资源统计等信息，结合日常业务产生的数据量，粗略估算业务数据量为4GB。

(5) 实时视频、音频等多媒体信息。包括工程视频、音频、图片，站点视频、音频、图片，会议视频、音频等信息，粗略估算为50GB。

(6) 空间数据。包括遥感影像图和电子地形图，其中遥感影像图估算为20GB，电子地形图估算为10GB，共计30GB。

综上，漳卫南运河流域水资源监控管理信息平台的年更新数据总量（考虑到未知因素，计算时采取30%的裕度）为

(33.1MB＋0.81MB＋10.8MB＋10000MB＋300000MB＋200000MB)×(1＋30％)≈661GB

6.6.1.3 数据交换

本项目搭建的漳卫南运河水资源监控管理信息平台需要通过数据交换共享的方式，与海河流域水资源监控管理信息平台进行信息交换，上报漳卫南运河流域的水资源管理信息，包括岳城水库的水量水质信息、取水口的取水信息、取水户的监督信息等，同时从海河流域水资源监控管理信息平台获取漳卫南局监督管理范围内的取水许可证信息、水资源调度信息、流域内水文站监测信息。

6.6.2 取用水监控数据需求分析

要基本建成取用水监控体系，应对占漳卫南运河流域规模以上的重点用水大户实现在线监测，主要包括地表取水年许可取水量在100万m^3以上集中取用水大户，部分在敏感水域取水的取水户或其他特别重要的取水户。

目前，漳卫南局尚未实现对取用水户水量的在线监测，基本靠取水户每月上报取水量的方式进行统计，以掌握漳卫南运河的取用水状况，根本无法满足取用水总量的控制目标。因此，本项目需针对漳卫南局重点取用水户建设在线监测体系，实时掌握重点取水户的取用水信息，加强漳卫南运河的取用水过程监督。

自动监测应每日施测一次，突发应急状态下的采集频次根据需要可调整为1小时或更短；人工监测每月施测一次，每日首次监测时间为北京时间8时，同时参照《水资源水量监测技术导则》(SL 365—2007)。

监测项目为流量或水量。

6.6.3 入河排污口监控数据需求分析

要基本建成入河排污口监控体系，应对漳卫南运河规模以上入河排污口实现水量在线监测。

目前，漳卫南运河上共有39个入河排污口，尚未实现水量、水质在线监测，每半年对部分入河排污口进行监督检测，统计入河排污口的排污情况。因此，为缓解漳卫南运河水污染状况，需掌握流域内入河排污情况，在重点入河排污口建设水量在线监测站，实现水量的在线监测；水质以巡测为主，定期对入河排污口的水质情况进行监测。

(1) 水量监测。自动监测应每6小时施测一次，突发应急状态下的采集频次可临时调整为1小时间隔或更短；人工监测每月施测一次，每日首次监测时间为北京时间8时，同时参照《水资源水量监测技术导则》(SL 365—2007)。

(2) 水质监测。频次应每月至少采样监测1次；监测项目应包括水温、pH值、溶解氧、高锰酸盐指数、化学需氧量、BOD_5、氨氮、电导率、总磷、铜、锌、氟化物、硒、砷、汞、镉、六价铬、铅、氰化物、挥发酚、石油类、阴离子表面活性剂、硫化物、粪大肠菌群、总氮、氯化物、叶绿素a、透明度、矿化度、总硬度、悬浮物、硝酸盐、亚硝酸盐、硫酸盐、氯化物、总有机碳、钾、钠、钙、镁、铁、锰、镍等。

6.7 功能需求分析

6.7.1 数据采集

数据采集是漳卫南运河流域水资源监控管理信息平台的基础支撑。为实现漳卫南运河流域水资源科学管理、精细管理，落实最严格的水资源管理制度，应利用自动与人工相结合的采集方式，获取流域内地表取水年许可取水量100万 m^3 以上重要取用水户的取水信息、重要入河排污口的排污信息、岳城水库以上重要水文站的水情信息，及时掌握安阳河、汤河等重要支流的水量信息，以及流域内水功能区、省界断面的水质信息，同时通过数据交换共享的方式获取流域内水文监测信息，以全面掌握漳卫南运河流域的自然水循环过程及水资源开发利用环节的水资源信息。

6.7.2 视频监视

为辅助取水户、入河排污口监督管理，应利用视频监视系统，实现对重要取水口、入河排污口及重要断面的监视，掌握重要取水户、入河排污口的取水、排污情况，可以在局机关监视流域内重要取水户、入河排污口、重要断面的水资源状况，提供水资源调度的基础信息支撑。

(1) 业务支撑。为落实最严格的水资源管理制度，提高水资源管理能力，应搭建水资源管理的技术支撑平台，提供高效的分析工具，实现水资源信息的实时监控、统计分析和模拟预测，满足流域水资源管理的要求。

(2) 调度会商。为实现水资源调度决策分析，应建立水资源监控中心，掌握突发事件发生时现场的监测信息，辅助制定应急调度方案，同时为漳卫南局实时获取相关业务信息，进行决策分析，召开异地视频会议，实现水资源调度、决策、应急事件处置提供会商环境与技术手段。

6.8 性能需求分析

6.8.1 性能要求

(1) 系统可靠性。要求系统软硬件整体及功能模块稳定可靠，保证系统7×24小时正常运行。

(2) 容错和自适应性能。对使用人员操作过程中出现的局部错序或可能导致信息丢失的操作能推理纠正或给予正确的操作提示。对于关联信息采用自动套接方式按使用频率为用户设置缺省值。

(3) 易维护性。要求系统的数据、业务以及涉及电子地图的维护方便、快捷。

(4) 安全性。要求保障系统数据安全，不易被侵入、干扰、窃取信息或破坏。

(5) 可扩展性。要求系统从规模上、功能上易于扩展和升级，应制定可行的解决方案，预留相应的接口。

(6) 数据准确性。水资源管理系统涉及不同类型的数据，数据从采集、检验、录入、上报到入库，经过多种工序，要保证数据准确性。

(7) 数据精确度。系统中的各类数据，尤其是地形数据、模型输入、输出数据的精度要满足业务管理需要。

(8) 时间特性。水资源监控管理涉及多个业务处室，多级水行政管理机构，业务流程复杂，尤其是实时监控方面，对系统的响应时间、更新处理时间、数据转换及运行效率都有一定的要求，因此，在系统设计、算法组件等方面要有所考虑，采用高效合理的方法和算法，以提高系统运行效率。

(9) 适应性。系统在操作方式、运行环境、与其他软件的接口以及开发计划等发生变化时，应具有适应能力。

6.8.2 系统运行需求

(1) 用户界面。系统建设应强调结构化、模块化、标准化，做到界面清晰，接口标准统一，连接畅通，使系统既有完整性，又有灵活性，以便于最终实现有效集成。

完全遵照GUI（图形用户界面）的标准，用户只要了解实际工作的工作流程和操作系统的使用方案，无需经过复杂的操作培训即可方便使用。

(2) 易用性。菜单格式、快捷键等应充分考虑用户习惯，做到方便易用。

6.8.3 软件接口

(1) 数据接口。本系统应提供标准的数据接口，以实现与海河流域水资源监控管理信息平台、漳卫南运河子流域知识管理（KM）系统、漳卫南水情系统等已建系统的数据共享，并可根据业务的需求进行扩展。

水资源监控管理信息平台建设应提供与自动采集数据来源设施相吻合的标准接口，以接入自动采集的监测信息，并可根据业务的需求进行扩展。

(2) 应用系统接口。水资源监控管理信息平台应提供与算法组件库连接的标准接口，以实现算法调用、参数及运行成果的传递，并可根据业务的需求进行扩展。

6.8.4 安全需求分析

系统安全设计的目标是保证系统运行的安全，并在系统遇到故障时（包括硬件损坏和软件系统崩溃等），能够有效地避免信息丢失和破坏，并尽快恢复系统的正常运行。基于本系统的重要性，拟按照等级保护三级重要系统的相关要求进行安全防护。系统安全体现在以下几个方面。

(1) 物理安全防护。包括电源供给、传输介质、物理路由、通信手段、电磁干扰屏蔽、避雷方式等保护措施。漳卫南局机房已具备完善的供电、空调、照明等设施，具备防尘、防潮、抗静电、阻燃、绝缘、隔热、降噪声的物理环境，保证本系统运行的物理安全。

(2) 网络设施安全防护。包括数据传输的安全、网络设备的安全、网络业务的安全、用户网络的安全、网络管理系统的安全和病毒防护等。漳卫南局机房已部署防病毒、防入侵和漏洞扫描等软件，可以有效地阻止病毒对系统的攻击，满足本系统的运行要求。

（3）数据安全防护。包括数据传输、存储、访问、处理的安全，数据的容灾备份。漳卫南局机房已配置数据存储设备，保证系统数据的安全性。

（4）应用安全防护。包括身份鉴别、访问控制、安全审计等。漳卫南局建立了RA认证中心，通过海委政务外网的CA系统，可以实现用户的统一管理，控制系统的访问权限，保证本系统的运行和数据安全。此外，在软件开发过程中，应提供专用的登录控制模块对登录用户进行身份标识和鉴别，授予不同账户为完成各自承担任务所需的最小权限，并在它们之间形成相互制约的关系，以保证系统的应用安全。

（5）安全管理制度。安全管理制度包括关键设备的管理、人员管理、机房管理等安全管理制度。漳卫南局机房制定了安全管理制度，可以满足本系统的安全运行需求。

6.8.5 与相关系统的整合需求及设计边界分析

（1）漳卫南运河子流域知识管理（KM）系统。漳卫南运河子流域知识管理（KM）系统是具有决策支持作用的水资源和水环境综合管理信息系统，对水资源与水环境管理信息做出科学的分析评估，为子流域的水资源与水环境综合管理提供及时、有效的科学依据。

漳卫南运河流域水资源监控管理信息平台应充分利用漳卫南运河子流域知识管理（KM）系统中重要雨量站、河道水文站、闸坝水文站、水库水文站、地下水等。

（2）漳卫南局水情系统。漳卫南局水情系统是对漳卫南运河流域内水雨情监测信息进行分析处理，为漳卫南局进行洪水预报分析业务提供基础数据支撑。

漳卫南运河流域水资源监控管理信息平台应充分利用漳卫南局水情系统中的水雨情监测信息，包括埕口、汲县、淇门、道口闸上、五陵、元村、修武、宝泉、石门水库、塔岗水库、陈家院、盘石头水库、新村、弓上水库、小河子水库、横水、小南海水库、彰武水库、安阳、双泉水库、石梁、南谷洞水库、天桥断、后湾水库、石栈道、蔡家庄、玄坛庙、博爱、焦作、西村、吴村、古郊、西石门、琵琶、官山、黄水口、辉县、朝歌、南寨、要街、临淇、马家庄、桥上、林县、东姚、东柏林、石城、社城、郭郊、白和、史北、东阳关、五里后、龙镇、寺头、任村、紫罗、松烟、仙人坪、西井60个雨量站，淇门、元村、盘石头水库、新村、合河、小南海水库、观台、岳城水库、民有渠、漳南渠、申村水库、西堡水库、陶清河水库、鲍家河水库、庄头、漳泽水库、屯降、圪芦河水库、月岭山水库、后湾水库、云竹、关河水库、石匣水库23个河道水文站。

6.9 效益分析

漳卫南运河流域水资源监控能力建设是实现水资源管理由静态管理、粗放管理、定性管理和经验管理向动态管理、精细管理、定量管理和科学管理转变的需要。通过漳卫南运河流域水资源监控能力建设，将切实提高水资源监控水平，实现对流域重要支流、取水户、入河排污口等重点对象的水量水质监控，为水资源保护、水资源调配和水资源管理业务提供决策依据，为实行最严格的水资源管理制度和落实“三条红线”管理提供分析平台。漳卫南运河流域水资源监控能力建设项目建成运行后，将产生显著的社会、环境和经济效益。

6.9.1 社会效益分析

（1）提高水资源管理水平，加强水资源调控能力。漳卫南运河流域水资源监控能力的建设将为推动流域水资源管理水平提供统一的分析与管理平台，具体体现在：漳卫南运河流域水资源监控管理信息平台通过开发水雨情业务管理、水质预测预警管理、水资源调度管理、水闸监视管理等系统，为相关业务的管理与决策提供信息支持。同时，通过建设重要取用水户、入河排污口、重要支流断面的水位（流量）在线监测体系以及岳城水库水文自动测报系统，提高水资源管理水平的基础设施，为政策制定和水资源的优化调度提供依据，从而实现减少水污染、提高江河水体自净化能力、合理配置生活、生态和工农业用水的目标，加强水资源的调控能力，提高水资源可持续利用水平。

（2）促进“最严格水资源管理制度”的实施。漳卫南运河流域水资源监控管理信息平台建设将通过对由来水、取水、排水、输水等环节中水资源开发利用信息的监测、传输、分析、共享和应用，为建立水资源开发利用控制红线和水功能区限制纳污红线，促进最严格的水资源管理制度的实施提供科学的分析平台，为漳卫南运河流域水资源的合理开发、综合治理、优化配置、全面节约和有效保护提供决策依据，其带来的社会效益显著。

6.9.2 环境效益分析

漳卫南运河流域水资源监控能力的建设将通过对流域重要支流、取水户、入河排污口等重点区域的水量水质监测，实现合理利用可供水量、提高水资源利用率、改善生态环境的目标，为促进环境逐步改善提供有力支撑。

漳卫南运河水资源监控能力建设项目实施后，可迅速反映流域内水资源数量和质量的变化情况，及时为水资源管理部门提供全面、系统的水资源信息，为取水许可监督、入河排污口监督、水功能区监督等管理业务的开展提供科学依据，这将有助于漳卫南运河流域水资源的优化配置和科学调度、改善水资源短缺、遏制生态环境恶化、提高人民生活质量，环境效益显著。

6.9.3 经济效益分析

（1）提高工作效率，降低管理成本。漳卫南运河流域水资源监控管理信息平台建设将采集流域重要支流、取水户、入河排污口等区域的水量水质监测信息，建设数据库系统，实现数据资源的集中存储、统一管理，为水资源日常管理提供信息查询、统计分析等功能，实现日常工作从传统的管理方式转变为信息化的管理方式，提高对事件的反应能力，优化工作流程，从而提高工作效率，节约管理成本。

（2）整合数据资源，避免重复建设。漳卫南运河流域水资源监控能力的建设将充分利用已有水利设施，采用统一的水资源信息化标准体系，最大限度的规范、整合现有涉水业务的各种水资源信息，从而实现漳卫南局各单位业务数据的共享、交换和快速传递，提高水资源信息数字化程度，消除信息孤岛现象，最大化地减少水资源信息的浪费，避免重复投资建设，将产生极大的经济效益。

第7章 水资源监控能力建设总体设计

7.1 指导思想和设计思路

7.1.1 指导思想

紧密围绕最严格水资源管理制度要求，以提高漳卫南运河流域水资源管理能力与水平、更好履行机构职责、保障水资源可持续利用为目标，以漳卫南局水利信息化建设成果为基础，以需求为导向，以水资源开发利用的主要环节为监控对象，注重统一建设管理，加强资源整合，坚持统筹兼顾、突出重点、总体规划、分步推进、整合资源、共享利用，实现漳卫南运河流域水资源定量化、科学化管理，为实行最严格的水资源管理制度提供技术支撑。

7.1.2 设计思路

充分分析漳卫南局水资源管理方面的需求，考虑系统建设的开放性、可靠，进行系统建设方案设计，设计方案要求体现经济实用、技术先进安全可靠具有前瞻性和扩展性，在数据库建设、支撑平台、应用系统、安全保障等方面为平台设计提供坚实基础和建设依据。

7.2 总体框架

漳卫南运河流域水资源监控管理信息平台依托已建的基础设施和信息化系统进行建设，包括信息采集与传输、计算机网络、数据资源、应用支撑、业务应用系统等5个层面，并以水资源监控中心和视频接收中心站为运行场所，以系统安全体系、标准规范体系为保障，为漳卫南局及二级局、海委、水利部和社会公众提供服务。系统总体框架如图7.1所示。

（1）信息采集与传输。利用在线监测与人工巡测相结合的方式，采集取水口、入河排污口、重要支流断面、水功能区、省界断面的水量、水质信息。

（2）通信与网络。利用公网与微波相结合的通信方式，将采集到的监测信息传输至数据接收中心站。

（3）数据资源。充分整合已有的数据资源，遵循国家水资源监控能力建设项目颁发的项目建设标准，构建数据库，将平台所有的数据资源进行统一管理。

（4）应用支撑。遵循SOA体系，搭建应用支撑平台，实现数据库与业务应用系统之间的松耦合，提高系统的运行效率。

（5）业务应用系统。根据漳卫南局水资源管理需求，建设应用系统，为业务人员进行水情监视、水质预测、水资源调度等业务提供基础支撑。

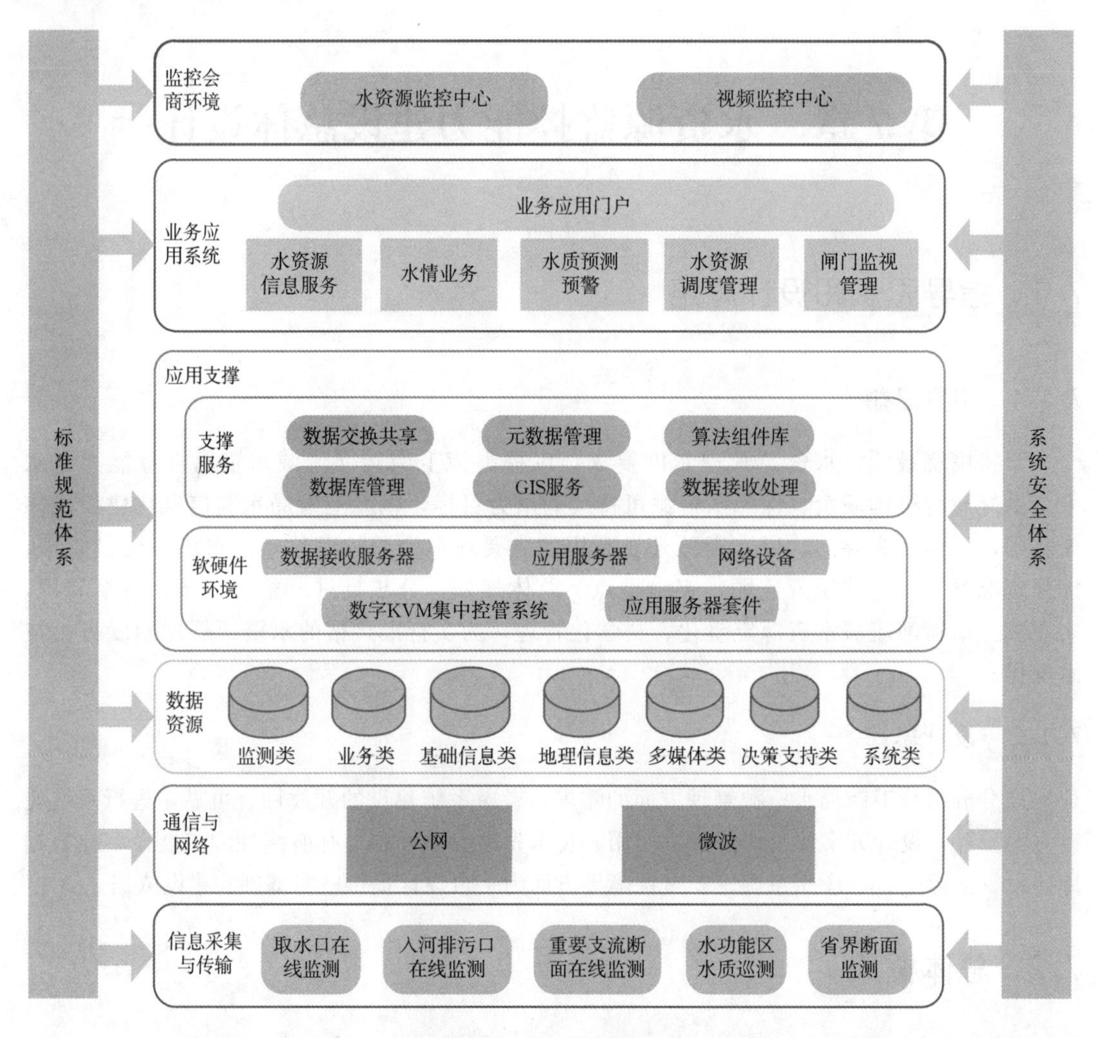

图 7.1 系统总体框架图

(6) 监控会商环境。为漳卫南局业务人员监控流域内水资源动态变化、调度决策分析等提供场所，同时为监测站点的视频接收、视频设备控制、视频信息查看等提供处理场所。

(7) 系统安全体系。根据漳卫南局机房安全现状，利用其他项目建设的成果，形成符合信息化系统等级保护要求的系统安全体系，保证系统的数据、应用等方面的安全。

(8) 标准规范体系。遵循国家标准、行业标准和国家水资源监控能力建设项目标准，确保系统建设的规范性，可以与其他信息化系统进行数据共享和应用整合，提高系统的应用效能。

7.3 主要建设内容

取用水监测体系、入河排污口监测体系、水情自动测报系统、水资源监控管理信息平台等。

（1）取用水监测体系。根据漳卫南运河流域取水户的取水情况，确定34个重要取水户（包括14个引水闸、20个扬水站），建立在线监测系统，实现取水量在线监测，其中15个具备视频监视条件、取水位置敏感且重要的取水户建立视频监视系统，实现取水实时监控；配置便携式水位计等巡测设备，辅助取水口的水量监督监测。

（2）入河排污口监测体系。根据漳卫南运河流域入河排污口的排污情况，确定5个重要入河排污口建立在线监测系统及视频监视系统，实现排污口的污水排放情况实时监控。

（3）水情自动测报系统。建立重要支流安阳河、汤河口水位、流量在线监测系统及视频监视系统，实现安阳河和汤河的水位流量实时监控；建设岳城水库水文自动测报系统，建设34个水位、雨量遥测站和岳城水库管理局信息接收中心站，实现岳城水库以上漳河流域水雨情信息自动测报，为岳城水库的水资源配置和调度管理提供支撑；实现优化和整合，建设覆盖干流主要控制断面的水情自动测报系统。

（4）漳卫南局水资源监控管理信息平台。充分整合漳卫南运河管理局信息和网络资源，建立漳卫南运河水资源监控管理信息平台，包括计算机网络、数据资源、应用支撑、业务应用、应用交互、监控会商环境、系统安全等。

（5）计算机网络。利用漳卫南局政务外网，实现漳卫南局水资源监控管理信息平台与海河流域水资源监控管理信息平台间信息的互联互通。

（6）数据资源。按照国家水资源监控能力建设数据库建设标准规范，收集整理漳卫南运河的取水口、入河排污口、水闸等相关的基础信息、监测信息、空间信息、业务信息，建设基础数据库、监测数据库、空间数据库、业务数据库、决策数据库、元数据库，实现水资源数据资源的统一管理，同时利用数据同步的方式接入已建的水雨情数据，支撑水资源调度管理。

（7）应用支撑。建设支撑平台，利用虚拟化技术，实现资源的优化配置，支撑漳卫南运河管理局信息管理平台现代化。

（8）业务应用系统。建设业务应用门户、水资源信息服务、水情业务系统、水质预测预警系统，水资源调度管理系统，整合水闸自动调度系统，为漳卫南运河流域水资源管理和决策提供技术支持。

（9）监控会商环境。建设漳卫南局水资源监控中心，提供获取所有相关业务信息、进行决策分析预测与仿真、召开视频会议的环境与场所。同时，在二级局建立视频接收中心站，接收管辖范围内的取水户、入河排污口、重要断面的视频信息，实现历史视频信息的远程调用，局机关通过访问各直属局的视频控制系统来查看及调用视频信息。

7.4　取用水监控体系设计

7.4.1　取用水监控对象及现状

漳卫南运河流域取用水监控对象主要为海委颁发取水许可证的取水户，包括农业取水和公共集中供水（工业、服务业和生活用水）等用途；包括地表取水和地下取水等方式，地表取水又包括从蓄水工程取水，引水工程取水和调水工程取水等。

7.4.1.1 取水户取水情况

目前，漳卫南局管理范围内共120个取水户，累计年许可水量45176.6万m^3，由漳卫南局二级局负责各管辖范围内的取水户监督管理，并统计每月的取水信息。

2014年，漳卫南局确定岳城水库民有渠等34处取水口为重点监督取水口，建立了重点监控名录。重点监督取水口包括23处年许可取水量超100万m^3的取水口以及11处许可取水量较小、但经常取水且位置较重要（或敏感）的取水口，累计年许可取水量44004万m^3，占年总许可取水量的97.4%。

(1) 取水水源分类。漳卫南局管理范围内的取水户以地表水为主要水源，共104个，累计年许可取水量达45155万m^3；地下水作为水源取水户共16个，累计年许可水量21.6万m^3，见表7.1。

表7.1　　取水水源分类表

取水水源	取水户数量/个	累计年许可水量/万m^3
地表水	104	45155
地下水	16	21.6

(2) 取水用途分类。漳卫南运河上取水用途基本都是农业灌溉，取水户达到120套，累计年许可水量38756.6万m^3。其中，在岳城水库漳南渠、民有渠两处取水口既有农业用水，也有城市生活用水，分别向河南省安阳、河北省邯郸两市提供城市生活用水，累计年许可水量6420万m^3，见表7.2。

表7.2　　取水用途分类表

取水用途	取水户数量/个	累计年许可水量/万m^3
农业用水	120	38756.6
城市生活用水	2	6420

(3) 以取水规模分类。年取水量在300万m^3以上的取水户共19个，累计年许可取水量42900万m^3的，占全部年许可取水量的95%；年取水量在100万～300万m^3的取水户有4个，合计年取水量720万m^3，占全部年许可取水量的1.6%；其余众多取水口取水能力均较低，年取水量在50万～100万m^3的取水户有7个，20万～50万m^3的取水户有23个，20万m^3以下的取水户有67个，见表7.3。

表7.3　　取水规模分类表

年取水量	取水户数量/个	累计年许可取水量/万m^3	占全部年许可取水量的比例
300万m^3以上	19	42900	95%
100万～300万m^3	4	720	1.6%

续表

年取水量	取水户数量/个	累计年许可取水量/万 m^3	占全部年许可取水量的比例
50万～100万 m^3	7		
20万～50万 m^3	23		
20万 m^3 以下	67		
合计	120		

（4）监督管理单位分类。根据漳卫南局管理范围内的取水户分布，目前的监督管理单位包括岳城水库管理局、卫河河务局、邯郸河务局、邢衡河务局、聊城河务局、德州河务局、沧州河务局、水闸河务局等。其中，卫河河务局监督管理的取水户最多，达到56个，见表7.4。

表7.4　　监督管理单位分类表

监督管理单位	取水户数量/个	许可取水总量/万 m^3	备注
岳城水库管理局	2	17300.0	海委委托河南省、河北省监督管理。其中城市生活用水6420万 m^3
卫河河务局	56	740.6	含16个地下水取水户
邯郸河务局	4	2600.0	
邢衡河务局	2	7500.0	
聊城河务局	5	3190.0	
德州河务局	9	230.5	
沧州河务局	24	280.5	
水闸河务局	18	13335.0	
合计	120	45176.6	

（5）取水省份分类。在漳卫南运河流域，河南省取水户最多，为57个，取水量较少，累计年许可取水量约8920万 m^3；河北省取水户共45个，累计年许可取水量约达到3亿 m^3；山东省取水户18个，累计年许可取水量为6770.5万 m^3，见表7.5。

表7.5　　取水省份分类表

取水省份	取水户数量/个	累计年许可取水量/万 m^3
河北省	45	29485.5
山东省	18	6770.5

（6）以取水河流分类。从取水河道来看，漳卫南局管辖的取水户集中在漳河取水，累计年许可取水量17300万 m^3，而在卫河上分布的取水户较多，累计年许可取水量才5440.6万 m^3，见表7.6。

表 7.6　　取水河流分类表

取水河流	取水户数量/个	累计年许可取水量/万 m^3
漳河	2	17300.0
卫河	61	5440.6
卫运河	17	12720.5
漳卫新河	40	9715.5

（7）以取水方式分类。地表水取水户以泵站为主要取水方式，共 83 个，以涵闸为取水方式的取水户共 21 个，地下水取水井为取水方式的取水户共 16 个，见表 7.7。

表 7.7　　取水方式分类表

<table>
<tr><th>取水方式</th><th>取水能力</th><th>取水户数量/个</th></tr>
<tr><td rowspan="3">涵闸</td><td>大型</td><td>8</td></tr>
<tr><td>中型</td><td>9</td></tr>
<tr><td>小型</td><td>4</td></tr>
<tr><td rowspan="2">泵站</td><td>中型</td><td>4</td></tr>
<tr><td>小型</td><td>79</td></tr>
<tr><td>地下水取水井</td><td></td><td>16</td></tr>
<tr><td>合计</td><td></td><td>120</td></tr>
</table>

注　大型：取水能力≥$30m^3/s$；中型：$30m^3/s$>取水能力≥$10m^3/s$；小型：取水能力<$10m^3/s$。

7.4.1.2　监测现状

漳卫南局管理范围内的取水户监测能力较弱，仅实现了 3 个取水户的在线监测，其余 107 个取水户则是通过人工统计的方式获取月取水量信息。

（1）岳城水库漳南渠。岳城水库漳南渠分别通过渠道和供水管道的方式为河南省安阳市提供农业灌溉用水和城市用水，供水管道已安装了一套流量计，可以实时监测管道流量，但需要人工现场读取数据，无法上传数据；渠道上已安装了水位计，由于计量不准确，仍以人工测流的方式获取流量信息。

（2）岳城水库民有渠。岳城水库民有渠分别通过渠道和供水管道的方式为河北省邯郸市提供农业灌溉用水和城市用水，供水管道已安装了一套流量计，可以实时监测管道流量，但需要人工现场读取数据，无法上传数据；渠道上已安装了水位计，由于计量不准确，仍以人工测流的方式获取流量信息。

（3）王营盘引水闸。在王营盘引水闸下游的 90m 处，建设了一套明渠测流系统，采用巴歇尔槽作为量水建筑物，用气介式超声波测水位，通过水位流量关系换算河道的流量。目前，这套明渠测流系统的测量精度无法满足水资源管理的需要，需对其进行改造。

7.4.2 取用水监测站设计

7.4.2.1 站点布设

（1）原则。本项目取水口监测站的布设是在依据国家水资源监控能力建设项目取用水国控监测点布设原则的基础上，结合漳卫南运河取水口的实际情况进行选取，其布设原则是：

1）地表取水年许可取水量在100万 m^3 以上的工业生活及公共集中供水的取用水大户布设。

2）在敏感水域取水的取水户或其他特别重要的取水户布设。

（2）站点布设。依据站点布设原则，本项目选择重要监督取水口的34个取水户建设在线监测体系，其中15个视频监视条件、取水位置敏感且重要的取水户建立视频监视系统，具体站点见表7.8。

7.4.2.2 站点结构

（1）组成方式。监测站主要由流量水位监测设备、视频监视设备、RTU遥测终端、DTU通信模块、供电系统、防雷系统组成，其中供电系统由太阳能电池板、蓄电池和充电控制器三部分组成，由交流电和太阳能浮充蓄电池互补供电，如图7.2所示。

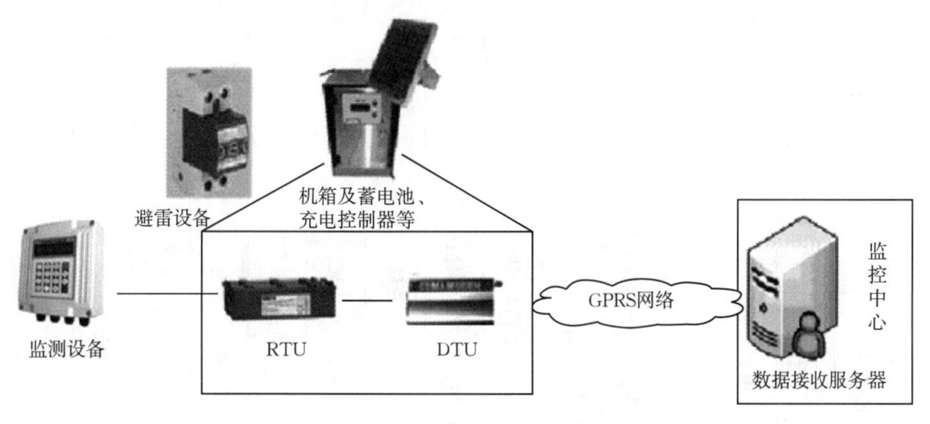

图7.2 监测站组成图

（2）传输方式。数据监测终端设备采用GPRS/GSM方式将采集数据上传，监测中心站采用ADSL固定IP网络接入形式接收测量终端设备数据。数据传输遵循《水资源监控数据传输规约》（SZY 206—2016）要求。

视频数据采取本地存储视频，实时传输图片的方式，利用3G/4G将图片传输至视频接收中心站。

监测站信息传输流程如图7.3所示。

（3）工作方式。本项目采用自报式与查询-应答式相结合的混合式工作方式。

1）自报式。自报式是一种由遥测终端发动的数据传输体制。采用该种通信体制的报汛站通常处于微功耗的掉电状态，由事件（如流量计有流量时输出一信号）触发或定时触

表 7.8　　取用水监控体系站点布设表

序号	取水口名称	取水单位	取水河流及桩号	监督管理单位	水量监测	视频监测
1	五陵镇扬水站	五陵镇电灌站	卫河左 70+900	卫河河务局		
2	纸坊提水站	纸坊村委会	卫河右 16+290～16+690			
3	后郭渡提水站	后郭渡村委会	卫河右 19+250～19+550			
4	柴湾提水站	柴湾村委会	卫河左 34+020			
5	魏县军留扬水站	魏县水利局军留扬水站	卫河左 129+800	邯郸河务局		
6	大名窑厂扬水站	大名县水利局窑厂扬水站	卫河右 164+100			
7	大名岔河嘴引水闸	大名县水利局岔河咀引水闸	卫河左 150+250			
8	幸福引水闸（路庄扬水站）	子牙河管理处幸福闸所	卫运河左 0+490			
9	班庄扬水站	山东省冠县水务局	卫河右 181+731	聊城河务局		
10	乜村扬水站	山东省冠县水务局	卫河右 188+281			
11	王庄扬水站	山东省临清排灌工程管理处	卫运河右 31+000			
12	南李庄扬水站	南李庄灌区管委会	卫运河左 86+849	邢衡河务局		
13	尖塚扬水站	临西县水务局尖塚扬水站	卫运河左 41+900			
14	八屯扬水站	八屯村委会	卫运河右 145+000			
15	蔡村第五扬水站	芦进富	减河右 4+000	德州河务局		
16	乜官屯二扬水站	乜官屯村委会	减河河右 5+450			

续表

序号	取水口名称	取水单位	取水河流及桩号	监督管理单位	水量监测	视频监测
17	沙王扬水站	沙王村委会	岔河右 28+500	德州河务局		
18	砥桥引水闸	大单乡政府	漳卫新河左 79+262	沧州河务局		
19	东忠扬水站	杨集乡政府	漳卫新河左 141+020			
20	东王扬水站	张会亭乡政府	漳卫新河左 156+977			
21	岳城水库民有渠	邯郸市生态水网管理处	岳城水库	岳城水库管理局		
22	岳城水库漳南渠	安阳市水利局幸福渠管理处	岳城水库			
23	土龙头引水闸	山东省夏津县水务局	卫运河右 81+840	水闸管理局		
24	曹寺引水闸	河北省故城县水务局	卫运河左 102+557			
25	吕洼引水闸	山东省武城县水务局	卫运河右 96+787			
26	和平引水闸	河北省故城县水务局	卫运河左 110+300			
27	王营盘引水闸	河北省东光县水务局	漳卫新河左 62+500			
28	道口引水闸	山东省宁津县水务局	漳卫新河右 62+500			
29	小安引水闸	河北省南皮县水务局	漳卫新河左 86+088			
30	前王引水闸	河北省南皮县水务局	漳卫新河左 92+862			
31	跃丰引水闸	山东省乐陵县水务局	漳卫新河右 102+201			
32	反刘引水闸	河北省盐山县水务局	漳卫新河左 119+695			
33	王信引水闸	河北省盐山县水务局	漳卫新河左 126+430			
34	辛集引水闸	河北省海兴县水务局	漳卫新河左 164+949			

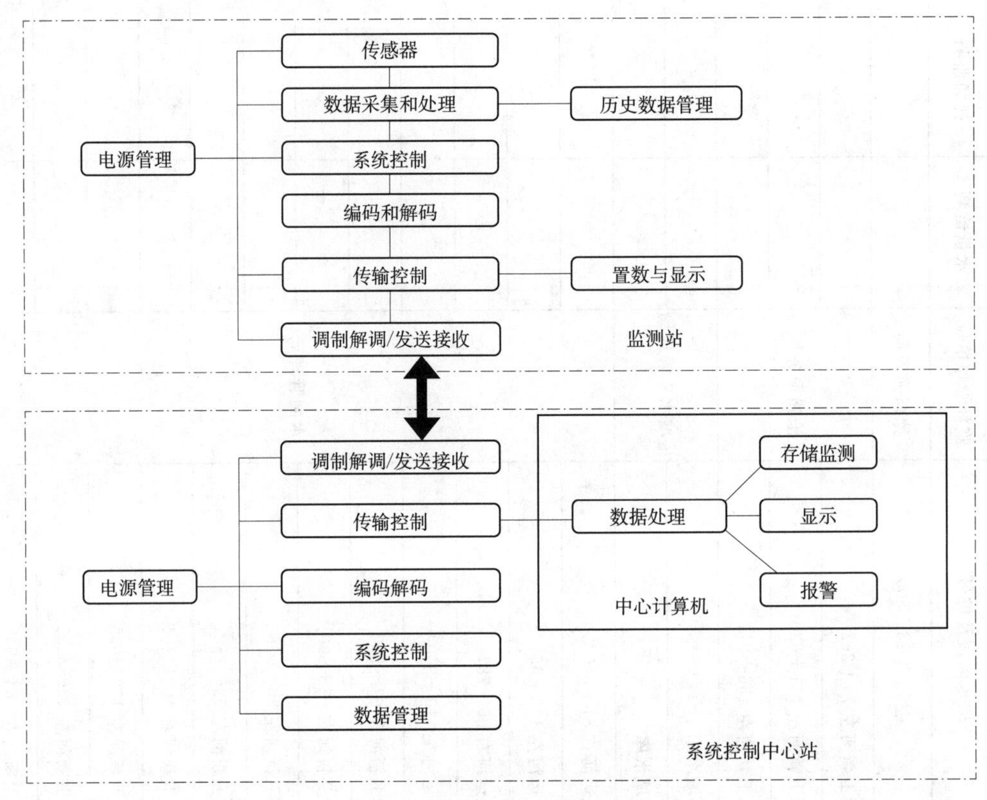

图 7.3　监测信息传输流程图

发上电采集传感器数据，在满足发送条件时，主动向中心站发送数据，然后即可返回掉电状态。

增量自报（加密自报）：每当被测的数值发生一个规定的增减量变化时（如每 10min 采集一次流量传感器的数据，并与前一次的流量数据进行比较，若流量变化非常小，则不发送数据，否则就按流量自报的数据格式发送一次数据，同时把最新的数据存贮起来，以便和下一次采集的数据比较。流量发送实时值）增加采集和发送的频率。

定时自报：每隔一定时间间隔，不管参数有无变化，即采集和报送一次数据，中心的数据接收设备始终处于值守状态。

限时自报：为防止数据波动太大造成采集终端发射过于频繁，采集终端具有限时发送功能，即，在一次流量发送之后的一定时间间隔内，即使流量变幅超过预先设定值也不发送，只有超过一定时间间隔以后的流量变化，采集遥测终端才发送。

2）查询-应答式。查询-应答式是一种由数据采集中心发出数据采集命令，遥测终端收到该命令后再返回数据的数据通信体制。工作于该体制的测站要随时监听中心站的命令，收到中心站命令后根据命令要求完成指定的操作（发送数据，按时间段成块发送或发送当前值）。该种体制可由数据采集中心完全控制遥测终端的操作。

7.4.3　引水闸监测站典型设计

本项目新建 13 个引水闸监测站，改造王营盘引水闸监测站。

7.4.3.1　一般引水闸

（1）功能。

1）实时监测引水闸的取水量，通过 GPRS 方式将数据传输至数据接收中心站。

2）实时监视引水闸的开启、河道的水位流量变化及取水现场情况，通过 3G/4G 方式将实时图片传输至视频接收中心站。

3）现场存储历史监测数据及视频数据，监测数据可以长期保存，视频数据可以保存一周。

4）接收数据接收中心站发来的指令，自动测量、上传数据等。

5）接收视频接收中心站的指令，抓拍现场情况，旋转监视位置等。

6）提供越限报警、遥测设备自动检测、电源报警等功能。

（2）测量精度。根据《水位观测标准》（GBJ 138—90）和《河流流量测验规范》（GB 50179—93）要求，本项目建设的水位和流速监测设备应满足表 7.9 和表 7.10 中的精度要求。

表 7.9　　自记水位计允许测量误差

水位量程 ΔZ/m	≤10	$10<\Delta Z<15$	≥15
综合误差/cm	2	$2‰\Delta Z$	3

表 7.10　　流速仪法单次流量允许误差

站点类别	水位级	$\frac{B}{\bar{d}}$	$\overline{\frac{1}{n_{11}}}$	总随机不确定度/%	系统误差/%
一类精度的水文站	高	20～130	0.11～0.20	5	−2～1
	中	25～190	0.13～0.18	6	
	低	80～320	0.13～0.18	9	
二类精度的水文站	高	30～45	0.13～0.19	6	−2～1
	中	45～90	0.12～0.18	7	
	低	85～150	0.14～0.17	10	
三类精度的水文站	高	15～25	0.12～0.19	8	−2.5～1
	中	20～50	0.13～0.18	9	
	低	30～90	0.14～0.17	12	

注　$\overline{\frac{1}{n_{11}}}$—十一点法断面概化垂线流速分布形态参数；$\frac{B}{\bar{d}}$—宽深比；总随机不确定度的置信水平为 95%。

（3）测站配置。引水闸配置采集系统、传输系统、供电系统、避雷系统及附属设施，具体配置见表7.11。

表 7.11　　引水闸水量在线监测站设备配置

序号	设备名称		单位	数量/套	备注
1	水量采集系统	雷达波测速仪	套	1	
2		雷达水位计	套	1	
3	视频监视设备	摄像头	套	1	
4		硬盘录像机	套	1	
5		2T 硬盘	套	1	
6	传输系统	RTU 遥测终端	套	1	
7		DTU 通信模块	套	1	
8	供电系统	太阳能电池板	套	2	
9		充电控制器	套	2	
10		蓄电池	套	2	分别为水量采集设备、视频监视设备供电
11	避雷系统	电源防雷模块	套	2	
12		信号防雷模块	套	2	
13	附属设备	机箱	套	2	
14		支架	套	2	分别用于安装采集系统、视频监视设备及附属设施
15		辅料	套	1	

(4) 设备性能要求。

1) 雷达波测速仪。

- 流速测量精度：±0.02m/s。
- 流速测量范围：0.15～15m/s。
- 量程：0.5～30m。
- 分辨率：1mm/s。
- 数据接口：RS-485 或 SDI-12 接口。
- 工作温度：－10～55℃。
- 防护等级：IP68。

2) 雷达水位计。

- 量程：0～30m。
- 测量精度：±3mm。
- 分辨力：1mm。
- 测量时间间隔：1s。
- 信号输出：RS-485 或 4～20mA 的电信号。

• 工作环境：温度－10～55℃、湿度小于95%RH（40℃）。

• MBTF：不小于8000h。

3）RTU遥测终端。

• 模拟量输入：2路（4～20mA）。

• 模拟量采集精度：0.1%FS。

• 开关量输入：2路（低电平有效）。

• 格雷码输入：14位。

• 开关量输出：2路（500mA驱动能力，可为外部传感器供电或报警）。

• RS－485接口：3路（可连接数字接口传感器和其他数据采集模块）。

• RS－232接口：3路（可作为主/备信道，连接DTU、以太网卡、北斗卫星终端机或超短波数传机）。

• 工作温度：－25～55℃。

• 湿度：小于95%。

• MBTF：不小于25000h。

4）DTU通信模块。

• GPRS数据：GPRS Class 10，编码方案为CS1－CS4，符合SMG31bis技术规范。

• 满足《水资源监测传输规约》（SZY 206—2012）的数据传输协议要求。

• 具有双通信信道，互为备份。

5）太阳能电池板。

• 单晶硅太阳能电池组件。

• 保证设备能长期可靠工作。

6）蓄电池。

• 免维护铅酸性可充蓄电池。

• 保证设备连续阴雨天工作30天。

7）避雷。

• 接地电阻值小于10Ω。

8）机箱。

• 箱体外形尺寸满足仪器设备放置的要求。

• 防潮、防沙尘、防盐雾、防雨水。

9）摄像头。

• 有效像素：200万像素。

• 最低照度：彩色0.005lx，黑白0.0005lx，0lx with IR。

• 数字变倍：16倍。

• 焦距：5.9～135mm，23倍光学变倍。

• 光圈数：F1.5～F3.4。

• 水平范围：360°连续旋转。

• 垂直范围：－15°～90°（自动翻转）。

• 红外照射距离：不小于200m。

• 最大图像尺寸：1920×1080。

• 视频压缩：H.264/MJPEG/MPEG4、H.264 编码支持 Baseline/Main/High Profile。

• 音频压缩：G.711/G.722/G.726/MP2L2/AAC/PCM。

• 报警输入：2 路开关量输入 DC（0～5V）。

• 报警输出：2 路，支持报警联动。

• 工作温度和湿度：－40～70℃（室外），湿度小于 90%。

• 防护等级：IP66。

10）硬盘摄像机。

• 网络视频输入：8 路。

• 网络视频接入带宽：80Mbps。

• HDMI 输出：1 路。

• 音频输出：1 个，RCA 接口（线性电平，阻抗为 1kΩ）。

• 分辨率：1024×768/60Hz，1280×720/60Hz，1280×1024/60Hz，1600×1200/60Hz，1920×1080/60Hz。

• 录像分辨率：6MP/5MP/3MP/1080p/UXGA/720p/VGA/4CIF/DCIF/2CIF/CIF/QCIF。

• 同步回放：8 路。

• 录像/抓图模式：手动录像、定时录像、事件录像、移动侦测录像、报警录像、动测或报警录像、动测且报警录像。

• 硬盘驱动器类型：2 个 2.5 寸 SATA 接口，兼容 SSD、HDD 硬盘。

• 串行接口：1 个半双工 RS－485 串行接口（预留）；1 个全双工 RS－232 串行接口。

• 语音对讲输入：1 个，RCA 接口（电平为 2.0Vp－p，阻抗为 1kΩ）。

• 网络接口：1 个，RJ45 10M/100M/1000M 自适应以太网口。

• USB 接口：1 个 USB 3.0。

• 无线属性：UIM 卡插槽 1 个，SMA 天线接口 1 个。

• 无线标准：中国移动 4G、中国电信 4G、中国联通 4G。

• 工作温度：－10～70℃（SDD 硬盘）。

• 工作湿度：10%～90%。

（5）安装要求。根据《水利水电工程水文自动测报系统设计规范》（SL 566—2012）要求，本项目的测站应满足 50 年一遇的防洪标准。

安装支架侧臂与安装支架之间要有支撑杆，要求侧臂与支撑杆能够伸缩、放下，便于检修。

7.4.3.2 王营盘引水闸

王营盘引水闸已建设一套明渠超声波流量系统，但该系统的测量精度无法满足水资源水量监测的要求，因此，本项目充分利用已建的设施，提取其监测的水位信息，并配置一套雷达波测速仪、传输系统、供电系统、避雷系统及附属设施，利用水位、流速信息，计算流量和水量，实现其取水流量的在线监测。

已建的明渠超声波水位传感器采集的数据遵循《水资源监控数据传输规约》（SZY 206—2012）要求，因此，本项目新配置的传输系统可以直接接收其水位监测数据，并上传至数据接收中心站。同时，对已采集的水位数据、新采集的流速数据进行率定分析，确定水位流量关系曲线，推算该断面的取水流量数据。

7.4.4 扬水站监测站

本项目在20个扬水站新建21个监测站，其中魏县军留扬水站包含军留扬水站和留固扬水站，军留扬水站取水现场与其他扬水站不同，因此对魏县军留扬水站进行单独设计。

7.4.4.1 一般扬水站

（1）功能。

1）实时监测扬水站的取水量，通过GPRS方式将数据传输至数据接收中心站。

2）实时监视扬水站的泵站机组开启、取水现场情况，通过3G/4G方式将实时图片传输至视频接收中心站。

3）现场存储历史监测数据及视频数据，监测数据可以长期保存，视频数据可以保存一周。

4）接收数据接收中心站发来的指令，自动测量、上传数据等。

5）接收视频接收中心站的指令，抓拍现场情况，旋转监视位置等。

6）提供越限报警、遥测设备自动检测、电源报警等功能。

（2）测量精度。根据《水资源水量监测技术导则》（SL 365—2007）要求，水资源水量监测专用站的流量测验误差控制按二类精度的水文站标准执行。

（3）测站配置。根据扬水站的建筑物结构特征及取水特点，为各扬水站配置采集系统、传输系统、供电系统、避雷系统及附属设施，具体配置见表7.12。

表7.12　扬水站水量在线监测站设备配置

序号	设备名称		单位	数量/套	备注
1	水量采集系统	声学时差法管道流量计	套	1	
2	视频采集设备	摄像头	套	1	
3		硬盘录像机	套	1	
4		2T硬盘	套	1	
5	传输系统	RTU遥测终端	套	1	
6		DTU通信模块	套	1	
7	供电系统	太阳能电池板	套	2	
8		充电控制器	套	2	分别为水量采集设备、视频监视设备供电
9		蓄电池	套	2	

续表

序号	设备名称		单位	数量/套	备注
10	避雷系统	电源防雷模块	套	2	
11		信号防雷模块	套	2	
12	附属设备	机箱	套	2	
13		支架	套	1	
14		辅料	套	1	

(4）设备性能参数。

1）声学时差法管道流量计。

• 管内径：15～6000mm。

• 精度：流量，优于±1%；重复性，0.2%；测量周期，500ms。

• 流量传感器：可浸水工作，水深不大于3m。

• 数据接口：RS－232、RS－485。

• 电流输出：4～20mA或0～20mA，阻抗0～1kΩ，精度0.1%。

• OCT输出：正、负、净流量或热量累计脉冲信号或瞬时流量的频率信号（1～9999Hz之间选择）。

• 通信协议：MODBUS协议、MBUS协议、FUJI扩展协议等。

• 输入三路电流信号（如温度、压力、液位等信号）。

• 可同时显示瞬时流量及累积流量、瞬时热量和累积热量、流速、时间等数据。

2）RTU遥测终端。

• 模拟量输入：2路（4～20mA）。

• 模拟量采集精度：0.1%FS。

• 开关量输入：2路（低电平有效）。

• 格雷码输入：14位。

• 开关量输出：2路（500mA驱动能力，可为外部传感器供电或报警）。

• RS－485接口：3路（可连接数字接口传感器和其他数据采集模块）。

• RS－232接口：3路（可作为主/备信道，连接DTU、以太网卡、北斗卫星终端机或超短波数传机）。

• 工作温度：－25～55℃。

• 湿度：小于95%。

• MBTF：不小于25000h。

3）DTU通信模块。

• GPRS数据为GPRS Class 10；编码方案为CS1－CS4，符合SMG31bis技术规范。

• 满足《水资源监测传输规约》（SZY 206—2012）的数据传输协议要求。

• 具有双通信信道，互为备份。

4）太阳能电池板。

• 单晶硅太阳能电池组件。

• 保证设备能长期可靠工作。

5）蓄电池。

• 免维护铅酸性可充蓄电池。

• 保证设备连续阴雨天工作 30 天。

6）避雷。

• 接地电阻值小于 10Ω。

7）机箱。

• 箱体外形尺寸满足仪器设备放置的要求。

• 防潮、防沙尘、防盐雾、防雨水。

8）摄像头。

• 有效像素：200 万像素。

• 最低照度：彩色 0.005lx，黑白 0.0005lx，0lx with IR。

• 数字变倍：16 倍。

• 焦距：5.9～135mm，23 倍光学变倍。

• 光圈数：F1.5～F3.4。

• 水平范围：360°连续旋转。

• 垂直范围：−15°～90°（自动翻转）。

• 红外照射距离：不小于 200m。

• 最大图像尺寸：1920×1080。

• 视频压缩：H.264/MJPEG/MPEG4，H.264 编码支持 Baseline/Main/High Profile。

• 音频压缩：G.711/G.722/G.726/MP2L2/AAC/PCM。

• 报警输入：2 路开关量输入 DC（0～5V）。

• 报警输出：2 路，支持报警联动。

• 工作环境：温度−40～70℃（室外），湿度小于 90%。

• 防护等级：IP66。

9）硬盘摄像机。

• 网络视频输入：8 路。

• 网络视频接入带宽：80Mbps。

• HDMI 输出：1 路。

• 音频输出：1 个，RCA 接口（线性电平，阻抗：1kΩ）。

• 分辨率：1024×768/60Hz，1280×720/60Hz，1280×1024/60Hz，1600×1200/60Hz，1920×1080/60Hz。

• 录像分辨率：6MP/5MP/3MP/1080p/UXGA/720p/VGA/4CIF/DCIF/2CIF/CIF/QCIF。

• 同步回放：8 路。

• 录像/抓图模式：手动录像、定时录像、事件录像、移动侦测录像、报警录像、动测或报警录像、动测且报警录像。

• 硬盘驱动器类型：2 个 2.5 寸 SATA 接口，兼容 SSD、HDD 硬盘。
• 串行接口：1 个半双工 RS-485 串行接口（预留）；1 个全双工 RS-232 串行接口。
• 语音对讲输入：1 个，RCA 接口（电平为 2.0Vp-p，阻抗为 1kΩ）。
• 网络接口：1 个，RJ45 10M/100M/1000M 自适应以太网口。
• USB 接口：1 个 USB 3.0。
• 无线属性：UIM 卡插槽 1 个，SMA 天线接口 1 个。
• 无线标准：中国移动 4G，中国电信 4G，中国联通 4G。
• 工作温度：－10～70℃（SDD 硬盘）。
• 工作湿度：10%～90%。

（5）安装要求。声学时差法管道流量计的换能器超声波发射面应牢固附着在管道的外壁上，应满足《水资源监测设备现场安装调试》（SZY 204—2012）的安装调试要求。

7.4.4.2 魏县军留扬水站

魏县军留扬水站的取水口位于卫河左 129＋800 处，包含军留扬水站和留固扬水站，由于二者相差一段距离，且取水设施现场不同，故分开设计。其中，军留扬水站有 9 台机组，堤外集水池的出水渠道规则，可以在其侧壁安装电磁流量计，实时监测取水流量；留固扬水站 6 台机组，在每台机组安装固定分体式超声波流量计进行水量监测。

为军留扬水站配置电磁流量计、RTU 遥测终端、DTU 通信模块、太阳能电池板、充电控制器、蓄电池、电源防雷模块、信号防雷模块、机箱。

电磁流量计应满足以下性能要求：

（1）测量渠道基本宽度：40～2000cm（水位不低于 20cm）。

（2）测量精度：流速±0.5%，水位±1mm，系统精度±1.5%。

（3）传感器信号灵敏度：在 1m/s 流速下，传感器输出 150～200μV。

（4）防护等级。电磁流速计 IP68、超声液位计 IP65、流量显示仪 IP65。

（5）模拟电流输出。负载电阻为 4～20mA 时，0～550Ω；基本误差为 0.1%±10μA。

（6）数字频率输出。频率输出范围为 1～1000Hz；输出电气隔离为光电隔离；隔离电压大于 DC 1000V。

（7）数字通信接口及通信协议。MODBUS 接口：RTU 格式，物理接口 RS-485 电气隔离 1000V。

7.4.4.3 岳城水库民有渠

岳城水库民有渠为河北省邯郸市提供农业用水和城市用水，其中利用一根供水管道实现城市供水，已安装了一套水量监测设备，可以现场读取取水量数据，但无法上传数据；利用渠道输送农业用水，已安装了一套水位计，但其精度无法满足管理要求，需要重新建设。因此，需在供水管道的监测设备上新配置一套数据传输设备及供电、避雷等辅料，重新进行比测率定；在渠道新安装一套雷达水位计、数据传输设备及供电、避雷等辅料，利用水位流量关系，重新进行比测率定。

7.4.4.4 岳城水库漳南渠

岳城水库漳南渠为河南省安阳市提供农业用水和城市用水，其中利用一根供水管道实现城市供水，已安装了一套水量监测设备，可以现场读取取水量数据，但无法上传数据；利用渠道输送农业用水，已安装了一套水位计，但其精度无法满足管理要求，需要重新建设。因此，在供水管道的监测设备上新配置一套数据传输设备及供电、避雷等辅料，重新进行比测率定；在渠道新安装一套雷达水位计、数据传输设备及供电、避雷等辅料，利用水位流量关系，重新进行比测率定。

7.4.5 配置方案

7.4.5.1 设备配置原则

根据RTU设备提供的接口数量，按一套RTU设备可以接收4套流量监测设备的监测数据来配置，且流量监测设备距离RTU设备之间的距离不超过50m；一套流量监测设备只能监测一台机组的流量数据。

7.4.5.2 设备配置方案

根据每个引水闸的取水位置，每个扬水站的机组数量、位置等特点，为其配置采集系统、传输系统、供电系统、避雷系统、附属设施等。

7.4.6 比测率定

7.4.6.1 水位比测

雷达水位计与校核水尺进行至少一个月以上的比测，并记录连续完整的比测记录。比测时，将水位变幅分为几段，每段比测次数应在20次以上，测次应在涨落水面均匀分布，包括水位平稳、变化急剧等情况下的比测值。比测结果满足置信水平95%的综合不确定度不超过3cm，系统误差不超过1%。比测合格后，方可正式使用。

7.4.6.2 流速比测

（1）垂线选择。通过人工测量来选择流速比较稳定的垂线。测流断面的初步选择原则是河段顺直、稳定，水流集中，无分流岔流、斜流、回水、死水等。顺直河段的长度应大于洪水时主河槽宽度的3倍以上。测流断面要求上下游比降大，水面波纹规整。河段内无巨大石块阻水，无巨大漩涡、乱流等现象。测流断面上测速垂线的选择原则主要是考虑测速垂线布设在中泓位置，不影响航运，其垂线水面流速与垂线平均流速关系好。测流断面的选择原则是在不同水位集下尽量减少中泓的摆动。

（2）流速率定。在流速仪使用过程中，定期对便携式流速仪进行比测，一般在水情平稳的时期进行；每次比测包括较大较小流速且分配均匀的30个以上测点，当比测结果其偏差不超过3%，且系统偏差能控制在±1%范围内时，可继续使用流速仪。

根据水文测验规范，采用人工测量测速垂线上的流速作为率定基础。通过一段时间的实测对比数据，在建立测速垂线处水面流速与垂线平均流速的系数关系的基础上，建立该断面上若干条垂线平均流速与断面平均流速间的相关关系或数学模型。通过垂线处的水面流速，计算得到断面平均流速。同时利用雷达水位计实测当前水位，得到断面面积。采用传统的流速面积法，计算得到该断面的流量。

（3）流量比测。用比被测流量计高一级精度的便携式超声波管道流量计安装在被检测固定分体式超声波流量计所在的管道附近，同时对管道内的流量进行检测，在管道内不同流量情况下比测 3 组以上数据，如对比误差均不大于 3%，则固定分体式超声波流量计可投入正常使用。

7.5 入河排污口监控体系设计

7.5.1 监控对象及现状

漳卫南管辖范围内共有入河排污口 37 处，年污水排放量约 2 亿 t/a，分布于漳河、卫河、卫运河、南运河、漳卫新河，涉及河南、河北和山东三省 5 个地级市。目前，通过每年的入河排污口监督性监测对入河排污口的排污情况进行调查和统计，尚未对流域内的入河排污口进行在线监测，无法动态掌握流域内的排污状况。在监督性监测期间，部分排污口不进行排污或排污量较小，而在其他时间段则排污量较大，这样就造成排污量统计存在偏差，影响了入河排污口监督管理业务的开展。此外，漳卫南运河的水生态环境日益恶化，与入河排污口的偷排情况紧密相关，急需对重要排污口设置在线监测和视频监视，以掌握流域内的排污情况。

7.5.2 监测站布设

项目监测点以满足以下条件之一为选取原则：

（1）排入重要水功能区的入河排污口。

（2）年排污量在 $400m^3$ 以上的入河排污口。

根据以上布设原则，本项目确定建设的监测点为 5 个，具体见表 7.13。

表 7.13　　入河排污口在线监测点列表

排污口名称	排入河流（湖、库）	排入水功能区	所在位置	监督管理单位
黄沙煤矿（疏干水）	岳城水库	岳城水库水源地保护区	河北省邯郸市磁县黄沙南上庄	岳城水库管理局
红旗渠排污口	卫运河	卫运河冀鲁缓冲区	山东省聊城临清市卫运河右岸红旗渠	聊城河务局
七里庄泵站	岔河	漳卫新河鲁冀缓冲区	山东省德州市德城区七里庄村	德州河务局

续表

排污口名称	排入河流（湖、库）	排入水功能区	所在位置	监督管理单位
后董涵闸	岔河	漳卫新河鲁冀缓冲区	山东省德州市德州经济开发区后董村	德州河务局
浚内沟	卫河	卫河河南开发利用区	河南省安阳市内黄县二安乡草坡村	卫河河务局

7.5.3 站点结构

其原理同“取用水监测站设计”原理相似，详见7.4.2.2节。

7.5.4 典型设计

7.5.4.1 功能

(1) 实时监测入河排污口的污水排放量，通过GPRS方式将数据传输至数据接收中心站。

(2) 实时监视入河排污口的排污现场情况，通过3G/4G方式将实时图片传输至视频接收中心站。

(3) 现场存储历史监测数据及视频数据，监测数据可以长期保存，视频数据可以保存一周。

(4) 接收数据接收中心站发来的指令，自动测量、上传数据等。

(5) 接收视频接收中心站的指令，抓拍现场情况，旋转监视位置等。

(6) 提供越限报警、遥测设备自动检测、电源报警等功能。

7.5.4.2 测量精度

根据《水位观测标准》(GB/T 50138—2010) 要求，本项目建设的水位监测设备应满足表5.9的精度要求。

7.5.4.3 测站配置

根据入河排污口的建筑物结构特征及排水特点，本项目选用量水建筑法实现水量的测量，配置传输系统、供电系统、避雷系统及附属设施，具体配置见表7.14。

表7.14　　扬水站水量在线监测站设备配置

序号	设备名称		单位	数量/套	备注
1	采集系统	雷达水位计	套	1	
2		量水建筑物	套	1	

续表

序号	设备名称		单位	数量/套	备注
3	视频采集设备	摄像头	套	1	
4		硬盘录像机	套	1	
5		2T 硬盘	套	1	
6	传输系统	RTU 遥测终端	套	1	
7		DTU 通信模块	套	1	
8	供电系统	太阳能电池板	套	2	
9		充电控制器	套	2	
10		蓄电池	套	2	分别为采集设备、视频监视设备供电
11	避雷系统	电源防雷模块	套	2	
12		信号防雷模块	套	2	
13	附属设备	机箱	套	2	
14		支架	套	2	分别用于安装采集系统、视频监视设备及附属设施
15		辅料	套	1	

7.5.4.4 设备性能要求

（1）雷达水位计。

- 量程：0～30m。
- 测量精度：±3mm。
- 分辨力：1mm。
- 测量时间间隔：1s。
- 信号输出：RS－485 或 4～20mA 的电信号。
- 工作环境：温度为－10～55℃、湿度小于 95％RH（40℃）。
- MBTF：不小于 8000h。

（2）量水建筑物。根据 5 个入河排污口的建筑物、排放位置和方式等特点，定制量水建筑物，长度应大于渠宽的 5～15 倍，材料选用耐腐蚀、耐水流冲刷的材料。

（3）RTU 遥测终端。

- 模拟量输入：2 路（4～20mA）。
- 模拟量采集精度：0.1％FS。
- 开关量输入：2 路（低电平有效）。
- 格雷码输入：14 位。
- 开关量输出：2 路（500mA 驱动能力，可为外部传感器供电或报警）。
- RS－485 接口：3 路（可连接数字接口传感器和其他数据采集模块）。

• RS－232 接口：3 路（可作为主/备信道，连接 DTU、以太网卡、北斗卫星终端机或超短波数传机）。

• 工作温度：－25～55℃。

• 湿度：小于 95%。

• MBTF：不小于 25000h。

（4）DTU 通信模块。

• GPRS 数据为 GPRS Class 10；编码方案为 CS1－CS4，符合 SMG31bis 技术规范。

• 满足《水资源监测传输规约》（SZY 206—2012）的数据传输协议要求。

• 具有双通信信道，互为备份。

（5）太阳能电池板。

• 单晶硅太阳能电池组件。

• 保证设备能长期可靠工作。

（6）蓄电池。

• 免维护铅酸性可充蓄电池。

• 保证设备连续阴雨天工作 30 天。

（7）避雷。

• 接地电阻值小于 10Ω。

（8）机箱。

• 箱体外形尺寸满足仪器设备放置的要求。

• 防潮、防沙尘、防盐雾、防雨水。

（9）摄像头。

• 有效像素：200 万像素。

• 最低照度：彩色 0.005lx，黑白 0.0005lx，0lx with IR。

• 数字变倍：16 倍。

• 焦距：5.9～135mm，23 倍光学变倍。

• 光圈数：F1.5～F3.4。

• 水平范围：360°连续旋转。

• 垂直范围：－15°～90°（自动翻转）。

• 红外照射距离：不小于 200m。

• 最大图像尺寸：1920×1080。

• 视频压缩：H.264/MJPEG/MPEG4，H.264 编码支持 Baseline/Main/High Profile。

• 音频压缩：G.711/G.722/G.726/MP2L2/AAC/PCM。

• 报警输入：2 路开关量输入 DC（0～5V）。

• 报警输出：2 路，支持报警联动。

• 工作环境：温度－40～70℃（室外），湿度小于 90%。

• 防护等级：IP66。

（10）硬盘摄像机。

• 网络视频输入：8 路。

- 网络视频接入带宽：80Mbps。
- HDMI 输出：1 路。
- 音频输出：1 个，RCA 接口（线性电平，阻抗为 1kΩ）。
- 分辨率：1024×768/60Hz，1280×720/60Hz，1280×1024/60Hz，1600×1200/60Hz，1920×1080/60Hz。
- 录像分辨率：6MP/5MP/3MP/1080p/UXGA/720p/VGA/4CIF/DCIF/2CIF/CIF/QCIF。
- 同步回放：8 路。
- 录像/抓图模式：手动录像、定时录像、事件录像、移动侦测录像、报警录像、动测或报警录像、动测且报警录像。
- 硬盘驱动器类型：2 个 2.5 寸 SATA 接口，兼容 SSD、HDD 硬盘。
- 串行接口：1 个半双工 RS-485 串行接口（预留）；1 个全双工 RS-232 串行接口。
- 语音对讲输入：1 个，RCA 接口（电平为 2.0Vp-p，阻抗为 1kΩ）。
- 网络接口：1 个，RJ45 10M/100M/1000M 自适应以太网口。
- USB 接口：1 个 USB 3.0。
- 无线属性：UIM 卡插槽 1 个，SMA 天线接口 1 个。
- 无线标准：中国移动 4G、中国电信 4G、中国联通 4G。
- 工作温度：－10～70℃（SDD 硬盘）。
- 工作湿度：10％～90％。

7.5.4.5 安装要求

量水建筑物应设置于顺直渠段，上游不应淤积，下游不应冲刷；槽体轴线应与渠道轴线一致；安装时满足《灌溉渠道系统量水规范》（GB/T 21303—2007）要求。

7.5.4.6 配置方案

为每个排污口配置采集系统、视频监视系统、传输系统、供电系统、避雷系统及附属设备，并进行比测率定。

7.5.5 比测率定

雷达水位计与校核水尺进行至少一个月以上的比测，并记录连续完整的比测记录。比测时，将水位变幅分为几段，每段比测次数应在 20 次以上，测次应在涨落水面均匀分布，包括水位平稳、变化急剧等情况下的比测值。

比测结果满足置信水平 95％的综合不确定度不超过 3cm，系统误差不超过 1％。比测合格后，方可正式使用。

7.6 水情自动测报系统设计

7.6.1 建设现状

在漳卫南运河流域内已建立了水情自动测报系统，可以覆盖岳城水库上游地区、卫河、卫运河、漳卫新河、南运河的重要断面，其中岳城水库上游地区水情自动测报系统是将实时监测数据直接传输至岳城水库管理局，其他水文站的实时监测数据通过水利信息网传输至海委后，再下发至漳卫南局。

（1）岳城水库以上地区。自 1985 年开始，分三期建立了岳城水库水情自动测报系统，构成了 1 个中心站、6 个中继站、雨量兼水位遥测站 4 个、雨量兼人工置流量遥测站 6 个、雨量遥测站 24 个，共 34 个测站，覆盖了清漳河全部，浊漳河漳泽水库、后湾水库、关河水库以下及漳河干流。水情、雨情信息通过超短波传送到岳城水库中心站，再由网络传送数据到漳卫南局、海委和水利部防汛部门。

经过 10 多年运行，岳城水库水情自动测报系统运行状态经历了一个畅通率从高到低，设备出现故障的频率逐年升高，现场维护次数和难度逐年加大，维护费用逐年升高的过程。根据《水文自动测报系统技术规范》（SL 61—2003）测报规范中分别对部分不同设备有不同时间规定，浮子式传感器为 25000h，其他传感器为 8000h，按照计算，整个水情自动测报系统均属于超限运行。

2009 年 5 月，专家组对岳城水库水情自动测报系统进行了评估，指出该系统属于超期服役且技术落后，不具备修复价值，建议及时更新现有的水文测报系统，并在新系统建设中采用新技术。

（2）岳城水库以下漳河干流。该河段建立了岳城水库（民有渠）、岳城水库（漳南渠）、南陶等水文站，可以采集岳城水库出库、漳河干流的水位、流量变化信息。

（3）卫河。卫河干流合河至徐万仓段有合河、汲县、淇门、五陵、元村集水文站及龙王庙水位站，在汤河、安阳河两大支流的干流分别设有汤河水库（小河子水库—坝上）水位站和安阳水文站。

在汤河的小河子水库下游有公园闸、河阳寺闸、杨村闸、北陈王闸、古贤闸、周流闸、菜园闸、辛留闸、神标闸等拦河闸，安阳河的安阳水文站下游有郭盆闸、豆公闸、豆公新河闸等拦河闸，通过各拦河闸拦蓄上游来水以满足沿河两岸灌区农业灌溉。小河子水库水位站、安阳水文站的水文要素已不能反映汤河、安阳河入卫河的水量情况，无法满足漳卫南运河流域水资源总量控制、水资源评价、水资源配置、水量水质同步分析的需要，急需在汤河、安阳河入卫河的河段上设置监测断面，以实现两个支流汇入卫河的水量实时监测。

（4）卫运河、漳卫新河、南运河。在卫运河、漳卫新河、南运河上设立了四女寺枢纽、第三店、辛集等水文站，可以采集重要断面、入海的水位、流量变化信息。

本项目将在汤河口、安阳河口布设水文监测断面，在岳城水库水情自动测报系统的原有站点重新建设监测站（详见第 9 章“岳城水库遥测系统”）。

7.6.2 站点布设

7.6.2.1 汤河口断面布设

根据《河流流量测验规范》（GB 50179—2015）要求，对汤河口的现场调研、测验断面设置比选、论证等工作，并考虑建设后的运行管理，确定将断面布设于桥下游 80m 处的左岸，东经 114°41′42″，北纬 35°58′05″，附近通讯信号强度良好，便于施工及设施设备安装与维护。

7.6.2.2 安阳河口断面布设

根据《河流流量测验规范》（GB 50179—2015）要求，对安阳河口的现场调研、测验断面设置比选、论证等工作，并考虑建设后的运行管理，确定将断面布设于洹河桥上游约130m 处右岸，东经 114°46′54″，北纬 35°59′13″，附近通讯信号强度良好，便于施工及设施设备安装与维护。

7.6.3 站点结构

7.6.3.1 组成方式

监测站主要由水位监测设备、视频监视设备、RTU 遥测终端、DTU 通信模块、供电系统、防雷系统组成，其中供电系统由太阳能电池板、蓄电池和充电控制器三部分组成，由交流电和太阳能浮充蓄电池互补供电。

本系统采集的水雨情数据实时传输至岳城水库管理局的数据接收中心站，通过传输网络传输到漳卫南局。根据防汛要求，本系统传输到漳卫南局的总时长为 8min，到海委的总时长为 10min。

7.6.3.2 传输方式

数据监测终端设备采用 GPRS/GSM 方式将采集数据上传，监测中心站采用 ADSL 固定 IP 网络接入形式接收测量终端设备数据。数据传输遵循《水资源监控数据传输规约》（SZY 206—2016）要求。

监测站信息传输流程如图 7.4 所示。

7.6.3.3 工作方式

其原理同“取用水监测站设计”原理相似，详见 7.4.2.2 节。

7.6.4 安阳河口、汤河口水文站典型设计

（1）功能。

1）实时监测整个河道断面的水位、流速、流量等信息，通过 GPRS 方式将数据传输至数据接收中心站。

2）实时监视河道断面的水位变化、监测设备的运行状况等现场情况，通过 3G/4G 方式将实时图片传输至视频接收中心站。

3）现场存储历史监测数据及视频数据，监测数据可以长期保存，视频数据可以保存一周。

4）接收数据接收中心站发来的指令，自动测量、上传数据等。

5）接收视频接收中心站的指令，抓拍现场情况，旋转监视位置等。

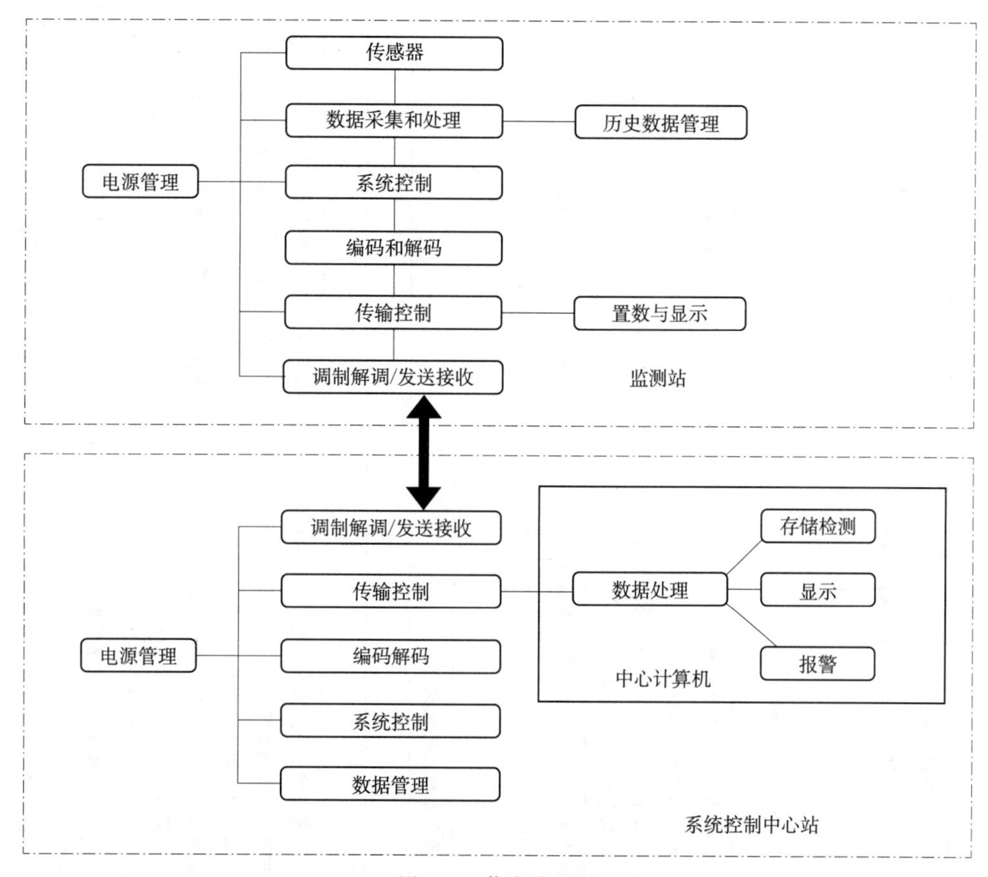

图 7.4　信息流程图

6）提供越限报警、遥测设备自动检测、电源报警等功能。

（2）测量精度。根据《水位观测标准》（GB/T 50138—2010）和《河流流量测验规范》（GB 50179—2015）要求，水位和流速监测设备应满足表 7.9 和表 7.10 的精度要求。

（3）测站配置。根据安阳河、汤河的水量特征，本项目采用水位流量换算关系来推算河道流量，水位、流速的采集频次可以根据水资源管理需要进行设置。为安阳河、汤河的监测站配置采集系统、视频监视系统、传输系统、供电系统、避雷系统及附属设施，具体配置见表7.15。

（4）设备性能参数。

1）雷达波测速探头。

• 流速测量精度：±0.02m/s。
• 流速测量范围：0.15～15m/s。
• 量程：0.5～30m。
• 分辨率：1mm/s。
• 数据接口：RS-485 或 SDI-12 接口。
• 供电电压范围：DC5.5～30V。

表 7.15　安阳河、汤河水文监测站设备配置

序号	设备名称		单位	数量	备　注
1	水量采集系统	雷达测速探头	套	1	采集水面流速测验主机
2		雷达水位计	套	1	采集水位数据，通过 RS－485 信号输出
3	视频监视系统	摄像头	套	1	
4		硬盘录像机	套	1	
5		2T 硬盘	套	1	
6	传输系统	RTU 遥测终端	套	1	通过串口采集系统控制器发送的水位、流速、流量、面积、水面宽、最大水深等数据； 通过 GPRS 无线模块远程传输数据； 接收中心站软件发送的各类工作指令，并发送给系统控制器； 采集数据、远程传输并固态存储
7		DTU 通信模块	套	1	将水位、流速、电压等数据通过 GPRS 信道发送到中心站，响应中心站的各类控制指令
8	供电系统	蓄电池	套	2	分别给水量采集系统、视频监视设备供电
9		太阳能电池板	套	2	给蓄电池充电
10		太阳能充电控制器	套	2	控制蓄电池的充放电
11	避雷系统	电源防雷模块	套	2	
12		信号防雷模块	套	2	
13	附属设施	系统控制器	套	1	根据雷达波测速探头的当前安装高程、起点距位置，当前水位及测速垂线起点距，计算雷达波测速探头的旋转角度，通过雷达测速控制器控制直流伺服电机的旋转，旋转到预定位置； 采集雷达水位计的水位数据； 通过串口通信线给雷达测速控制发送测流指令，接收雷达测速控制器输出的水面流速等数据； 采集蓄电池供电电压数据； 响应现场临时加测指令； 通过串口将水位、流速等数据发送给流量计算终端，接收流量计算终端回传的数据，并通过串口发送给遥测终端机； 响应遥测终端机转发的中心站校时指令，响应中心站的远程召测指令； 实时监控系统运行状态，将异常状态通过短信方式发送

续表

序号	设备名称		单位	数量	备注
14	附属设施	流量计算终端	套	1	
15		直流伺服电机	套	2	响应雷达测速控制的工作指令，按设定的旋转角度正转、反正和停止
16		雷达测速控制器	套	1	响应系统控制器发送的各类工作指令； 控制直流电机启动、正转、反转和停止； 控制雷达波测速探头工作，接收雷达波测速探头发送的水面流速数据； 采集倾斜传感器的信号数据，通过串口回传给系统控制器； 采集限位行程开关数据； 采集温度传感器数据，通过串口回传给系统控制器； 采集振动传感器数据，通过串口回传给系统控制器
17		倾斜计	套	1	测量雷达探头的倾斜角度，转换为电压模拟信号输出
18		旋转机构	套	1	安装直流伺服电机，按指定角度实现雷达测速探头的旋转
19		温度传感器	套	1	采集室外环境温度
20		设备终端箱	套	1	
21		辅料	套	1	
22		水尺	组	1	
23		水准点测量	项	1	
24		支架	套	2	一个用于安装水位采集设备，含振动传感器；一个用于安装视频监视设备及相关附属设施

• 工作温度：－35～60℃。

• 保存温度：－40～60℃。

• 防护等级：IP68。

2）直流伺服电机。

• 步距精度：＋5％（整步、空载）。

• 环境温度：－10～50℃。

• 耐压：DC500V（1min）。

• 径向跳动：0.06 最大（450g）。

• 轴向跳动：0.08 最大（450g）。

• 工作电压：3～5.5V。

• 工作电流：1～3A。

3）系统控制器。

• 功耗：整机工作电流小于 30mA。

• 输入电压：DC9～30V。

• 接口：RS－232 接口 4 个（3 线），RS－485 接口 1 个，可独立编程控制；模拟量接口 8 个 12bit 差分，1MΩ 输入阻抗，可接 0～10V 或 4～20mA 模拟量输入信号。

• 实时时钟：实时钟运行精度月漂移不超过 2min，可以通过中心站计算机校时。

• 固态存储：512KFLASH＋256KSRAM。

• CPU 工作频率：最高 7.4MHz，最低 2kHz，频率调节可编程。

• 标配操作系统：uCOS－Ⅱ。

• 工作温度：－25～55℃。

• 湿度：小于 95％（40℃）；不结露。

• 继电器：3 个固态继电器，12V 输出，可独立编程控制。

4）流量计算终端。

• CPU 主频：不小于 400MHz。

• 图形加速：2D 图形加速。

• 内存：不小于 128MB。

• Nand Flash：256MB SLC Flash。

• 串口：3 个 RS－232 串口。

• USB DEVICE：1 路 USB 2.0 DEVICE，插口为标准 USB 母接口。

• SD 卡存储：不小于 4GB。

• LCD：3.5 寸电阻式触摸屏。

• RTC 时钟：板载 1 个 CR2032 电池（可用 3 年）。

• 电源插口：标准 5.5×2.1mmDC 插口。

• 电源：DC9～24V，宽压供电。

• 最大功耗：小于 2.5W。

• 工作温度：－20～70℃。

• 工作相对湿度：20％～90％，无凝露。

5）雷达水位计。

• 量程：0～30m。
• 测量精度：±3mm。
• 分辨率：1mm。
• 测量时间间隔：1s。
• 信号输出：RS-485或4～20mA的电信号。
• 工作环境：温度−10～55℃，湿度小于95%RH（40℃）。
• MBTF：不小于8000h。

6）蓄电池。

• 免维护铅酸性可充蓄电池。
• 保证设备连续阴雨天工作30天。

7）太阳能电池板。

• 单晶硅太阳能电池组件。
• 保证设备能长期可靠工作。

8）倾斜计。

• 测量范围：±45°。
• 分辨率：0.1°。
• 重复性：0.3°。
• 精度：0.5°。
• 灵敏度：44.4mV/度。
• 灵敏度误差：±5mV/度。
• 零点输出电压：2.5±0.02V。
• 零点温度漂移：1.5℃（−20～60℃）。
• 输出阻抗：2kΩ。
• 响应频率：3Hz±0.5Hz。
• 静态工作电流：小于30mA（Vcc=12V）。
• 工作温度：−40～85℃。
• 防护等级：IP65。

9）旋转机构。

• 水平旋转角度，0～90°，精度1.8°，超限位自停。
• 垂直旋转角度，±35°，精度1.8°，超限位自停。
• 倾角测量范围：±45°。
• 控制方式接口：RS-485。
• 供电电压：DC9～36V。

10）RTU遥测终端。

• 模拟量输入：2路（4～20mA）。
• 模拟量采集精度：0.1%FS。
• 开关量输入：2路（低电平有效）。

• 格雷码输入：14 位。

• 开关量输出：2 路（500mA 驱动能力，可为外部传感器供电或报警）。

• RS-485 接口：3 路（可连接数字接口传感器和其他数据采集模块）。

• RS-232 接口：3 路（可作为主/备信道，连接 DTU、以太网卡、北斗卫星终端机或超短波数传机）。

• 工作温度：－25～55℃。

• 湿度：小于 95％。

• MBTF：不小于 25000h。

11）DTU 通信模块。

• GPRS 数据为 GPRS Class 10；编码方案为 CS1-CS4，符合 SMG31bis 技术规范。

• 满足《水资源监测传输规约》（SZY 206—2012）的数据传输协议要求。

• 具有双通信信道，互为备份。

12）避雷。

• 接地电阻值小于 10Ω。

13）机箱。

• 箱体外形尺寸满足仪器设备放置的要求。

• 防潮、防沙尘、防盐雾、防雨水。

14）摄像头。

• 有效像素：200 万像素。

• 最低照度：彩色 0.005lx，黑白 0.0005lx，0lx with IR。

• 数字变倍：16 倍。

• 焦距：5.9～135mm，23 倍光学变倍。

• 光圈数：F1.5～F3.4。

• 水平范围：360°连续旋转。

• 垂直范围：－15°～90°（自动翻转）。

• 红外照射距离：不小于 200m。

• 最大图像尺寸：1920×1080。

• 视频压缩：H.264/MJPEG/MPEG4，H.264 编码支持 Baseline/Main/High Profile。

• 音频压缩：G.711/G.722/G.726/MP2L2/AAC/PCM。

• 报警输入：2 路开关量输入 DC（0～5V）。

• 报警输出：2 路，支持报警联动。

• 工作温度和湿度：－40～70℃（室外），湿度小于 90％。

• 防护等级：IP66。

15）硬盘摄像机。

• 网络视频输入：8 路。

• 网络视频接入带宽：80Mbps。

• HDMI 输出：1 路。

• 音频输出：1 个，RCA 接口（线性电平，阻抗为 1kΩ）。

• 分辨率：1024×768/60Hz，1280×720/60Hz，1280×1024/60Hz，1600×1200/60Hz，1920×1080/60Hz。

• 录像分辨率：6MP/5MP/3MP/1080p/UXGA/720p/VGA/4CIF/DCIF/2CIF/CIF/QCIF。

• 同步回放：8路。

• 录像/抓图模式：手动录像、定时录像、事件录像、移动侦测录像、报警录像、动测或报警录像、动测且报警录像。

• 硬盘驱动器类型：2个2.5寸SATA接口，兼容SSD、HDD硬盘。

• 串行接口：1个半双工RS-485串行接口（预留）；1个全双工RS-232串行接口。

• 语音对讲输入：1个，RCA接口（电平为2.0Vp-p，阻抗为1kΩ）。

• 网络接口：1个，RJ45 10M/100M/1000M自适应以太网口。

• USB接口：1个USB 3.0。

• 无线属性：UIM卡插槽1个，SMA天线接口1个。

• 无线标准：中国移动4G、中国电信4G、中国联通4G。

• 工作温度：−10～70℃（SDD硬盘）。

• 工作湿度：10%～90%。

16）水尺。设置一组3根搪瓷水尺。

17）水准点测量。在断面处进行高程引测，设置基本水准点2～3个，校核水准点3～5个。

18）辅料。电线、接地材料等辅料。

（5）安装要求。根据《水利水电工程水文自动测报系统设计规范》（SL 566—2012）要求，本项目的测站应满足五十年一遇的防洪标准。

安装支架侧臂与安装支架之间要有支撑杆，要求侧臂与支撑杆能够伸缩、放下，便于检修。

7.6.5 比测率定

7.6.5.1 流速比测

（1）垂线选择。通过人工测量来选择流速比较稳定的垂线。测流断面的初步选择原则是河段顺直、稳定，水流集中，无分流岔流、斜流、回水、死水等。顺直河段的长度应大于洪水时主河槽宽度的3倍以上。测流断面要求上下游比降大，水面波纹规整。河段内无巨大石块阻水，无巨大漩涡、乱流等现象。测流断面上测速垂线的选择原则主要是考虑测速垂线布设在中泓位置，不影响航运，其垂线水面流速与垂线平均流速关系好。测流断面的选择原则是在不同水位集下尽量减少中泓的摆动。

（2）流速率定。在流速仪使用过程中，定期对便携式流速仪进行比测，一般在水情平稳的时期进行；每次比测包括较大较小流速且分配均匀的30个以上测点，当比测结果其偏差不超过3%，且系统偏差能控制在±1%范围内时，可继续使用流速仪。

根据水文测验规范，采用人工测量测速垂线上的流速作为率定基础。通过一段时间的实测对比数据，在建立测速垂线处水面流速与垂线平均流速的系数关系的基础上，建立该断面上若干条垂线平均流速与断面平均流速间的相关关系或数学模型。通过垂线处的水面流速，计算得到断面平均流速。

同时利用雷达水位计实测当前水位，得到断面面积。采用传统的流速面积法，计算得到该断面的流量。

7.6.5.2 流量比测

用比被测流量计高一级精度的便携式超声波管道流量计安装在被检测固定分体式超声波流量计所在的管道附近，同时对管道内的流量进行检测，在管道内不同流量情况下比测3组以上数据，如对比误差均不大于3%，则固定分体式超声波流量计可投入正常使用。

第8章　水资源监控管理信息平台

8.1　平台总体架构

8.1.1　平台架构

漳卫南运河流域水资源监控管理信息平台依托已建的基础设施和信息化系统进行建设，包括信息采集与传输、计算机网络、数据资源、应用支撑、业务应用系统5个层面，并以水资源监控中心和视频接收中心站为运行场所，以系统安全体系、标准规范体系为保障，为漳卫南局及二级局、海委、水利部和社会公众提供服务。系统总体框架如图8.1所示。

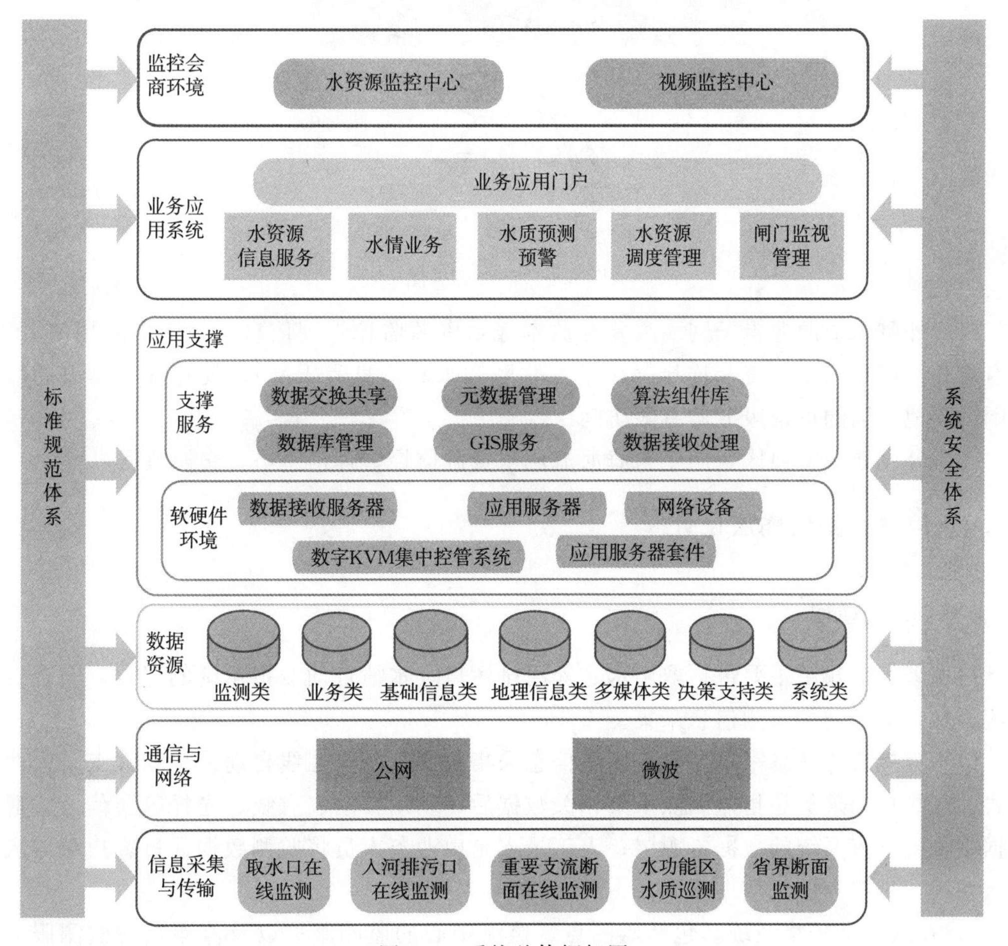

图8.1　系统总体框架图

8.1.2 平台部署

漳卫南运河流域水资源监控管理信息平台部署在漳卫南局政务外网上，根据政务外网分区的功能，该项目分为外网水资源逻辑子网、外网数据交换区。具体部署图如图 8.2 所示。

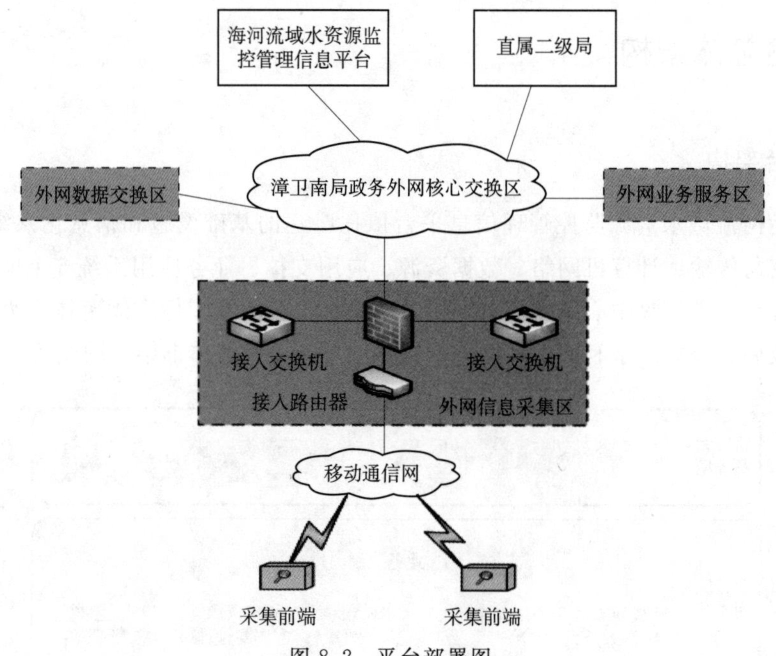

图 8.2 平台部署图

(1) 外网水资源逻辑子网。主要存放本级水资源监控管理信息平台中的应用服务器，没有对外部广域网络的直接连接（包括互联网和水利信息骨干网），仅允许在本级局域网范围内其他子网的可信服务器有限访问。

(2) 外网数据交换区，用于与海河流域水资源监控管理信息平台交换数据。

8.1.3 信息采集传输层设计

8.1.3.1 系统结构

信息采集传输层主要包括取用水、入河排污口、水情自动测报系统的建设，实现直接监测信息采集和间接监测信息采集。

(1) 直接监测信息采集。直接监测信息采集的实现分为在线自动采集和人工录入两种方式。在线自动采集是指监测点采集相关数据后，利用移动、有线、光纤等通信方式通过数据接收层进入系统的数据资源层；人工录入是由业务人员将监测数据通过客户端导入或录入系统，直接存储至数据库中。

1) 在线自动采集系统。包括监测点、监测中心的监测服务以及监测点与监测服务之间的信息传输信道构成。在线自动采集传输系统结构如图 8.3 所示。

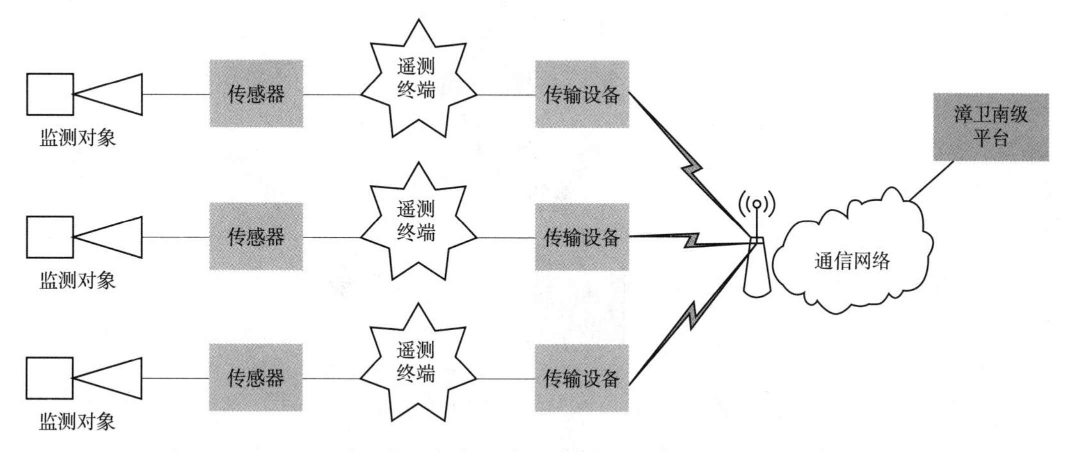

图 8.3 在线自动采集传输系统结构图

a. 监测点。监测点由传感器、遥测终端、传输设备组成。其中传感器用于测量所监测对象的指标值；遥测终端负责读取传感器测得的数据，并将采集到的数据通过传输设备传送给接收端的监测服务；传输设备负责具体传输信道的建立与维护，为遥测终端提供数据传输服务。

b. 传输信道。依据站点本身特点和周边通讯条件，以及传输流量的大小，采用移动通信方式或有线通信方式。

c. 监测服务。监测服务部署在数据接收服务器上，随时接收由各测点发来的数据，经过初步处理进入实时数据库。

监测服务利用数据接收软件激活需要人工召测的监测点，使其上报实时数据。

d. 工作机制。在线自动采集可实现自动报送和人工召测两种采集方式。监测点平时工作在低功耗守候状态，当定时器到时，检测电路起动读入数据，经传输设备，通过监测服务将监测数据送至接收端，数据发出后监测点重新进入低功耗守候状态；同时，监测点可以设定阈值，在数据变化达到阈值时发送实时信息；另外，监测点工作在低功耗守护状态时，可以接受短信激活，向接收端发送实时数据，实现人工召测。

2）人工录入。对于目前不能够通过设备在线自动采集方式和交换方式获得的其他监测数据，系统提供友好的数据录入界面（如指定格式的 Excel 文件导入、友好的录入界面等），以人工方式实现数据的录入。

（2）间接监测信息采集。间接监测信息采集的实现采用数据交换的方式进行，即数据资源层依托应用支撑层的数据交换共享工具实现本平台与漳卫南局水情系统、漳卫南子流域知识管理系统等已建系统间的数据汇集任务。如图 8.4 所示。

8.1.3.2 与监控体系衔接设计

根据本项目取用水监控体系、入河排污口监控体系、水情自动测报系统的建设，将实现 34 个重要取用水户的水量在线监测、15 个重要取水户的视频监视，5 个重要入河排污口的水量在线监测、视频监视，安阳河口、汤河口的水文在线监测、视频监视，岳城水库上游地区 34 个遥测站的在线监测。

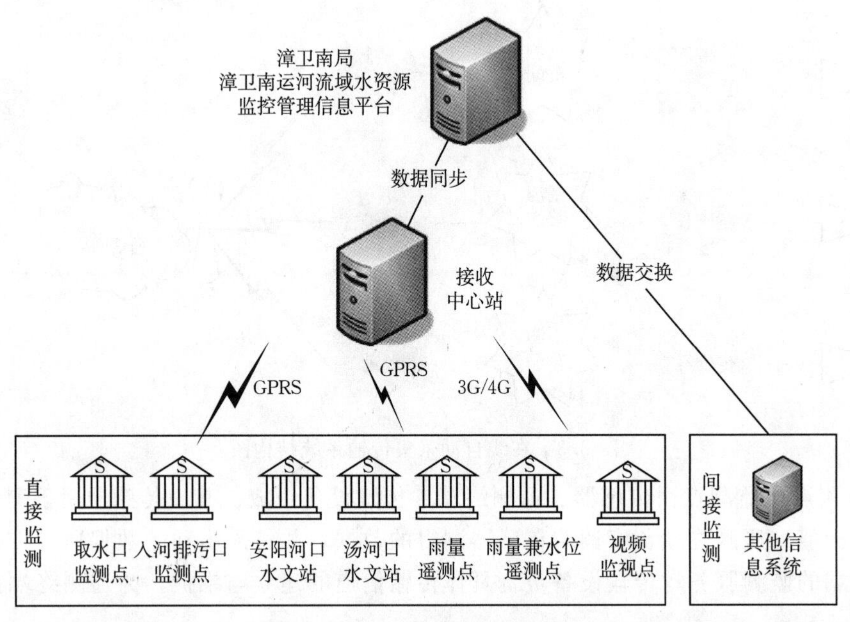

图 8.4　信息采集与传输结构图

取水户、入河排污口、安阳河口、汤河口的水量在线监测数据，通过 GPRS 方式，将数据传输至局机关数据接收中心站。利用数据接收软件，对数据进行接收、解译，并将数据存储至漳卫南运河流域水资源监控管理信息平台。

岳城水库上游地区水情自动测报系统的监测数据通过 GPRS 方式传输至岳城水库管理局的数据接收中心站，利用数据同步的方式，将监测信息传输至漳卫南局水资源监控管理信息平台。

取水户、入河排污口、安阳河口、汤河口的视频监视数据，存储在监视点现场的硬盘中，利用 3G/4G 方式将实时图片传输至各监督管理单位的视频接收中心站，通过对视频管理软件的二次开发，可以将视频接收中心站的图片综合展示在漳卫南运河流域水资源监控管理信息平台。视频接收中心站可以管理各视频监视点，读取前端摄像头的历史视频数据，控制摄像头的定时抓拍。

8.1.4　局机关数据接收中心站

在漳卫南局机关建设数据接收中心站，用于接收取水户、入河排污口、安阳河口水文站、汤河口水文站的水位、流量监测数据，配置信息接收服务器、数据接收软件等设备，见表 8.1。

表 8.1　局机关数据接收中心站配置清单

序号	项目	单位	数量
1	服务器	台	1
2	数据接收软件	套	1

（1）信息接收服务器。

• CPU 类型：Intel Xeon 六核。

• CPU 数量：不小于 4。

• 主频：不小于 2.6GHz。

• 内存：不小于 32GB，最大可扩展 1.5TB。

• 硬盘：2 块以上 300GB、SAS 10K 2.5 英寸热插拔硬盘。

• 网卡：1 块 4 端口千兆网卡。

• 含 Windows 操作系统。

（2）数据接收软件。

• 实时数据接收：对实时监测数据和仪器运行信息的接收功能。

• 监测站远程控制：对监测仪器进行远程控制的功能。

• 实时数据处理：对实时接收到的数据信息自动分类并存入数据库。

• 数据查询：对入库的数据进行检索，提供单条件、多条件关联查询，提供 Excel 导入、导出、数据报表、数据专题图和数据打印等辅助功能。

• 数据转发：根据数据传输和通信协议，将系统的实时数据报送给相关单位，完成数据的报送与分发。

• 数据管理：对水情监测数据及其特征数据和系统与测站的特征数据进行统一的存贮和管理，实现对已入库数据的维护。

8.2 计算机网络层设计

网络系统是各种业务的运行平台，为实现漳卫南局与水利部、海委、二级局委之间基础数据、业务信息、音像信息、专题图等各种信息的共享提供高速可靠的传输通道。

8.2.1 网络结构

漳卫南局政务外网采用星型结构，利用微波和光纤实现与海委、局属二级局间的连接，其中与海委之间的光纤带宽为 2M，微波共享带宽为 155M；与岳城水库管理局、邯郸河务局、聊城河务局、邢衡河务局、卫河河务局之间的共享带宽为 155M，与沧州河务局之间的带宽为 40M，与德州河务局、水闸河务局、四女寺枢纽管理局之间的光纤带宽为 100M，可以满足漳卫南运河流域水资源监控管理信息平台的运行要求，如图 8.5 所示。

8.2.1.1 与二级局的连接

漳卫南局通过微波实现与岳城水库管理局、邯郸河务局、聊城河务局、邢衡河务局、卫河河务局、沧州河务局的互联，利用光纤实现与德州河务局、水闸河务局、四女寺枢纽管理局的互联。

8.2.1.2 与海河流域水资源监控管理信息平台的连接

利用光纤、微波，实现本项目建设的漳卫南运河流域水资源监控管理信息平台与海河流域水资源监控管理信息平台间的互联互通。

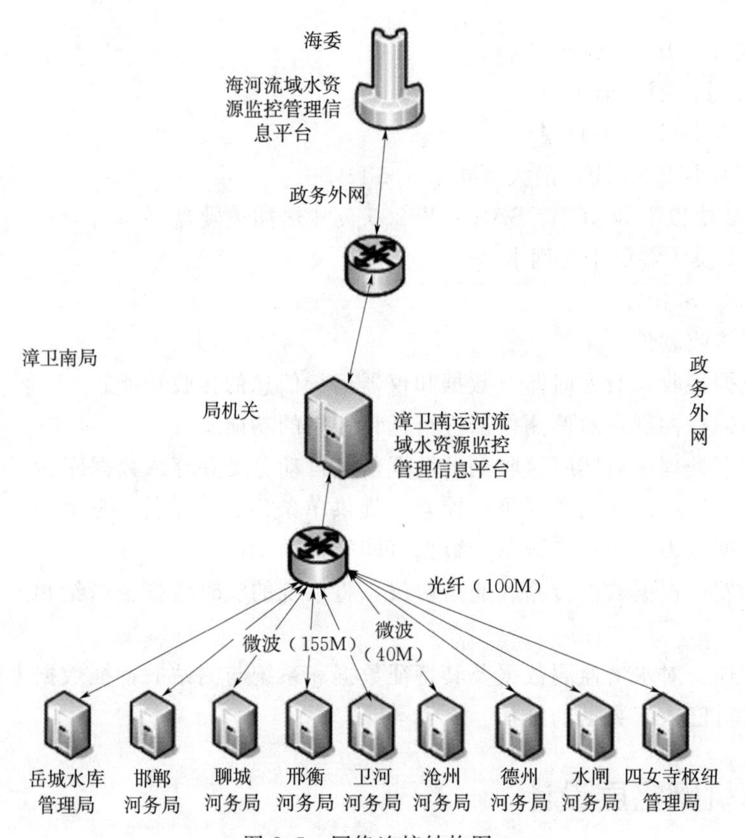

图 8.5　网络连接结构图

8.2.2　网络建设

为保障漳卫南运河流域水资源监控管理信息平台的顺畅运行，以及与水利部、海委、局属二级局间各类信息的高效传输与共享，配置 8 台接入交换机。

基于本系统的重要性，配置复接器 1 台、防火墙 1 套，在网络中单独设置“水资源系统三级防护区”，从而保证系统安全。

（1）网络交换机。主要用于各功能区域与核心区域的互联，保障用户业务长期稳定运行。单台交换机性能指标要求如下：

- 传输速率：10/100/1000。
- 接口数量：28 个。
- 端口类型：24 个 10/100/1000Base－T 以太网端口，4 个 1000Base－X SFP 端口。
- 线速转发能力：不小于 13.2MPPS。
- 背板容量：不小于 32G。
- 上行端口数量：4 口。
- 下行端口数量：24 口。
- 支持以太网 OAM 802.3ah 和 802.1ag，支持 LACP。
- 用户分级管理和口令保护、支持防止 DOS、ARP 攻击功能、ICMP 防攻击等。

（2）复接器。用于接入漳卫南局网络，单台复接机性能指标要求如下：

• 提供多种组网方式，支持多种网络拓扑，包括点对点、链形、环形、环带链、相交环、相切环、网孔形等。

• 支持多种网络级的保护方式，包括 MSP 保护方式、SNCP 保护方式、PP 保护方式以及共享光纤虚拟路径保护方式，时钟保护、电源单元的 1+1 保护等设备级别的保护方式。

• 接口板数量：1 个 8 口以太网口板，1 个 16 口 E1 的接口板。

（3）防火墙。

• 网络接口类型：10 个 10/100/1000Mbase－T 电口和 4 个千兆 SFP 光口。

• 最大并发连接数：220 万。

• 管理模式：B/S 管理架构，支持基于 HTTPS、HTTP、SSH、Telnet 和 Console 等管理方式，同时支持通过集中管理中心进行集群设备的统一管理。

• 内容过滤功能：支持多种类型的内容过滤功能，包括 URL 过滤、WEB 过滤、特征字过滤等，并能阻止 Active X、Java、Javascript 等恶意代码的入侵，对网络游戏/IM/P2P/流媒体/股票软件可实现控制过滤。

• 邮件过滤：根据邮件的主题、收件人、发件人、附件类型、附件大小进行过滤。

• 支持协议：HTTP、FTP、IMAP、POP3、SMTP、NetBios、H. 323、SIP 等。

• 代理类型：透明代理和非透明代理。

• 流量控制：支持基于主机 IP、策略和 P2P 流量的流量控制，粒度为 10Kbps，具备丰富的流量统计和带宽管理功能。

• 控制粒度：支持基于源 IP、源端口、目的 IP、目的端口、协议类型、时间、用户组、MAC 地址等多条件的组合进行综合控制。

• 地址转换：支持动态源地址转换、动态目的地址转换和静态一对一地址转换，可同时实现正向反向地址转换。

• 地址绑定：支持 IP－MAC 地址绑定，可自动进行网络内 IP 和 MAC 对应信息的搜索，并支持自动绑定。

• 日志分析：实现多台设备日志的集中搜集、集中存储、关联分析和图形化报表等。

• 审计报警：可根据多个条件以及多个条件的组合过滤查找日志，同时可针对设定的策略对应的日志给出告警。

8.3 数据资源层设计

为满足漳卫南运河流域水资源管理相关数据资源统一管理的要求，在整合已有资源的基础上，遵循国家标准、行业标准、国家水资源监控能力建设项目标准，建设数据库，以实现数据的集中存储和管理，为水资源管理业务系统的建设提供信息与服务。

8.3.1 系统结构

数据资源层是对数据存储体系进行统一管理，主要包括数据库的建设、数据管理、数据存储平台等部分。数据资源层的总体结构如图 8.6 所示。

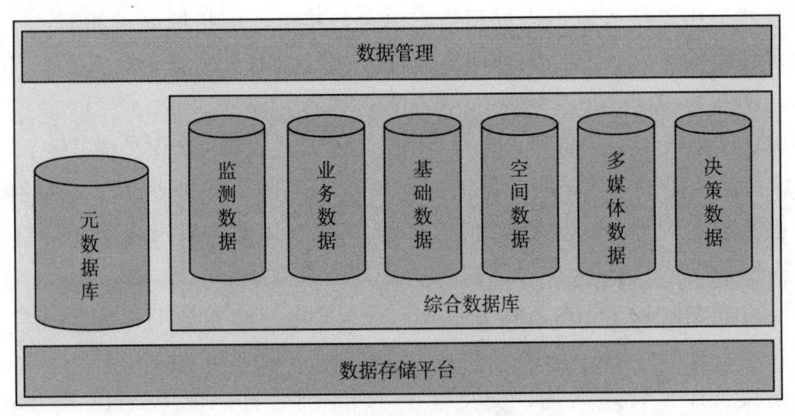

图 8.6　数据资源层结构图

(1) 综合数据库及元数据库。综合数据库包括监测数据、业务数据、基础数据、空间数据、多媒体数据、决策数据等多个逻辑子库；元数据库将综合数据库中的数据进行分类及抽取，形成数据集元数据、数据元数据。

(2) 数据存储平台。数据存储平台主要是是对存储和备份设备的管理，实现对数据的物理存储管理和安全管理。

(3) 数据管理。数据管理主要包括建库管理、数据输入、数据查询输出、数据维护管理、代码维护、数据库安全管理、数据库备份恢复、数据库外部接口等数据库管理功能。

8.3.2　综合数据库

综合数据库包括监测类、业务类、基础信息类、地理信息类、多媒体类、决策支持类六大类。

综合数据库遵循的数据库建设标准包括：

- 《基础数据库表结构及标识符》(SZY 301—2013)。
- 《监测数据库表结构及标识符》(SZY 302—2013)。
- 《业务数据库表结构及标识符》(SZY 303—2013)。
- 《空间数据库表结构及标识符》(SZY 304—2013)。
- 《多媒体数据库表结构及标识符》(SZY 305—2013)。
- 《信息分类及编码规定》(SZY 102—2013)。

8.3.3　基础数据库

基础数据库用于存储水资源监控能力建设项目中有关业务涉及的基础数据，主要包括水利基础信息、水资源专题信息和监测设备基本信息等，见表 8.2。水利基础信息类表主要包括与水利相关的自然类表、管理类表和工程与设施类表以及关系表；水资源专题信息类表主要包括水资源分区信息类、地表水水源地信息类、取水信息类、排水信息类、河流断面信息类和水功能区信息类表以及关系表；监测设备基本信息类表主要包括采集传输设备 RTU、传感器基础信息类及通信设备、太阳能板等测站辅助设备等基本信息类表以及关系表。

表 8.2 基础数据库表内容

序号	表分类		表名称	内容
1	水利基础信息类	自然类表	河流基本信息表	河流基本属性信息
2			湖泊基本信息表	湖泊基本属性信息
3			流域基本信息表	自然流域的基本信息
4		管理类表	县级及县级以上行政区划基本信息表	省、地市和县级行政区划代码、名称的对照表信息
5			乡镇级行政区划代码表	乡镇级以下行政区域代码、名称对照表信息
6			涉水组织机构基本信息表	水行政主管部门、水利事业单位、乡镇水利管理单位，以及为水利提供服务的企业、社会团体等单位的基本信息
7		工程与设施类表	水文测站基本信息表	除取用水测站以外的测站基本信息，包括水文（水位）站、水质站、潮位站等
8			水文测站施测项目信息表	水文测站的施测项目信息
9			水库基本信息表	水库的基本信息
10			引（调）水工程基本信息表	水资源三级区的引（调）水工程基本信息
11			水闸工程基本信息表	水闸工程基本信息
12			泵站工程基本信息表	泵站工程基本信息
13			渠道工程基本信息表	渠道工程基本信息
14			灌区基本信息表	灌区的基本信息
15	水资源专题信息类	水资源分区信息类	水资源分区基本信息表	水资源分区基本信息
16		地表（下）水水源地基础信息类表	地表水水源地基本信息表	地表水水源地的基本信息
17			地下水水源地基本信息表	地下水水源地的基本信息
18		取水基础信息类	地表水取水口基本信息表	地表水取水口基本信息
19			地下水取水井基本信息表	地下水取水井的基本信息
20			取用水户基本信息表	取用水户的基本信息，包括独立取水户、集中供水的取水户
21			取用水测站基本信息表	取用水测站基本信息
22			取用水监测点基本信息表	取用水监测点基本信息

续表

序号	表分类		表名称	内容
23	水资源专题信息类	排水基础信息类	污水处理厂基本信息表	污水处理厂的基本信息
24			入河排污口基本信息表	入河排污口的基本信息
25		河道断面基础信息类	河道断面基本信息表	河道断面基本信息
26			行政区界断面基本信息表	行政区界断面基本信息
27			控制断面基本信息表	控制断面基本信息
28			水功能区监测断面基本信息表	水功能区监测断面信息
29		水功能区基础信息类	水功能区基本信息表	水功能区基本信息
30			水功能区界碑基本信息表	水功能区界碑基本信息
31	监测设备基本信息类	采集传输设备 RTU	RTU 基本信息表	RTU 基本信息
32		传感器基础信息类	传感器基本信息表	传感器基本信息
33			水位计传感器基本信息表	水位计传感器基本信息
34			流速仪传感器基本信息表	流速仪传感器基本信息
35			雨量计传感器基本信息表	雨量计传感器基本信息
36			流量计传感器信息表	流量计传感器基本信息
37			水温测定仪传感器基本信息表	水温测定仪传感器基本信息
38			pH 测定仪传感器基本信息表	pH 测定仪传感器基本信息
39			溶解氧测定仪传感器基本信息表	溶解氧测定仪传感器基本信息
40			电导率测定仪传感器基本信息表	电导率测定仪传感器基本信息
41			浊度测定仪基本传感器信息表	浊度测定仪传感器基本信息
42			氨氮测定仪传感器基本信息表	氨氮测定仪传感器基本信息
43			总氮测定仪传感器基本信息表	总氮测定仪传感器基本信息
44			总磷测定仪传感器基本信息表	总磷测定仪传感器基本信息
45			COD 测定仪传感器基本信息表	COD 测定仪传感器基本信息
46			高锰酸盐指数仪传感器基本信息表	高锰酸盐指数仪传感器基本信息
47		辅助设备基础信息类	通信设备基本信息表	通信设备基本信息
48			太阳能板基本信息表	太阳能板基本信息
49			蓄电池基本信息表	蓄电池基本信息
50			充电器基本信息表	监测站充电器基本信息
51			防雷器基本信息表	监测站防雷器基本信息

8.3.4 监测数据库

监测数据库用于存储通过巡测或设置监测点获取的数据的数据库，包括通过定点监测、巡测等方式获取的水位、流量、水量、水质等动态变化的数据，分为取用水监测信息类表、雨水情监测信息类表、水质监测评价信息类表和测站设备工况监测信息类表4类（表8.3）。

取用水监测信息类表包括监测点取排水的水位信息表、流量信息表和日水量信息表、水位流量关系曲线表、小时水量信息表。

雨水情监测信息类表包括测站的水位信息表、实测流量信息表、水位流量关系曲线表、推算流量信息表、库（湖）容曲线表、蓄水量信息表、河道小时水量信息表、河道日水量信息表、闸门启闭情况表、泵站水情表、堰闸（泵）站水情多日均值表。

水质监测评价信息类表包括测站的水质自动监测、理化指标项目、非金属无机物项目、金属无机物项目、酚类有机物项目、有机农药类项目、苯类有机物项目、卤代烷醛胺类有机物项目、金属有机物及其他有机物项目和水体卫生项目监测的数据表，以及地表水水质站、湖库和水功能区的水质评价结果信息表，这些表直接引自《水质数据库表结构与标识符规定》(SL 325—2005)。

测站设备工况监测信息类表主要包括RTU和传感器的工况信息表。

表8.3 监测数据库表内容

序号	表分类	表名称	内容
1	取用水监测信息类表	取用水监测点水位监测信息表	取用水监测点的水位监测信息
2		取用水监测点流量监测信息表	取用水监测点的监测流量和累计水量信息
3		取用水监测点日水量信息表	取用水监测点的日水量信息
4		取用水监测点水位流量关系曲线表	取用水监测点水位流量关系曲线
5		取用水监测点小时水量信息表	取用水监测点小时整点水量
6	雨水情监测信息类	测站水位监测信息表	水文测站的水位监测信息
7		测站实测流量信息表	水文测站的实测流量信息
8		测站水位流量关系曲线表	河流测站测验断面水位和流量相关关系的率定结果
9		测站推算流量信息表	由测站水位流量关系曲线推求的流量信息
10		测站库（湖）容曲线表	水库（湖）的水位和蓄水量相关关系的率定结果
11		测站蓄水量信息表	湖泊、水库的蓄水量信息，该值由测站库（湖）容曲线推求得出
12		河道小时水量信息表	河道小时整点水量
13		河道日水量信息表	河道日水量

续表

序号	表分类	表名称	内容
14	雨水情监测信息类	闸门启闭情况表	堰闸和水库站列报的闸门启闭情况以及相应的过闸流量等
15		泵站水情表	泵站的抽水情况以及相应的抽水流量等信息
16		堰闸（泵）站水情多日均值表	堰闸（泵）站一日、一旬和一月的水情均值
17	水质监测评价信息类	测站水质自动监测数据表	水质自动监测站的实时监测数据
18		测站理化指标项目数据表	样品中理化指标
19		测站非金属无机物项目数据表	样品中非金属无机物项目的监测指标
20		测站金属无机物项目数据表	样品中金属无机物项目的监测指标
21		测站酚类有机物项目数据表	酚类有机物项目的监测指标
22		测站有机农药类项目数据表	有机农药类项目的监测指标
23		测站苯类有机物项目数据表	苯类有机物项目的监测指标
24		测站卤代烷醛胺类有机物项目数据表	卤代烷醛胺类有机物项目的监测指标
25		测站金属有机物及其他有机物项目数据表	金属有机物及其他有机物项目的监测指标
26		测站水体卫生项目监测数据表	水体卫生项目的监测指标
27		测站（地表水水质站）评价结果表	地表水水质站的 GB 3838 水质评价结果
28		湖库营养状态评价结果表	湖泊（水库）营养状态评价结果
29		水功能区单次水质达标评价结果表	水功能区单次水质达标评价结果
30		水功能区单次双因子水质达标评价结果表	水功能区单次双因子水质达标评价结果
31	测站设备工况监测信息类	RTU 工况监测信息表	RTU 及周边设备的工况监测信息，数据由 RTU 上传的数据报文解析得到
32		传感器工况监测信息表	传感器的工况监测信息，由 RTU 上传的数据报文解析得到

8.3.5 业务数据库

业务数据库用于存储和管理水资源调度相关的数据，包括取水许可证基本信息表、水资源调度方案信息表、调度命令信息表、实施过程记录表等，见表 8.4。

表 8.4　　业务数据库表内容

序号	表名称	内容
1	取水许可证基本信息表	漳卫南局管辖范围内的取水许可证基本信息
2	水资源调度方案信息表	漳卫南运河流域的水资源调度方案信息
3	调度命令信息表	水资源调度命令信息
4	实施过程记录表	调度方案实施过程记录信息

8.3.6 空间数据库

空间数据库信息类表包括基础地理信息类表、水利基础信息类表、水资源专题信息类表三大类。其中水利基础信息类包括自然类、工程与设施类、管理类三个子类。空间数据以图层形式存储，DEM 数据和影像数据基于文件形式存储，通过构建统一的空间数据模型管理空间数据，空间数据通过空间数据引擎来调用，见表 8.5。

表 8.5　　空间数据库表内容

<table>
<tr><th>序号</th><th colspan="2">表分类</th><th>表对象</th></tr>
<tr><td>1</td><td colspan="2">基础地理信息类表</td><td>居民地、其他科学观测站、铁路、公路、其他交通设施、国外行政区划、境界线、地貌、植被、DEM 及影像数据</td></tr>
<tr><td>2</td><td rowspan="3">水利基础信息类表</td><td>自然类</td><td>水系轴线、水系岸线、湖泊、水文地质单元、一级流域、二级流域、三级流域、四级流域、五级流域、六级流域、七级流域</td></tr>
<tr><td>3</td><td>工程与设施类</td><td>水库、大坝、水闸工程、水电站、泵站工程、引调水工程、农村供水工程、灌区、测站、堤防</td></tr>
<tr><td>4</td><td>管理类</td><td>国家级行政区划、省级行政区划、地市级行政区划、县级行政区划、乡镇级行政区划、涉水组织机构</td></tr>
<tr><td>5</td><td colspan="2">水资源专题信息类</td><td>地表水水源地、水资源一级分区、水资源二级分区、水资源三级分区、水资源四级分区、水功能一级区、水功能二级区、水功能区界碑、地表水取水口、地下水取水井、地下水超采区、取用水户、河道断面、污水处理厂、入河排污口、取用水测站、地下水水源地</td></tr>
</table>

8.3.7 多媒体数据库

多媒体数据库用于存储和管理文档、图片、视音、影像等多媒体资料，包括多媒体文件基本信息表、文档多媒体文件扩展信息表、图片多媒体文件扩展信息表和视音多媒体文件扩展信息表。多媒体资料信息与对象的关联关系分别在基础数据库和业务数据库中建立。见表 8.6。

表 8.6　多媒体数据库表内容

序号	表名称	内　容
1	多媒体文件基本信息表	文档资料、图片资料、视音资料等多媒体资料的基本信息
2	文档多媒体文件扩展信息表	Word、Excel、WPS、PDF 等电子文档及表格文件
3	图片多媒体文件扩展信息表	BMP、TIFF、JPG、GIF 等图片文件
4	视音多媒体文件扩展信息表	各类视频文件和音频文件

8.3.8　决策数据库

决策数据库用于存储和管理模型相关的数据，包括模型基本信息表、模型参数表、模拟方案基本信息表、模拟方案输入条件表、模拟方案输出结果信息表等，见表 8.7。

表 8.7　决策数据库表内容

序号	表名称	内　容
1	模型基本信息表	模型的名称、用途等基本信息
2	模型参数表	模型的静态参数信息
3	模拟方案基本信息表	模拟方案的名称、模拟时段、模拟范围等基本信息
4	模拟方案输入条件表	模拟方案的断面水位流量、污染物信息等输入信息
5	模拟方案输出结果表	模拟方案的各控制断面的污染物信息、扩散时间等结果信息

8.3.9　元数据库

元数据库的建设按照国家、行业有关标准以及国家水资源监控能力建设项目标准《元数据》（SZY 306—2014）进行，对本系统中所有数据内容进行整理、分类、编目、存储、管理、应用。

元数据库由元数据信息、标识信息、内容信息、数据质量信息、覆盖范围信息、限制信息、参照系信息、更新维护信息和交换分发信息等元数据子集构成。

（1）元数据信息。描述元数据本身的基本信息，元数据实体是根实体。元数据信息由标识、交换分发、限制等元数据实体和编码、名称、区域、元数据创建等元素构成。

（2）标识信息。描述各类数据集的基本情况，标识实体可对基础数据库、业务数据库、监测数据库、空间数据库、多媒体数据库等，在数据库和文件集层面上进行描述，也可对某一对象类/要素类的基本信息描述，同时也能对一组对象类/要素类的基本信息的描述。标识信息由内容、参照系、更新维护、数据质量、覆盖范围、限制、交换分发等元数据实体和编码、名称、数据类型、层级、摘要、目的、关键词、状况、数据集创建等元素构成。

（3）内容信息。描述项目各类数据集的数据组织结构或包含具体要素（或对象）及其处理等。根据标识信息的层级元素，分别定义数据库/文件集、对象类/要素类、对象/要素 3 个不同粒度数据集的具体内容。

1）数据库/文件集内容信息。是在数据库和文件集层面，对数据集逻辑结构和组织管理等方面的描述。数据库/文件集内容实体由基础数据集、监测数据集、业务数据集、空间要素数据集、多媒体数据集和存储管理等实体构成。

基础数据集是对基础数据库中数据逻辑结构和组织管理等方面的描述。基础数据集实体由对象类/要素类、关系类、属性/特征等实体和主题分类、主题编码、主题名称、内容类型等元素构成。

监测数据集是对监测数据库中数据逻辑结构和组织管理等方面的描述。监测数据集实体由属性/特征实体和主题分类、主题编码、主题名称、数据库表标识、依附对象编码等元素构成。

业务数据集是对业务数据库中数据逻辑结构和组织管理等方面的描述。业务数据集实体由属性/特征实体和主题分类、主题编码、主题名称、数据库表标识、涉及对象编码等元素构成。

空间要素数据集是对空间数据库中数据逻辑结构和组织管理等方面的描述。空间要素数据集实体由空间要素、空间关系、属性/特征实体和主题分类、主题编码、主题名称、内容类型等元素构成。

多媒体数据集是对多媒体数据库中数据逻辑结构和组织管理等方面的描述。多媒体数据集实体由关联数据、现场影像/文档资料、遥感数据、瓦片数据等实体和数据类型、主题分类、主题编码、主题名称、存储目录等元素构成。

存储管理是对各类数据集的存储结构、相关管理系统、存储位置以及存取服务等方面的描述。存储管理实体由结构形式、管理系统类型、管理系统名称、存储位置、存取访问服务等元素构成。

2）对象类/要素类内容信息。是对各数据库和文件集包含的要素类或对象类的逻辑结构和特性进行描述。对象类/要素类内容实体由操作实体和对象类/要素类标识等元素构成。其中操作实体，由操作类型、操作理由、操作日期、责任单位和责任人等元素构成。

3）对象/要素内容信息。是对某要素类或对象类下的一组具有相同操作的要素或对象的描述。对象/要素内容实体由操作、获取元数据实体和对象/要素编码等元素构成。其中，获取实体由获取方式、自动采集、录入参照资料和责任人等元素构成。

（4）参照系信息。描述使用的参照系统，由空间参照系、时间参照系等元数据实体和编码、参照系使用类型、参照系说明等元素构成。

其中，空间参照系信息描述对象空间位置采用的坐标系统、高程系统，由大地坐标参照系、高程参照系构成，当采取代码表列出的大地坐标参照系之外的其他坐标系统时，选用其他坐标参照系实体，该实体由参照系名称、参照系说明、椭球体参数说明、投影参数说明等构成；时间参照系信息描述数据采集的时间参照，由名称、基准构成。

（5）覆盖范围信息。描述各数据集的内容的地理覆盖范围、时间覆盖范围等情况，由地理覆盖范围、时间覆盖范围等元数据实体和覆盖范围类型、覆盖范围说明等元素构成。

其中，地理覆盖范围信息描述数据集对象位置形成的矩形区域，由西边经度、东边经度、南边纬度、北边纬度构成；时间覆盖范围信息描述数据集对象、属性数据采集的起止时间范围。

（6）更新维护信息。描述各数据集更新为的频率、范围等方面情况情况，由维护与更新频率、更新数量、最近更新内容、最近更新时间、责任单位、责任人、更新维护说明、数据条目数、特征完整条目数、关系实体一致数、序列缺失数、对象参照一致数、文件参照一致数等元素构成。

（7）数据质量信息。描述各类数据库、文件集在完整性、一致性等方面的情况，由评价类型、评价结果、评价时间、责任单位和责任人等元素构成。

（8）限制信息。描述元数据及各数据集在安全级别和访问、使用等方面的限制要求，由安全限制级别、用户注意事项、访问限制、使用限制和其他限制等元素构成。

（9）交换分发信息。描述元数据和各数据集在业务系统间交换、单位间共享以及对外发布等方面的相关信息。由接收方、在线服务等元数据实体和编码、名称、服务类型、服务形式、提供方、提供方联系人、提供时间、服务时间、格式等元素构成。

其中，接收方信息描述元数据或数据集在交换分发时指定的用户范围和数据接收情况，由单位、联系人、接收时间、接收状态、接收意见等构成；在线服务信息描述元数据或数据集在采取在线方式进行交换分发时有关服务方面的规定，由服务描述、服务地址、存取说明、服务环境等构成。

8.3.10 数据存储平台

为保证漳卫南运河水资源监控管理信息平台数据的安全，并考虑水资源管理业务的需求，对系统采集的数据进行存储，制定相应的备份策略。

8.3.10.1 数据存储

数据存储是对系统采集的监测数据、产生的业务数据进行实时存储，供用户随意读取，满足计算机平台对数据访问的速度要求。已建测站、改造测站的监测数据通过信息采集端传输至数据库，并存储在漳卫南局的EMC存储设备中。

8.3.10.2 数据备份

为保证数据的安全性，制定数据备份策略，记录系统中详细的历史数据，并在特定情况下恢复特定时期的数据，保证数据备份的频率、保存的时间符合预期设计的目标。同时，以海河水利委作为本系统的异地备份中心，定期将系统进行异地备份。

（1）业务数据库备份。以周为备份周期，每天进行数据增量备份，每周日进行数据库完全备份；数据库全量数据备份启动时间为：每周六晚21：00；数据库增量数据备份启动时间设定在每晚21：00启动。

（2）重要数据文件的备份。以周为备份周期，每天进行增量备份，每周日进行完全备份；备份启动时间设定在每天晚24：00自动启动；备份数据保留两周。

（3）操作及应用系统数据文件数据的备份。以月为备份周期，每月的周日进行增量备份，每月底进行完全备份；备份启动时间设定在每个周日自动启动；备份数据保留两个月。

8.3.10.3　数据管理

数据管理的主要功能包括建库管理、数据输入、数据查询输出、数据维护管理、代码维护、数据库安全管理、数据库备份恢复、数据库外部接口等，是数据更新、数据库建立和维护的主要工具，也是在系统运行过程中进行原始数据处理和查询的主要手段。数据管理在本项目中主要负责对项目中存储及使用的结构化数据进行存储与管理，并提供外部系统对数据存取的接口。

数据管理的基本功能包括数据的添加、修改、删除、保存、查询等。其中数据的添加可以通过手工录入或从其他数据库中自动导入的方式进行；修改功能是用户可以通过系统的界面或数据库管理者对数据进行修改操作；删除功能是用户对相关信息进行删除操作；保存是对数据信息进行保存，以备需要时直接调用，如果数据不满足保存的要求，或存在格式错误、或出现数据不一致时，系统会提示出错信息，用户应根据提示信息进行修改再保存；查询是用户根据选定的查询条件进行相关信息的查询，可以进行单条件查询或组合条件查询。

本项目通过配置数据库管理软件对系统中产生的数据进行管理。

8.4　应用支撑层设计

8.4.1　系统结构

应用支撑层向上负责支撑业务应用，向下管理数据资源。

为了部署、运行和管理基于三层/多层结构的应用，需要以 Web 的底层技术为基础，提供相应的应用支撑，作为网络应用的基础设施（Infrastructure），这一支撑实际上是基于网络的中间件，即应用服务器，也称为应用中间件。应用服务器为应用系统的建设、部署、运行提供支撑服务，为企业级 B/S 结构的应用系统提供框架，保证应用系统的高效、可靠、安全的运行和方便的管理监控。

本项目的应用支撑采用与国家水资源监控能力建设项目相同的框架，技术上遵循 SOA 体系，提供业务系统所需要的各类服务，各业务系统将开放的业务操作封装后提供服务，最终实现以 Web 服务交互的方式，更好的整合各个业务系统，使得业务系统或应用程序能够更方便的互相通讯和共享数据。

应用支撑层的结构如图 8.7 所示。

8.4.2　硬件环境

根据漳卫南运河流域水资源监控管理信息平台的运行需求，为漳卫南局配置 3 台应用服务器。同时，考虑机房服务器的统一管理，提高工作效率，增强安全性，配置数字 KVM 集中控管系统 1 套，见表 8.8。

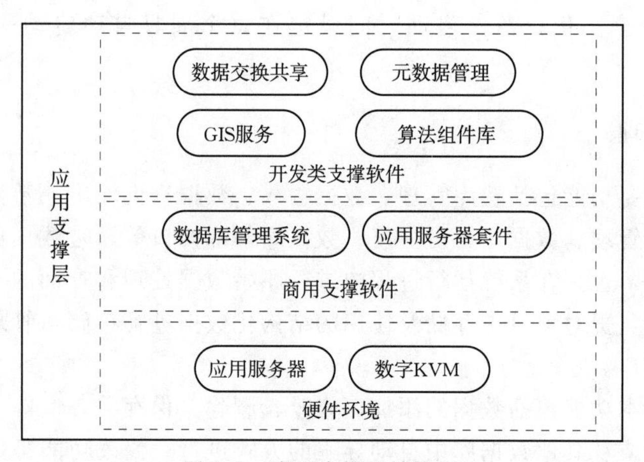

图 8.7 应用支撑层结构图

表 8.8 硬件配置表

类别	数量/套	用途
应用服务器	3	部署数据库、应用系统
数字 KVM 集中控管系统	1	服务器管理

(1) 刀片式服务器。

• CPU 类型：Intel 至强 E5－4610。

• CPU 数量：2 个。

• 主频：不小于 1.7GHz。

• 内存：不小于 64GB，最大可扩展 128GB。

• 硬盘：不小于 2T。

• 接口：1 个 USB 接口，1 个 MiscroSDHC 接口，1 个 TPM 接口。

• 配置 2 块 FlexFabric 卡。

• 配置 1 块 1GB FBWC 阵列卡。

• 含 Windows 系统。

(2) 机筐。

• 高度：10U，16 个半高刀片服务器槽位。

• 模块：1 个 OA 模块、2 个 2400W 铂金版电源模块。

• 带单相电源箱。

• 含 4 个风扇。

(3) 数字 KVM 集中控管系统。数字 KVM 集中控管系统，可以在不同操作系统的多台主机之间进行切换，实现一个用户使用一套键盘、鼠标、显示器去访问和操作一台以上主机的功能。

根据漳卫南局现有的服务器类型、数量以及本系统配置的服务器类型、数量，配置 2 台 KVM24 口交换机、30 个 DCIM 连接模块。

数字 KVM 集中控管系统连接示意图如图 8.8 所示。

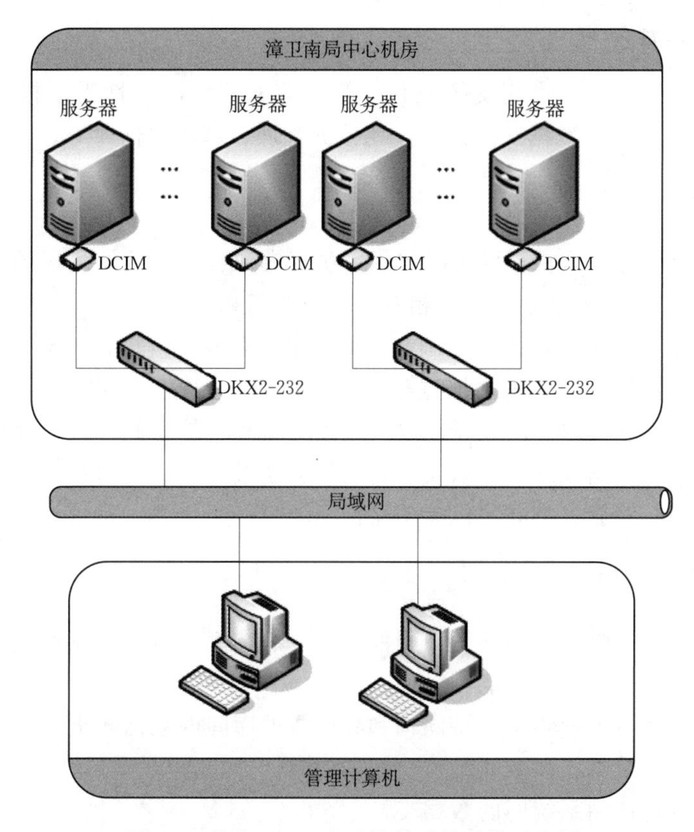

图 8.8 数字 KVM 集中控管系统连接示意图

24 口 KVM 交换机的性能指标如下：

- 输入接口：24 个服务器接口。
- 输出接口：2 个远程用户，1 个用于机架端使用的本地接口。
- 切换方式：DB9（F）DTE+PS2 或 USB 键盘/鼠标。
- 接口类型：PS/2、SUN、USB 等。
- 支持 PS/2、SUN、USB、串口设备。
- 提供 IDC 用户远程访问的增值服务。

8.4.3 商用支撑软件

商用支撑软件主要包括应用服务器套件（JavaEE Application Server）、数据库管理系统等构件，提供信息系统构架软件支撑。

（1）应用服务器套件。为业务应用提供名字、事务、安全、消息、数据访问等服务，及应用构件的开发、部署、运行及管理功能。

（2）数据库管理系统。数据库管理系统提供数据的基本管理，数据同步、数据备份和恢复等功能。本项目存储的数据量较大，数据关联较复杂，为方便数据管理，应选用 SQL Server 数据库系统，版本为标准版，15 个用户数。

8.4.4 开发类支撑软件

开发类支撑软件是基于商用支撑软件，为各业务系统的共性需求提供统一的服务构件，主要包括GIS服务、数据交换共享、元数据管理、算法组件库等。

8.4.4.1 GIS服务

业务应用系统为业务人员提供实时展示、仿真模拟、空间数据分析的功能，利用水利部的"水利一张图"，在此基础上进行相关服务的调用和开发。

通过GIS加载漳卫南运河流域基础空间信息和水利专题信息，对漳卫南运河流域水资源监控管理信息平台涉及的空间数据进行采集、管理、分析，提供多种空间和动态信息，对空间数据进行访问和提取、图数互查以及数据更新和维护。此外，还提供数据变换、数据重构、数据抽取等数据处理功能以及空间测量、地形分析、空间统计等分析功能，并提供地图展示、查询、缩放、空间定位等功能。

8.4.4.2 数据交换共享

数据交换共享通过数据交换共享中间件，将分散在漳卫南局各业务处室的数据资源进行集中与交换，具有三种基本功能：

（1）数据库间的数据同步，支持同构和异构数据库间的数据同步。

（2）支持结构化数据，以及非结构化数据的数据传递。

（3）支持与其他应用系统间的数据交换。

数据数据交换共享中间件遵循可靠性、开放性、可扩展性、安全性、高效性和灵活性等原则，能够保障传输过程中数据的完整性、断点续传等基本技术要求。通过建立独特的通信通道，通信握手认证及加密等手段保证数据交换过程的高安全与保密性。

数据交换共享中间件能够根据系统负荷的变化动态地增加或减少服务进程的个数，不断调整同类服务来分担客户端的请求，充分利用系统资源，支持多种数据格式与模型，包括结构化数据、非结构化数据、Word、Excel文档数据、XML、HTML等各种类型。

8.4.4.3 元数据管理

元数据管理子系统包括元数据汇交、元数据编辑、元数据查询等功能。

（1）元数据汇交。利用基于工业标准的关系型数据库、分布式数据库技术、网络技术和安全技术，采用集中式管理模式，设计合理的数据组织结构，合理分布各数据库的负载，开发基于网络的元数据汇交体系，规范元数据汇交的流程，确保数据的一致性、完整性和正确性，为元数据汇交及数据共享建立先进的技术平台。漳卫南局各单位通过网络将各自的数据与元数据统一汇交到数据中心，通过元数据汇交体系为数据共享提供数据基础。

（2）元数据编辑。元数据编辑包括元数据存储和元数据更新两部分。

元数据的存储是基于关系数据库的集中存储模式，元数据以XML进行编码表示，以关系化的方式进行存储。在关系型数据库中不仅存储元数据的结构/模式信息，而且存储数据内容信息。对于元数据的结构/模式信息，元数据库以独立的存储表对其进行存储，记录数据 XML 的结构定义信息，即 Schema。

元数据的更新主要指对元数据内容的添加、删除、更新等。基于关系数据库的元数据库可充分利用关系数据库管理系统本身的安全性、高效性、用户权限管理等特性实现部分基本的管理功能。元数据管理系统是面向应用、实现共享元数据的核心，起到沟通元数据生成者、管理者和使用者的作用，也起到连接元数据获取、存储、管理、更新的桥梁作用。

（3）元数据查询。元数据查询的功能主要是通过目录服务体系提供信息资源的查找、浏览、定位功能来实现，为数据共享交换获取信息资源提供获取位置和方式。

目录服务是以元数据为核心的目录查询，它通过按照元数据标准的核心元素将信息以动态分类的形式展现给用户，方便用户快速、高效查询资源；记载网络的所有文件以及所有在网络上运行的资源，以及使用者账号、身份口令、密码、卷、文档，应用程序以至于域名服务器 DHCP、IP 地址以及认证的公钥等。此外，目录服务软件可以保存和管理对人员、业务过程和供内部使用的资源等详细信息的访问。

8.4.4.3 算法组件库

算法组件是辅助业务应用系统基本的数学方法，将基础算法纳入支撑平台是为应用系统系统开发提供标准化的基本功能模块，提高系统开发效率，保证系统功能正确、准确实现。基本的数学方法用于支持应用支撑平台和各应用系统的开发，主要包括有限元方法、多元插值、时间系列处理、等值线（面）绘制等。基础算法的输入输出要结合水资源专业背景，根据算法的具体要求来定，提供给外界的调用方式，以动态链接库的形式给出。

8.5 业务应用层设计

8.5.1 系统结构

在充分梳理、分析漳卫南局水资源管理业务需求的基础上，基于漳卫南运河流域1∶25万电子地图，利用专业模型、GIS、遥感等先进技术，整合水雨情、水质、取水、排污等信息，搭建水资源监控管理信息平台，初步实现漳卫南运河流域的水量水质综合服务，并提供专业的水雨情、水质预测等服务，为提高水资源监管能力和优化配置提供辅助决策支持，如图 8.9 所示。

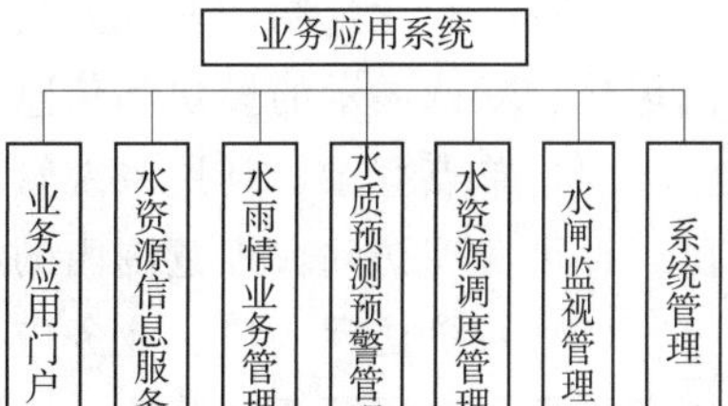

业务应用系统

业务应用门户 | 水资源信息服务 | 水雨情业务管理 | 水质预测预警管理 | 水资源调度管理 | 水闸监视管理 | 系统管理

图 8.9 业务应用系统组成图

业务应用门户是漳卫南局水资源监控管理的综合业务信息展示的平台，提供单点登录、系统入口等功能。

水资源信息服务：基于水资源业务管理对象，提供基础信息、监测信息、业务信息的综合服务，漳卫南局各业务处室可以直观的了解流域内水资源开发利用状况。

水雨情业务管理：针对漳卫南局水文工作管理，整合已建水情系统的数据资源，提供专业的统计分析及信息处理功能，反映漳卫南运河流域的实时水情变化。

水质预测预警管理：结合漳卫南局水质监测业务，提供水质评价、达标分析、水质预测等功能，为水资源保护管理提供支撑。

水资源调度管理：结合漳卫南局水资源调度业务，提供取水户取水量统计、调度执行总结管理、报表管理等功能。

水闸监视管理：整合已建闸坝自动控制系统的闸门开启情况、过水量等实时状态数据，提供漳卫南局直管水闸工程的实时监视功能，为流域内水资源调度提供支撑。

系统管理：对系统的用户、权限配置等进行统一管理。

8.5.2 业务应用门户

业务应用门户面向漳卫南局领导、各业务处室的相关人员，为其提供水资源相关信息的综合信息展示、资料下载等功能，同时提供个人化定制、单点登录、系统访问入口等功能，

(1) 综合信息展示。基于电子地图，为用户提供漳卫南运河流域水资源状况的综合信息及相关分析结果，包括主要河流的水资源量、水质达标情况，岳城水库的水位、蓄水量，河道取水、排污情况等，以文本、图表等形式展示。具体信息见表 8.9。

表 8.9　　综合展示信息内容及方式

信息类别	详细信息	展示方式
水资源概况	漳卫南流域的日降水量、重要支流的实时流量	地图、文本或图表
水质信息	省界水体的整体达标状况、变化趋势，以及超标断面的超标情况	文本或图表
岳城水库信息	水位、蓄水量、水质状况、供水量（漳南渠、民有渠）、下泄水量	地图、文本或图表
取水信息	在漳卫南运河上取水的取水户数量、累计取水量	地图、文本或图表
排污信息	流域内的入河排污口、累计污水排放总量	地图、文本或图表
工程信息	四女寺枢纽、祝官屯、袁桥、吴桥、王营盘、罗寨、庆云、辛集等水闸工程的水位、过水量、蓄水量信息	地图、文本或图表

(2) 资料下载。提供对外发布的规章制度、标准规范、水政水资源月报、水功能区水质状况通报等资料的浏览和下载。

(3) 个性化定制。业务人员可根据各自的业务管理需求，定制门户展示内容，包括页面风格、默认展示的模块和信息、地图图层的默认加载等。

(4) 单点登录。利用系统管理模块提供的用户信息和访问权限，用户只需要登录一次，即可实现访问权限范围内的各业务系统。

(5) 系统访问入口。业务应用门户提供水资源信息服务、水雨情业务管理、水质预测预警管理、水资源调度管理、水闸监视管理等子系统的访问入口，系统用户在登录后，通过页面链接直接进入各子系统进行具体的业务操作。

8.5.3 水资源信息服务

通过对漳卫南运河流域的取水户、水功能区、省界断面、入河排污口、重要支流等水资源业务对象的基础信息、监测信息、业务信息进行分析处理，为漳卫南局各业务部门提供查询、统计分析、信息展示、预警等服务，满足业务人员对水资源信息的需求，以更好地服务于漳卫南运河流域水资源管理。

8.5.3.1 综合监视与预警

利用“水利一张图”，展示流域内重要取水户、水功能区、省界断面、入河排污口、重要支流、水闸工程等对象、测站和视频监视点分布；以悬浮窗口的形式展示重点点位监测信息、视频信息，以及统计、分析信息等；整合漳卫南子流域 KM 系统中的遥感 ET 成果，提供遥感 ET 成果分析功能。

（1）信息展示。

1）展示内容。展示流域内重要对象的实时监测信息、视频信息及基本统计信息，具体展示内容见表 8.10。

表 8.10　　信息展示内容

信息类型	信息内容
取水信息	取水户的监测时间、实时取水流量、日取水量、累计年取水量
排污信息	入河排污口的监测时间、实时流量、日废污水排放总量、累计排放量
水质信息	水质测站的监测时间、水质类别、超标倍数及超标项目
水文信息	水文站的监测时间、水位、流量
水功能区水质信息	水功能区的监测时间、水质类别、超标倍数及超标项目
岳城水库监测信息	岳城水库的实时水位、蓄水量、水位变化趋势等
遥感 ET 分析成果	漳卫南运河流域的遥感 ET 分析图

2）展示方式。

a. 空间定位。利用 GIS 服务提供的空间数据和属性数据可视化展示功能，通过鼠标选择或查询的方式选中要了解的水资源要素，以突出显示或闪烁等方式标示所选对象在背景图上的位置，并可以对地图进行放大、缩小、图层切换等操作。

b. 基础信息展示。通过在电子地图上选取不同的水资源要素，实现空间数据和属性数据的交互式查询，以图标的形式展示该要素的基础信息。

c. 监测信息展示。通过选择不同站点，电子地图上以不同图标标注各类监测站点（断面）的位置，以图标的形式展示各测站（断面）的最新监测信息及评价结果；

通过选择站点类型，在可视区域内以表格的形式展示该类站点查询时间内的监测信息，对于站点密度较大的区域，展示重要站点的信息，通过电子地图的放大功能，实现较多站点信息的展示。

d. 业务信息展示。对于业务管理过程产生的信息，以表格、折线图、柱状图的形式进行展示，并以不同颜色渲染的方式展示水资源量变化情况和河流水质状况变化等。

（2）信息预警。

1）报警类别。报警类别包括水位超标报警、流量超标报警、水质指标超标报警、取水量超标报警、排污量超标报警。

水位超标报警：人工设定岳城水库、河道断面的警戒水位阈值，当水位超出设定阈值时报警。

流量超标报警：人工设定河道断面的警戒流量阈值，当流量小于设定阈值时报警。

取水量超标报警：当取水户累计年许可取水量超出取水许可证的年许可取水量时报警。

水质指标超标报警：当水质评价结果超出该站点的水质目标时报警。

排污量超标报警：人工设定各排污口的排污量阈值，当排污量超出设定阈值时报警。

2）报警方式。以图像闪烁、变色、高亮等方式，提醒业务人员关注告警信息。

8.5.3.2 信息查询

信息查询是在综合监视与预警的基础上，提供基于业务对象、面向业务主题的查询方式，业务管理人员可以快速搜索到关注的信息。

（1）业务对象查询。业务人员可以对每个业务对象的基础信息、监测信息、业务信息进行查询，以表格、图片、统计图等方式，在一个页面综合展示查询结果，方便业务人员快速了解该业务对象的整体情况。业务对象包括岳城水库、取水户、水功能区、重要河道断面、入河排污口等。

1）岳城水库。通过设置查询时间，可以查询岳城水库的实时水位、流量、蓄水量等水量监测信息，水质类别、超标倍数及超标项目、监测指标等水质监测信息，以及岳城水库的基本信息、视频信息等。

2）取水户。通过设置查询时间、取水户名称等条件，可以查询取水户的取水流量、日取水量等监测信息，该取水户的基本信息、视频信息以及取水许可证的基本信息。

3）水功能区。通过设置查询时间、水功能区名称等条件，可以查询水功能区的水位、流量等水量监测信息，水质类别、超标倍数及超标项目、监测指标等水质监测信息，以及该水功能区的基本信息。

4）重要河道断面。通过设置查询时间、河道断面名称等条件，可以查询该河道断面的水位、流量等水量监测信息，水质类别、超标倍数及超标项目、监测指标等水质监测信息，以及该河道断面的基本信息、视频信息。

5）入河排污口。通过设置查询时间、入河排污口名称等条件，可以查询入河排污口的排放流量、废污水排放量等水量监测信息，水质类别、超标倍数及超标项目、监测指标等水质监测信息，以及该入河排污口的基本信息、视频信息。

（2）业务主题查询。依据业务主题，建立各类要素之间的相关关系，在进行查询时，不但能够实现选定要素的信息查询，同时也能够根据各类要素之间的相关关系进行快速定位，并实现相关信息的查询。

1）河流主题。通过在电子地图上选择河流或设置河流的名称，系统直接定位到该河流上，展示该河流相关的要素（可根据管理需要，设置展示的要素），如取水户、入河排污口、河道断面、水闸工程以及相应的测站，以表格的方式展示该河流的取水量、污水排放量等综合信息，用户也可以点击单个要素进行基础信息、监测信息的查询。

2）水功能区主题。通过在电子地图上选择水功能区或设置水功能区的名称，系统直接定位到该水功能区上，展示该水功能区相关的要素，包括入河排污口、水文监测断面、水质监测断面，以表格的方式展示该水功能区的水质类别、超标情况、污水排放情况等综合信息，用户也可以点击单个要素进行基础信息、监测信息的查询。

8.5.3.3 统计分析

统计分析是在信息查询的基础上，利用各种统计方法，对各类水资源监测数据进行统计分析。

（1）统计方式。包括特征值分析、趋势分析、对比分析。

1）特征值分析。通过选择测站名称、时间、监测指标，统计分析某一测站某一时间段内监测信息的特征值，包括最大值、最小值、平均值。

2）趋势分析。通过选择测站名称、时间、监测指标，统计分析某一测站某一时间段内监测指标的趋势变化。

3）对比分析。通过选择测站名称、时间、监测指标，对比分析某一测站不同时间段某一指标的变化，或某一时间段不同站点同一指标的变化。

（2）结果输出方式。统计结果以图形和表格形式进行展示。其中，特征值分析结果以表格的形式展示，趋势分析结果以折线图的形式进行展示，对比分析结果以柱状图的形式进行展示。

8.5.4 水雨情业务管理

水雨情业务系统是针对漳卫南局水文业务，整合漳卫南局水情系统，提供专业的水雨情业务查询、统计分析等功能。

（1）信息查询。通过设置时间，可以查询日雨量、时段雨量、暴雨加报信息，河道水库信息，提供报表的导出、打印等功能，同时可以查询日雨量等值线（面）图。见表8.11、表8.12。

表 8.11　　日雨量表

站号	站名	河名	时间	日雨量/m^3	天气状况

表 8.12　　河道水库信息

站号	站名	河名	时间	水位/m	水势	流量/ (m^3/s)	蓄水量/m^3

(2) 统计分析。

1) 信息统计。通过设置统计时间段，提供累计日雨量的统计，结果以表格展示，具体见表 8.13。

表 8.13　　累计日雨量统计表

区域	站号	站名	累计雨量/m^3

2) 分析方式。系统提供水位、流量、雨量等信息的分析方式，包括特征值分析、趋势分析、对比分析。

a. 特征值分析。通过选择测站名称、时间、监测指标，统计分析某一测站某一时间段内监测信息的特征值，包括最大值、最小值、平均值，结果以表格的形式展示。

b. 趋势分析。通过选择测站名称、时间、监测指标，统计分析某一测站某一时间段内监测指标的趋势变化，结果以折线图的形式进行展示。

c. 对比分析。通过选择测站名称、时间、监测指标，对比分析某一测站不同时间段某一指标的变化，或某一时间段不同站点同一指标的变化，结果以柱状图的形式进行展示。

(3) 日雨量图绘制。利用应用支撑平台提供的等值线（面）绘制算法，根据用户的需求，生成每日的日雨量等值线图、等值面图。

(4) 水位流量关系管理。系统提供水文站的水位流量关系管理功能，可以根据用户新建、修改的水文站水位、流量数据，生成水文站的水位流量关系图，辅助用户进行水位流量关系率定，见表 8.14。

表 8.14　　水位流量关系表

站号	站名	时间	水位/m	流量/ (m^3/s)

（5）报表管理。根据漳卫南运河流域的水雨情信息，提供水情相关报表生成、报表查询等功能。

1）报表生成。根据漳卫南局水情格式，提供报表信息的辅助生成功能，用户可以对系统生成的报表进行修改、保存等操作。

报表包括：每日 8 点水情报表、最新水情报表，报表样式见表 8.15。

表 8.15　　漳卫南运河水情报表

年　月　日　时

站类	站名	河流	时间	水位/m	水势	蓄水量/m^3	流量/（m^3/s）	汛限/警戒
水库	彰武	安阳河						
水库	小南海	安阳河						
水库	盘石头	淇河						
水库	南谷洞	露水河						
水库	漳泽	浊漳河						
水库	后湾	浊漳河						
水库	关河	浊漳河						
水库	岳城	漳河						
河道水闸	匡门口	清漳河						
河道水闸	石梁	浊漳河						
河道水闸	侯壁	浊漳河						
河道水闸	观台	漳河						
河道水闸	合河	共渠						
河道水闸	黄土岗	共渠						
河道水闸	汲县	卫河						
河道水闸	刘庄	共渠						
河道水闸	淇门	卫河						
河道水闸	新村	淇河						
河道水闸	安阳	安阳河						
河道水闸	五陵	卫河						
河道水闸	元村	卫河						
河道水闸	南陶	卫运河						
河道水闸	临清	卫运河						

续表

站类	站名	河流	时间	水位/m	水势	蓄水量/m^3	流量/（m^3/s）	汛限/警戒
河道水闸	四女寺（节制）	南运河						
河道水闸	四女寺（北）	岔河						
河道水闸	四女寺（南）	减河						
河道水闸	安陵闸	南运河						
河道水闸	庆云闸	漳卫新河						
河道水闸	蔡小庄	漳河						

2）报表查询。通过设定报表名称、发布时间等检索条件，提供已生成水情报表的查询、浏览、导出和打印界面，为水资源调度管理提供数据支持。

8.5.5 水质预测预警管理

水质预测预警系统是对漳卫南运河流域河道、水功能区、入河排污口、重要断面的水质状况进行实时监视，可以对水质状况进行评价，提供水功能区水质状况报表的辅助生成功能，在此基础上，提供水质预测模型，可以对河道上的水质进行预测分析，对于超标的河道、断面进行预警，提示业务人员关注河道水质变化。

8.5.5.1 水质预测模型

提供水质预测模型，可以对漳卫南运河流域河道的水质进行预测分析，模拟污染物在流域范围内迁移转化过程，查明污染物运移的时空分布规律，为流域水质预测、管理和规划决策等提供有力的技术与方法支持。

（1）构建模型。根据漳卫南运河河道状况，确定岳城水库及以下漳河、淇门以下卫河、漳卫河、漳卫新河为模型模拟范围，建立岳城水库二维水质预测模型和河道一维水质预测模型，对模拟范围进行概化、划分网格，预测河道水质变化过程及污染团运移过程，以及下游各断面污染物峰值浓度和峰值出现时间，为河道水质应急处置提供依据。

（2）模型的输入。模型的输入参数包括污染源位置、污染物指标名称、污染物浓度（或排放量）、河道污染物初始浓度等。

（3）模型的输出。漳卫南运河流域河道上污染物的扩散过程，包括重要断面的污染物浓度、从污染源到断面的运移时间等。

（4）模型率定。模型参数都具有明确的物理意义与定义。水动力模型的参数主要为糙率。水质模型的参数主要为耗氧系数、复氧系数、污染物的衰减系数、混合系数等参数。

模型参数的率定，采用人工经验调试的方法，即试错法（Trial and Error）。基本做法是：以流量、水质等实测数据作为系统输入，根据确定的初值和有关参数逐年分别进行调试，不断调整参数进行运算，使系统输出的计算误差最小，确定一组参数。最后对各组参数进行综合优选，确定出一组参数即为模型所求。

(5) 模型验证。模型验证一般采用如下几种方法：

1) 由熟悉模型的专家评价模型及其输出结果是否合理。

2) 将模型结果与理论计算结果进行比较，以判断模型的正确性；将模型的所有输入值和内部变量都采用规定值，看模型结果是否与手算结果相同。

3) 利用历史数据中的一部分建立模型，而用另一部分来检验；改变模型的参数值和输入值，考察其对模型输出结果的影响，并判断这种影响关系与实际系统是否一致。

4) 把模型的预测值与实际系统输出结果进行比较，看它们是否相同。

8.5.5.2 水质现状评价

水质现状评价是用于展示漳卫南运河流域河道、水功能区、入河排污口、重要断面的水质状况，提供信息查询、统计分析、水质评价等功能。

(1) 信息查询。通过设置时间、监测指标、对象名称（包括水功能区、入河排污口、重要断面），查询监视对象的水质类别、超标倍数及项目、监测指标等内容，结果以表格方式进行展示。

(2) 统计分析。包括特征值分析、趋势分析、对比分析。

1) 特征值分析。通过选择测站名称、时间、监测指标，统计分析某一测站某一时间段内监测信息的特征值，包括最大值、最小值、平均值，结果以表格的形式展示。

2) 趋势分析。通过选择测站名称、时间、监测指标，统计分析某一测站某一时间段内监测指标的趋势变化，结果以折线图的形式进行展示。

3) 对比分析。通过选择测站名称、时间、监测指标，对比分析某一测站不同时间段某一指标的变化，或某一时间段不同站点同一指标的变化，结果以柱状图的形式进行展示。

(3) 水质评价。根据地表水水质评价规程，对漳卫南运河流域的水质状况进行评价，包括水质类别、超标倍数及项目等，用户可以选择评价方法和评价指标，结果以表格方式进行展示，为业务人员进行水质管理提供支撑。

8.5.5.3 水质预测

调用水质预测模型，对不同的方案进行预测分析，为漳卫南局进行水质应急处置提供支撑。

(1) 方案管理。用户可以根据需要建立不同的预测方案，包括预测方案名称、模拟范围、污染源位置、污染物浓度、模型输出步长等初始条件信息，可以对已有方案进行修改、删除等操作。

(2) 结果展示。根据不同的预测方案，系统调用水质预测模型，对污染团运移状况的模拟，以图表方式展示重要断面的污染物浓度、到达时间，污染物运移过程中污染物最大浓度及达到最大浓度的时刻，以及各断面的污染物变化过程。同时，可以在概化图上以动画的形式展示污染物的运移过程，以不同颜色表示不同等级的污染物浓度，以悬浮框形式动态展示重要节点的污染物浓度变化。

(3) 参数管理。系统提供水质预测模型的参数管理，包括耗氧系数、复氧系数、污染物的衰减系数、混合系数等，可以对参数进行修改、率定等操作。

8.5.5.4 报表管理

根据漳卫南运河流域的水功能区水质信息，提供水功能区水质通报生成、报表查询等功能。

（1）报表生成。根据漳卫南局水功能区水质通报格式，提供报表信息的辅助生成功能，用户可以对系统生成的报表进行修改、保存等操作。具体表格样式见表8.16。

表8.16 水功能区水质通报表格样式

编号	一级水功能区名称	二级水功能区名称	河流（水库）名称	监测断面	行政区（简称）	水质目标	水质现状	是否达标	与上月相比污染趋势	主要超标项目
1	岳城水库水源地保护区		岳城水库	坝前	冀	Ⅱ类				
				库心		Ⅱ类				
2	卫河河南开发利用区	卫河河南卫辉市农业用水区	卫河	淇门水文站		Ⅴ类				
3	卫河河南开发利用区	卫河河南浚县农业用水区1	卫河	烧酒营	豫	Ⅴ类				
4	卫河河南开发利用区	卫河河南滑县排污控制区	卫河	东方红路桥						
5	卫河河南开发利用区	卫河河南浚县农业用水区2	卫河	浚县城关南环公路桥		Ⅴ类				
6	卫河河南开发利用区	卫河河南浚县排污控制区	卫河	备战桥						
7	卫河河南开发利用区	卫河河南浚县农业用水区3	卫河	五陵水文站		Ⅴ类				
8	卫河河南开发利用区	卫河河南内黄县农业用水区	卫河	内黄县楚旺		Ⅴ类				
9	卫河河南开发利用区	卫河河南濮阳市农业用水区	卫河	元村	豫‖冀	Ⅴ类				
10	卫河豫冀缓冲		卫河	龙王庙	豫‖冀	Ⅳ类				
11	卫运河冀鲁缓冲区		卫运河	秤钩湾	冀‖鲁	Ⅲ类				
				临清大桥		Ⅲ类				
				油坊桥		Ⅲ类				
				四女寺闸		Ⅲ类				

续表

编号	一级水功能区名称	二级水功能区名称	河流（水库）名称	监测断面	行政区（简称）	水质目标	水质现状	是否达标	与上月相比污染趋势	主要超标项目
12	南水北调东线调水水源地保护区		南运河	第三店	鲁→冀	Ⅱ类				
13	漳卫新河冀鲁缓冲区		漳卫新河	田龙庄桥	冀‖鲁	Ⅳ类				
				玉泉庄桥	冀‖鲁	Ⅳ类				
				王营盘	冀‖鲁	Ⅳ类				
				辛集闸	冀‖鲁	Ⅲ类				

（2）报表查询。通过设定报表名称、发布时间等检索条件，提供已生成水功能区水质通报的查询、浏览、导出和打印界面，为水功能区管理提供数据支持。

8.5.6 水资源调度管理

水资源调度管理系统是针对漳卫南局取水许可监督管理、水资源调度业务，提供取水户巡测信息、人工统计信息的填报、水资源调度执行总结信息管理以及报表管理等功能。

8.5.6.1 取水量统计

（1）取水量填报。针对尚未实现在线监测的取水户以及临时巡测的取水户，提供取水量信息填报界面，用户可以将取水户的月取水量信息及临时监测信息录入到系统中，同时系统分月统计信息和临时监测信息提供信息导入模版，方便用户直接导入取水量信息。

（2）取水量统计。用户可以根据取水水源、取水用途、取水省份、河流等分类进行取水量统计，以表格形式输出结果。

取水水源包括地表水、地下水；取水用途包括农业灌溉、城市用水；省份包括河北省、河南省、山东省；河流包括漳河、卫河、卫运河、漳卫新河。

8.5.6.2 水资源调度总结管理

提供水资源调度执行过程记录及总结的管理，包括信息录入、信息查询等功能。

（1）信息录入。提供水资源调度执行过程记录及总结的录入和编辑功能，可以对已有记录和总结进行修改、删除等操作。

（2）信息查询。通过设置记录名称、填报时间等条件，对水资源调度执行过程记录及总结进行查询，结果以表格形式展示，并提供浏览和下载功能。

8.5.6.3 报表管理

根据漳卫南运河流域的供水、取水等信息，提供水政水资源月报中水资源部分的报表生成、报表查询等功能。

(1) 报表生成。通过对岳城水库、取水户、四女寺枢纽、水闸工程的水位、蓄水量、取水量、过水量等信息进行处理，根据漳卫南局水政水资源月报格式，提供报表信息的辅助生成功能，用户可以对系统生成的报表进行修改、保存等操作。

报表包括：岳城水库月蓄水及供水情况统计表，取水口月取水情况统计表，四女寺枢纽蓄水、过水情况统计表，水闸蓄水、过水情况统计表等。具体报表样式见表8.17～表8.20。

表8.17　岳城水库月蓄水及供水情况统计表

填制单位：漳卫南运河管理局　　年　月

月初水位/m	月初蓄水量/万 m^3	月平均（入库）流量/(m^3/s)	月（入库）水量/万 m^3	月出库水量/万 m^3		月供水水量/万 m^3		
				总量	漳河	漳南渠	民有渠	合计
说明	其中：民有渠管道供水　　万 m^3 漳南渠管道供水　　万 m^3							

注　月初水位指次月1日8：00的水位。

表8.18　取水口月取水情况统计表

填制单位：漳卫南运河管理局　　年　月

序号	取水工程	取水口位置	取水量/万 m^3

表8.19　四女寺枢纽蓄水、过水情况统计表

填制单位：漳卫南运河管理局　　年　月

蓄水量/万 m^3	过水总量/万 m^3			
	节制闸	北　闸	南　闸	总　计

注　蓄水量为次月1日8：00的数据。

表 8.20 水闸蓄水、过水情况统计表

填制单位：漳卫南运河管理局 年 月

序号	水闸（枢纽）	蓄水量/万 m^3	月过水量/万 m^3
1	祝官屯闸		
2	袁桥闸		
3	吴桥闸		
4	王营盘闸		
5	罗寨		
6	庆云		
7	辛集		
合计			

注 蓄水量为10月1日8：00的数据。

（2）报表查询。通过设定报表名称、发布时间等检索条件，提供已生成水量调度报表的查询、浏览、导出和打印界面，为水资源调度管理提供数据支持。

8.5.7 水闸监视管理

整合现有水闸自动控制系统，提供四女寺枢纽、祝官屯闸、袁桥闸、吴桥闸、王营盘闸、罗寨、庆云、辛集等水闸工程的上下游水位信息、过水量、蓄水量、闸门开启状态等监视、信息查询功能。

（1）工程监视。针对每个水闸工程，提供工程实时信息的监视，包括闸孔开启数量、开启高度、过水流量，以及水闸工程上下游断面的水位、流量信息。

（2）信息查询。通过设置时间，可以查询该水闸工程的基本信息、视频信息以及过水量、上下游水位、蓄水量等信息，以表格方式进行展示，见表8.21。

表 8.21 水闸枢纽信息

站号	站名	河名	时间	闸上水位	水势	闸下水位	闸门开度	过闸流量

8.5.8 视频监视管理

对漳卫南局直属二级局部署的视频管理软件进行整合，实现取水户、入河排污口、重要支流断面的视频信息与水资源监控管理信息平台的集成，提供视频查看、查询、控制等功能。

（1）视频查看。系统通过调用各直属二级局视频服务器上的图像或视频数据，为用户提供每个视频监视点的信息。

（2）视频查询。用户可以通过选择视频监视点、时间、查看方式（图像、视频），对视频信息进行查询和回放。

（3）视频控制。用户可根据需要通过视频管理软件控制每台视频设备的镜头，调整图像参数，进行单/多组合画面切换放大等。

8.5.9 系统管理

8.5.9.1 用户管理

提供角色维护、用户维护功能。

（1）角色维护。实现角色组的添加、修改、删除等管理功能。

（2）用户维护。实现用户的添加、修改、删除等管理功能，并为其分配不同的角色。

8.5.9.2 权限配置

根据不同的角色和用户，提供细粒度的权限配置，将系统资源分配给可以访问它的那些用户组（角色）。

8.5.9.3 信息维护

提供岳城水库、取水户、入河排污口、省界断面、水功能区、河流等对象，水文站、水质站、取水口监测站、入河排污口监测站等测站的基本信息编辑功能，包括新建、删除、修改、保存、导出、导入等功能，同时提供管理对象与测站的关联关系设置功能，用户可以通过选择要关联的取水户、入河排污口、水功能区、省界断面、重要支流等对象，确定其与水位、流量、水质等监测站点的关系。

8.5.9.4 阈值设定

用户可以设定取水户、入河排污口、水功能区、省界断面、重要支流等不同对象的水位、流量、水质等监测指标的多级预警阈值，以及预警方式。

8.6 监控会商环境设计

建设漳卫南局水资源监控中心和视频接收中心站。

8.6.1 水资源监控中心

8.6.1.1 系统结构

水资源监控中心是水资源管理部门运行和运用管理平台的重要场所，提供实时监测信息、统计信息、业务管理信息、水资源调配信息、水资源应急管理等的集中、直观展示功能，进行水资源业务的日常监控和实时调度会商。监控会商环境结构图如图 8.10 所示。

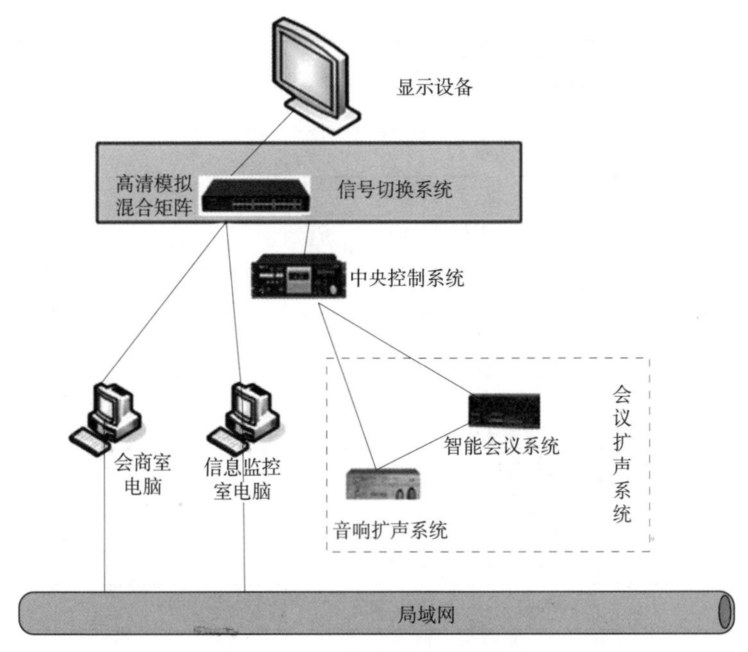

图 8.10 监控会商环境结构图

8.6.1.2 设备配置

新建水资源监控中心，用于系统管理及监控，对水资源管理涉及的主要业务，如实时监测信息、统计信息、业务管理信息、水资源调配信息、水资源应急管理等信息进行集中监控，并实现水资源业务的集中会商。

监控中心选取约 $40m^2$ 的办公室进行改造，利用原有办公桌椅，配置监控会商设备及所需的插座、机柜、线缆等。

水资源监控中心配置设备包括：大屏幕显示系统、信号切换系统、中央控制系统、会议扩声系统和辅助设备。设备配置见表 8.12。

表 8.22　　水资源监控中心设备配置表

序号	项目	单位	数量
一、大屏幕显示系统			
1	显示系统	套	1
2	监控终端	套	1
二、信号切换系统			
1	模拟数字混合矩阵	台	1
2	信号接口卡	个	10
3	多媒体信息插座	个	5
4	高清视频会议终端	台	1
5	高清晰摄像头	台	2

续表

序号	项目	单位	数量
三、中央控制系统			
1	中央控制系统主机	台	1
2	无线触摸控制屏	台	1
3	8路电源控制器	台	1
4	编程软件	项	1
四、会议扩声系统			
1	界面式会议发言单元	支	3
2	会议发言单元混音器	台	1
3	无线会议话筒	套	1
4	调音台	台	1
5	扩声音箱	支	4
6	扩声功放	台	2
五、辅助设备			
1	网络设备	台	1
2	设备机柜	台	1
3	线缆及接插件	批	1
4	工作台	套	1

典型设备主要技术指标：

(1) 显示系统。

- 分辨率：3840×2160。
- 能效等级：不小于三级。
- USB接口：2个，USB2.0/3.02。
- HDMI接口：3个，HDMI1.3/1.4。
- SD卡槽：1个。

(2) 监控终端。

- CPU型号：i7-5500U。
- CPU速度：2.4GHz，超频至3.0GHz。
- 三级缓存：4M。
- 内存容量：4GB。
- 内存类型：DDR3L。
- 内存最大支持容量：16G。
- 硬盘容量：500G Hybrid硬盘（内置8G SSD高速缓存）。
- 硬盘转速：5400r/min。
- 接口类型：SATA串行。

• 显卡类型：独立显卡。
• 显示芯片：AMD Radeon，R5 M330。
• 显存容量：独立 2GB。
• 屏幕尺寸：14 英寸 Full HD LED。
• 物理分辨率：1920×1080。
• USB：2 个 USB 2.0、1 个 USB3.0。
• 音频端口：耳机、麦克风二合一接口。
• 显示端口：VGA×1/HDMI×1、1 个 RJ45。
• 电池：4 芯锂离子电池。
• 操作系统：Windows 8。

（3）模拟数字混合矩阵。

• 传输标准：支持 HDMI1.3a 和 DVI1.0 协议，支持 HDCP 协议和 EDID 读取功能。
• 分辨率：640×480～1920×1200@60Hz（VESA 标准），480i——1080p60Hz（HDTV 标准）。
• 色彩空间：支持 RGB444、YUV444、YUV422 色彩空间，支持 x.v.Color 扩展色域标准。
• 传输带宽：10.2Gbps。
• 控制模式：支持前面板触摸屏控制，RS232/RS485，LAN 等控制方式。
• 电源：110～260V，50/60Hz。
• 工作温度：－10～50℃。

（4）信号接口卡。

• 输入板卡：单接口板卡，支持 HDMI、DVI、3GSDI、VGA、YPBPR、CVBS、网络、光纤、无线。
• 输出板卡：单接口板卡，支持 HDMI、DVI、3GSDI、VGA、YPBPR、CVBS、网络、光纤、无线。

（5）高清视频会议终端。

• 视频分辨率：720P。
• 通信带宽：6Mbps（点对点）。
• 视频输入：HDMI、DVI、BNC。
• 视频输出：HDMI、DVI。
• 音频输入：HDMI、线路、麦克风。
• 音频输出：HDMI、线路。
• 内置 MCU：H.323 和 SIP 混合模式。

（6）高清晰摄像头。

• 信号系统：1080p。
• 变焦倍数：10 倍光学变焦。
• 图像传感器：1/3 英寸 CMOS。
• 视频输出接口：DVI-I（数字和模拟）、控制接口：RS-232C（8 针小型 DI）。

（7）中央控制系统主机。

• 开放式的可编程控制平台，内嵌式红外遥控学习功能。

• 可动态配置 RS－232C/485 控制接口，支持各种控制协议，可与其他数字会议系统系列产品进行无缝连接。

• 带音量控制功能的混音器。

• 红外发射口可实现对 VCR、DVD、CD 唱机、MD 放音机和视频/数据投影机等的遥控。

• 数字 I/O 控制口和 4 路弱继电器控制口，可控制环境装置，诸如投影幕的上/下，窗帘的开/闭，投影机的高低，灯光开/关等。

• RS－232C 输出端口，可控制视频/数据投影机或等离子显示设备。

• RS－485 控制口，作为以太网接口，连接电脑控制软件或有线控制面板。

• 配合无线双向触摸屏及接收器，可实现无线遥控所有功能。

（8）8 路电源控制器。

• 8 路继电器接口触点负荷：不大于 10A，AC250V。

• 支持 RS－232 及 RS－485 协议、WEB 及定制的以太网协议，CNPCI－8、IPPCI－8 协议、CH－HERL8－D6 协议、232 扩展模块。

• 提供单个 RS422/485 接口到以太网 RJ45 的转换。

• 提供 4 种联机方式：TCPclient 和 UDPclient。

（9）界面式会议发言单元。

• 开路灵敏度：－32dB（25.1mV）。

• 高通滤波：80Hz，18dB/octave。

• 频率响应：30～20000Hz。

• 指向性：半圆形全方向指向性。

• 阻抗：200Ω。

• 信噪比：73dB。

• 开关：轻触开关。

（10）会议发言单元混音器。

• 频率响应：20～20000Hz（＋/－3）。

• 最大输入电平：－50dBu（增益设置于 MAX），－15dBu（增益设置于 MIN）。

• 最大输出电平：＋22dBm。

• 等效噪声：－130dBu。

• 总谐波失真：大于 0.3%。

• 最大增益：69dB。

（11）调音台。

• 4 路话筒/线路输入，2 路带 Class A FET 高阻抗输入。

• 独立的 2 音轨录音输出；立体声回放输入，带 INSERT 端口。

• 综合监控；可配置的 USB 立体声音频输入/输出。

• 12bar 计量器；三段式中段扫频均衡，带 MusiQ；2 路立体声源，兼容 MP3 播放器。

• Neutrik XLR 话筒接口；Neutrik1/4 英寸插座。

• 3 段均衡，带 MusiQ；2 路辅助编组。

（12）扩声音箱。

• 功率额定：175W。

• 灵敏度：87dB（1W/m）。

• 指向性：110H×110V。

• 频响范围：65～23000Hz（±3dB），55～25000Hz（－10dB）。

（13）扩声功放。

• 频率响应：20～25000Hz（＋0，－1dB）。

• 总谐波失真（20～20000Hz）：小于 0.03％@8Ω。

• 信噪比：大于 10^5dB。

• 通道分离度：大于 68dB@1kHz。

• 阻尼：大于 300@1kHz，8Ω。

• 输入阻抗：20kΩ（平衡），10kΩ（不平衡）。

• 电压增益：33dB。

（14）网络设备。

• 应用层级：三层。

• 传输速率：10/100Mbps。

• 交换方式：存储-转发。

• 背板带宽：32Gbps。

• 包转发率：6.6Mpps。

• 端口结构：非模块化。

• 端口数量：26 个，24 个 10/100Base - TX 以太网端口，2 个 10/100/1000Base - T 和 100/1000Base - X SFP 复用的 Combo 端口。

• 控制端口：1 个 Console 口。

• 传输模式：全双工。

8.6.2　视频接收中心站

在 8 个漳卫南局二级局（卫河河务局、邯郸河务局、聊城河务局、邢台衡水河务局、德州河务局、沧州河务局、岳城水库管理局、水闸管理局）建立视频接收中心站，用于接收各管辖范围内取水户、入河排污口的实时图片信息，监视取水户的取水现场和入河排污口的排污情况。

8.6.2.1　系统结构

系统采用视频分布式存储、图片分布式和集中式存储的混合存储方式，前端采集为 200W 像素的高清网络摄像头，网络硬盘录像机承担本地录像存储、定时抓图、前端管理、闯入报警等相关报警的联动处理、码流转发等重任，是整个系统的核心节点设备，通过 3G/4G 无线网络接入到视频接收中心，在接收中心可以监视和管理所有的视频点。如图 8.11 所示。

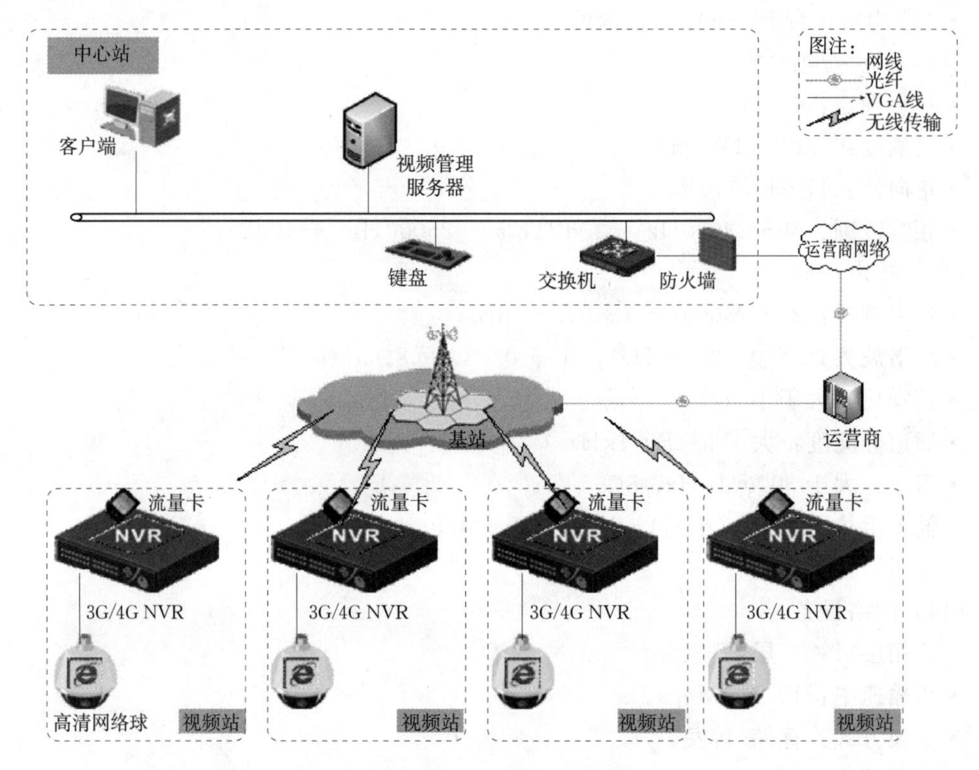

图 8.11 视频系统结构图

8.6.2.2 设备配置

为8个漳卫南局二级局（卫河河务局、邯郸河务局、聊城河务局、邢台衡水河务局、德州河务局、沧州河务局、岳城水库管理局、水闸管理局）配置视频控制管理相关设备和软件，具体配置见表8.23。

表 8.23 视频接收中心设备配置表

序号	项目	单位	数量	备注
1	视频管理服务器	台	8	
2	视频管理软件	套	1	25路
3	客户端	台	8	
4	机柜	个	8	
5	交换机	台	8	
6	显示器	套	8	

(1) 视频管理服务器。

- CPU 类型：E5－2609。
- CPU 数量：不小于2个。

- 内存：不小于 8GB。
- 硬盘：不小于 3TB。
- 机箱：2U 机架式服务器机箱。
- 含 Windows 操作系统。

（2）视频管理软件。实现统一身份认证和权限控制、组织与角色管理维护、设备集中管理、任务计划执行和调度、报警规则与处理管理、电子地图集中配置、设备巡检和日志管理等功能。

（3）客户端。

- CPU：i3－4170。
- 内存：不小于 4G。
- 硬盘：不小于 500G。
- 光驱：DVD。
- 网络：千兆网卡。
- 显示器：20 英寸。

（4）机柜。

- 高度：42U。
- 深度、宽度：不小于 600mm。
- 具有良好的电磁隔离、接地、噪声隔离、通风散热等性能。
- 具有抗振动、抗冲击、耐腐蚀、防尘、防水、防辐射等性能。
- 含 KVM 多电脑切换器。

（5）交换机。

- 背板带宽：不小于 4.8Gbps。
- 包转发率：不小于 3.6Mpps。
- 端口数量：24 个 10/100Mbps 自适应以太网电口。

（6）显示器。

- 尺寸：不小于 55 寸。
- 屏幕分辨率：3840×2160。
- 能效等级：不低于三级。
- USB 接口：2 个。
- HDMI 接口：3 个。

8.7　系统安全设计

系统安全体系的建设是为了保证漳卫南运河流域水资源监控管理信息平台的安全、稳定运行，有效防止数据信息泄露、丢失和破坏。

为满足漳卫南运河流域水资源监控管理信息平台的各项安全性要求，在项目建设及系统设计开发的全过程中，从物理安全、网络安全、应用系统安全和数据安全等方面采取技术措施来提高系统的安全性能。

8.7.1 物理安全

漳卫南局机房划分为供配电室、网络室、服务器室和管理监控室四大功能区，其中服务器间 40m^2，网络设备及配线间 20m^2，供电间 20m^2，管理监控工作间和走廊 55m^2，具备防尘、防潮、抗静电、阻燃、绝缘、隔热、降噪等条件，达到《电子信息系统机房设计规范》（GB 50174—2008）要求的 C 级标准。同时还满足了机房工作人员对照明、安全、新风等舒适度的要求。

8.7.2 网络安全

漳卫南局已部署防病毒、防入侵和漏洞扫描等软件，可以有效地阻止病毒对系统的攻击，满足系统的运行要求。此外，对网络内路由器、防火墙、交换机、服务器和计算机设备等的工作状态进行实时监控、日志记录、状态分析，实现对通信网络的安全控制。

基于本系统的重要性，拟配置相应的网络交换机、防火墙、复接器等设备，在网络中单独设置"水资源系统三级防护区"，从而保证系统安全。

8.7.3 应用系统安全

8.7.3.1 操作系统安全

操作系统负责进程安全，文件系统安全等安全问题，可以通过防火墙、专业的入侵检测系统，监测和阻止各种攻击，实时地阻止 TCP/IP 数据包。同时，操作系统应遵循最小安装的原则，仅安装需要的组件和应用程序，并通过设置升级服务器等方式保持系统补丁及时得到更新。

8.7.3.2 应用程序自身安全

应用程序自身安全包括系统级安全、程序资源访问控制安全、功能性安全、数据域安全。一般情况下，应用程序系统级安全、功能级安全、数据域安全是业务相关的，需要具体问题具体处理。而程序资源访问控制相对来说比较独立，应充分考虑应用系统的组织机构特点来决定授权模型，以保证程序资源访问的安全性。

（1）系统级安全。根据用户的情况，确定系统访问的限制，包括访问 IP 段的限制，登录时间段的限制，连接数的限制，特定时间段内登录次数的限制等。

（2）程序资源访问控制安全。漳卫南运河流域水资源监控管理信息平台的应用服务器采用虚拟化技术，对服务器资源进行配置，减少用户等待响应时间，提高系统的处理能力。

在用户访问应用系统时，采用两种或两种以上组合的鉴别技术对管理用户进行身份鉴别，判别用户的权限，审计用户登录的日志，同时根据用户权限进行应用程序的访问控制，通过菜单控制授权、页面访问权限检查、精细粒度授权检查等方式为相应的用户提供相关的资源和控制能力。在进行访问控制时，根据管理用户的角色分配权限，实现管理用户的权限分离，仅授予管理用户所需的最小权限；实现操作系统和数据库系统特权用户的权限分离。

（3）功能性安全。功能性安全限制已经不是入口级的限制，而是程序流程内的限制，在一定程度上影响程序流程的运行。在系统开发前，应对系统设计进行功能性安全验证，以减少系统功能上的漏洞，提供系统的安全。

（4）数据域安全。数据域安全包括两个层次：一是行级数据域安全，即用户可以访问哪些业务记录，一般以用户所在单位为条件进行过滤；二是字段级数据域安全，即用户可以访问业务记录的哪些字段。在系统开发中，通过数据域配置表配置用户所有有权访问的单位，通过这个配置表对数据进行访问控制，保证数据访问的安全。

（5）安全性设计。软件安全性分析作为开发中软件的质量的重要保证，关系到软件的获取、供应、开发、运行和维护，必须从研发的开始阶段到项目最终评估受审阶段，始终以安全完整性为目标，使系统满足必须实现的功能达到或维持安全状态所必需的安全功能。

软件需求安全性分析：根据软件安全性分析准备的结果和系统的初步结构设计文档，包括系统分配的软件需求、接口需求，完成对系统安全性需求的映射，以安全相关性分析和对软件需求的安全性评价。

软件结构安全性分析：对结构设计进行安全性分析要做到将全部软件安全性需求综合到软件的体系结构设计中，确定结构中与安全性相关的部分，并评价结构设计的安全性。

软件编程安全性分析：选择合适的编程语言，针对该语言的特点，满足安全性要求。

软件详细设计安全性分析：依据软件需求、结构设计描述、软件集成测试计划和之前所获得的软件安全性分析的结果，对软件的设计和实现阶段是否符合软件安全性需求进行验证。

软件编码安全性分析：代码应该体现软件详细设计所提出的设计要求，实现设计过程中开发的安全性设计特征和方法，遵循设计过程中提出的各种约束以及编码标准。

软件测试安全性分析：确定合理的软件测试手段，提高软件安全性。软件测试作为验证软件功能性和安全性的重要手段。

软件变更安全性分析：在执行任何软件变更之前，应建立软件变更规程。如果必须进行软件变更，应对已经受控的规格说明、需求、设计、编码、计划、规程、系统、环境、用户文档的任何变更都进行安全性分析。

8.7.4 数据安全

通过采用备份技术对文件、数据库、系统等进行备份，可以解决由于自然或人为造成的灾难，包括系统硬件、网络故障以及机房断电甚至火灾、地震等情况导致的计算机系统数据灾难，避免单点故障的出现，可以迅速准确地恢复业务应用，提高系统的可靠性、可用性及容灾能力。

海河流域水资源监控管理信息平台采用EMC存储设备对系统进行存储备份，提高数据可用性和业务灵活性，支持业务连续性和容灾环境，保证系统的正常稳定运行。同时，通过制定定期备份策略，提高数据存储的安全性，满足系统运行的数据备份、安全要求。

8.8 系统集成方案

8.8.1 系统集成边界

漳卫南运河流域水资源监控管理信息平台的系统集成是对系统内部各功能子系统、现有和拟建的其他系统的集成，以保证系统各部分更好地协调工作，实现系统建设的总目标。

本部分工作包括与漳卫南运河子流域知识管理（KM）系统、漳卫南局水情系统以及海河流域水资源监控管理信息平台的集成。集成内容见表8.24。

表8.24　系统集成内容一览表

系统名称	集成内容
漳卫南运河子流域知识管理（KM）系统	重要雨量站、河道水文站、闸坝水文站、水库水文站、地表水水质站监测的日降雨量、水位、流量、水质状况等信息
漳卫南局水情系统	水雨情监测信息，包括60个雨量站、23个河道水库站
海河流域水资源监控管理信息平台	漳卫南局管辖范围内的取水许可证相关资料、入河排污口设置相关资料

8.8.2 系统集成设计

8.8.2.1 集成技术

与已建系统、拟建系统的集成分为数据层面和应用层面。集成技术见图8.12。

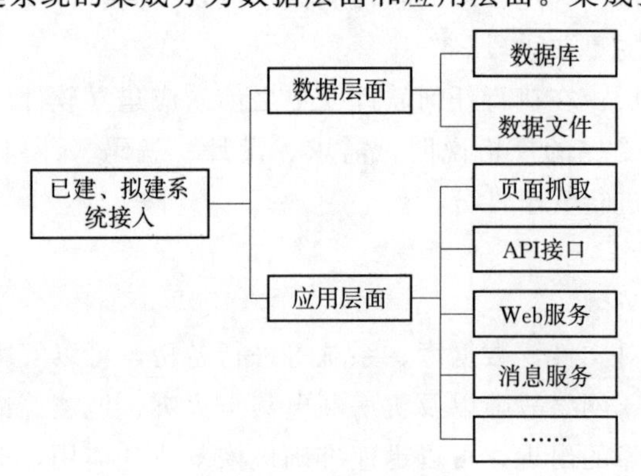

图8.12　集成技术

数据层面主要是利用数据采集工具通过数据库访问、直接读取数据文件的方式实现数据集成，对于数据库开放的系统，通过数据层面实现系统集成。

应用层面主要是通过页面抓取、访问应用接口、Web服务等方式实现系统集成。其中页面抓取就是获取系统界面的数据，通过后台程序分析执行，将有用的数据提取分离出来；访问应用程序接口即API接口，是一组定义、程序及协议的集合，通过API接口实现软件之间的相互通信。对于数据库未开放、数据库表结构不明确的系统，通过应用层面实现系统集成。

8.8.2.2 集成内容

（1）漳卫南运河子流域知识管理（KM）系统。利用数据同步的方式，获取漳卫南运河子流域知识管理（KM）系统中的重要雨量站、河道水文站、闸坝水文站、水库水文站、地表水水质站监测的日降雨量、水位、流量、水质状况等信息。

（2）漳卫南局水情系统。利用数据同步的方式，获取漳卫南局水情系统60个雨量站、23个河道水文站的实时监测信息。

（3）与海河流域水资源监控管理信息平台的集成。利用数据同步的方式，从海河流域水资源监控管理信息平台中获取漳卫南局管辖范围内的取水许可证相关资料、入河排污口设置相关资料，同时将漳卫南运河流域内重要取水户的取水监测信息、入河排污口监测信息、水功能区监测信息、省界断面监测信息上报至海河流域水资源监控管理信息平台。

8.8.3 系统部署与配置

为降低系统的开发维护难度，节省开发费用和设备投资费用，避免传输过程中的不安全因素，系统集中部署在漳卫南局，视频接收中心站部署在直属二级局，通过专线和微波的方式实现漳卫南局与直属二级局之间的平台访问、视频数据共享。

对于已建测站，水资源信息通过人工填报或自动接入的方式接入系统；对于新建测站，水资源信息采集设备布设在各类监测对象所在地，通过自动相结合的方式传输信息，接入系统；对于来源于海河流域水资源监控管理信息平台的信息，通过数据同步的方式进行数据交换。系统部署及各级系统网络连通关系如图8.13所示。

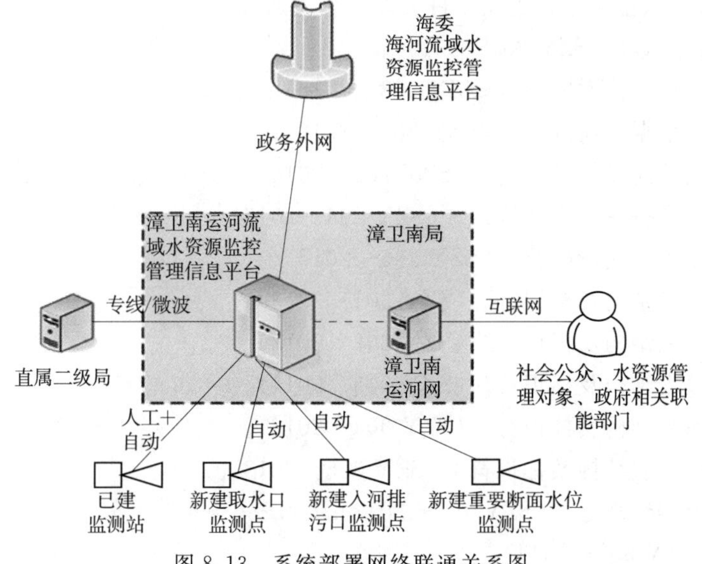

图8.13 系统部署网络联通关系图

第9章　岳城水库遥测系统

9.1　项目目标和任务

9.1.1　项目背景

2012年9月，水利部、财政部联合印发《国家水资源监控能力建设项目实施方案（2012—2014年）》（水资源〔2012〕411号）和《国家水资源监控能力建设项目管理办法》（水资源〔2012〕412号），开始实施国家水资源监控能力建设项目（2012—2014年）。国家水资源监控能力建设按照水利部党组提出的“三年基本建成，五年基本完善”的总体部署分两个阶段开展实施。2016年，水利部印发《水利部关于印发〈国家水资源监控能力建设项目实施方案（2016—2018年）〉的通知》（水财务〔2016〕168号），下达了国家水资源监控能力建设项目（海委）第二阶段（以下简称“海委二期项目”）的建设任务。

岳城水库水情自动测报系统是海委二期项目漳卫南运河流域水资源监控能力建设的重要内容，主要建设任务是在岳城水库上游地区建立在线水情自动测报系统，整合漳卫南运河管理局水情测报信息化资源，搭建强有力的支撑平台，全面提升岳城水库水情测报预报、水资源优化配置能力和水平。

9.1.2　设计依据

（1）国家水资源监控能力建设项目文件和相关通知。

《水资源监测要素》（SZY 201—2016）。

《水资源监测设备技术要求》（SZY 203—2016）。

《水资源监测数据传输规约》（SZY 206—2016）。

《水资源监测站建设技术导则》（SZY 202—2016）。

《水资源监测设备现场安装调试》（SZY 204—2016）。

《水资源监测设备质量检验》（SZY 205—2016）。

《基础数据库表结构及标识符》（SZY 301—2013）。

《监测数据库表结构及标识符》（SZY 302—2013）。

《业务数据库表结构及标识符》（SZY 303—2014）。

《空间数据库表结构及标识符》（SZY 304—2013）。

《多媒体数据库表结构及标识符》（SZY 305—2013）。

《信息分类及编码规定》（SZY 102—2013）。

《元数据》（SZY 306—2014）。

《数据字典》（SZY 307—2015）。

《水利部办公厅关于印发〈国家水资源监控能力建设项目档案管理办法〉的通知》(办档〔2013〕191号)。

《水利部办公厅关于印发〈水利部国家水资源监控能力建设项目验收实施细则〉的通知》(办财务〔2014〕73号)。

(2)行业标准和规范。

《入河排污口监督管理办法》(水利部令第22号)。

《水行政许可实施办法》(水利部令第23号)。

《取水许可管理办法》(水利部令第34号)。

《水功能区管理办法》(水资源〔2003〕233号)。

《地表水环境质量标准》(GB 3838—2002)。

《水文站网规划技术导则》(SL 34—2013)。

《水资源水量监测技术导则》(SL 365—2015)。

《水环境监测规范》(SL 219—2013)

《水位观测标准》(GB/T 50138—2010)。

《河流流量测验规范》(GB 50179—2015)。

《灌溉渠道系统量水规范》(GB/T 21303—2007)。

《水资源实时监控系统建设技术导则》(SL/Z 349—2006)。

《水利水电工程水文自动测报系统设计规范》(SL 566—2012)。

《水文基础设施建设及技术装备标准》(SL 276—2002)。

《水资源监控设备基本技术条件》(SL 426—2008)。

《水文自动测报系统技术规范》(SL 61—2015)。

《水利水电工程水文自动测报系统设计规范》(SL 566—2012)。

《水利工程代码编制规范》(SL 213—2012)。

《实时雨水情数据库表结构与标识符标准》(SL 323—2011)。

《基础水文数据库表结构及标识符标准》(SL 324—2016)。

《水质数据库表结构与标识符规定》(SL 325—2016)。

《地下水数据库结构与标识符规定》(SL 586—2012)。

《水资源评价导则》(SL/T 238—1999)。

《水文数据固态存贮收集系统通用技术条件》(SL/T 149—95)。

《水利系统通信业务导则》(SL 292—2004)。

《水利系统通信运行规程》(SL 306—2004)。

《数据通讯基本型控制规程》(GB/T 3453—1994)。

《外壳防护等级(IP代码)》(GB 4208—2008)。

《供电电源标准》(GB/T 2887—2011)。

《电子建设工程概(预)算编制办法及计价依据》(信息产业部HYD 41—2005)。

《关于发布〈通信建设工程估算、预算编制方法及费用定额〉等标准的通知》(邮部〔1995〕626号)。

《关于印发〈基本建设财务管理规定〉的通知》(财政部〔2002〕394号)。

《水利工程设计概（估）算编制规定》（水利部水总〔2002〕116号）。

9.1.3 建设目标

建设岳城水库水情自动测报系统，全面恢复和提高岳城水库水情预报测报能力，提高岳城水库水情管理的信息化、现代化水平，为岳城水库防洪调度和水资源优化配置提供管理和技术支撑。

9.1.4 主要建设内容

（1）建设岳城水库水情自动测报系统，建设36个遥测站和1个中心站。

（2）开发岳城水库以上漳河流域水雨情信息自动测报预报系统，为岳城水库的水资源配置和调度管理提供支撑。

（3）实现资源优化和整合，建设覆盖漳卫南运河干流主要控制断面的水情自动测报系统。

9.1.5 效益

建设岳城水库水情自动测报系统，为岳城水库水测报情预报、防洪调度和水资源优化配置提供业务支持，为落实严格水资源管理制度提供技术支撑。此自动测报系统的社会效益、生态效益和经济效益显著。

9.2 项目建设必要性

9.2.1 岳城水库概况

岳城水库位于河北省磁县与河南省安阳县交界的漳河干流出山口处，距河北省邯郸市区55km，距河南省安阳市区25km，控制流域面积18100km²，总库容13亿m³，是海河流域南系漳河上一座以防洪、灌溉为主，兼有供水、发电等功能的大（Ⅰ）型水利枢纽工程。岳城水库工程保护着下游河北省、河南省、山东省三省的20余个市（县）的1000余万亩耕地及1000多万人口的安全，对京广、京沪、京九、京广客运专线，京沪高速铁路和京台、京珠、青银等高速公路的安全起着重要的屏障作用。

岳城水库1959年开工，1970年建成。河南“75·8”洪水后，由于水文（洪水）成果的加大及水库运用方式的改变，岳城水库已经达不到2000年一遇近期非常运用洪水标准。同时，经多年运用，水库建筑物及坝顶公路等存在较严重的工程质量隐患及老化损毁现象。1986年岳城水库被水利部列入全国首批43座大型病险水库之首。2002年7月海委组织了岳城水库大坝安全鉴定，鉴定结果为三类坝。2009年国家发展改革委员会批准立项，水利部批准了除险加固工程初步设计，2009年9月28日岳城水库除险加固工程正式开工建设，2010年12月16日主体工程通过投入使用验收，2012年12月通过竣工验收。除险加固后的岳城水库面貌焕然一新，达到水利部近期非常运用洪水标准，防洪标准按1000年一遇洪水设计，2000年一遇洪水校核。

9.2.2 岳城水库效益

岳城水库自建设以来，经历了“63·8”“96·8”“2016·7”等大洪水的考验，先后调蓄了6次入库洪峰超过下游河道安全泄量的大洪水，发挥了巨大的防洪减灾效益。同时，岳城水库是河南省安阳市、河北省邯郸市城市饮用水源地和工农业供水水源地，并先后为引岳济津、引岳济淀、引岳入衡和漳卫南运河水质水量联合调度（引岳济沧）应急供水，向邯郸生态水网供水4.5亿 m^3，岳城水库因此取得了显著的社会效益、生态效益和经济效益。

9.2.2.1 防洪效益

岳城水库自修建开始运用至1996年，共经历了1963年、1971年、1976年、1982年、1996年、2016年入库洪峰流量超过下游河道安全泄流量1500m^3/s的洪水，经水库调节削峰，使出库流量分别减少50%～98%，除1963年特大洪水外，其余4年水库下泄流量均在下游河道安全泄流量以内，大大减免了下游的洪水灾害损失。

(1) 1963年洪水。1963年8月，漳卫南运河河系普降特大暴雨，月降水总量达106.9亿 m^3。漳河流域暴雨主要分布在清漳河全域及浊漳河石梁一下至岳城水库库区。8月3日漳河观台站第一次出现2040m^3/s的洪峰，5日岳城水库坝前最大流量达7040m^3/s。为与卫河洪水错峰，岳城水库下泄流量逐渐加大，9日5：00，最大泄洪流量达3500m^3/s，消减洪峰50%。

(2) 1982年洪水。1982年入汛后，河系内共有11次暴雨过程，其中较大3次的时间主要集中在7月29日—8月4日、8月11—13日、8月30日—9月3日。7月30日漳河、卫河开始涨水，8月2日漳河观台站最大洪峰流量2060m^3/s。岳城水库调度中考虑了与卫河错峰因素，开始泄流量300m^3/s逐渐加大到500m^3/s，削减上游洪峰76%。

(3) 1996年洪水。1996年8月上旬，漳卫南运河发生了自1963年以来的最大洪水。受8号台风影响，8月2日夜间至5日凌晨，漳卫河河系普降大暴雨，漳河河水从8月3日夜间起涨，观台站4日12：00出现第1次洪峰，流量为5310m^3/s，18：00出现第2次洪峰，流量为8510m^3/s，超过“63·8”洪水洪峰。岳城水库自8月4日开始泄洪，至8月5日21：00，出入库流量持平。至此，总入库流量5.68亿 m^3，水库共拦蓄洪水4.12亿 m^3，削减洪峰83%。

(4) 2016年洪水。2016年7月18—22日，一场持续性特大暴雨袭击了漳卫南运河流域大部分地区，卫河、漳河上游同时出现强降雨过程。岳城水库入库流量短时间内暴涨，观台水文站入库流量19日18：00涨至5200m^3/s，是“96·8”洪水以后近20年来最大入库流量。岳城水库于7月21日18：00开闸泄洪100m^3/s，并在24日16：00加大为300m^3/s，削减洪峰94%，确保了下游河道洪水不上滩，工程不出险。7月28日0：00，洪峰以558m^3/s流量顺利通过南陶站，平稳进入卫运河。

9.2.2.2 水资源配置和供水效益

岳城水库是邯郸、安阳两市重要的城市生活饮用水源地，被邯郸市列为一级水功能保护区。水库从1961年开始蓄水以来，承担向河北省民有渠灌区和河南省漳南渠灌区农业灌溉区供水的任务。从20世纪80年代开始，岳城水库正式承担了向河北省邯郸市和河南省安阳市的工业和居民生活用水的供水任务。岳城水库自建成以来向邯郸、安阳、天津及下游地区累计供水347亿m^3，有力地支援了地方人民生活和工农业用水，为保障经济社会可持续发展做出了巨大的贡献。

近年来，岳城水库在水资源优化配置方面发挥了显著的功能。先后实施了“引岳济淀”“引岳济衡（衡水湖）”，向漳河下游及天津南大港湿地输水、向邯郸生态水网输水等，累计输水13.85亿m^3，使这些区域的生态环境得到明显改善，特别是引岳济淀应急生态调水，使华北明珠白洋淀重放光彩，受到了社会各界的广泛关注和好评，温家宝总理也给予了高度的评价。

9.2.3 岳城水库水情自动测报系统现状及存在问题

岳城水库水情自动测报系统（遥测系统）是漳卫南运河流域防汛调度和洪水预报的重要环节，系统采集岳城水库上游太行山区的水情、雨情信息，通过超短波传送到岳城水库中心站，再由PSTN通信拨号方式传送数据到漳卫南局、海委和水利部防汛部门，在岳城水库水情预报和调度运用中具有重要作用。

9.2.3.1 岳城水库遥测系统概况

岳城水库水情自动测报系统（遥测系统）一期工程（9个站）始建于1985年，二期工程建设于1989年，增加、改造至24个站，1999年三期工程建设完成，遥测网络已经包括41个站。岳城水库水情自动测报系统（遥测系统）建设的基本原则是更新原系统设备，并进行扩建，采用自报、查询兼容式报讯和230MHz超短波通信方式，水情、雨情信息，通过超短波传送到岳城水库中心站，再由网络传送数据到漳卫南局、海委和水利部防汛部门。

经过多年运行，岳城水库水情自动测报系统运行状态经历了一个畅通率从高到低、设备出现故障的频率逐年升高的过程，现场维护次数和难度逐年加大，维护费用逐年升高。《水文自动测报系统技术规范》（SL 61—2003）规定，浮子式传感器为25000H，其他传感器为8000H，按照此标准，岳城水库水情自动测报系统属于超限运行。

2009年5月，漳卫南运河管理局组织了岳城水库水情自动测报系统评估，专家组认为该系统属于超期服役，且技术落后，不具备修复价值，建议及时更新现有的水文测报系统，并在新系统建设中采用新技术。

2010年，岳城水库水情自动测报系统终止运行。

9.2.3.2 岳城水库水情自动测报系统（遥测系统）运行情况

岳城水库水情自动测报系统（遥测系统）投入运行以来，在岳城水库流域洪水预报、岳城水库防洪调度中发挥了重要且不可替代的作用。在“96·8”大洪水期间，自动测报系统及时采集雨量、水位、流量数据，进行洪水预报和水库防洪调度，争取了时间，对岳城水库安全度汛起到了重要作用。

岳城水库水情自动测报系统共设有岳城水库中心站，6个中继站（庙岭中继站、韩王山中继站、马鞍山中继站、大堡岩中继站、云龙山中继站、石城中继站），34个雨水情遥测站，其中有坝上、观台、匡门口、侯壁4个水位兼雨量站，石匣、刘家庄、石梁、漳泽水库、后湾水库、关河水库6个流量兼雨量站，其余24个为雨量站。

投入运行初期，自动测报系统运行状态平稳，遥测设备很少出现故障，现场维护次数也较少，系统总的畅通率在90%以上。

2004年以前，水文自动测报系统6个中继站均能正常工作，34个遥测站仅有3个站正常运行天数偏低，其他测站均以较高的天数正常运行。

2005年，自动测报系统总的畅通率略有下降，但也在80%以上，云龙山中继站开始出现不正常现象，匡门口、后湾、任村、东阳关、侯壁、松烟等多个遥测站正常运行天数仅为汛期的50%左右。

2006年起，自动测报系统总的畅通率急剧下降至75%以下，多个重要的遥测站点如任村、侯壁、后湾水库、松烟等几乎不能正常运行，另有西井、东阳关、郝赵、漳泽水库、匡门口、粟城等测站正常运行天数也偏低，多为50%左右。云龙山中继站频繁中断，韩王山中继也是故障频发，特别是一遇阴雨天气即出现通信中断的故障，在2007年和2008年更为严重，在投入了大量人力维护情况下，勉强维持系统的运行。

2008年汛期，为保证奥运防洪安全，投入了大量维护费用和人力，恢复了粟城、匡门口、漳泽水库、西井等部分重要遥测站点和韩王山、马鞍山中继站，水文自动测报系统畅通率略有回升，但整个自动测报系统设备老化、故障频发的局面依然没有得到根本改善。

1999—2008年，对岳城水库维护维修投入经费见表9.1。

表9.1　　岳城水库维护维修投入经费一览表

年份	运行费/万元	应急投入专项/万元	备注
1999	15.5	—	配合、培训
2000	4.0	—	
2001	3.5	—	
2002	10.0	—	更换部分电池
2003	8.0	—	更换部分备件
2004	5.0	—	
2005	5.0	—	
2006	10.0	—	购置电池及更换部分备件，改造部分站点供电方式
2007	33.0	20	改造电源
2008	29.8	30	维修更换部分RTU、太阳能、蓄电池以及中心站数据处理显示设备

注　统计时间截至2009年4月。

9.2.3.3 岳城水库水文自动测报系统存在问题

（1）系统畅通率逐年降低。1999年三期系统在二期的基础上改扩建而成，当年系统运行情况：6个中继站从安装到汛后运行无一次故障，畅通率为100%；34个测站，畅通率为98.06%（1767/1802）；总畅通率为98.35%（2085/2120）。

2000年畅通率为：95.7%（2538/2652）。

2001年畅通率为：94.6%（2509/2652）。

2002年畅通率为：93.7%（2485/2652）。

2003年畅通率为：90.2%（2391/2652）。

2004年畅通率为：87.5%（2321/2652）（开始更换少量电池）。

2005年畅通率为：83.1%（2205/2652）。

2006年畅通率为：72.7%（1965/2652）（购置17块电池及部分备件，改造部分站点的供电方式）。

2007年畅通率为：75.8%（投入53万元改造电源）。

2008年畅通率为：78.2%（投入59万元维修更换部分RTU、太阳能、蓄电池以及中心站数据处理显示设备）。

通过以上畅通率的变化可以看出，系统逐渐进入老化期，畅通率越来越低，即使再投入资金购置备件更换，也无法使其达到要求的标准。

从畅通率来看，无法满足水文规范的95%的要求。

（2）系统超期运行。至2009年，整个水文自动测报系统已运行整10年之久，根据《水文自动测报系统技术规范》（SL 61—2003）测报规范：浮子式传感器为25000H，其他传感器为8000H，均属于超限运行。按照2008年的实际运行情况来看，设备老化现象比较严重，设备问题涵盖了所有单元部件，如I/O板、RTU、电台、雨量计、电源、天馈线等。按水文遥测规范，系统已经严重超过使用年限。

（3）机房、铁塔、电源土建等方面存在严重问题。

1）机房：中心站机房自1993年搬迁已运行16年，设施陈旧，在防雷和防火方面也存在安全隐患，需重新改造。石城中继站机房属于一期建设、大堡岩中继站机房属于二期建设的站房，两个中继站因年久失修，墙体严重损坏、房顶漏雨、无法正常使用。部分测站站房也已破旧，有安全隐患。

2）铁塔：水文自动测报系统一期（1986年）所建的铁塔有1座：白土（12m）；二期（1989年）所建的铁塔有8座：松烟（24m）、桐峪（18m）、东阳关（12m）、石城（24m）、东座岭（30m）、大堡岩（30m）、石梁（24m），马鞍山（12m）。现只有石城、大堡岩、松烟等铁塔还在使用，且多年没有维护保养，锈蚀严重。大部分铁塔位于住户人家院内，应予以拆除，消除安全隐患。

3）防雷系统：中心站、中继站及测站防雷系统大多为原二期的防雷系统，已严重老化，存在雷击隐患。

4）电源系统：岳城水库的水文自动测报系统采用蓄电池和太阳能电池板混合供电方式。蓄电池正常使用年限是5年，但是由于岳城水库遥测站点均在野外环境下工作，蓄电池容量下降很快，很容易造成阴雨天通信中断，同时由于人为破坏等原因，在历年的日常维护中大量的经费用于更新蓄电池和太阳电池板。

5）RTU、I/O设备故障隐患多：从2005年开始，近一半测站频繁出现程序卡死故障，分析原因为RTU设备夏天长时间在高温下工作，电子元器件老化，造成技术性能指标下降，每次维修只需重新启动程序就可以运行，但运行一段时间后又会再次发生同样故障；I/O板2004年开始出现端口损坏现象，2005年、2006年、2007年呈现逐年增大趋势。分析原因，是由于I/O板元器件老化所致。

(4) 电台、天馈线系统。2008年汛前专门对所有站点的电台发射功率及其他指标进行过测量，发现大部分电台存在发射功率下降（个别下降超过50%），同时存在频率漂移现象，见表9.2。

表9.2 遥测站电台、天馈线系统指标数据表

序号	站名	标称功率/W	实测功率/W	反射功率/W	中心点频率/MHz	实测中心频率/MHz
1	中心站	25	20	0.3	231.050	231.051
2	韩王山（新）	20	20	0.01	231.050	231.010
3	庙岭	15	0.3	0.2	231.050	测不到
4	石城（中继站）	25	25	0.03	231.050	231.047
5	马鞍山	18	15	0.5	231.050	231.025
6	大堡岩	20	18	0.03	231.050	231.050
7	观台站	15	9	0.5	231.050	231.050
8	东阳关	6	5	0.02	231.050	231.049
9	南偏桥	18	14	0.4	231.050	231.040
10	偏城	15	13	0.02	231.050	231.050
11	涉县	5	1.6	0.01	231.050	231.050
12	寨沟	15	14	0.4	231.050	231.045
13	南谷洞水库	10	8.5	0.02	231.050	231.049
14	任村	25	25	0.05	231.050	231.050
15	五里后	8	7	0.03	231.050	231.045
16	石梁	20	18	0.04	231.050	231.040
17	紫罗	8	6	0.01	231.050	231.035
18	平顺	8	7	0.02	231.050	231.049
19	漳泽水库	8	4.2	0.4	231.050	231.438
20	峒峪	15	14	0.01	231.050	231.050

续表

序号	站名	标称功率/W	实测功率/W	反射功率/W	中心点频率/MHz	实测中心频率/MHz
21	松烟	10	8	0.01	231.050	231.050
22	实会	12	10	0.03	231.050	231.048
23	刘家庄	10	9	0.1	231.050	231.049
24	粟城	25	24	0.3	231.050	231.049
25	横岭	15	14.9	0.4	231.050	231.047
26	和顺	10	6	0.3	231.050	231.050
27	蟠龙	10	8	0.05	231.050	231.046
28	关河水库	16	14.5	0.2	231.050	231.050
29	寒王	3	2.5	0.02	231.050	231.048
30	山交	5	1.7	0.01	231.050	231.042
31	后湾水库	12	10.8	0.23	231.050	231.047
32	河南	20	18	0.02	231.050	231.050
33	白土	25	15	0.5	231.050	231.035
34	冶子	5	4.9	0.01	231.050	231.049
35	侯壁					无设备
36	石板岩	15	13	0.03	231.050	231.047
37	郝赵	18	15	0.4	231.050	231.047
38	匡门口	20	18	0.04	231.050	231.050
39	石匣水库	15	13	0.05	231.050	231.049
40	西井（新）	15	15	0.01	231.050	231.020

注 测量时间为2008年4月。

天馈线系统锈蚀严重，驻波比大。岳城水库三期水文自动测报系统采用的是铝合金八木天线，95%以上的天线已存在锈蚀、驻波比超标等问题。

（5）传感器精度不足，误差较大。岳城水库水文自动测报系统传感器采用的是翻斗式雨量筒、浮子式和超声波水位计。其中超声波水位计、雨量采集系统由于使用时间过长，测量精度不符合要求。观台站的超声波水位计的误差甚至达到3m。全部雨量筒外壳锈蚀严重，大多计量器件磨损严重，计量不准确，无法达到水文规范的要求。浮子水位计进行过维修后，精度达到要求，尚可使用。

（6）中心站软件和支撑系统落后。岳城水文自动测报系统采用组态软件和后台数据软件系统组合方式，其中组态软件已经使用近10年，版本已经不能升级更新。服务器运行能力不足，加之机房环境恶劣导致服务器时常宕机。

9.2.4 岳城水库水文自动测报系统评估

2009 年 5 月，针对岳城水库水情自动测报系统（遥测系统）现状，漳卫南运河管理局在河北省邯郸市组织召开了岳城水库水文自动测报系统现状评估咨询会，邀请了水利部水文局、海委防办、海委水文局、海委通信中心、天津市水利局信息中心等专家对测报系统现状进行了现场查勘，形成了会议纪要，主要意见如下：

（1）水文报汛是防汛调度的基础，实时可靠的水文数据是防汛决策的重要依据。岳城水库是漳卫南流域的重要的防汛控制工程，其防汛调度是否得当直接关系下游 3100 万亩耕地，1560 万人口以及京广铁路、京珠高速公路的安全。通过调节岳城水库的下泄流量，削减洪峰并与卫河洪水错峰可以保证下游河道安全。在历次洪水调度中依据岳城水库水文自动测报系统的数据成功地将岳城水库入库洪峰削减并使下泄洪水与卫河洪水错峰，保证了岳城水库大坝和下游河道的安全。可见岳城水库水文测报系统的水文数据是岳城水库防汛调度的重要依据，也是防汛安全的重要保障，不可或缺。

（2）运行的岳城水库水文自动测报系统运行时间已超过 10 年，属于超期服役且技术落后，不具备修复价值。

（3）应及时更新现有的水文测报系统，并在新系统建设中采用新技术。

9.2.5 结论

岳城水库作为漳卫南运河流域的重要控制工程，在防汛调度、水资源管理等方面起到了重要的作用，其安全关系漳卫南运河水系的防洪安全大局，是海河流域防洪重点，岳城水库水情自动测报系统工程是提高其防洪标准的非工程措施之一。

（1）岳城水库水情自动测报系统通过改建，使流域雨量自动站点分布更加合理，实现干流和降水雨情的有效控制，为实施联机洪水预报作业提供可靠的信息源，满足实时洪水预报作业、防洪调度、洪水资源化利用和防汛指挥的信息应用需求。

（2）增强数据传输的可靠性，减少测站数据传输过程中的中转环节，提高中心站的数据处理能力，提高系统汛期对流域降水情况的控制和系统的整体运行效能，有效解决数据传输的可靠性问题。

（3）提高水情监测能力。全部采用 GSM/卫星双信道通信方式，使得整个系统的测站主板备件类型简化为单雨量型和水位-雨量型两种，统一系统的通信方式，为维护效率和备件互用率的提高提供便利条件，提高系统测站设备备件的利用率，提高测站的数据传输和通信保障能力。

（4）项目建设可以充分发挥雨量数据在防汛调度、洪水资源化利用和水资源保护方面的作用，实现实时联机预报、实时查询显示、实时网上共享和远程传输方面等功能，充分发挥水雨情数据在防汛调度和水资源配置中的作用。

综上所述，本项目建设是关系到完善岳城水库洪水预报作业、防洪调度、洪水资源化利用和防汛指挥的信息应用工程，是关系到下游和周边人民生命财产安全的重要任务，具有十分重要的意义，项目建设十分必要，也十分迫切。

9.3 需求分析

9.3.1 流域概况

漳卫河流域是海河流域最南部的防洪骨干水系，位于东经112°～118°，北纬35°～39°之间。西以太岳山为界，南接黄河、徒骇马颊河，北接滏阳河，东达渤海。河道流经山西、河南、河北、山东、天津四省一市，流域面积37584km²。漳卫河水系由漳河、卫河、卫运河、漳卫新河、南运河组成。漳河上游支流众多，水系呈扇形分布，主要支流有清漳河与浊漳河两支：清漳河又分东西两源，均发源于太行山区，清漳东源发源于山西省昔阳县漳槽村附近，清漳西源发源于山西省和顺县西部之八赋岭，二者于下交漳相汇，清漳河所经之地皆为石质山区，山高谷深，岩石裸露，坡陡流急，含沙量小，峡谷与盆地交错，谷宽约200m，入涉县境广阔地带则达2km以上，比降1/600；浊漳河又分北、西、南三源，均发源于太岳山区，三源上分别建有关河、后湾、漳泽水库。浊漳北源又称榆社河，发源于山西省榆社县柳树沟，浊漳西源源出山西省沁县漳源村附近，浊漳南源源出山西省长治市蜂河里村附近山麓。浊漳河流经土质丘陵区、盆地，洪水挟带泥沙，是漳河泥沙的主要来源地，石梁以下再入峡谷，山高谷深，河宽约200m，最窄处约50m。清漳与浊漳在合漳村汇合后称漳河，合漳村以下漳河两岸山谷陡峭，峰峦壁立，水流湍急，比降1/100～1/300，至岳城水库出山区进入平原后，河底平均坡降约1/2430。京广铁路桥以下高庄、太平庄起至徐万仓两岸有堤防约束，岳城水库以下干流河道长约117.4km，其中京广铁路桥至南尚村46.2km河段为游荡性河道，南尚村至徐万仓段为游荡性向蜿蜒性发展的河道。漳河流域面积19220km²，山区约占95%。

9.3.2 暴雨洪水特性

9.3.2.1 暴雨特性

漳卫河流域暴雨主要由天气系统与地形条件结合所致。夏季太平洋副热带高压加强北上，易在太行山区迎风坡形成大暴雨。流域暴雨多集中在7月、8月两月，暴雨历时一般3天左右，强度较大的暴雨常集中在1天甚至数小时内，历时较长的暴雨通常由两个或两个以上的天气系统组合而成。

漳河流域太行山以东、以西两个区域因自然地理特性不同，暴雨量级相差较大。东区地处迎风坡，易在天桥断、匡门口至观台一带产生大暴雨，最大日降雨量达463mm（石板岩1982年8月1日），最大三日降雨量达878mm（石板岩1982年7月31日—8月2日）。西区地处太行山背后，暴雨量级较低，最大日降雨量为209.5mm（长子1962年7月15日），最大三日降雨量达315mm（潞城1932年7月12—14日）。“96·8洪水”期间，8月3日在林州附近形成一个暴雨中心，3日23：00，暴雨中心进入河北省漳河一带，清漳河匡门口日降雨量达236mm，三日降雨量多在200mm以上，最大为郝赵424mm。2016年7月19日全流域出现大到暴雨过程，漳河流域特大暴雨落区集中在匡门口、天桥断与岳城水库区域，漳河流域最大点雨量出现在漳河左岸的北贾壁站，日降雨量475.4mm。

9.3.2.2　洪水特性

受暴雨特性及流域下垫面综合影响，漳河流域东、西两区洪水特性有所差异。东区暴雨量级大，且下垫面以石质山区为主，有很好的产、汇流条件，是漳河流域产生大洪水的主要地区，该区洪水出现频次多、峰高量大、汇流时间短，且年际变化大。西区洪水发生的频次较少，洪水过程平缓，量级也比东区小。根据实测资料分析，中等洪水条件下，石梁（浊漳河控制站）至观台洪水传播时间一般为11h左右，匡门口（清漳河控制站）至观台洪水传播时间一般为9h左右。

1956年、1963年及1996年漳河洪水较大，入库洪峰流量分别为9200m³/s、5470m³/s、8510m³/s，均以匡门口以上及石梁、匡门口、观台区间来水为主（表9.3）。“96·8洪水”在实测洪水中洪峰为第二大，洪量为第三大，降雨中心位于清漳河下游和浊漳河支流露水河一带，具有一定代表性，综合其他场次较大洪水分析，漳河洪水预见期为8～9h。

表9.3　1956年、1963年、1996年洪水要素表

年份	石梁		匡门口		观台	
	洪峰流量/(m³/s)	峰现时间	洪峰流量/(m³/s)	峰现时间	洪峰流量/(m³/s)	峰现时间
1956	1880	7月23日2：45	695	7月23日6：30	2610	7月23日14：30
1956	577	8月4日13：30	3430	8月3日21：00	9220	8月4日1：00
1963	212	8月6日5：00	5020	8月6日7：00	5470	8月6日9：27
1996	527	8月9日23：00	5250	8月4日16：00	8510	8月4日18：00

9.3.3　洪水预报

9.3.3.1　洪水预报区间

根据漳河流域降雨和洪水主要特性，漳河流域洪水预报分6个区间：浊漳河的关河水库以上区间、后湾水库以上区间、漳泽水库以上区间、三库石梁区间，清漳河匡门口站以上区间，石梁、匡门口—观台之间的区间（简称石匡观区间），见表9.4。

表9.4　漳河岳城水库以上地区预报分区

序号	预报分区名称	区域面积/km²
1	漳泽、后湾、关河水库、石梁	3409
2	匡门口以上	5060
3	石梁、匡门口—观台	3400
合计		11869

浊漳河北、西、南三源上分别建有关河、后湾、漳泽 3 座大型水库，控制流域面积分别为 $3146km^2$、$1296km^2$、$1747km^2$，区间洪水受 3 个大型控制性水库控制。因此，根据流域下垫面特征、降雨分布及河流、水文站控制范围等因素，经验模型预报方案、新安江模型预报方案、Grid－Xin'anjiang 模型预报方案预报中不考虑 3 大水库以上区间，只考虑其下泄水量对石梁站的影响，对其他 3 个区间应用降雨径流预报方案进行区间产汇流计算，石梁、匡门口流量经河道演算至观台。

9.3.3.2 洪水预报方法及预见期

漳卫南运河现洪水预报系统使用的洪水预报方法有降雨径流预报法、新安江模型、洪峰流量相关因素法等。

20 世纪七八十年代，在产流部分应用了蓄满产流模型，并总结出漳卫南运河特有的降雨径流经验预报方案。经验模型预报方案采用降雨径流相关图进行流域产流预报，采用单位线法或等流时线法进行流域汇流计算，采用马斯京根法或汇流系数法进行河道汇流演算。目前已编入了《海河流域实用水文预报方案汇编》。

2003 年和 2007 年先后对漳河石梁、匡门口—观台地区进行分布式水文模型（Grid－Xin'anjiang 模型）研究。Grid－Xin'anjiang 模型是以新安江模型的原理为基础，基于 DEM 而构建的分布式水文模型，进行流域产流预报，采用线性水库模拟和滞后演算法进行流域汇流计算，采用马斯京根法进行河道汇流演算。

2012 年开始采用反馈模拟技术对洪水预报成果进行实时校正。

上述 3 套方案的自动化程度较高，有效预见期较长，是目前主要采用的洪水预报作业方案。

洪水预见期是以上游洪水向下游传播时间或由降雨形成洪水过程的滞后时间为依据的预测期。

洪水预报的有效预见期应考虑信息的采集和传输、洪水预报作业、预报结果会商、水库调度会商、下达决策指令等时间。岳城水库上游雨水情信息经采集传输至漳卫南运河管理局，一般在 30min 以内。预报人员根据实时雨水情信息进行洪水预报，20min 之内可完成。遇较大洪水时需对预报结果进行会商，约需要 30min；同时根据洪水预报会商结果进行水库调度会商，并将调度请示报送海委约 1h。海委进行决策并下达调度令约 1h。综合以上因素考虑，同时考虑闸门启闭运行，洪水预报有效预见期可取 4h。

9.3.4 系统应用需求分析

9.3.4.1 岳城水库水情自动测报系统总体目标

岳城水库水情自动测报系统采集岳城水库以上清漳河、浊漳河的实时水雨情信息，可在洪水到来 12h 前计算出入库最大洪峰时间和流量，并可计算出后续入库流量和持续时间，这些实时可靠的水雨情数据对岳城水库调度运用至关重要。

工程建设总体目标是改善水文数据采集、传输和处理手段，增强数据采集传输的可靠性，缩短水文数据的汇集和预报调度作业时间，为防汛和水库调度提供快捷的雨情、水情信息和预报成果。

9.3.4.2 信息采集的精度要求

岳城水库水情测报系统的数据类型主要是雨量、水位，系统需要实时、定时自动采集区域水文信息（包括雨量、水位）。根据岳城水库遥测系统二期、三期的传感器技术要求，经过历年来的防汛调度检验，均能满足漳卫南局和海委防汛要求，因此本次项目中继续采用三期项目中传感器精度要求。

9.3.4.3 信息传输的实效性要求

按照国家防汛指挥系统技术要求，岳城水库水情自动测报系统传输到海委的总时长为10min，因此，采用的传输方式需保证岳城水库测报数据收集时间为8～9min，包括数据堵塞和重发时间。

9.3.4.4 可靠性要求

岳城水库水情自动测报系统需保证数据可靠传输，不但要求传输信道可靠、采集数据可靠，而且要求入库存储数据的可靠。

9.3.4.5 其他要求

水情信息服务范围和程度有所提高，能够快捷、清晰地为防汛调度、水资源配置决策提供科学依据，提供水文数据库和水文信息处理、检索、查询、输出服务。

9.4 站网布设论证

站网布设关系到系统建设规模和投资，关系到洪水预报精度、防洪调度的科学合理性及系统的运行和维护，是水情自动测报系统的重要内容。

9.4.1 站网布设基本要求

站网布设应遵循科学合理、经济可行、管理维护方便的原则，保证遥测站网密度恰当，分布合理，采集到的水情信息具有代表性。

9.4.1.1 降水量站布设要求

《水文站网规划技术导则》（SL 34—2013）第6.0.4条规定，雨量站设置一般应符合以下要求：

（1）面雨量站应在大范围内均匀分布，平均单站面积不宜大于200km^2（荒僻地区可适度放宽）。

（2）配套降雨量站应在区域内均匀分布，并能控制与配套面积相应的时段降雨量等值线的转折变化，不宜遗漏雨量等值线图经常出现极大或极小值的地点。

（3）平原河网区的大区、小区的面降雨量站单站控制面积不宜大于150km。

(4) 在区域代表站和小河站所控制的流域中心附近，以及水土流失重点监测地区，应布设降水量站。

(5) 在雨量等值线梯度大的地带、暴雨区及对防汛有重要作用的地区应适当加密。

(6) 在流域迎风坡面、地形高程变化较大地区，应适当加密布设降水量站。

(7) 在大型水库站、径流实验站等控制的流域范围内，应适当布设配套降水量站。

9.4.1.2 降水站网布设密度

降水量站网密度，可根据本地区的资料条件、生活条件、设站目的，合理选定，可综合设站目的、地区特点，按照表9.5选定布站数目。

表9.5 不同面积级规划的最少降雨量站数

面积/km²	<10	50	100	200	500	1000	2000	3000
降雨量站数/个	2	3	4	5	7	8	10	12

9.4.2 岳城水库水情测报站网调整

9.4.2.1 原站网评价

岳城水库原水情测报系统包括1个中心站、6个中继站、4个雨量兼水位遥测站、6个雨量兼人工置流量遥测站、24个雨量遥测站，总计34个测站，覆盖了清漳河全部，浊漳河漳泽水库、后湾水库、关河水库以下及漳河干流，控制流域面积约11910km²，占总流域面积的66%。

岳城水库测报范围为三库石梁区间，清漳河匡门口站以上区间，石梁、匡门口—观台之间的区间（简称石匡观区间），流域已有的测报站网分布和通信组网基本能满足，符合流域洪水和降雨规律，符合本流域的自然地理、暴雨特性、海拔高程等条件。

多年运行经验证明，岳城水库原水情自动测报站网基本符合流域降雨和地形特点，综合考虑了基本控制区域的降雨分布和下垫面对降雨径流的影响，基本满足水库洪水、径流预报和调度需要。

本次建设根据岳城水库水情测报的新要求，以及流域水文站网进一步完善的条件下，充分考虑现有站点情况、通信组网条件和技术发展情况，考虑预报模型相匹配等因素，对原有站网进行调整，优化站网布局，满足岳城水库实时洪水预报调度的要求。

9.4.2.2 站网调整

站网调整主要依据以下原则：

(1) 保持站网稳定。现有站点布设比较合理，按照资料系列完整和经济可行的原则，测站分布尽量利用原有测站，除个别地区调整外，原则上不变动测站站址。

(2) 重点预报区间站点适当加密。漳河流域洪水预报分6个区间：浊漳河的关河水库以上区间、后湾水库以上区间、漳泽水库以上区间、三库石梁区间，清漳河匡门口站以上区间，石梁、匡门口—观台之间的区间（简称石匡观区间）。岳城水库测报范围为三库石梁区间，清漳河匡门口站以上区间，石梁、匡门口—观台之间的区间（简称石匡观区间），增加浊漳河天桥断、漳河北贾壁站、吴家河电站、冶子站。

（3）水库控制区站点取消。浊漳河北、西、南三源上分别建有关河、后湾、漳泽 3 座大型水库，控制流域面积分别为 3146km^2、1296km^2、1747km^2，区间洪水受 3 个大型控制性水库控制，对于三大水库控制区的站点不再保留。因此，调减南谷洞水库上游石板岩站，降雨和径流由南谷洞水库出库站控制；调减清漳河石匣水库上游横岭站，降雨和径流由石匣水库出库站控制；调减浊漳北源涅河山交站（山西省武乡县故城镇山交村）。

（4）增加清漳河控制站。增加清漳河东源芹泉、清漳河麻田为新建水文站。

9.4.3　站网分析评价

9.4.3.1　站网总体情况

站网调整后，系统规模为 1 个中心站、36 个遥测站（表 9.6），36 个遥测站包括：5 个水位、雨量站，5 个流量、雨量站，4 个水位、流量、雨量站和 22 个雨量站点，站点分布详见图 9.1，站点总体情况如下：

表 9.6　　岳城水库遥测站网站址一览表

序号	站名	海拔高程/m	东经	北纬	站址	河流	备注
1	蔡家庄	967	113°35′54″	37°19′3″	山西省和顺县城关镇水文站	清漳河东源	雨量、水位
2	芹泉	957	113°36′17″	36°58′40″	山西省左权县芹泉镇	清漳河东源	雨量、水位、流量
3	石匣	1124	113°17′11″	37°6′50″	山西省左权县石匣水库管理处	清漳河西源	雨量
4	寒王	1310	113°27′31″	37°13′1″	山西省左权县寒王镇	清漳河西源	雨量
5	粟城	905	113°30′31″	36°59′19″	山西省左权县粟城镇	清漳河西源	雨量、水位、流量
6	西井	840	113°24′34″	36°44′30″	山西省黎城县西井镇老街	清漳河	雨量
7	麻田	653	113°30′35″	36°47′45″	山西省左权县麻田水文站	清漳河	雨量、水位、流量
8	偏城	738	113°40′9″	36°44′45″	河北省涉县偏城镇	清漳河	雨量

续表

序号	站名	海拔高程/m	东经	北纬	站址	河流	备注
9	刘家庄	595	113°32′17″	36°42′29″	河北省涉县石门乡刘家庄村	清漳河	雨量、流量
10	东阳关	840	113°28′28″	36°32′24″	山西省黎城县东阳关乡东阳关村	清漳河	雨量
11	涉县	425	113°39′56″	36°33′51″	河北省涉县水利局	清漳河	雨量
12	匡门口	341	113°48′49″东	36°27′14″	河北省涉县西达镇匡门口村	清漳河	雨量、水位
13	郝赵	447	113°51′29″	36°28′44″	河北省涉县关防乡郝赵村	清漳河	雨量
14	关河水库	941	112°52′38″	36°50′1″	山西省武乡县关河水库管理局	浊漳北源	雨量、流量
15	蟠龙	1057	113°8′2″	36°47′29″	山西省武乡县蟠龙村	浊漳北源	雨量
16	寨沟	1048	113°5′17″	36°40′3″	山西省襄垣县下良乡西邯郸村	浊漳北源	雨量
17	后湾水库	961	112°49′24″	36°33′21″	山西省襄垣县后湾水库坝上	浊漳西源	雨量、流量
18	漳泽水库	920	113°4′20″	36°19′16″	山西省长治市漳泽水库管理局	浊漳南源	雨量、流量
19	襄垣	861	113°3′31″	36°31′54″	山西省襄垣县	浊漳西源	雨量
20	南偏桥	1060	113°8′36″	36°29′29″	山西省襄垣县王桥镇南偏桥村	浊漳西源	雨量
21	河南	770	113°13′11″	36°34′17″	山西省黎城县渠村乡河南村	浊漳河	雨量
22	五里后	943	113°15′50″	36°19′28″	山西省潞城市微子镇五里后村	浊漳河	雨量
23	石梁	750	113°18′51″	36°27′15″	山西省潞城市石梁镇水文站	浊漳河	雨量、流量

续表

序号	站名	海拔高程/m	东经	北纬	站址	河流	备注
24	平顺	1060	113°26′4″	36°12′8″	山西省平顺县县城	浊漳河	雨量
25	实会	664	113°26′14″	36°21′34″	山西省平顺县实会镇	浊漳河	雨量
26	侯壁	550	113°37′8″	36°21′19″	山西省平顺县石城镇侯壁水电站	浊漳河	雨量、水位、流量
27	天桥断	371	113°47′22″	36°20′38″	河南省安阳市林州市任村镇木家庄	浊漳河	雨量、水位
28	南谷洞	618	113°44′48″	36°14′6″	河南省林州石板岩乡南谷洞水库	浊漳河	雨量
29	任村	400	113°48′41″	36°16′39″	河南省林州市任村镇任村	浊漳河	雨量
30	观台	190	114°4′36″	36°18′54″	河北省磁县观台水文站	漳河	雨量、水位
31	吴家河	183	114°0′18″	36°20′41″	河北省磁县五合乡吴家河村	漳河	雨量、水位
32	白土	300	114°3′37″	36°24′30″	河北省磁县白土镇白土村	漳河	雨量
33	都党乡	170	114°5′33″	36°21′55″	磁县都党乡	漳河	雨量
34	东辛安	140	114°8′4″	36°19′55″	磁县黄沙镇前辛安黄沙沟	漳河	雨量
35	南孟村	149	114°8′51″	36°15′40″	河南省安阳县南孟村仑掌村	漳河	雨量
36	岳城水库坝上	159.5	114°12′16″	36°16′55″	河北省磁县岳城镇水库坝上	漳河	雨量
37	山交	1003	112°43′8″	36°56′13″	山西省武乡县故城镇山交村		雨量
38	漳卫南局中心	23	116°18′25″	37°26′32″	山东省德州市漳卫南局院内		雨量

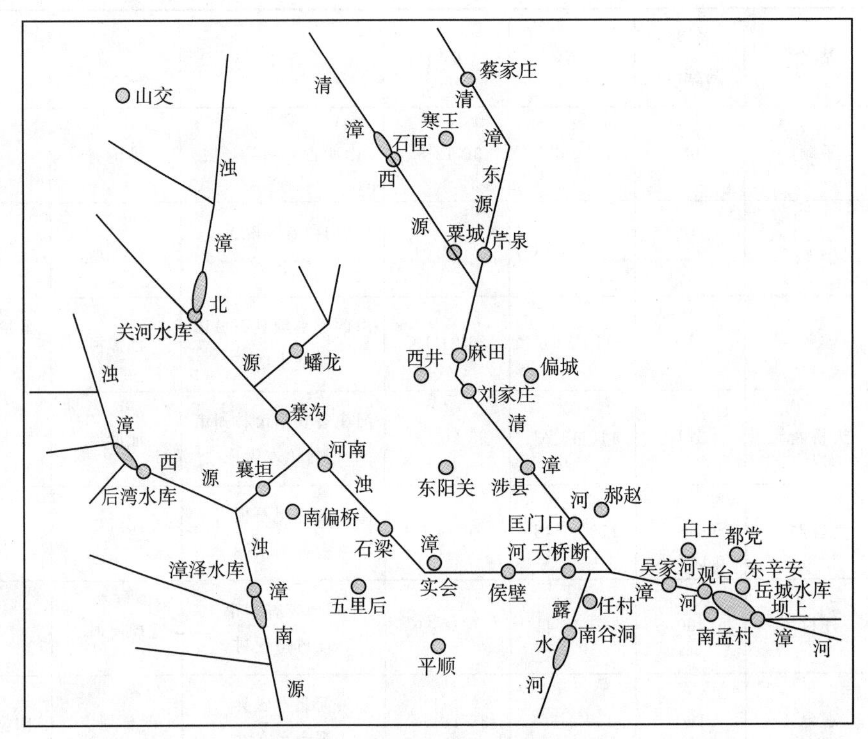

图 9.1　岳城水库遥测点概化图

(1) 中心站1个：水利部海委漳卫南运河管理局。

(2) 水位、雨量站5个：蔡家庄（浮子水位计）、观台（浮子水位计））、匡门口（浮子水位计）、吴家河（雷达）、天桥断（雷达）。

(3) 流量、雨量站5个：后湾水库、漳泽水库、关河水库、刘家庄、石梁。

(4) 水位、流量、雨量站4个：侯壁、芹泉、麻田、粟城（全部安装浮子水位计）。

(5) 雨量站22个：石匣、寒王、偏城、东阳关、西井、襄垣、任村、郝赵、涉县、河南、蟠龙、寨沟、南偏桥、五里后、实会、白土、南谷洞、平顺、南孟村、东辛安、都党乡、坝上雨量站。

9.4.3.2　站网分析评价

(1) 代表性站网密度为382km^2/站，整体布设合理、均匀，在每个支流和分叉处，暴雨频发地区都布设雨量站，能有效地控制流域降雨分布及由于下垫面不均匀性对降雨径流的影响，暴雨中心区的密度适当大于其他地区，满足水文站网规划技术导则要求。

(2) 控制性水库均设站，后湾水库、漳泽水库、关河水库、石匣水库、南谷洞水库、岳城水库均设有站点。

(3) 站网与现有水文站网结合，充分利用河道和水库水文站网，主要包括芹泉、麻田、刘家庄、匡门口、石梁、侯壁、天桥断、观台等。

（4）站网以现有报汛站为基础，新增雨量站选在现有非报汛站处，保证水文资料的连续性。

（5）满足水文自动测报系统规范要求，测站布设在交通、生活方便和安全的地方通信条件良好，便于建设和维护管理。

站网论证分析表明，调整后的站网能够满足岳城水库洪水预报及防洪调度的要求，对水库安全运行，提高洪水预报精度，进行科学调度具有重要意义。

9.5 建设方案

水情自动测报是采用水文、电子、电信、传感器和计算机等多学科的最新相关成果，对水文信息进行实时遥测、传送和处理的技术，改变了以往仅靠人工测量水情数据的落后状况，扩大了水情测报范围，从根本性提高了水情测报速度和洪水预报精度，是有效解决江河流域及水库洪水预报、防洪调度及水资源合理利用的先进手段，在江河流域及水库安全度汛和水资源合理利用等方面都具有重大意义。本项目旨在建设一个集数字化、正规化和科学化于一体的雨量自动测报系统，实现投资少、建设周期短、社会和经济效益高的目标。

9.5.1 设计思路及原则

9.5.1.1 设计思路

（1）对遥测站点进行系统规划、改造，进行设备更新，提高系统采集时效性和可靠性。遥测站数量、位置根据实际需要进行微调，更新软硬件，改造机房、防雷等基础设施，建设全新的水情自动测报系统。

（2）采用先进可靠的新技术，取消二级以上中继站，减少设备转发时间。系统采用自报方式，通信方式采用GPRS/卫星双信道，提高系统可靠性。各遥测站、中继站均采用无人值守的管理方式。

（3）实现水雨情信息实时采集，满足水情预报、洪水调度和水资源配置需要。

9.5.1.2 设计原则

（1）先进性原则。坚持“技术先进、不断发展”的原则，所有设备全部选用技术成熟、业界先进的产品，保持其技术先进性。

（2）经济实用原则。坚持“经济运行、高效实用”的原则，在完全满足各项功能要求的前提下，尽量节省改造建设经费。

（3）可扩展性原则。坚持“实施简单、扩容便捷”的原则，能够做到安装便利，易于维护且有高度的开放性、兼容性和可持续性。

（4）可靠性原则。坚持“长期运行、稳定可靠”的原则，系统的设备，实现7×24h不间断可靠运行。鉴于防汛工作的重要地位和特殊性，防汛遥测系统必须遵循可靠性原则，必须选用通用的、技术上十分成熟的、运行稳定可靠的设备。

9.5.2 系统总体功能

（1）能实时、定时采集、传输和处理测站的水情信息。

（2）能完成水情预报作业。

（3）应基于 TCP/IP 技术，满足其他有关计算机系统的数据通信规约。

（4）能查看中继站、遥测站的各种硬件参数，包括电源、传输设备的工作状态。

（5）遥测站、中心站具有数据存储功能。

9.5.3 系统工作体制

系统采用自报式体制。1h 发送 1 次数据，每发 1 次数据需要把上 1h 采集的 12 个数据发送到中心。

（1）雨量站：雨量每增加 1mm 向中心发送 1 次数据，如果没有下雨，每天向中心发送两次平安报。

（2）流量置数站：只要有人工置数就发送，雨量同上。

（3）雨量、水位站：雨量报送方式同上。水位每 5min 采集 1 个水位数据，每次采集时连续采集 10 个数，求平均值，与上一次的比较，当比上一次大于或小于 2mm（可以设置）时发送本次采集数据，如果相差在 2mm 范围内时，则不发送。

9.5.4 水情自动测报系统通信方式设计

通信链路是水情自动测报系统良好运行的关键。通信链路涉及到通信设备的性能、通信方式等各种因素，要根据现地情况综合考虑，选择适合水情自动测报系统的具体方式。本项目建设采用使用 GPRS/卫星双通道的新一代水情自动测报系统。

系统遥测站采用主备信道运行，GPRS 为主信道，北斗卫星为备用信道，一点双发组网。遥测站数据同时发送到漳卫南数据接收中心、岳城水库水情中心，漳卫南数据接收中心站接收数据采用固定 IP 专线接收 GPRS 传输的数据，卫星指挥机接收卫星信道传输的数据，岳城水库水情中心采用固定 IP 专线接收数据。主中心出现故障后，两个中心数据互为备份，通过专线实现数据同步。岳城水库邯郸办公地点和漳卫南局通过网络直接访问水情应用系统。

9.5.5 遥测站总体功能和系统组成

9.5.5.1 遥测站总体功能

（1）随机采集、自报：每当雨量变化 1 个计量单位（1mm）或水位变化 1 个计量单位（1cm）且与上次发送间隔大于规定时间时，向中心站发送当前数据。传输内容包括站号、当前雨量累积值、当前经过滤波瞬时水位等数据。

（2）定时采集、自报：按预定的定时时间间隔（坝上站 10min、匡门口、侯壁、观台水位 30min）采集并向中心站发送当前数据。

(3) 状态报告：向中心站报告遥测站的工作状态（如设备状态、电源信息）等。

(4) 自适应采集自报：当传感器数据在容限内（雨量不大于5mm，水位不大于10cm）变化时，按规定方式采集数据；当数据突变时（雨量大于5mm，水位大于10cm），可根据变幅自动增加发射次数，以取得数据极值。

(5) 现场显示：可显示时间（年、月、日、时、分）显示雨量当前累积值，显示当前水位、显示一段时间内的雨量值、显示一段时间内的水位最大、最小、平均值及时间标志显示站号。

(6) 现场设置：设置站号、采用时间间隔、定时自报时间间隔，年、月、日、时、分。设置水位高程基准值、日水位数据的起始时间、电台预热时间、消浪幅度。

(7) 关机保护：具有软件、硬件多重关断电台电源的保护措施。

(8) 省电功能：当不需要数据采集、发送时，系统进入休眠状态。

(9) 具有人工干预立即发送功能。

9.5.5.2　系统组成

系统主要由采集系统、传输系统、电源系统、防雷接地系统、相关配套土建和附件组成，如图9.2所示。

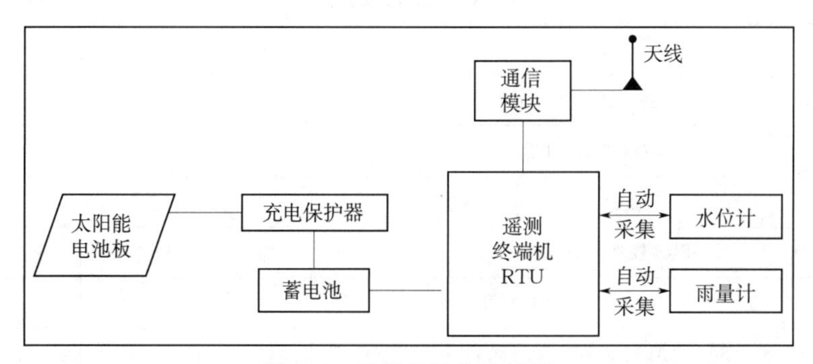

图9.2　遥测站设备连接图

(1) 雨量站。雨量站主要由翻斗式雨量计、RTU、GPRS模块（含SIM卡）、卫星终端（数据卡）、太阳能板（含安装支架）、太阳能充电控制器、蓄电池、防雷接地网、避雷针、避雷器、室外防护机箱、相关配套土建、杆件辅材及附件等组成。雨量站共22个。详见表9.7。

表9.7　　雨量站设备配置表

序号	设备名称	单位	数量
1	翻斗式雨量计	台	22
2	遥测终端RTU	台	22
3	GPRS模块（含SIM卡）	套	22
4	卫星终端（数据卡，含3年服务费）	套	22
5	40W太阳能板（含安装支架）	套	22

续表

序号	设备名称	单位	数量
6	充电控制器	套	22
7	38AH 蓄电池	块	22
8	机箱（含挂件）	套	22
9	雨量站立杆	套	1
10	避雷针	套	22
11	防雷接地网	处	22
12	防雷模块	套	22

（2）流量置数雨量站。流量置数雨量站主要由翻斗式雨量计、RTU（含人工置数器）、GPRS 模块（含 SIM 卡）、卫星终端（数据卡）、太阳能板（含安装支架）、太阳能充电控制器、蓄电池、防雷接地网、避雷针、避雷器、相关配套土建、机箱、杆件辅材及附件等组成。流量置数雨量站共 5 个，详见表 9.8。

表 9.8　　流量置数雨量站设备配置表

序号	设备名称	单位	数量
1	翻斗式雨量计	台	5
2	遥测终端 RTU	台	5
3	流量置数器	台	5
4	GPRS 模块（含 SIM 卡）	套	5
5	卫星终端（数据卡，含 1 年服务费）	套	5
6	80W 太阳能板（含安装支架）	套	5
7	充电控制器	套	5
8	65AH 蓄电池	块	5
9	机箱（含挂件）	套	5
10	流量置数雨量站立杆	套	1
11	避雷针	套	5
12	防雷接地网	处	5
13	防雷模块	套	5

（3）水位、雨量站。水位雨量站主要由翻斗式雨量计、水位传感器、RTU、GPRS 模块（含 SIM 卡）、卫星终端（数据卡）、太阳能板（含安装支架）、太阳能充电控制器、蓄电池、防雷接地网、避雷针、避雷器、水位计测井、相关配套土建、机箱、杆件辅材及附件等组成。水位雨量站共 5 个，其中 3 个安装浮子水位计，2 个安装雷达水位计，详见表 9.9。

表 9.9　　水位、雨量站设备配置表

序号	设备名称	单位	数量
1	翻斗式雨量计	台	5
2	雷达水位传感器	台	2
3	遥测终端 RTU	台	5
4	GPRS 模块（含 SIM 卡）	套	5
5	卫星终端（数据卡，含 3 年服务费）	套	5
6	80W 太阳能板（含安装支架）	套	5
7	充电控制器	套	5
8	65AH 蓄电池	块	5
9	机箱（含挂件）	套	5
10	水位雨量站立杆	套	2
11	避雷针	套	5
12	防雷接地网	处	5
13	防雷模块	套	5
14	浮子水位计	台	3
15	水位计测井	套	1

（4）水位、流量、雨量站。水位流量雨量站主要由翻斗式雨量计、水位传感器、RTU（含人工置数器）、GPRS 模块（含 SIM 卡）、卫星终端（数据卡）、太阳能板（含安装支架）、太阳能充电控制器、蓄电池、防雷接地网、避雷针、避雷器、机箱辅材及附件等组成。水位、流量、雨量站共 4 个，详见表 9.10。

表 9.10　　水位、流量、雨量站设备配置情况表

序号	设备名称	单位	数量
1	翻斗式雨量计	台	4
2	浮子水位计	台	4
3	遥测终端 RTU	台	4
4	卫星终端（数据卡，含 1 年服务费）	套	4
5	80W 太阳能板（含安装支架）	套	4
6	充电控制器	套	4
7	65AH 蓄电池	块	4

续表

序号	设备名称	单位	数量
8	机箱（含挂件）	套	4
9	避雷针	套	4
10	防雷接地网	处	4
11	防雷模块	套	4
12	流量置数器	台	4

遥测站设备连接图如图 9.3 所示。

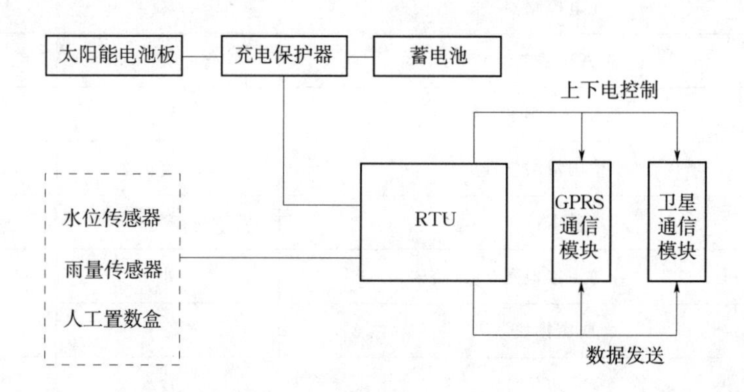

图 9.3 卫星传输系统连接图

9.5.5.3 岳城水库中心站系统功能及系统组成

(1) 系统功能。中心站是水文测报系统的中枢，能完成数据采集、数据处理和洪水预报等工作，能通过局域网与其他客户机进行数据共享，并可将数据传输到漳卫南局及上级机关。设立 2 个数据接收中心：岳城水库水情中心，漳卫南数据接收中心。中心站主要功能如下：

1) 能通过 GPRS 和卫星信道实时接收各遥测站的数据，加注时间标签，进行合理性检查，自动备份原始数据。

2) 对采集数据进行分析、统计计算、绘制打印图表。

3) 对流域参数具有输入、更新及查询功能。

4) 能完成水情预报。

5) 数据库功能。

6) 在漳卫南局防汛部门或水文处配置一套 RTU，通过现有网络可实时接收岳城水库水文自动测报系统数据，与岳城中心站互为数据备份，为防汛调度系统提供有力的支持。

7) 岳城水库邯郸办公地点可通过现有网络，实时显示岳城水库水文测报系统水雨情信息。

(2) 系统组成。中心站的系统组成：RTU、GPRS 通信模块（DTU）、卫星终端机、前置机、后台机、显示设备、打印机、工控软件、水情数据处理软件、水情查询应用软件及数据库软件等。

9.5.5.4 电源和防雷

(1) 电源供电方式。本系统的遥测站均采用太阳能供电方式，并用密封蓄电池作为备用电源。测站能在连续无日照条件下持续工作40天，特别是在暴雨、洪水等恶劣天气条件下能稳定可靠工作，保证水情系统数据的及时传输，实现数据的准确度。

(2) 防雷。岳城水库中心站采用三位一体防雷系统。遥测站机箱采用外壳引出线接地方式，接地电阻均应小于10Ω，土建基础及立杆上应有避雷针。雨量传感器、水位传感器在接入RTU前配置避雷器。

9.5.6 技术规范和标准

(1) 中华人民共和国行业标准《水文自动测报系统技术规范》(SL 61—2015)。

(2) 中华人民共和国行业标准《水文自动测报系统设备基本技术条件》(SL/T 102—1995)。

(3) 中华人民共和国行业标准《水文数据固态存储装置通用技术条件》(SL/T 149—2013)。

(4)《国内卫星通信地球站设备安装工程验收规范》(YD/T 5017—2005)。

(5)《国内卫星通信地球站工程设计规范》(YD/T 5050—2005)。

(6) 其他有关的中华人民共和国技术标准、行业技术标准。

9.6 系统设备技术指标

9.6.1 RTU设备主要技术指标

(1) 能够远程维护，把相连设备的工作情况实时采集并传输到中心；并且能够接照相机采集图片。

(2) MTBF≥25000h。

(3) 静态功耗：不大于1mA，电源为12VDC。

(4) 工作功耗：不大于10mA，电源为12VDC(不含通信模块)。

(5) 数据存储容量：4M。

(6) 时钟精度：优于±1s/d。

(7) 工作环境：温度：−10～65℃(南疆、东疆)，−25～45℃(北疆)；湿度：95%RH。

9.6.2 雷达水位计

雷达水位计是利用电磁波来探测水位的电子设备，采用发射—反射—接收的工作模式。雷达水位计发射出的电磁波经水面发射后，再次被水位计接收，通过计算电磁波的传播距离即可精确确定水位值。

（1）适用性。雷达水位计采用非接触式的测量方式，具有测量精度高、抗干扰能力强、不受温度、湿度、风力影响的特点。雷达水位计几乎能用于所有水体的水位测量，并可应用在高温、高压和腐蚀性很强的安装环境。

（2）技术参数。测量范围：15m，最大可达 70m；精度：±3mm；过程温度：－40～100℃；频率：26GHz；过程压力：常压；输出信号：RS-485、4～20mA 可选；电源：DC6～28V（RS-485）；DC18～36V（4～20mA）。

9.6.3 雨量计

（1）承雨口径：200mm±0.6mm。

（2）刃口角：40°～50°。

（3）分辨率：不小于 0.5mm。

（4）测量精度：自排水量不大于 25mm 时，误差为±1mm；自排水量大于 25mm 时，误差为±2%。

（5）雨强范围：0.01～4mm/min，允许最大雨强 8mm/min。

（6）误码率：小于 10^{-4}。

（7）可靠性指标：MTBF≥40000h。

（8）信号输出：磁钢干簧管式接点通断信号（单信号或双信号），接点允许承受的最大电压不小于 15V，允许通过电流不小于 50mA，输出端绝缘电阻不小于 1MΩ，导通电阻不大于 10Ω，接点工作寿命在 50000 次以上。

（9）工作温度：－10～50℃，空气相对湿度不限。防堵塞：传感器具有防堵、防虫、防尘措施。具有全国工业产品生产许可证（国家质量监督检验检疫局颁发）和厂家的专门授权。304 不锈钢材质。

9.6.4 太阳能板

（1）太阳能板 40W。

（2）材质：单晶硅。

（3）封装形式：高透钢化玻璃层压。

（4）开路电压：21V。

（5）工作电压：17.6V。

（6）短路电流：1.25A。

（7）工作电流：1.14A。

（8）太阳能电池板支架和太阳能板的尺寸相配套。

9.6.5 蓄电池

（1）铅酸免维护可充电蓄电池。

（2）标称电压 12V，标称容量 38A·h，65A·h。

（3）安全性能：正常使用下无电解液漏出，无电池膨胀及破裂。

（4）放电性能：放电电压平稳，放电平台平缓。

(5) 耐振动性：安全充电状态的电池完全固定，以3mm的振幅，16.7Hz的频率振动1h，无漏液，无电池膨胀及破裂，开路电压正常。

(6) 耐冲击性：安全充电状态的电池从20cm高处自然落至1cm厚的硬木板上3次无液漏，无电池膨胀及破裂，开路电压正常。

(7) 耐过放电性：25℃，完全充电状态的电池进行定电阻放电3个星期，恢复容量在75%以上。

(8) 耐充电性：25℃，完全充电状态的电池0.1CA充电48h，无漏液，无电池膨胀及破裂，开路电压正常，容量维持率在95%以上。

(9) 耐大电流性：完全充电状态的电池2CA充电5min或10CA放电5s。无导电部分熔断，无外观变形。

(10) 不同温度下的放电容量：40℃时，102%；25℃时，100%；0℃时，85%；-15℃时，65%。

9.6.6 太阳能充电控制器

使用量最大的SHS控制器的最大电流至10A，并且12V、24V自动识别的特性，使其适用于240W以下的系统。电路板完全电子保护。使用新设计的LED界面，用户可以随时了解蓄电池的充电状态。较大的接线端子，确保太阳能电池组件、蓄电池以及负载的连接变得简单。使用PWM脉宽调制技术。太阳能充电控制器主要技术指标见表9.11。

表9.11 太阳能充电控制器主要技术指标

技术指标	指标值
系统电压	12V (24V)
最大充电电流	10A
最大负载电流	10A
深放电保护 (LVD)	有
最大自消耗电流	<4mA
最终充电电压 (浮冲)	13.9V (27.8V)
快速充电电压	14.4V (28.8V)
均衡充电	无
低压恢复点 (LVR)	12.5V (25.2V)
深放电保护 (LVD)	11.1V (22.2V)
运行环境温度	-25~50℃
端子尺寸	$4mm^2$
防护等级	IP22
质量	150g
尺寸 (长×宽×高)	145mm×97.15mm×23.93mm

9.6.7 GPRS模块

(1) GPRS Class 2-10。

(2) 编码方案：CS1-CS4。

(3) 符合SMG31bis技术规范。

(4) 体积：83.5×47×17.5（不包括天线和安装件）。

(5) 质量：15g。

(6) 外部SIM卡，外部天线。

(7) 发射功率：Class 4 (2W) / (EGSM)，Class 1 (1W) / (1800MHz，1900MHz)。

(8) 通信速率：110～115，200bits/s。

(9) 电源电压范围：5～26V直流。

(10) 工作功耗：通信瞬间300mA。

(11) 待机电流：20mA（可工作在关断模式，待机电流为0）。

(12) 工作温度：－20～50℃，≤95%RH（无凝结）。

(13) 工作频段：GSM900：TX：880～915MHz；RX：925～960MHz DCS1800：TX：1710～1785MHz；RX：1805～1880MHz。

(14) 接收灵敏度：－104dbm。

(15) 频率误差：不大于0.1ppm。

9.6.8 卫星终端

(1) 具备定位与通信功能，实现自动化数据采集及转发，无需其他通信系统支持。

(2) 该设备采用主机天线一体化设计，结构简单小巧，安装与维护方式灵活便捷。

(3) 接口简单，输出信号可提供标准RS-232接口，静态功耗不大于3.5W。

(4) 支持多种供电方式。

(5) 具备防雷击，防浪涌、腔体气密等设计，确保恶劣环境下的正常使用。

(6) 配备显控手柄（可选），支持键盘、触摸屏双输入，具备五笔、全屏手写、T9及笔画输入法。

(7) 稳定性好，可靠性高，成本低廉，便于推广。

(8) 可内部集成GPS模块（可选）、蓝牙模块（可选）、内置锂离子电池模块（可选）。

卫星终端主要技术指标见表9.12。

表9.12 卫星终端主要技术指标

北斗指标	指标值
首捕时间	≤2s
失锁重捕时间	≤1s
动态范围	≤300km/h
接收门限功率	≥－157.6dBW（仰角50°～70°） ≥－154.6dBW（仰角20°～49°）

续表

北斗指标	指标值
接收通道数	6通道
定时精度	≤100ns
定位精度	≤20m（有标校站），≤100m（无标校站）
通信能力	一次最多可发送120个汉字或420个BCD代码
定位、通信成功率	≥99%
发射功率	10W
GPS指标	指标值
冷启动	≤50s
热启动	≤1s
接收通道数	12通道
定位精度	≤25m
定时精度	≤60ns
动态性能	≤515m/s
加速度	≤4*g*
更新频率	1Hz
蓝牙指标	指标值
蓝牙协议	BlueTooth V1.2
传输距离	≤10m
电源指标	指标值
供电电源	15～28V
待机功耗	2.5W
发射瞬间功耗	≤30W
电池容量	≥1800mA·h
电池待机时间	≥6h
输出接口指标	指标值
数据接口	2个RS-232标准接口（可扩展为422电平）
授时接口	1个北斗1PPS输出接口
接口标准	《北斗一号用户机数据接口要求（4.0）版》，并可定制各类标准及非标协议
外部线缆长度	12m标配
结构指标	指标值
外形尺寸	ϕ142mm×80mm
质量	1kg

续表

结构指标	指　标　值
外观颜色	白色
支架长度	0.5m 标配
环境指标	指　标　值
工作温度	－40～65℃（不含电池）－20～65℃（含电池）
储存温度	－55～70℃
冲击	半正弦形脉冲、峰值加速度 20g、脉冲宽度 11ms
振动	0.1g/（20～100）Hz

9.6.9 机箱及杆件

设备立杆设计为镀锌无缝钢管，采用预埋件连接方式埋设，适用于野外无建筑物时安装设备。一体化仪器房由立杆支架、横臂、太阳能板支架、箱体组成：

（1）杆件主体设计为 3.1m 高，165mm 以上管径。

（2）箱体为双层保温喷塑，箱体采用双层隔热保温，内涵设备挂板。

（3）箱内安设设备挂板，用于设备和蓄电池的安装。

（4）立杆安设抱箍及太阳能板安装支架用于太阳能板的安装。

（5）在箱体右上侧留有穿线孔，便于连接电缆的安装。

（6）太阳能板支架、箱体安装支架均喷户外塑作表面处理，并采用螺栓牢固连接为一个整体。

（7）混凝土基础预埋地脚螺栓，箱体安装支架与地脚螺栓牢固连接。

（8）太阳能板安装时，注意太阳能板面朝正南方向。

（9）在安装一体化杆式站房时，应预先浇筑一个 1000mm×1000mm×1000mm 的混凝土基础，并将地脚螺栓架水平放置，与混凝土基础浇筑为一体。浇筑基础时应注意将安装太阳能板的一边面向正南方向，以利于太阳能光板的采光。

一般情况下，设备箱安装在支架上，太阳能板安装在立杆支架上，支架由预埋件（6 根 M22，1.2m，基础法兰 5mm）、立杆（高 3.1m，国标 165mm 粗，6mm 厚，上下法兰连接，立杆底部法兰为 10mm 厚，顶部有 2m 避雷针）、横杆（国标 60mm 粗，6mm 厚，螺栓固定）组成，采用数控机床激光切割加工，保证所有组件能精确通用，采用无缝钢管热镀锌喷塑工艺，如果有合适的站房可以根据实际情况安装。

室外设备箱尺寸为 500mm×730mm×250mm，1.5mm 厚冷轧钢板，数控机床精确加工，双层保温，中间加保温材料，表层采用静电喷涂工艺，防尘锁、通用钥匙，铰链无防锈、防水、防尘、防潮保护措施。

9.6.10 浮子水位计

（1）浮子直径：15cm。

（2）水位轮工作周长：48cm。

（3）平衡锤直径：2cm。

（4）测量范围：20m。

（5）分辨率：1cm。

（6）水位变率：大于100cm/min。

（7）准确度：10m量程时，不大于±0.2%FS；大于10m量程时，不大于±0.3%FS。

（8）水位轮转动力矩：不大于0.015N·m。

（9）编码码制：格雷码。

（10）平均无故障工作时间：大于25000h。

（11）显示方式：机械数字显示。

（12）显示位数：5位，高第1位为工作状态，0表示工作正常；9表示反转；低4位为水位（cm）。

（13）工作环境温度：0～50℃（测井水体不结冰）。

（14）工作环境湿度：95%RH（40℃凝露）。

（15）波浪抑制：传感器输出稳定，具有消波浪功能，与遥测终端共同实现水位测井无浪要求。

（16）体积：宽×高×深为14cm×15cm×15cm。

9.6.11 数据传输同步软件

提供易用性和易于配置的图形，与RTU相连，将RTU存储器中采集来的数据进行处理。利用工控软件将由RTU采集来的各遥测站的雨水情数据图形化、数据化，以供浏览、查询，并写入数据库中。利用工控软件开发出来的水文自动测报数据传输同步软件将具有以下几个方面的功能：

（1）实时性。可以自动实现显示当前时间的各遥测站雨水情数据，可以实时监控数据变化情况，并将数据写入后台数据库中。

（2）易用性。强大的图形开发环境开发出来的工控软件应用程序具有友好的人机界面。点击即可查询数据，还可对各测站数据的历史趋势进行浏览。

（3）通用性。软件提供了行业领先的连接性能，可以同多种I/O Server进行连接。服务器均可以给任何Windows应用程序提供Microsoft DDE通信以及Wonderware的SuiteLink™协议。

（4）可靠安全性。具有安全可靠的性能，它通过了Windows操作系统认证，其在Windows操作系统特别是Windows2000系统下的可靠性是可以保证的。它可以对特殊事件定义报警显示，并对系统更改执行审核跟踪，将事件写入报警数据库中。

9.6.12 水情应用软件

水情应用软件应能实现数据（文字）的存贮、输入/输出、修改、增加、删除、转存（历史和实时数据转存）、恢复及安全保护等；注时标后生成数据库，并自动备份；水情信息统计，图形显示、打印。

(1) 雨量统计。

1) 单站实测降水量表(时间、雨量),显示时段任选(默认时为当日 8:00 前 24h 雨量)。

2) 单站逐日降雨量表(含旬、月、年的总降雨量,降水日数,最大日量及发生日期)。

3) 单站任意起止时间内各时段雨量的统计。

4) 多站任意起止时间内各时段雨量极值与平均值的统计。

5) 单站和雨量直方图显示。多站雨量按河流、预报区间、任意选取站的统计和打印。

6) 所有表的输出、转存。

(2) 水位(流量)统计。

1) 单站实测水位(流量)表(时间、流量)显示,显示时段任选。

2) 单站逐日平均水位(流量)表(含旬、月、年的平均水位最高、最低水位及发生时间)。

3) 任意起止时间内各时段水位(流量)过程线的显示。

4) 单站过水断面水位的动态显示。

(3) 数据查询。

1) 各测站站号、属性(设备、功能、站址、看护人员资料等)。

2) 水位越限等。

3) 各站、各时段水情。

4) 流域水情分布图,综合报表打印(日、旬、月、年)。

5) 雨量直方图,水位(流量)过程线。

6) 查询数据是否传输至服务器。

(4) 实时监测。实时接收、处理各测站水情信息,并可人工录入,错报提示,数据修改,并自动写入数据库,存于硬盘,供洪水预报等软件调用。提供最新处理信息,并监视雨、水情。

(5) 报警功能。

1) 点雨量、面雨量、水位、流量越限值报警。

2) 各站设备故障、通信线路故障报警。

(6) 数据库管理。

1) 建立基于客户/服务器模式的开放式数据库。

2) 具有对采集数据、图像文件进行安全管理的功能,可接收计算机外设人工录入的数据。

3) 具有磁盘空间管理、数据库初始化、数据库再生功能。

4) 具有文件转存、备份和恢复功能,原始数据库和成果数据库分别存储不同的盘符,并自动备份。

5) 提供洪水预报等应用软件使用的标准接口。

第10章　漳卫南运河洪水预报系统

10.1　项目背景

漳卫南运河流域地处华北，属于典型的大陆季风性气候，降雨时空分布不均，降雨主要集中于夏季，历史上洪涝灾害频繁发生。为充分发挥水库、闸坝、堤防、分蓄洪区等防洪工程的作用，开展洪水预报、洪水调度等至为重要。通过预测预报洪水，人们可以研究提出合理的工程调度运用措施，最大限度地减少灾害损失。从20世纪七八十年代起，相关工作人员开始编制漳卫南运河实用水文预报方案，研制水文模型，完成漳卫南运河洪水预报调度系统的开发，为流域防洪调度提供了有力的支持。但随着流域内人类活动的影响，自然条件极大改变，造成流域内产汇流复杂，难以通用某个产流模式。另外，对于同一地区不同时间也难以应用同一个模型参数，不同量级洪水模型率定参数往往差别很大，现有模型已无法满足基于新形势下全流域的洪水预报需要。因此研制开发新的洪水预报系统势在必行。

10.2　洪水预报现状及存在问题

10.2.1　现状

自20世纪80年代开始，防汛部门开始逐步应用计算机进行防汛信息处理和预报、调度方案的研究，并提出了许多模型和方法，开发了防洪调度分析计算等一批用于数据处理、防汛业务处理的应用软件。20世纪七八十年代，开发了蓄满产流模型；20世纪90年代初期，编制了“海河流域实用水文预报方案”，根据预报方案开发了部分洪水预报软件，中期从日方引进了蓄留函数模型和水箱模型；2003年与河海大学合作，研制了岳城水库以上区间新安江三水源模型，目前主要使用漳卫南运河防汛调度指挥系统进行洪水预报；2006年对1992年“海河流域实用水文预报方案”，进行了补充修订，增加10多年的洪水资料，在新的流域下垫面条件下更加实用，系统已经成为漳卫南运河流域防汛调度的重要技术工具，为防汛调度提供决策依据。

10.2.2　存在问题

由于资金投入不足等因素，致使持续性研究开发受阻，在总体上尚未能满足防汛业务的需要。亟待解决的问题主要是：

（1）水文预报分析研究不够，服务能力有待进一步提高。水情部门水文预报现有应用软件功能简单，在水文预报模型、调度模型、人机交互决策支持环境构建等方面，与实际应用的要求尚有巨大的差距，已完全不能满足当前水文部门水情工作的要求。

（2）洪水预报精度不足，对处于半湿润半干旱地区的漳卫南运河流域而言，流域内水利工程的修建和人类活动等多种因素影响对于洪水预报结果尤其明显，特别是中小洪水更甚，受控制站以上众多水利工程引蓄水影响，对于预报洪量较洪峰与实测差别更大，当前期降水较多，土壤含水量较高，水库拦蓄水较多，而发生强降雨时，众多水库会大量向下游泄洪，造成实测洪量大于计算洪量；当前期降水较少，土壤偏旱，水库蓄水位较低，而发生强降雨时，众多水库会大量拦蓄洪水，造成实测洪量小于计算洪量。对以上洪水预报成果分析可知，预报精度尚需要进一步的提高。从预报过程及影响成果的因素分析，一个主要原因是流域内人类活动极大改变了流域的自然条件，造成流域内产汇流现象复杂，难以通用某个产流模式。另外，对于同一地区不同时间也难以应用同一个模型参数，不同量级洪水模型率定参数往往差别很大。

（3）水平有待提高。洪水预报一方面要求有高精度、高效率的数学模型的支持，另一方面要求为处理难于量化的半结构化和非结构化问题提供支持，因此系统的开发是一项难度很大的系统工程。无论在数学模型的开发，还是决策支持环境的构建等方面，特别是针对漳卫南运河流域复杂的下垫面情况，均需要针对具体问题进行深入的研究，在实践过程中不断进行磨合、改进和完善，才能形成实用的、真正能为防洪调度决策提供深层次支持的应用软件系统。

10.3 建设必要性及可行性

10.3.1 建设必要性

为了充分发挥防洪工程的防灾减灾效益，及时、科学、合理地调度洪水，提高防洪预报调度的手段和能力，最大限度地减少山洪灾害等造成的损失，急需研制建设漳卫南运河流域洪水预报系统。作为防洪减灾体系建设的重要非工程措施之一，建设漳卫南运河流域洪水预报系统是十分必要的。

（1）水利信息化进程的需要。根据新时期水利事业发展的迫切需要，水利部提出了由传统水利向现代水利、可持续发展水利转变，以水资源的可持续利用支撑经济社会可持续发展的治水新思路，提出了水利信息化是水利现代化的基础和重要标志，要以水利信息化带动水利现代化的发展，并将水利信息化列为近年水利工作发展的十大主要目标之一，对水利信息化建设提出了明确的要求。水利信息化已成为防洪抗旱减灾、节水型社会建设、水资源管理、水生态保护和水土保持的重要手段和技术保障。漳卫南运河流域洪水预报系统的建设是漳卫南运河流域水利信息化的必然进程之一。

（2）综合防洪减灾体系建设的需要。随着社会经济的发展，洪水的自然属性与社会经济属性结合越来越紧密，防洪减灾工作越来越需要加强山洪灾害信息采集、河流预报、工程管理及风险管理等非工程措施的建设。通过对各种渠道快速监测采集来的山洪灾害信息实施综合分析与评价，开展水文预报，为洪水调度提供全过程的决策支持。作为防洪减灾体系建设的重要非工程措施之一，建设漳卫南运河流域洪水预报系统是十分必要的。

（3）人才队伍建设需要。通过洪水预报系统的建设，在实际工作和科学研究中还可以培养一支具有一定理论基础和丰富实践经验的、能够解决生产问题的技术队伍。这些技术、成果、经验和人才队伍在防汛减灾、防洪除涝调度决策中所发挥的作用是不可替代的，能为漳卫南运河流域防洪调度提供坚实的基础。

因此，提升漳卫南运河流域洪水预报服务能力，是推动水文事业科学发展、跨越式发展的迫切需要。

10.3.2　建设可行性

（1）技术上可行，经济上合理。随着气象、水情、雨情和工情等防汛减灾信息的采集与传输技术的不断发展，手段的逐步改善，通信计算机技术的飞速发展，信息处理的计算机软件化，大江大河预报方法和调度模型等均基本实现了计算机化，暴雨预报、河流预报的时效性和精确性逐步提高，为漳卫南运河流域洪水预报系统的建立提供了可以借鉴的基础条件，技术上已经成熟。充分利用现有资源，采用经济合理的方案和设备配置，在经济上是合理的。

（2）国家防汛抗旱指挥系统建设推动技术发展。国家防汛抗旱指挥系统建设已经覆盖全国重点防洪地区和省份，通过建设使得信息采集传输处理技术更加成熟，建设经验更加丰富，为漳卫南运河流域洪水预报系统建设奠定了良好的技术基础和资料储备。

10.4　建设目标及任务

10.4.1　建设目标

以数据库信息资源为基础，依托计算机网络平台，遵循统一的技术架构，研制漳卫南运河流域洪水预报系统。具体目标：对漳卫南运河流域能够开展洪水预报的主要河流，依托现有水文站、新建水文站、雨量站，在主要干支流河流上实现整体洪水预报功能，依据洪水预报功能为防汛调度决策、水资源管理和保护等及时准确地提供雨水情信息和预报成果。以信息采集系统为依托，实时雨水情数据库、历史洪水数据库、图形库等信息资源为基础，依托计算机网络环境与平台，遵循统一的技术架构，研制漳卫南运河流域洪水预报系统。

具体目标：研制漳卫南运河流域洪水预报系统，对漳卫南运河流域主要河流水文站（水位站）进行洪水预报，并依据洪水预报功能为防汛调度决策等及时准确地提供预报成果。

10.4.2　建设任务

建设任务包括漳卫南运河流域经验模型、洪水预报系统，以及系统的集成、调试等。漳卫南运河流域洪水预报系统是在统一架构下实现有效的集成。模型要满足应用支撑平台规约，应具有统一的数据接口、参数接口等，能够灵活用于洪水预报、调度。能方便灵活地调用模型库中的模型，能够对流域数据、模型参数、运行条件等进行配置，并且可以改变预报断面和预报方案；建立与实时雨水情数据库、历史洪水数据库、洪水预报数据库等数据交换接口。

10.4.3　建设范围

系统建设范围为漳卫南运河流域境内的干支流重要控制站，包括 12 个水文控制断面，

6个区间和1个大型水库，具体为：

（1）河道控制站。浊漳河石梁站、清漳匡门口站、漳河观台站、共产主义渠合河站、淇河新村站、淇门站、卫河老观嘴站、元村站、安阳河安阳站、卫运河南陶站、临清站、四女寺站等。

（2）水库控制站。漳河岳城水库。

（3）预报区间。后湾、沌绛、漳泽三水库—石梁分区，匡门口以上分区，石梁、匡门口—观台分区，合河以上区间，合河和新村—淇门区间，老观嘴、安阳—元村区间。

10.4.4 建设内容

建设内容主要包括漳卫南运河流域水文模型建设、洪水预报系统，以及系统集成、建设、调试。主要包括：

（1）建立专用数据库系统。

（2）建立洪水预报系统。

10.4.5 建设原则

漳卫南运河流域洪水预报系统的开发建设坚持如下原则：

（1）以现有漳卫南运河流域洪水预报系统为基础。

（2）“统一领导、统一规划、统一标准”的原则。

（3）“实用、可靠、先进、高效、开放、实时性”原则。使系统达到功能齐全、实用方便、运行可靠、技术先进、自动化程度高、计算速度快，具有较强的容错能力和自诊能力。

（4）“理论联系实际、吸收与再创新”原则。充分吸收国内外水文预报系统中成熟的精华部分，尽可能适应当前技术发展的趋势，采用先进的思想和成熟的技术。

（5）“结构化、模块化、标准化”原则。做到界面清晰，接口标准，连接流畅，使系统既有完整性，又有灵活性。

10.5 总体建设方案

10.5.1 系统总体框架

通过对漳卫南运河流域洪水预报系统的充分分析，结合流域特点和流域防汛抗旱工作的需要，设计漳卫南运河流域洪水预报系统总体框架。系统在问题处理与人机交互系统的控制下，数据库系统的支撑下，设置数据管理、模型建立与管理、洪水预报、水库调度分析、成果管理和系统管理等功能。漳卫南运河流域洪水预报系统总体结构图如图10.1所示。

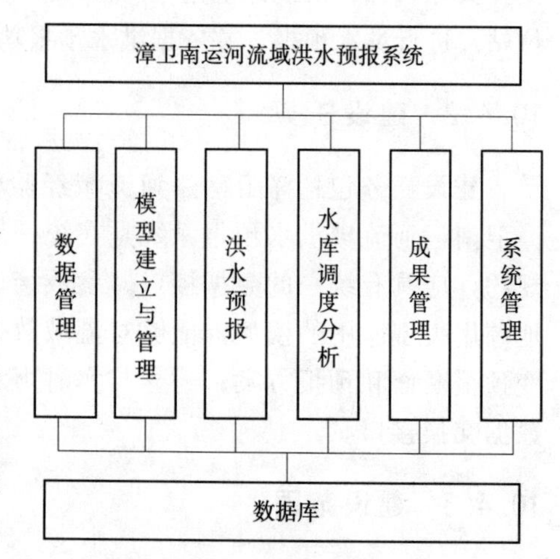

图10.1 系统总体框架图

10.5.2 系统逻辑结构

漳卫南运河流域洪水预报系统是在“应用支撑平台、数据汇集平台、公用数据库”的支撑下，独立运行。系统逻辑结构图如图10.2所示。

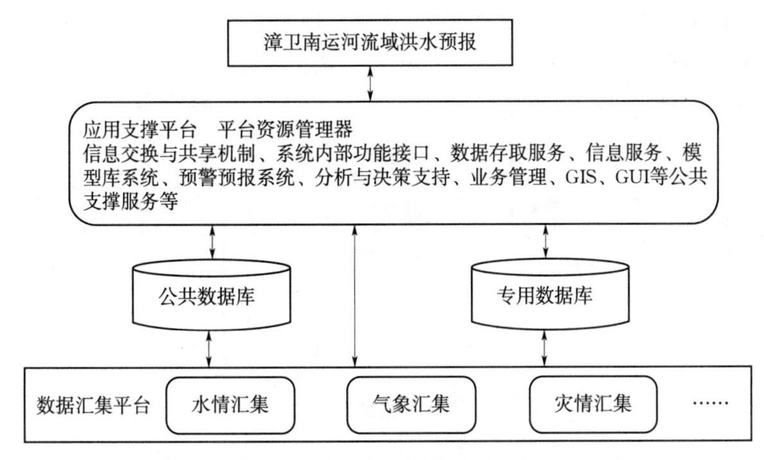

图10.2 系统逻辑结构示意图

10.5.3 系统业务流程

漳卫南运河流域洪水预报系统总体可以划分以下各个业务阶段。

(1) 情报活动阶段。主要完成水雨情、工情等防汛信息的收集、整理，并提供信息服务。信息是决策的基础，它们构成了决策的环境。

(2) 预报与决策活动阶段。主要完成暴雨预报、洪水滚动预报等。由于防洪决策属于事先决策，即在洪水到来前必须对防洪工程的运用，防洪措施等做出安排，没有预报就没有事前决策，预报的结果是调度决策的依据。预报的误差和及时性不能满足要求，是决策风险的主要原因。该阶段主要包括：

1) 洪水趋势预报。依据定量降雨预报进行洪水趋势预报，作出洪水警报预报。该预报具有较长的预见期，对预报控制站主要提供洪峰和洪水的量级。该预报成果的精度要求不高。

2) 洪水参考性预报。依据实测降雨，进行降水径流预报，作出洪水参考性预报。该预报具有较好的精度和一定的顶见期，对预报控制站预报出洪水过程等，为防洪部门的工作安排提供依据。

3) 洪水正式预报。依据上游河道的实时水情，进行河道演算，对下游预报控制站进行预见期较短、精度达防洪要求的预报。对预报控制站要作出流量过程和水位过程（或洪峰点）的预报。

4) 洪水模拟计算。根据防汛部门的决策意见进行仿真模拟计算，帮助决策人员确定最终方案。

(3) 方案设计活动阶段。水雨工情及其发展趋势的预报，构成了防洪形势，经过分析归纳可以理出防洪决策的具体内容和目标。然后依据决策目标和可使用的防洪手段设计出一组实现决策目标的可行方案，以及每个可行方案的风险及后果评价。这个阶段是调度决策支持的主要工作内容。

(4) 方案选择（决策）阶段。主要由决策层，在认清防洪形势的基础上，通过会商，进行方案补充调整，选出满意方案予以实施。

在各种防汛信息（如气象信息、遥测信息、水情信息、工情信息）的支持下，漳卫南运河流域洪水预报系统的工作流程图如图 10.3 所示。

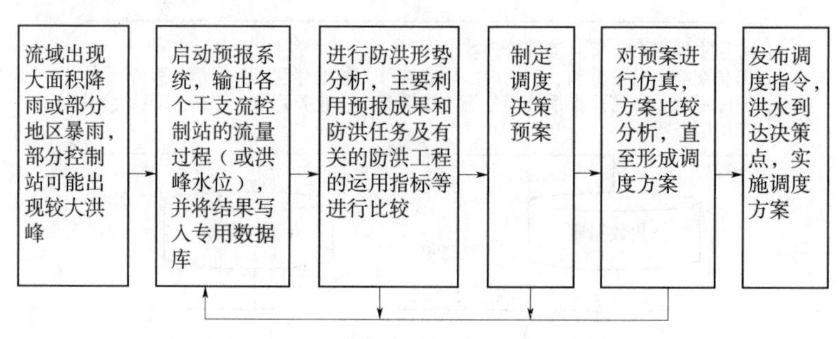

图 10.3　防洪调度业务工作流程图

10.5.4　技术路线

本系统建设实施的技术路线是：在查勘现状和收集调查整理河流水系、地貌、水利工程、水文、气象以及洪水灾害等资料基础上，进行科学分析和学术讨论，甄别漳卫南运河流域洪水预报系统建设存在的主要问题，设置重点任务和研究课题：研发针对漳卫南运河流域各河流水系不同下垫面情况下的洪水预报警技术，建立洪水预报模型、河道洪水演进模型、水库（湖泊、闸坝）等调度模型；基于研发的洪水预报模型技术，采用先进地理信息技术和计算机技术，建立漳卫南运河流域洪水预报子系统，以进一步提高防洪调度实施的效率，为漳卫南运河流域防防洪减灾提供有力的技术支撑，对促进漳卫南运河流域社会经济的可持续发展能起到显著支撑作用。

系统研究技术路线如图 10.4 所示。

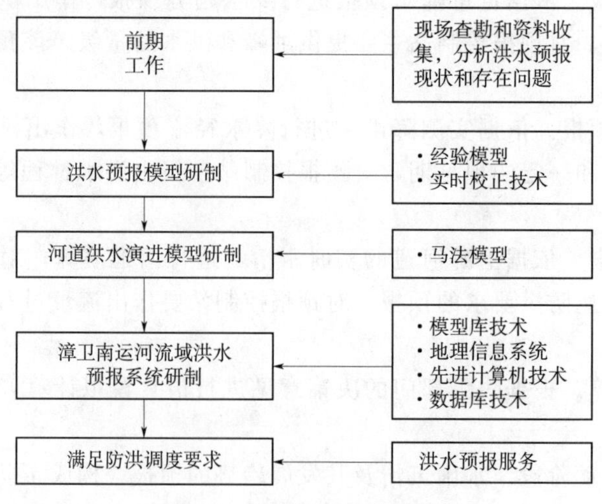

图 10.4　系统研究技术路线图

10.6 技术要求

10.6.1 总要求

（1）提高洪水预报精度。依据漳卫南运河流域水文现状，研制适用于境内不同下垫面预报需求的水文预报方案、水文预报模型等技术，提高洪水预报精度，延长洪水预见期，提升漳卫南运河流域洪水预报服务水平。

（2）提高防洪调度决策速度。先进的软、硬件环境，使得防洪调度决策过程中的雨情分析、水情分析、洪水预报以及洪水调度都相当迅速，为领导决策、洪水预报方案的实施争取宝贵的时间和提供更可靠的依据。

（3）实现用户界面的层次化。系统在用户界面设计与实现中重视不同层次用户的不同使用要求，将系统界面分成主控界面、操作界面、分析界面3个不同的层次。主控界面和操作界面提供功能选择或参数输入，主要满足计算分析层用户的需要；分析界面则以简洁的图表形式为主，主要满足决策层及决策支持层用户的需要。

（4）具有较高的实用性。系统采用人机交互方式，使系统更先进、操作更灵活，大大增加了系统的实用性。

（5）具有友好的输出界面。界面的优劣体现软件的质量，良好的输出画面有助于发展分析、决策者的思维。系统以清晰、形象的输出画面为分析人员或决策者提供良好的辅助分析环境，使他们能全面、系统地了解和评价方案的安全性、合理性和现实性，尽快地选择方案或作出决策。

（6）便于操作和维护。系统所具有的良好人机界面使得系统操作简单、使用方便，只要具备一般计算机知识的防洪专业技术人员，便能通过阅读用户使用手册和进行简短的培训，很快掌握操作技能，并通过对系统结构设计的了解，进行一般的维护。用户积极参与全过程。系统的实用性如何，主要取决于用户对系统的了解程度。系统涉及的因素很多，只有与用户不断的讨论和修改，系统才能真实地反映情况，即使情况以后发生了变化，用户也知道如何处理。

10.6.2 功能要求

系统以各类数据库为核心，通过人机交互界面进行雨水情分析、洪水预报、水库调度决策成果管理和系统管理等。主要功能要求有：

（1）具有预报重点流域及其他主要河流上洪水运动状态的功能，能够实时提供流域内的洪水运动状态。

（2）具有模拟全流域洪水和单独模拟某区域洪水的功能，可以通过设置的选择改变模拟对象。

（3）能够提供重要干支流所有关注点的洪水水位或流量过程。

（4）在实时水情数据库、历史水文数据库支撑下，具备定时发布重要站点的实时水情信息，为公众了解汛情提供渠道。

（5）在洪水预报结果支撑下，适时发布预报信息，为危险区人员及时撤退做好准备，为减少损失提供技术支持。

10.6.3 性能要求

（1）系统运行效率要求。

1）对系统的各类人机交互操作、图形操作等，应实时响应。

2）人机交互制订洪水预报方案，在洪水预报方案的运行条件确定后，人机交互设置参数，完成一个方案制定、准备方案运行所需数据应在1min以内完成。

3）对预报模型，要求算法先进、时效快，一个预报方案要求在5min内完成方案计算。

（2）模型运算精度要求。各类作业分析处理结果精度必须满足一定的要求，有规范或标准的可按其执行，洪水预报的精度参照水文情报预报规范的要求。

（3）系统可靠性要求。由于本系统功能复杂，管理和维护涉及的数据量大、种类繁多，因此系统应具有很高的可靠性。

1）系统应能稳定、可靠地运行，系统出现故障能很快排除，产生错误能及时发现或能够进行相应的处理。为此，要求系统有较好的检错能力，在有错误干扰后有重新启动的能力。

2）各类数据正确无误。在各类数据的提取、存储、交换、查询、显示、统计、计算过程中，不能出现错误、遗漏，数据的精度应符合防洪决策的精度要求。

10.6.4 安全要求

系统运行环境为区域网，系统设计必须考虑安全性。

（1）数据安全性要求。数据是系统运行的基础，数据的安全性和可靠性是系统正常运行的前提，要求系统的设计应该考虑数据的安全性和可靠性。

（2）系统运行安全性要求。系统运行处于相对开放的环境，环境的细微变化可能导致系统的异常，系统设计应该考虑抗干扰性能，确保系统在任何时刻都能安全正常稳定运行。

（3）防止入侵攻击安全性要求。系统处于网络环境运行，有受非法入侵攻击的可能性，系统设计必须考虑保护措施，确保系统的正常运行，同时要求系统具有一定的容错能力，做到多备份且安装简便。

10.7 系统设计

10.7.1 模型设计

10.7.1.1 建设范围

系统建设范围为漳卫南运河流域境内的干支流，主要建设区域包括6个区间、12个站点、1个水库，如图10.5所示。

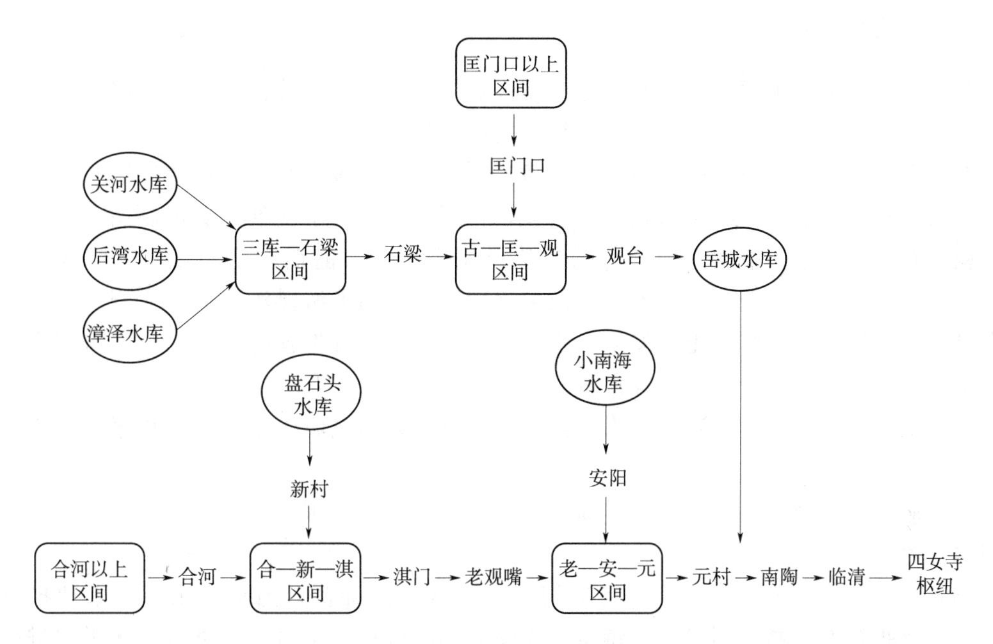

图 10.5 漳卫南运河流域预报区间示意

（1）预报区间。漳河发源于山西高原和太行山区，其上游分为浊漳河和清漳河。浊漳河又分三条支流，北源上建有关和水库，西源建有后湾水库，南源建有漳泽水库，三座水库以上区域的洪水预报由山西水文局负责，三条支流在石梁以上汇合成浊漳河。这一地区划为三水库—石梁分区。

清漳河有两条支流，在匡门口以上汇合，这一地区划为匡门口以上分区。

浊漳河和清漳河交汇后在漳河干流上建有岳城水库，观台是其入库站，这一地区是石梁—匡门口—观台分区。

卫河发源于太行山区，主要干支流自太行山前陡坡下跌进入平原，山区约占60%。左岸支流较多，均发源于太行山前，成梳齿状平行汇入卫河干流，较大者有淇河、汤和、安阳河等。右岸为平原，有几条小的排涝河道。

共产主义渠在合河汇入卫河，根据其产流特点将这一地区划为合河以上区间。新村以下的淇河在淇门汇入卫河，这一地区划为合河—新村—淇门区间；汤和安阳河在老观咀附近汇入卫河，这一地区是老观嘴—安阳—元村区间。

（2）预报主要站点。包括匡门口、石梁、观台、新村、安阳、合河、淇门、老观咀、元村、南陶、临清及四女寺枢纽共 12 个站点。

（3）水库。主要包括 1 个大型水库——岳城水库。

10.7.1.2 建设目标

针对漳卫南运河流域洪水预报中存在的预报系统不完善、预报精度不稳定等突出问题，对漳卫南运河流域的洪水预报系统进行升级改造，特别是加入洪水预报实时校正技术，以更大程度提高预报精度，为防汛提供决策支持。

10.7.1.3 模型建立

系统模型是由预报模型、洪水演进模型以及实时校正模型等耦合集成，总体目标是保障河道防洪安全，为防洪调度提供科学技术支撑，最大化减少洪灾损失。

对处于半湿润半干旱地区的漳卫南运河流域而言，流域内水利工程的修建和人类活动等多种因素对于洪水预报结果影响尤其明显，特别是中小洪水更甚，受控制站以上众多水利工程引蓄水影响，预报洪量、洪峰与实测差别更大。当前期降水较多，土壤含水量较高，水库拦蓄水较多，发生强降雨时，众多水库会大量向下游泄洪，造成实测洪量大于计算洪量；当前期降水较少，土壤偏旱，水库蓄水位较低，发生强降雨时，众多水库会大量拦蓄洪水，造成实测洪量小于计算洪量。

(1) 洪水预报模型。针对漳卫南运河流域特点，采用经验模型等多种预报模来进行实时洪水预报。

(2) 河道洪水演进模型。建立马斯京根法为主的河道洪水演进模型，模型输出主要为河道水位流量过程。

(3) 实时校正模型。针对漳卫南运河流域洪水陡涨陡落，地形复杂，洪水预报难度大，洪水预报精度不高、不稳定等特点，需建立实时校正模型对实时洪水预报需要进行校正。模型输入为控制站预报流量过程和实测流量过程，模型输出为预报流量过程的校正结果。实时校正以自动反馈控制法进行计算。

10.7.1.4 模型资料选取

模型计算需要时段降水资料、时段蒸发资料和流量资料，应按照《水文情报预报规范》(GB/T 22482—2008) 要求，洪水样本应该包括高、中、低洪水，一般资料需要10年以上序列。

雨量资料是应用模型计算径流过程的基础，代表性雨量资料对于调试模型参数十分重要。雨量资料的计算，是按调试模型的时段要求，进行分时段计算，一般为日、小时。

蒸发量资料的计算方法与降水量资料的计算方法相同，蒸发量资料要换算成为水面蒸发。

流量资料应包括全部出口流量。若有引水的，要与实测流量合并，并与降水资料的历时同步。在计算流量资料时，还要考虑流域内灌溉等用水问题，要用还原的方法将人为破坏了的径流过程还原成为天然过程，提高模型参数的精度。

10.7.1.5 模型技术分析

(1) 经验模型。经验模型研制中流域产流采用降雨径流相关法 ($P+P_a \sim R$ 或 $P \sim P_a \sim R$)。

收集整理各个断面建站以来水文资料，系列期限截至2010年。

1) 流域平均雨量 P 的计算。流域平均雨量 P 的计算采用加权平均法或算术平均法。

2) 流域前期影响雨量 P_a 计算。流域前期影响雨量 P_a 的最大值为 I_m，最小值为零。计算采用公式：

$$P_{a,t}=K(P_{a,t-1}+P_{t-1}) \tag{10.1}$$

式中：$P_{a,t}$为当日前期影响雨量，mm；$P_{a,t-1}$为前一日前期影响雨量，mm；P_{t-1}为前一日流域平均面雨量，mm；K为前期影响雨量折减系数。

3）径流深R的计算。首先分割次降雨形成的洪水流量过程线（用退水曲线分割前次洪水退水量，基流量取历年最枯流量均值，用水平或斜线分割），然后用下式计算：

$$R=3.6\sum Q\times\Delta t/A \tag{10.2}$$

式中：R为径流深，mm；Q为流量，m^3/s；Δt为计算时段长，h；A为流域面积，km^2。

4）汇流单位线。汇流计算采用单位线法，公式如下：

$$Q(t)=\int_0^t u(0,\ t-\tau)I(\tau)d\tau \tag{10.3}$$

式中：$Q(t)$为系统输出流量；$u(0,\ t-\tau)$为单位线或汇流曲线；$I(\tau)$为净雨过程。

单位线推求采用分析法或试错法两种方法。

(2）洪水演进模型。在流量演算中，为了表达楔蓄量，常以上游断面入流量为参数列入槽蓄量方程，即河段蓄水量的表达式为：

$$W=\frac{b}{a}[xI^{m/n}+(1\sim x)O^{m/n}] \tag{10.4}$$

式中：a和n是段平均水位-流量关系$Q=aH^n$中的两个系数；b和m是段平均水位-蓄量关系$W=bH^m$中的两个系数。在均一的矩形河槽中，槽蓄水量与水位呈一次方关系（$m=1$），而水位与流量的关系是5/3次方（曼宁公式）。系数x表示上、下游断面流量在槽蓄量中的相对权重，反映楔蓄流量演算的作用。槽蓄作用大，x大，反之小。假定$m/n=1$，令$b/a=K$，则上式为

$$W=K[xI+(1\sim x)O] \tag{10.5}$$

令
$$Q'=xI+(1\sim x)O$$

则
$$W=KQ'$$

该式即为马斯京根法的槽蓄曲线方程式。Q'为示储流量，x为流量比重因素，K为蓄量常数，是关系线的斜率，具有时间的因次。应用时，根据上下游流量资料，假定不同x值，点绘$W-Q'$关系线，取其中呈单一关系的x和K值，即为最优解。

根据河段入、出流量与槽蓄关系，可以得到如下关系式：

$$\frac{1}{2}(I_1+I_2)\Delta t\sim\frac{1}{2}(O_1+O_2)\Delta t=\pm\Delta W \tag{10.6}$$

式中：I为计算时段始、末的入流量；O为计算时段始、末的出流量；ΔW为计算时段始、末的槽蓄量；Δt为计算时段长。

连解上面两式，即得流量演算公式：

$$O_2=C_0I_2+C_1I_1+C_2O_1 \tag{10.7}$$

式中：I、O为河段的入流、出流量，下标1，2分别表示时段t的始、末。

对于有支流加入的河段，可应用先合后演法进行流量演算。具体方法是先把干支流上游站的流量同时刻叠加，作为总的入流，然后用马法进行河道流量演算，将演算结果与区间入流叠加，算出下游站的出流过程。

（3）实时校正技术。实时洪水预报误差修正（real - time flood forecasting updating）就是要对以上所述的这些在水文模型中没有考虑的、无法考虑的或即使考虑了也是不适当的，而对实际洪水又有一定影响的误差因素，利用实时系统能获得的观测信息和一切能利用的其他信息对预报误差进行实时校正，以弥补流域水文模型的不足。实时修正技术，研究方法很多，归纳起来，按修正内容划分，可分为模型误差修正、模型参数修正、模型输入修正、模型状态修正和综合修正5类。模型误差修正以自回归方法为典型，即据误差系列，建立自回归模型，再由实时误差，预报未来误差；模型参数和状态修正，有参数状态方程修正，工业、国防自动控制中的自适应修正和卡尔门滤波修正等方法；模型输入修正主要有滤波方法和抗差分析，典型的卡尔门滤波、维纳滤波等；综合修正方法，就是前四者的结合。

由于流域降雨在时空分布上的复杂性，根据现有雨量站点观测的雨量很难准确地计算出流域实际降雨，同时还有计算及观测等方面的误差，这就导致洪水作业预报中，用产汇流原理作出的预见期内的预报值与实测值有较大误差。实时校正可以最大限度地利用预见期内所获得的各种信息对后期预报值进行反馈校正，以提高预报精度。

一次降雨过程，通过模型计算可以得出 $Q_{fi}-t$ 预报流量过程，在河流的控制站将逐渐出现 $Q_{obi}-t$ 实测流量过程。

设 Q_{obi} 为实测流量，$Q_{obi}>0$，其中，$i=1,2,\cdots,n$。

设 Q_{fi} 为预报计算流量，$Q_{fi}>0$，其中，$i=1,2,\cdots,m$。

n 为实测流量的个数；m 为预报计算流量的总时段数。

实测流量的差值计算中，设 $DQ_{obi}=0$，从 $i=2$ 实测值起连续计算到 n，则差值为

$$DQ_{obi}=Q_{obi}-Q_{obi-1} \tag{10.8}$$

预报计算的流量之间差值计算中，设 $DQ_{fi}=0$，从 $i=2$ 预报值起连续计算到 m，则差值为

$$DQ_{fi}=Q_{fi}-Q_{fi-1} \tag{10.9}$$

相邻两个时段实测流量差值之和与预报计算流量差值之和的比值 $Fact$ 因子，其表达式为

$$Fact=\frac{DQ_{obi}+DQ_{obi-1}}{DQ_{fi}+DQ_{fi-1}} \tag{10.10}$$

或

$$Fact=\frac{Q_{obi+1}-Q_{obi-1}}{Q_{fi+1}-Q_{fi-1}} \tag{10.11}$$

为了判别涨水与退水，采用式（10.10）或式（10.11）。$Fact$ 因子的数值范围，通常为0.45～2.21之间，当 $j=6$ 时，$Fact^{0.75j}$ 趋近于1.0，其表达式为

$$F_{ij}=Fact^{0.75j} \quad (j=1,2,\cdots,6) \tag{10.12}$$

水文预报时实时校正分涨水段和退水段，当 $DQ_{fi3} \geqslant 0$ 时，则为涨水段，当 $DQ_{fi} < 0$ 时，则为退水段。

涨水段按下列判别式作实时校正：

如 $i-(n+6)^3 \geqslant 0$ 时，$i^3 \geqslant 7$，则 Q_{obi} 实时校正流量的增量等于 DQ_{fi}。

如 $i-(n+6) < 0$ 时，实时校正系数 $Fact$ 按式（10.13）计算：

$$Fact = \frac{F_{i-6,6} + F_{i-5,5} + \cdots + F_{n,j-n}}{7+n-i} \tag{10.13}$$

i 为预报点序数。因此，涨水段实时校正计算公式为

$$Q_{obi} = Q_{obi-1} + DQ_{fi} \times Fact \tag{10.14}$$

退水段按式（10.15）作实时校正。

$$Q_{obi} = Q_{fi} \frac{Q_{obi-1}}{Q_{fi-1}} \tag{10.15}$$

即前一时刻的实测值与预报值之比乘以本时刻的预报值，即为本时刻的实时校正流量。

当只有第一个流量是实测值时，即 $n=1$ 时，涨水段第 2 个实时校正计算为

$$Q_{ob2} = Q_{ob1} + Q_{f2} - Q_{f1} \tag{10.16}$$

依此类推得

$$Q_{obi+1} = Q_{obi} + Q_{fi+1} - Q_{fi} \tag{10.17}$$

若在退水段时，第 2 个实时校正计算为

$$Q_{ob2} = Q_{f2} \times \frac{Q_{ob1}}{Q_{f1}} \tag{10.18}$$

依此类推得

$$Q_{obi+1} = Q_{fi+1} \times \frac{Q_{obi}}{Q_{fi}} \tag{10.19}$$

由以上可知，退水段和当 $n=1$ 时，第 1 个流量为实测时的涨水段不计算 $Fact$。本子系统应将此法纳入方法库，供洪水预报实时校正用。校正过程中，对所有预报控制站都可分别进行校正。

10.7.2 系统设计

10.7.2.1 系统设计目标

系统的开发目标为：开发建设的预报系统，能根据实时雨、水、工情信息（包括遥测信息）和对未来一段时间内雨、水情变化的预测，作出及时准确的洪水预报，使防汛部门能够根据雨、水、工情信息及预报成果，制定防洪调度实施预案，再由专家分析，最后经决策部门确定实施方案，并付诸实施。通过为防洪调度决策过程中的决策者提供及时、准确、全面的信息服务和高精度的预报成果及科学合理的调度预案，提高漳卫南运河流域防洪决策的科学化、现代化和信息化水平，增强和扩充原有防洪调度分析、综合、洞察和判断能力。具体来讲，可以达到以下目标：

（1）能快速、灵活、直观地以图表文字方式向决策者提供实时的和预报的水雨工情信息、背景资料、历史洪水等，形成良好的决策环境。

（2）根据专家知识或技术人员的经验对系统作出的洪水预报成果进行实时校正，进一步提高预报精度。

（3）通过建立区间产汇流、河道洪水演进、实时洪水校正等功能模块，增加制订洪水预报方案的手段，增强防洪决策的科学性、严密性，并根据预报和洪水演进实况及时为预测灾情、核实灾情提供支持。

10.7.2.2 系统结构

系统以实时水雨情数据库、遥测数据库、历史水文数据库等数据库为数据基础，独立运行，并在系统专用数据库和模型库的支持下，构成洪水预报系统的体系结构。

根据系统设计目标，设计洪水顶报系统的总体逻辑结构。系统在问题处理与人机交互系统的控制下，设置数据管理、模型建立与管理、专用数据库管理、洪水预报、河道洪水演进、行蓄洪区调度、成果管理和系统管理等功能。

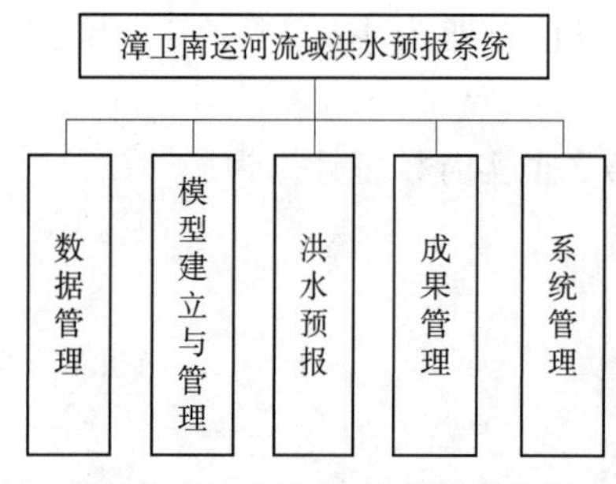

图 10.6　系统总体逻辑结构图

各个功能模块的相互联系是：数据管理模块为模型建立与管理模块、洪水预报模块提供满足要求的历史和实时数据；专用数据库管理模块对数据管理模块调用的数据和预报计算形成的数据实施管理；模型建立与管理模块为预报模块提供最优预报模型和模拟。系统总体逻辑结构如图 10.6 所示。

10.7.2.3 系统流程

根据洪水预报工作流程分析，系统软件以人机界面形式表达，启动预报系统后，自动链接隐含数据库系统，也可进行选择，然后选取本次预报所覆盖的范围，并提取实时信息、历史信息等有关的信息。进行综合信息分析后，建立洪水预报方案，运行相关计算模型，并以实时洪水进行校正，形成预报成果，再对预报成果详细会商后，编辑整理并正式发布。

10.7.2.4 系统功能

系统从功能上可分为数据管理、模型建立与管理、专用数据库管理、洪水预报、河道洪水演进、行蓄洪区调度、成果管理和系统管理等功能模块。系统总体框架根据洪水预报决策过程中各阶段的不同信息需求及防洪的要求而构筑。从用户角度来看，系统的总体框架表现为系统的总控菜单。从软件系统的设计开发角度来说，构筑系统总体框架的关键技术包括：各种任务的合理与协调运行，系统内存的合理分配运用，各独立功能模块的集成技术研究开发，快速灵活的图形功能开发等。通过各种数据接口技术的开发建立各模块之间的有机联系。通过各种控制接口技术的开发，总控程序将各独立功能模块集成起来，形成可运行的软件系统。

（1）数据管理模块。该模块完成数据库的连接，通过数据引擎，可以连接任意数据库。缺省状态下连接实时水情数据库。主要是实时雨水情数据和遥测数据的提取，以及未来降水信息的提取等。提取后数据按水文预报调度功能需要自动插补成所需要的格式，插补后自动存入专用数据库中。如图 10.7 所示。

(2) 模型建立与管理。以水文站为控制划分预报区域，每个预报断面还可划分为若干个单元面积（河段）分别计算。由引导输入预报断面的流域参数，如单元面积（河段）数、每个单元面积的雨量站数、站号和权重、河段的上游输入等。为每个单元面积（河段）的产汇流或河道演进选择计算模型，不同的单元面积（河段）应可选择不同模型。如图 10.8 所示。

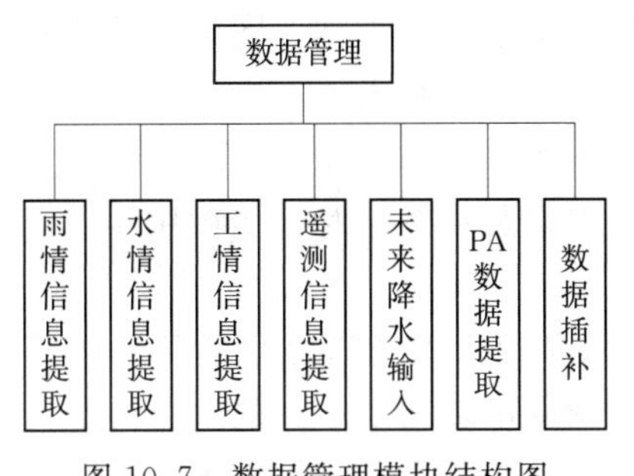

图 10.7 数据管理模块结构图

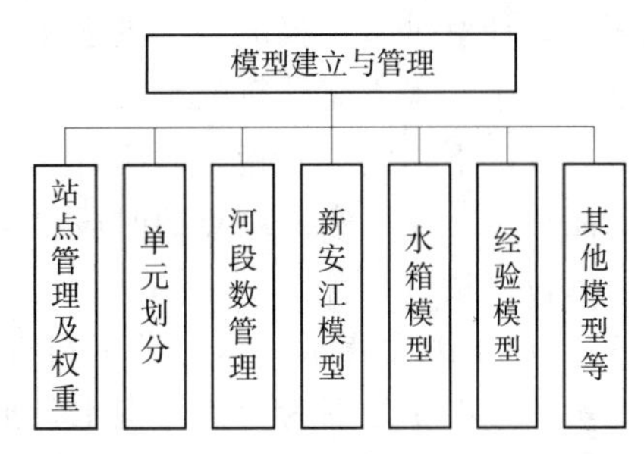

图 10.8 模型建立与管理模块结构图

(3) 洪水预报。实时预报、模拟预测和自动定时预报计算。主要具有以下主要功能：

1）依据流域实测降雨，上游断面洪水等数据做出预报断面的洪水预报。实时降雨、洪水等数据可来自实时数据库，也可人工输入。

2）依据流域定量降雨预报、上游断面洪水预报等数据做出预报断面的洪水预报。降雨预报和上游断面的洪水预报等数据可来自实时数据库，也可人工输入。河系预报时，上游断面洪水预报数据可作为系统的当次预报结果。

3）依据人工输入的假设未来流域降雨、上游断面洪水等数据做出预报断面洪水预测，如图 10.9 所示。

4）根据人工设置时间要求，自动定时进行全流域洪水预报。

5）系统根据最新雨水情对洪水预报成果进行实时洪水校正。

(4) 河道洪水演进模块。河道洪水演进模块，系统根据漳卫南运河流域区间的产汇流成果，通过河道洪水演进，输出各控制站的洪水过程、洪水特征值等。

河道洪水演进，即调用河道洪水演进模型后。河道洪水演进模型采用水文学方法（线性马斯京根分段连续演算法）和专家经验相结合。

河道洪水演进模块由线性马斯京根分段连续演算和成果输出模块组成，如图 10.10 所示。

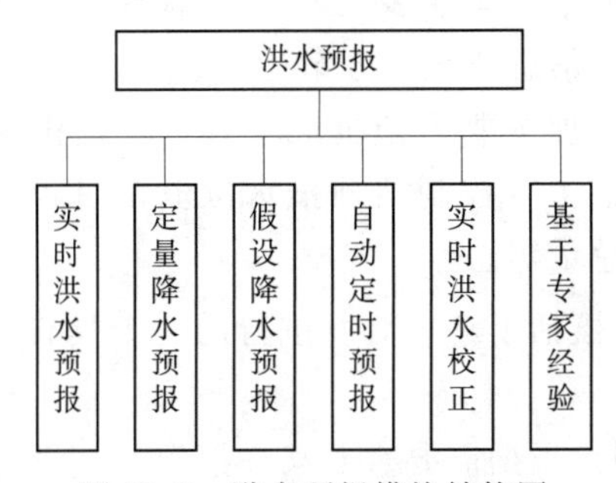

图 10.9 洪水预报模块结构图

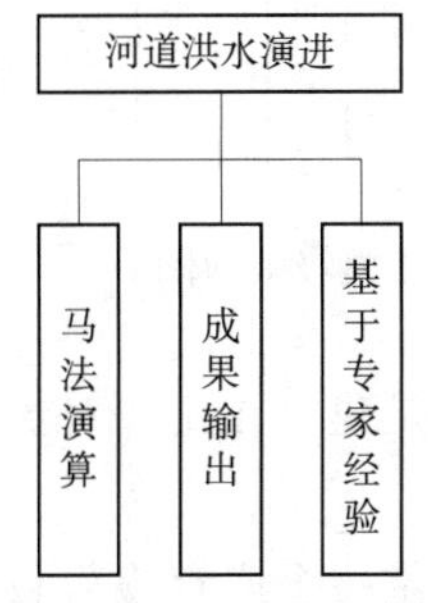

图 10.10 河道洪水演进模块结构图

（5）成果可视化模块。洪水预报成果的可视化是针对某一防洪系统或某一洪水预报方案而言的，按可视化的界面类型，洪水预报和洪水预报方案仿真结果的可视化分为系统概化图及信息显示，基于电子地图背景的信息显示与查询，重要水文站点水位流量过程，河道水面线等。

1）系统概化图及信息显示。防洪系统概化图是指将漳卫南运河流域河道、水库、水文（水位）站、其他水利工程等以概化的形式，用图形方式来表示他们之间的相互关系。在概化图界面上，针对洪水预报成果、洪水预报方案仿真结果，以数据、图形方式表示：①实时、预报和洪水预报方案计算的水文站点的水位、流量；②水库的水位、入流、出流。

同时具有以下功能：①指定时间；②相关的数据表可以选择显示与否；③在选择某一时段时，能计算、显示水文站点的时段洪量；④在点取某一对象时，能调用相应对象的基本信息，水位流量过程等。

2）基于电子地图背景的信息显示与查询。洪水预报方案仿真结果的显示以漳卫南运河流域1∶25万电子地图为背景与洪水预报成果和调度仿真结果信息的复合叠加，信息表达可以是数据，也可以是图形。①对象点（站点、工程、堤防、水库等）同时显示警戒（或汛限）水位、保证（或设计）水位、历史最高水位、堤顶高程等特征值和当前水位、计算水位等实时信息；②实现图形的放大、缩小、漫游、导航定位等图形功能；③在电子地图上点取某一对象时，能调出相应对象的基本信息，实时、计算水位数据与过程，历史信息以及实时、计算与历史信息的比较，工程运行情况等。

3）水文站水位流量过程。①在过程线图形上，能实现实时、预报、调度计算结果的复合显示，或任意组合；②起止时间可以任意指定；③相关的数据表可以选择显示与否；④特征值标注。如警戒水位、保证水位、历史最高水位、历史最大流量、堤顶高程等；⑤任意时段洪量的统计计算。时段选择可通过图形选取，也可通过给定起止时间选择，统计计算时段内的洪水总量。

4）水库湖泊特征资料。如水库湖泊特征值、水库湖泊库容曲线等。

5）预报成果显示。显示预报成果水位流量过程等信息，如图10.11所示。

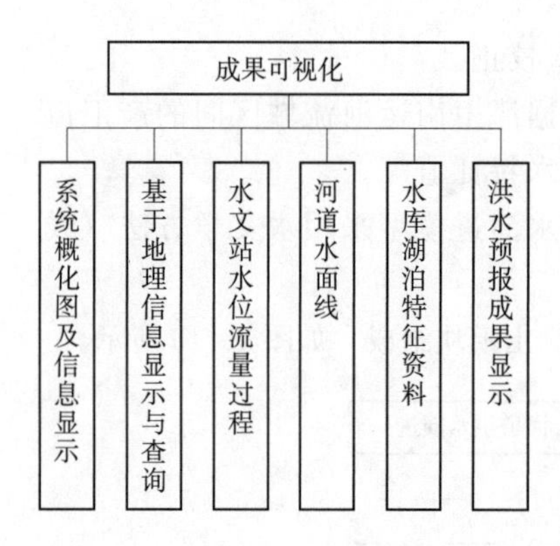

图10.11　成果可视化模块结构图

（6）成果管理模块。成果管理分为洪水预报方案管理、预报成果管理和综合分析等功能。

预报方案成果管理主要是在决策者选定方案后，存储预报方案属性信息，预报方案运用参数。

预报成果管理主要为预报成果查询、提供相关信息等，以表格河道主要控制站预报水位流量过程、洪峰水位流量、洪水总量等。

综合分析管理是建立在用户对流域防洪形势概括了解之后所进行的一个具有智能化的分析。

报告查询：提供一个库存报告目录，允许用户根据需要查看某一报告。

报告编辑：根据本次分析比较的结果，按照规定格式编辑本次防洪形势分析报告并显示，并按规定格式将文件存入相关数据库，供查询。

报告打印：对本次形成的报告或已有报告可联机打印，如图 10.12 所示。

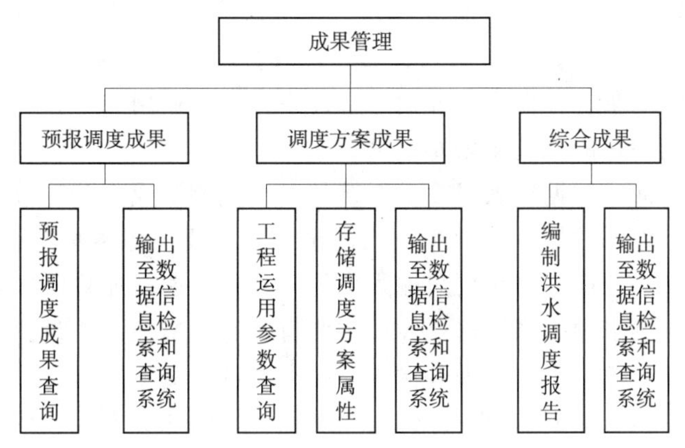

图 10.12 成果管理逻辑结构图

（7）系统管理模块。系统管理包括系统的用户管理、文本信息查询、系统使用帮助等。

用户管理包括新用户的生成、设定用户权限级别、设定用户密码等。

文本信息查询包括对防洪工程调度规则、防洪调度预案等资料进行查询。

系统使用帮助为系统简介、系统安装、系统运行操作、系统维护，并为大部分操作功能提供在线（或快捷键）直接调用相应帮助内容的功能。

10.7.2.5 系统的数据流程

（1）输入数据。输入数据包括实时输入数据，如洪水水文要素、遥测信息和气象产品。

1）实时信息。①实时报汛降雨信息；②实时遥测降水信息；③未来降水信息；④实测流量站的水位与流量；⑤实测水位站的水位。

2）基本资料。①背景图形；②流域水系图；③防洪工程概化图；④总体防洪工程分布图；⑤水文站点；⑥1∶25 万或其他比例电子地图。

（2）输出数据。输出数据包括实时洪水预报数据，基于未来降水洪水预报数据，实时洪水校正成果、河道洪水演进成果数据等。主要有控制站以上和漳卫南运河流域区间面降水量分析成果，面径流深分析成果，控制站断面预报水位或流量过程、预报洪峰水位或流量、洪量组成等数据。

（3）系统的内部数据。预报系统内部数据主要有产流单位线、汇流单位线、新安江模型参数、水箱模型等流域权重、计算过程中间状态变量、土壤含水量、模型代码、模块控件等。

10.7.2.6 界面设计

在整个防洪决策过程中，需要通过决策者或分析人员和计算机系统的反复交互才能为决策者提供科学合理的方案。因此要求软件系统能把计算机快速准确计算、有序的逻辑判断能力、高速大容量的数据存储能力以及一系列的算法、工具和人的创造性、随机应变能力融为一体，真正为决策或业务人员提供方便、快捷的操作环境。

按照系统的功能要求将用户界面分为三层：上层为主控界面，反映系统的总体功能；中间层为操作界面，主要满足用户输入、修改计算分析参数的需要；第三层为分析界面，用于输出计算、分析结果。不同层次界面自上而下存在着调用关系。

界面还包括面向用户的系统菜单及辅助说明。

(1) 数据输入界面。数据输入界面是系统的一个重要组成部分。数据输入界面的目标是尽量简化用户的工作，并尽可能减少输入的出错率。要考虑尽量减少用户的记忆负担，使界面具有预见性和一致性，防止用户输入出错，并尽可能增加数据自动输入。

漳卫南运河流域洪水预报系统输入界面主要有实时水情、参数设置、预报模型参数设置等输入界面，在输入窗口中，点击各输入信息即可进入交互分析窗口。该窗口中显示系统输入信息。窗口分为两部分：第一部分为图形部分，以图形方式显示；第二部分为表格部分，以表格形式显示。图形部分包括站点、过程线、柱状图、饼图等，以不同的颜色区别显示。点击图时，可动态显示鼠标所在位置输入信息。如需显示大或小范围信息，即可计算所选范围内的放大或缩小显示控制部分。表格部分：该部分以列表形式显示其输入信息。当需要对某一输入值进行修改时，可在表格中直接修改此值，相应更新图形部分。

输入界面用图形和数据两种方式在计算机屏幕上展现给操作人员，并且用不同颜色将信息凸现出来。系统操作人员判断资料中的问题就非常直观、方便。可将明显不合理的数据逐个进行修正，通过重新计算，交互处理的结果在图形部分上立即显示出来。

(2) 数据输出界面。数据输出显示界面是系统的一个重要组成部分，在进行数据输出显示设计时，根据系统用户的工作习惯和要求，合理安排屏幕显示信息的画面。

(3) 控制界面。设计控制界面的主要功能在于为用户提供能够很容易控制系统运行的能力。控制界面的用途有两方面：①通过控制对话使用户能够访问系统；②通过用户与系统间的对话来控制系统功能的选择，实现一个具体的功能。只有设置了这样控制界面，用户才有能力按照其决策思路与习惯的工作模式来控制系统的运行。

10.7.2.7 数据接口

(1) 用户接口。用户接口就是系统的运行界面，用户界面需求如下：设计常用的用户数据接口，使用户能够灵活方便地与系统进行必要的数据交换。用户与系统之间的数据接口主要通过 3 种方式实现：临时交换数据库、交换文件和公共数据库。数据交换方式选择的原则是：

1) 如交换的是规范化的、数据结构固定的数据，可采用数据表形式，通过临时交换数据库方式实现。

2) 如交换的数据属于非规范化的、数据结构不定的数据，可采用交换文件方式，并给出数据文件格式的详细说明。

(2) 软件接口。软件接口分内部接口和外部接口。漳卫南运河流域洪水预报系统中的预报计算采用的是耦合的求解体系，体系内的子系统软件接口采用内部接口，通过内存的数据交换实现，提高运行效率。内部接口由软件编程来实现。

系统与其他系统间软件接口采用外部接口，预留信息发布系统与预报系统的接口采用外部接口，通过数据库进行数据交换。外部接口由完善的库表结构设计来实现。

10.7.2.8　运行环境

（1）系统开发运行的硬件环境。选择系统开发及运行的硬件环境主要考虑满足防洪决策支持系统的实际需要，尤其是系统的运行效率、数据容量、安全性等方面的要求，对系统软件环境的支持；系统的图形等多媒体方面的支持；系统输入、输出设备；另外，在满足上述条件的基础上，应充分利用现有硬件资源，兼顾现实开发及运行的配置可能性。为了适应计算机软硬件技术发展趋势，目前普遍采用Intel系列微机作为系统开发及运行的硬件环境，一般标准配置就可满足上述要求。此外，与TCP/IP网络配套，可选择合适的网卡及相应的网络管理软件。

1）服务器。系统所需配置的服务器包括数据库服务器等，一般要求采用2G内存，72G以上硬盘的服务器。

2）PC微机。配置Intel系列微机，作为应用系统的硬件平台。

3）系统外部设备。外部设备的配置，如网络设备、打印机等。

（2）系统开发运行的软件环境。选择系统开发运行的软件环境主要考虑技术上的先进性、系统操作的方便性、用户界面友好、系统容量能满足防洪决策的需要，系统的运行效率及安全性。

1）服务器操作系统。Windows中文版操作系统。

2）客户端操作系统。Windows XP sp2专业版及以上。

3）网络数据库管理系统。Microsoft SQL Server2000以上或Oracle数据管理系统。

4）应用软件开发工具。Vs.net、C#等开发工具。

5）模型开发语言。主要为.net等开发语言。

10.7.3　专用数据库和模型库设计

10.7.3.1　总体设计

漳卫南运河流域洪水预报系统中的专用数据库由洪水预报方案数据、系统内部数据、模型参数数据等组成；模型库由洪水预报模型、洪水调度模型、洪水演进模型等控件模块或源代码组成，专用数据库和模型库均以不同的形式直接服务于漳卫南运河流域洪水预报系统。专用数据和模型库设计与存储是防汛决策支持的数据基础、是意向技术性很强的工作，也是系统建设的标准化工作之一。因此专用数据库和模型库的建立，对洪水预报系统所涉及的各种数据和模型进行统一、有效的管理，为防洪调度决策提供数据和模型服务，为决策者提供图形化的资料查询和报表输出，为系统的安全稳定运行提供基础保证。

10.7.3.2　专用数据库建立

（1）CEZHAN_ll，控制站信息表，见表10.1。

表 10.1　　CEZHAN _ ll，控制站信息表

关键	列名	数据类型	数据长度	允许空	说明
1	STCD	char	8	0	代表控制站站码
0	NAME	char	35	1	代表控制站名称
0	STCD _ Z	char	8	1	为获取水位值的控制站站码
0	STCD _ Z _ NAME	char	20	1	为获取水位值的控制站名称
0	STCD _ Z _ LEIXING	char	8	1	为获取水位值的控制站的类型
0	STCD _ Z _ FANGSHI	char	10	1	为获取水位值的控制站的获取方式
0	STCD _ Q	char	8	1	为获取流量值的控制站站码
0	STCD _ Q _ NAME	char	20	1	为获取流量值的控制站名称
0	STCD _ Q _ LEIXING	char	8	1	为获取流量值的控制站的类型
0	STCD _ Q _ FANGSHI	char	10	1	为获取流量值的控制站的获取方式
0	STCD _ QF	char	8	1	为获取分洪流量值的控制站站码
0	STCD _ QF _ NAME	char	20	1	为获取分洪流量值的控制站名称
0	STCD _ QF _ LEIXING	char	8	1	为获取分洪流量值的控制站类型
0	STCD _ QF _ FANGSHI	char	10	1	为获取分洪流量值的控制站方式
0	INSTCD	char	8	1	入流站站码
0	OUTSTCD	char	8	1	出流站站码
0	SD	int	4	1	计算时段
0	LEIXING	char	10	1	代表控制站类型

（2）CEZHAN _ yl，雨量站信息表，见表 10.2。

表 10.2　　CEZHAN _ yl，雨量站信息表

关键	列名	数据类型	数据长度	允许空	说明
1	SHUIXI	char	20	0	区间站码
0	NAME	char	20	0	区间名称
0	STCD	char	20	0	区间雨量站站码
0	SHUXING	char	20	0	区间雨量站属性
0	QUANZHONG	float	8	0	区间雨量站权重
0	FANGSHI	char	20	0	区间雨量获取方式报汛、遥测
0	SD	int	4	0	计算时段
0	UP	int	4	1	是否属于上游
0	MID	int	4	1	是否属于中游
0	DOWN	int	4	1	是否属于下游

（3）HDMFCS，河道马法参数表，见表10.3。

表10.3　HDMFCS，河道马法参数表

关键	列名	数据类型	数据长度	允许空	说明
1	UPSTCD	char	20	0	上游河道站站码
0	UPNAME	char	20	1	上游河道站站名
0	DOWNSTCD	char	20	0	下游河道站站码
0	DOWNAME	char	20	1	下游河道站站名
0	XUHAO	int	4	0	序号
0	DT	float	8	1	计算时段
0	C0	float	8	1	参数c0
0	C1	float	8	1	参数c1
0	C2	float	8	1	参数c2

（4）HLDWX，汇流单位线表，见表10.4。

表10.4　HLDWX，汇流单位线表

关键	列名	数据类型	数据长度	允许空	说明
1	STCD	char	20	0	河道站站码
0	NAME	char	20	1	河道站站名
0	XUHAO	int	4	0	序号
0	Q1	float	8	1	第一条线
0	Q2	float	8	1	第二条线
0	Q3	float	8	1	第三条线
0	Q4	float	8	1	第四条线
0	Q5	float	8	1	第五条线

（5）HLXS，汇流系数表，见表10.5。

表10.5　HLXS，汇流系数表

关键	列名	数据类型	数据长度	允许空	说明
1	UPSTCD	char	20	0	上游河道站站码
0	UPNAME	char	20	1	上游河道站站名
0	DOWNSTCD	char	20	0	下游河道站站码
0	DOWNNAME	char	20	1	下游河道站站名
0	XUHAO	int	4	1	序号
0	HLXS	float	8	1	系数值

（6）JLFPXS，径流分配系数线表，见表10.6。

表10.6　　JLFPXS，径流分配系数线表

关键	列名	数据类型	数据长度	允许空	说明
1	STCD	char	8	0	区间站码
0	NAME	char	20	0	区间站名
0	XUHAO	int	4	1	序号
0	Q0	decimal	9	1	第一条线
0	Q1	decimal	9	1	第二条线
0	Q2	decimal	9	1	第三条线
0	Q3	decimal	9	1	第四条线
0	Q4	decimal	9	1	第五条线
0	Q5	decimal	9	1	第六条线
0	Q6	decimal	9	1	第七条线

（7）PRGXX，降水径流关系线表，见表10.7。

表10.7　　PRGXX，降水径流关系线表

关键	列名	数据类型	数据长度	允许空	说明
1	STCD	char	20	0	河道站站码
0	NAME	char	20	1	河道站站名
0	XUHAO	int	4	0	序号
0	P	float	8	1	降水
0	R1	float	8	1	第一条径流深线
0	R2	float	8	1	第二条径流深线
0	R3	float	8	1	第三条径流深线
0	R4	float	8	1	第四条径流深线
0	R5	float	8	1	第五条径流深线
0	R6	float	8	1	第六条径流深线
0	R7	float	8	1	第七条径流深线
0	R8	float	8	1	第八条径流深线
0	R9	float	8	1	第九条径流深线
0	R10	float	8	1	第十条径流深线

(8) DWXXQ，汇流单位线选取参数表，见表10.8。

表10.8　DWXXQ，汇流单位线选取参数表

关键	列名	数据类型	数据长度	允许空	说明
1	STCD	char	20	0	控制站站码
0	NAME	char	20	1	控制站名称
0	NUM	int	4	1	参数总个数
0	XS1	float	8	1	参数1
0	XS2	float	8	1	参数2
0	XS3	float	8	1	参数3

(9) GXXXZ，产汇流关系线总条数表，见表10.9。

表10.9　GXXXZ，产汇流关系线总条数表

关键	列名	数据类型	数据长度	允许空	说明
1	STCD	char	20	0	控制站站码
0	NAME	char	20	1	控制站名称
0	CL_NUM	int	4	1	产流关系线条数
0	HL_NUM	int	4	1	汇流关系线条数

(10) QJ，区间统计表，见表10.10。

表10.10　QJ，区间统计表

关键	列名	数据类型	数据长度	允许空	说明
1	STCD	char	8	0	控制站站码
0	NAME	char	20	1	控制站名称
0	QJSTCD	char	8	0	所属区间站码
0	QJNAME	char	20	1	所属区间名称
0	QJ_DB_STCD	char	8	1	所属区间代表站站码
0	QJ_DB_NAME	char	20	1	所属区间代表站站名
0	ZIQJ_STCD	char	8	1	所属区间内子区间站码
0	ZIQJ_NAME	char	20	1	所属区间内子区间名称
0	ZIQJ_DB_STCD	char	8	1	所属区间内子区间代表站站码
0	ZIQJ_DB_NAME	char	20	1	所属区间内子区间代表站站名
0	AREA	decimal	9	1	所属区间内子区间面积
0	YUNYONG	char	10	1	应用于哪种计算模型

（11）HDHC，河道合成表，见表10.11。

表10.11　HDHC，河道合成表

关键	列名	数据类型	数据长度	允许空	说明
1	STCD_Z0NG	char	8	0	总控制站站码
0	STCD_Z0NG_NAME	char	20	1	总控制站站名
0	STCD_ZI	char	8	1	子控制站站码
0	STCD_ZI_NAME	char	20	1	子控制站站名

（12）ZT_HCHDTZ_R，制河道站统计特征表，见表10.12。

表10.12　ZT_HCHDTZ_R，制河道站统计特征表

关键	列名	数据类型	数据长度	允许空	说明
1	STCD	char	8	0	控制站站码
0	CDDC	char	20	0	方案号
0	Q_MAX	decimal	9	1	最大流量
0	T_Q_MAX	datetime	8	1	最大流量出现时间
0	Z_MAX	decimal	9	1	最高水位
0	T_Z_MAX	datetime	8	1	最高水位出现时间
0	W	decimal	9	1	洪水总量

（13）ZT_HCSKTZ_R，控制水库站统计特征表，见表10.13。

表10.13　ZT_HCSKTZ_R，控制水库站统计特征表

关键	列名	数据类型	数据长度	允许空	说明
1	STCD	char	20	1	控制站站码
0	INQ_MAX	decimal	9	1	最大入库流量
0	T_INQ_MAX	decimal	9	1	最大入库流量出现时间
0	OUTQ_MAX	decimal	9	1	最大出库流量
0	T_OUTQ_MAX	datetime	8	1	最大出库流量出现时间
0	Z_MAX	float	8	1	库内最高水位
0	T_Z_MAX	datetime	8	1	库内最高水位出现时间
0	WIN	decimal	9	1	入库总量
0	WOUT	decimal	9	1	出库总量

(14) ZT _ HDTZ _ R，河道洪水演进特征统计表，见表10.14。

表10.14 ZT _ HDTZ _ R，河道洪水演进特征统计表

关键	列名	数据类型	数据长度	允许空	说明
1	UPSTCD	char	8	0	上游站站码
0	STCD	char	8	0	下游站站码
0	CDDC	char	20	0	方案号
0	Q _ MAX	decimal	9	1	最大流量
0	T _ Q _ MAX	datetime	8	1	最大流量出现时间
0	Z _ MAX	decimal	9	1	最高水位
0	T _ Z _ MAX	datetime	8	1	最高水位出现时间
0	W	decimal	9	1	洪水总量

(15) ZT _ HDZT _ R，河道状态表，见表10.15。

表10.15 ZT _ HDZT _ R，河道状态表

关键	列名	数据类型	数据长度	允许空	说明
1	STCD	char	8	0	控制站站码
0	CDDC	char	7	0	方案号
0	UPSTCD	char	8	0	上游站站码

(16) ZT _ QJTZ _ R，区间统计特征表，见表10.16。

表10.16 ZT _ QJTZ _ R，区间统计特征表

关键	列名	数据类型	数据长度	允许空	说明
1	STCD	char	8	0	区间站码
0	CDDC	char	20	0	方案号
0	TOTAL _ P	decimal	9	1	区间总雨量
0	TOTAL _ R	decimal	9	1	区间总径流深
0	R _ SD _ MAX	decimal	9	1	最大时段径流深
0	P _ SD _ MAX	decimal	9	1	最大时段降雨量
0	R _ P	decimal	9	1	区间径流系数
0	Q _ MAX	decimal	9	1	区间最大流量
0	T _ Q _ MAX	datetime	8	1	区间最大流量出现时间
0	W	decimal	9	1	区间产水总量

(17) ZT _ QJZT _ R，区间状态表，见表 10.17。

表 10.17　　ZT _ QJZT _ R，区间状态表

关键	列名	数据类型	数据长度	允许空	说明
1	STCD	char	8	0	控制站码
0	CDDC	char	20	0	方案号
0	QJSTCD	char	8	0	区间站码

(18) ZT _ ZIQJZT _ R，子区间状态表，见表 10.18。

表 10.18　　ZT _ ZIQJZT _ R，子区间状态表

关键	列名	数据类型	数据长度	允许空	说明
1	QJSTCD	char	8	1	区间站码
0	CDDC	char	10	1	方案号
0	ZIQJSTCD	char	8	1	子区间站码

(19) ZT _ DZPTZ _ R，单雨量站雨量特征数值存储表，见表 10.19。

表 10.19　　ZT _ DZPTZ _ R，单雨量站雨量特征数值存储表

关键	列名	数据类型	数据长度	允许空	说明
1	SHUIXI	char	20	0	区间站码
0	CDDC	char	20	0	方案号
0	STCD	char	20	0	雨量站站码
0	TOTAL _ P	decimal	9	1	总雨量

(20) ZT _ QHD _ R，河道流量存储表，见表 10.20。

表 10.20　　ZT _ QHD _ R，河道流量存储表

关键	列名	数据类型	数据长度	允许空	说明
1	UPSTCD	char	20	0	上游河道站站码
0	DOWNSTCD	char	20	0	下游河道站站码
0	CDDC	char	20	0	方案号
0	TM	datetime	8	1	时间
0	Qhd	float	8	1	河道流量

(21) ZT _ QJL _ R，控制站基流存储表，见表 10.21。

表 10.21 ZT _ QJL _ R，控制站基流存储表

关键	列名	数据类型	数据长度	允许空	说明
1	STCD	char	20	0	控制站站码
0	TM	datetime	8	1	时间
0	Q	decimal	9	1	基流量

(22) ZT _ QQJ _ R，区间流量存储表，见表 10.22。

表 10.22 ZT _ QQJ _ R，区间流量存储表

关键	列名	数据类型	数据长度	允许空	说明
1	STCD	char	20	0	区间站码
0	TM	datetime	8	1	时间
0	Qqj	float	8	1	区间流量

(23) ZT _ RAIN _ R，雨量站时段雨量存储表，见表 10.23。

表 10.23 ZT _ RAIN _ R，雨量站时段雨量存储表

关键	列名	数据类型	数据长度	允许空	说明
1	SHUIXI	char	20	0	区间站码
0	CDDC	char	20	0	方案号
0	STCD	char	20	0	雨量站站码
0	TM	datetime	8	1	时间
0	DRP	float	8	1	雨量

(24) ZT _ PAVG _ R，区间时段面雨量存储表，见表 10.24。

表 10.24 ZT _ PAVG _ R，区间时段面雨量存储表

关键	列名	数据类型	数据长度	允许空	说明
1	STCD	char	20	0	区间站码
0	CDDC	char	20	0	方案号
0	TM	datetime	8	1	时间
0	PAVG	float	8	1	面雨量

(25) ZT _ RAVG _ R，区间时段径流深存储表，见表10.25。

表10.25　　ZT _ RAVG _ R，区间时段径流深存储表

关键	列名	数据类型	数据长度	允许空	说明
1	STCD	char	20	0	区间站码
0	CDDC	char	20	0	方案号
0	TM	datetime	8	1	时间
0	R	float	8	1	径流深

(26) ZT _ RIVER _ F，河道预报水位流量存储表，见表10.26。

表10.26　　ZT _ RIVER _ F，河道预报水位流量存储表

关键	列名	数据类型	数据长度	允许空	说明
1	STCD	char	20	0	控制站站码
0	TM	datetime	8	1	时间
0	Z	float	8	1	水位
0	Q	float	8	1	流量

(27) ZT _ RIVER _ R，河道实时水位流量存储表，见表10.27。

表10.27　　ZT _ RIVER _ R，河道实时水位流量存储表

关键	列名	数据类型	数据长度	允许空	说明
1	STCD	char	20	0	控制站站码
0	TM	datetime	8	1	时间
0	Z	float	8	1	水位
0	Q	float	8	1	流量

(28) ZT _ PA _ R，PA存储表，见表10.28。

表10.28　　ZT _ PA _ R，PA存储表

关键	列名	数据类型	数据长度	允许空	说明
1	STCD	char	20	0	区间站码
0	TM	datetime	8	0	时间
0	PA	float	8	1	PA值

（29）ZV，水库（湖泊）库容曲线表，见表10.29。

表10.29 ZV，水库（湖泊）库容曲线表

关键	列名	数据类型	数据长度	允许空	说明
1	STCD	char	8	0	控制站站码
0	NAME	char	10	1	控制站名称
0	XUHAO	int	4	1	序号
0	Z	decimal	9	1	水位
0	V1	decimal	9	1	库容1
0	V2	decimal	9	1	库容2

（30）SX，水库（湖泊）泄流曲线表，见表10.30。

表10.30 SX，水库（湖泊）泄流曲线表

关键	列名	数据类型	数据长度	允许空	说明
1	STCD	char	8	0	控制站站码
0	NAME	char	20	1	控制站名称
0	XUHAO	int	4	1	序号
0	Z	decimal	9	1	水位
0	Q1	decimal	9	1	泄流曲线1
0	Q2	decimal	9	1	泄流曲线2
0	Q3	decimal	9	1	泄流曲线3
0	Q4	decimal	9	1	泄流曲线4
0	Q5	decimal	9	1	泄流曲线5
0	Q6	decimal	9	1	泄流曲线6
0	Q7	decimal	9	1	泄流曲线7
0	Q8	decimal	9	1	泄流曲线8
0	Q9	decimal	9	1	泄流曲线9
0	Q10	decimal	9	1	泄流曲线10

（31）SKGZ_Z，水库（湖泊）规则调度方案，见表10.31。

表10.31 SKGZ_Z，水库（湖泊）规则调度方案

关键	列名	数据类型	数据长度	允许空	说明
1	STCD	char	8	0	控制站站码
0	NAME	char	10	1	控制站名称
0	XUHAO	int	4	1	序号
0	Z	decimal	9	1	水位
0	Q	char	10	1	流量

(32) ZT _ SBQYZT _ R，水库（湖泊）泄流设备启用状态表，见表10.32。

表10.32　ZT _ SBQYZT _ R，水库（湖泊）泄流设备启用状态表

关键	列名	数据类型	数据长度	允许空	说明
1	STCD	char	8	0	控制站站码
0	CDDC	char	10	0	方案号
0	SBZT1	char	10	1	设备1状态
0	SBZT2	char	10	1	设备2状态
0	SBZT3	char	10	1	设备3状态
0	SBZT4	char	10	1	设备4状态
0	SBZT5	char	10	1	设备5状态
0	SBZT6	char	10	1	设备6状态
0	SBZT7	char	10	1	设备7状态
0	SBZT8	char	10	1	设备8状态
0	SBZT9	char	10	1	设备9状态
0	SBZT10	char	10	1	设备10状态

(33) ZT _ SKDDCG _ R，水库调度成果表，见表10.33。

表10.33　ZT _ SKDDCG _ R，水库调度成果表

关键	列名	数据类型	数据长度	允许空	说明
1	STCD	char	8	0	控制站站码
0	TM	datetime	8	1	时间
0	QI	decimal	9	1	入库流量
0	QO	decimal	9	1	出库流量
0	Z	decimal	9	1	库水位
0	W	decimal	9	1	库容

(34) ZT _ PAVG _ F，预报降水表，见表10.34。

表10.34　ZT _ PAVG _ F，预报降水表

关键	列名	数据类型	数据长度	允许空	说明
1	STCD	char	8	0	区间站码
0	CDDC	char	20	0	方案号
0	TM	datetime	8	1	时间
0	P	decimal	9	1	降雨量

(35) ZT _ CLISEL _ R，降水径流关系选取结果存储表，见表10.35。

表 10.35　　ZT _ CLISEL _ R，降水径流关系选取结果存储表

关键	列名	数据类型	数据长度	允许空	说明
1	STCD	char	8	0	区间站码
0	CDDC	char	10	0	方案号
0	ISEL	int	4	1	降水径流关系线序号

(36) ZT _ EAVG _ R，面蒸发量存储表，见表10.36。

表 10.36　　ZT _ EAVG _ R，面蒸发量存储表

关键	列名	数据类型	数据长度	允许空	说明
1	STCD	char	8	0	区间站码
0	CDDC	char	10	1	方案号
0	TM	datetime	8	1	时间
0	EAVG	decimal	9	1	蒸发量

(37) HCHDMFCS，存储合并上游站后虚拟站点河道洪水演进参数，用于上游站合并流量后进行洪水演进计算，见表10.37。

表 10.37　　HCHDMFCS 表

关键	列名	数据类型	数据长度	允许空	说明
1	STCD	char	10	1	下游总入口站站码
0	XUHAO _ LEIBIE1	int	4	1	类别1序号
0	XUHAO _ LEIBIE2	int	4	1	类别2序号
0	N	int	4	1	河道洪水演进参数N
0	C0	decimal	9	1	河道洪水演进参数C0
0	C1	decimal	9	1	河道洪水演进参数C1
0	C2	decimal	9	1	河道洪水演进参数C2
0	DT	int	4	1	河道洪水演进参数DT

(38) userInfo，存储用户信息表，见表10.38。

表 10.38　　userInfo，存储用户信息表

关键	列名	数据类型	数据长度	允许空	说明
1	id	int	4	0	标识列，自增1，主键
0	userName	Varchar	50	1	用户名
0	userPwd	Varchar	50	1	用户密码
0	userRole	Varchar	50	1	用户身份
0	userTrueName	Varchar	50	1	用户真实姓名

（39）paramterInfo，用户存储参数表信息，见表10.39。

表10.39　　paramterInfo，用户存储参数表信息

关键	列名	数据类型	数据长度	允许空	说明
1	id	Int	4	0	标识列，自增1，主键
0	Table _ name	Varchar	50	1	参数表表名
0	isQX	Bit	1	1	是否有曲线图
0	X _ name	Varchar	50	1	X轴名称
0	X _ type	Varchar	50	1	X轴类型
0	X _ showName	Varchar	50	1	X轴要显示的名称
0	X2 _ name	Varchar	50	1	X2轴名称
0	X2 _ type	Varchar	50	1	X2轴类型
0	X2 _ showName	Varchar	50	1	X2轴要显示的名称
0	Y _ name	Varchar	50	1	Y轴名称
0	Y _ type	Varchar	50	1	Y轴类型
0	Y _ showName	Varchar	50	1	Y轴要显示的名称
0	Y2 _ name	Varchar	50	1	Y2轴名称
0	Y2 _ type	Varchar	50	1	Y2轴类型
0	Y2 _ showName	Varchar	50	1	Y2轴要显示的名称
0	Title	Varchar	50	1	曲线图的名称
0	isLot	Bit	1	1	是否有多个节点
0	Lot _ name	Varchar	50	1	拥有多个节点的字段名

10.7.3.3　模型库建立

模型库主要为经验洪水预报模型、新安江洪水预报模型等以及不同控制模式的防洪调度模型、分段马法演算模型和实时校正技术的方法库、各模型参数库、流域状态库、状态变量库，各方法库的存储均以控件形式予以存储，其他数据以数据表方式进行存储。

（1）模型计算方法。模型计算方法中主要降水径流经验洪水预报、三水源新安江洪水预报、马法演算、一维水力学模型演算、实时校正计算等计算方法。

方法库以控件模块形式保存于库内同一目录下，为避免重复工作，各控件模块设计应为通用标准，控件的设置应设属性和方法，所需数据应从专用数据库中提取，所需参数应从模型库中提取，统一数据接口管理。调用模型运行时则调用直接调用控件模块即可。

（2）模型参数。系统纳入适用的常用到的预报模型、调度模型和洪水演进模型，而每一种预报模型、调度模型和洪水演进模型都将有许多参数，包括固定参数和实变参数。要对这些参数进行统一的科学管理，需要统一的模式和结构。

因为每一控制站、每一种预报方法、调度方法和河道洪水演进的参数都不相同，所以要将方法、区域、参数有机地结合起来。在模拟运行时，固定参数是只读的，实变参数是既可读又可写的。

各种不同的预报、调度和洪水演进方法的参数个数不同，数据类型也不同。一个预报方案中也有可能同时使用某一种方法多次。即使是同一个预报方案，为了实现多方案的比较，也有可能同时采用不同的参数组。参数库将所有的参数按预报站测站编码顺序存储在同一关系型表中。

模型参数有：降水径流产流单位线、汇流单位线、新安江模型参数、马法参数等。

（3）流域状态。系统将预报区域概化成各种基本单元，其基本水文地理特征可以存放于表中。流域面积单位为平方公里，雨量站权重为该雨量控制面积与总面积的比重，用小数表示，计算方法可采用泰森多边形等。

流域状态参数：流域状态参数流域面积、雨量站权重等。

（4）状态变量库。为保证完全的连续计算，在两次计算之间，中间变量是原样输出和原样输入的关系。因此，本库拟将中间变量用数据文件的形式存放于一个固定的子目录中。

10.7.3.4 数据库管理与维护

专用数据库由系统负责管理和维护。数据库管理维护包括如下功能：数据查询、数据添加、数据编辑与更新、数据删除、数据备份和恢复、表结构维护、数据导入导出、日志记录、用户管理、超文本管理等。

（1）数据查询检索。实现对指定数据库中指定表的浏览、检索和条件查询。

（2）数据添加。向数据库表中添加新的记录。

（3）数据编辑与更新。对发现错误的数据进行编辑修改、对过时的数据进行更新。

（4）数据删除。对无用的数据进行删除。

（5）数据备份与恢复。实现数据库中的数据备份，一旦数据库发现问题可以恢复。

（6）表结构维护。根据需要调整数据表结构，增加新的数据表。

（7）数据导入导出。对于可识别格式的数据文件，实现批量导入功能；实现对于各种数据依据一定标准导出为交换格式的功能。

（8）日志记录。对系统发生的数据维护、表结构维护和备份恢复事件实现自动记录。

参 考 文 献

[1] 漳卫南运河河志编委会. 漳卫南运河志 [M]. 天津：天津科学技术出版社，2003.

[2] 漳卫南运河管理局. 漳卫南运河年鉴 [M]. 北京：中国水利水电出版社，2015.

[3] 徐宗学，徐林波，李培，等. 漳卫南运河流域水资源水环境综合模拟与管理 [M]. 北京：中国水利水电出版社，2013.

[4] 刘传武. 漳卫南运河水资源与水环境战略 [M]. 天津：天津科学技术出版社，2003.

[5] 张胜红. 漳卫南运河落实最严格水资源管理制度研究 [M]. 北京：中国水利水电出版社，2016.

[6] 于伟东. 岳城水库遥测系统设计技术方案简介 [J]. 海河水利，2017 (3)：45 - 47.

[7] 于伟东. 漳卫南局落实最严格水资源管理制度示范实施方案简介 [J]. 海河水利，2016 (5)：35 - 37.

[8] 于伟东. 漳卫南局水资源监控能力建设技术方案简介 [J]. 海河水利，2016 (5)：25 - 28.